DESCRIPTION

GÉOLOGIQUE

DE L'AUXOIS

DESCRIPTION

GÉOLOGIQUE

DE L'AUXOIS

Par J.-J. COLLENOT,

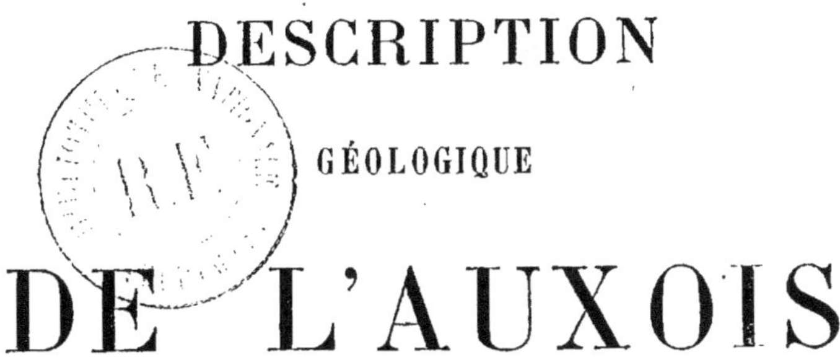

Membre de la Société Géologique de France, vice-président de la Société
des Sciences historiques et naturelles de Semur
(Côte-d'Or), etc.

SEMUR

IMPRIMERIE ET LIBRAIRIE VERDOT.

1873.

ERRATA

Page   9, ligne 8. Au lieu de : Note sur le graphique de Villarnoux, lisez : *Note sur le graphite de Villarnoux.*

—   15, ligne 16. Au lieu de : Sur le faîte des montagnes du Midi, lisez : *Sur le faîte des montagnes du Nord.*

—   24, ligne 13. Au lieu de : Les petites vallées de Bourbince et de la Dheune, lisez : *Les petites vallées de la Bourbince et de la Dheune.*

—   24, ligne 15. Au lieu de : Charoilais, lisez : *Charollais.*

—   25, ligne dernière. Au lieu de : Dont l'angle oriental se projette à l'est au-delà de Lucenay, lisez : *Dont l'angle oriental se projette au-delà de Lucenay.*

—   26, ligne 3. Au lieu de : Le côté est de ce triangle, lisez : *Le côté ouest de ce triangle.*

—   27, ligne 7. Au lieu de : Et une partie de ceux du nord d'Avallon, lisez : *Et une partie de ceux du sud d'Avallon.*

—   28, ligne 16. Au lieu de : S'élargissant ordinairement en pente douce, lisez : *Se développant ordinairement en pente douce.*

—   29, lignes 21 et 22. Supprimez les mots : Plus anciens que ceux du premier groupe.

—   31, ligne dernière du renvoi. Au lieu de : Ces bords affaissés d'un côté ou relevé de l'autre, lisez : *Ces bords affaissés d'un côté ou relevés de l'autre.*

—   38, ligne 20. Au lieu de : Oxide de manganèse, lisez : *Oxyde manganèse.*

—   40, lignes 18 et 19. Au lieu de : Le porphyre en filons dans le granite gris ne contient point de cristaux de pinites, lisez : *Le porphyre en filons dans le granite gris ne contient pas de cristaux de pinite,* et ajoutez : *Excepté dans l'Avallonnais.*

—   42, ligne 5. Au lieu de : Par leur texture granisoïde, lisez : *Par leur texture granitoïde.*

—   49, ligne 17. Au lieu de : Une contrée du pays de Galles occupé par les Silures, lisez : *Une contrée du pays de Galles occupée par les Silures.*

Page   53, ligne 1. Au lieu de : M. Manès signale les mêmes grauwacke, lisez : *M. Manès signale la même grauwacke.*

— — ligne dernière du renvoi 3. Au lieu de : Voir le 5ᵉ renvoi de la page 92, lisez : *Voir le 5ᵉ renvoi de la page 52.*

— 56, lignes 18 et 23. Au lieu de : *Cialophyllum,* lisez : *Cyatophyllum.*

— 58, ligne 11. Au lieu de : Les marbres connus sous le nom de Flandre, lisez : *Les marbres connus sous le nom de marbres de Flandre.*

— —, ligne 14. Au lieu de : De la dolomie au calcaire magnésien, lisez : *De la dolomie ou calcaire magnésien.*

— 63, ligne 1 du renvoi 1. Au lieu de : (Voir page 96), lisez : *(Voir page 56).*

— 76, ligne 9. Après les mots : Qui est spécial au Zechstein, ajoutez : *Et qui a les écailles lisses.*

— 81, ligne 2. Au lieu de : Oxide de fer, lisez : *Oxyde de fer.*

— — ligne 2 du renvoi. Au lieu de : Dans l'étage Oxfordien, lisez : *Dans l'étage Corallien.*

— 82, ligne 22. Au lieu de : Qu'existent toutes les exploitations salines du globe, lisez : *Qu'existent presque toutes les exploitations salines du globe.*

— 87, ligne 11. Au lieu de : Quelque explication, lisez : *Quelques explications.*

— 93, lignes 20 et 21. Au lieu de : Pour en extraire l'arène décomposée de la base, lisez : *Pour extraire l'arène décomposée de la base.*

— 95, ligne 25. Au lieu de : Oxide de manganèse, lisez : *Oxyde de manganèse.*

— 98, ligne 22. Au lieu de : Arkose dolmilique, lisez : *Arkose dolomitique.*

— 113, ligne 13 du 2ᵉ renvoi. Au lieu de : Sur les grès d'Ettange, lisez : *Sur les grès d'Hettange.*

— 115, ligne 7. Au lieu de : On remarque des débris gréseux, non fossiles, lisez : *On remarque des débris gréseux, non fissiles.*

— — ligne 2 de la coupe. Au lieu de : Débris gréseux sacs fossiles, lisez : *Débris gréseux sans fossiles.*

— 122, ligne 17. Au lieu de : Que nous aurons à décrire plus tard, lisez : *Décrits dans le 2ᵉ renvoi de la page 113.*

Page 124, ligne 26. Après ces mots : Par les travaux agricoles, ajoutez : *Ou par la dénudation.*

— 143, lignes 20 et 21. Au lieu de : Conduit à les ranger dans le trias supérieur, lisez : *Conduit à les ranger dans le 3e étage du trias.*

— — ligne 24. Au lieu de : L'arkose même de Sainte-Sabine, lisez : *L'arkose de Sainte-Sabine.*

— 146, ligne 13. Au lieu de : Ils prennent ensuite par oxidation, lisez : *Ils prennent ensuite par oxydation.*

— — lignes 20 et 21. Au lieu de : Le peu de consistance des bancs de grès souvent remaniés par la vague, lisez : *Le peu de consistance des bancs de grès, formés de sables souvent remaniés par la vague.*

— 184, dernière ligne du renvoi. Après ces mots : C'est ce qui nous a déterminé à placer l'étage Rhétien dans le Trias, ajoutez : *Puisque ce n'est qu'au-dessus des couches Rhétiennes que s'accuse un changement minéralogique tranché.*

— 199, avant-dernière ligne. Au lieu de : Modules, lisez : *Nodules.*

— 211, ligne 1re. Au lieu de : *Cardinia accuminata,* d'Orb., lisez : *Cardinia accuminata,* Mart.

— 212, ligne 26. Au lieu de : *Spondylus liasicus,* Terq., lisez : *Spondylus liasinus,* Terq.

— — ligne 28, Au lieu de : *Hinnites liasicus?* Terq., lisez : *Hinnites liasinus,* Terq.

— 213, ligne 13. Au lieu de : *Hemipedima,* Sp., lisez : *Hemipedina,* Sp.

— 219, avant-dernière ligne. Au lieu de : *A. laquens,* Quenst., lisez : *A. laqueus,* Quenst.

— 222, ligne 14. Au lieu de ; *Mytilus Guexii,* d'Orb., lisez : *Mytilus Geuxii,* d'Orb.

— 237, ligne 5. Après *A. Œduensis,* d'Orb., ajoutez : Le chiffre *3,* marquant la 3e zône.

— 240, ligne 16 du renvoi. Au lieu de : Sans traces d'adhérence, lisez : *Avec rares traces d'adhérence.*

— 249, lignes 27 et 28. Au lieu de : Pendant la sédimentation du trias inférieur et du lias inférieur, lisez : *Pendant la sédimentation du trias supérieur, de l'infra-lias et du lias inférieur.*

— 252, ligne 13. Après ces mots : Mais à la seconde, ajoutez : *Et à la troisième.*

Page   254, ligne 15. Au lieu de : Geysers d'Irlande, lisez : *Geysers d'Is-
        lande.*

—   255, lignes 11 et 12. Au lieu de : Moins avancée vers l'occident,
        lisez : *Moins avancées vers l'occident.*

—   258, ligne 4. Au lieu de : Car la *Gryphœa cymbium*, Lmk., n'est
        qu'une des formes de la gryphée arquée, lisez :
        *Car la Gryphœa cymbium, Lmk., est une forme
        voisine de la gryphée arquée.*

—   — ligne 5 du renvoi. Au lieu de : *Pellen æquivalvis*, lisez :
        Pecten æquivalvis.

—   266, ligne 24. Au lieu de : *La lima puneata*, lisez : *La lima
        punctata.*

—   269, ligne 11. Au lieu de : Zone de l'A. achantus, lisez : *Zone de
        l'A. acanthus.*

—   271, ligne 14. A la suite de : l'*Am. margaritatus*, au lieu du
        chiffre 1 à la 3e colonne, lisez : *1, 2.*

—   273, ligne 18. Au lieu de : *Cardium Candatum*, lisez : *Cardium
        Caudatum.*

—   274, première ligne du renvoi 2. Au lieu de : *P. liasinus, Ngt.*,
        lisez : *P. liasinus, Nyst.*

—   276, lignes 6, 7, 8. Lisez : *Rabdocidaris Moraldina*, Colt.
        Cidaris criniferus, Quenst.
        Pointe d'un grand cidaris.

—   281, lignes 2 et 3. Au lieu de : En se mêlant aux marnes qui les
        divisent, lisez : *En se mêlant aux marnes qu'ils
        divisent.*

—   — lignes 16 et 17. Au lieu de : Dans les points où ils sont pro-
        tégés, lisez : *Dans les points où elles sont pro-
        tégées.*

—   287, ligne dernière. Au lieu de : Orbicules siliceuses, lisez : *Or-
        bicules siliceux.*

—   292, ligne 25. Au lieu de : H. Desplacci, lisez : *A. Desplacci.*

—   294, ligne 5. Au lieu de : *Cucullœa cancellata, d'Omaluis*, lisez :
        Cucullœa cancellata, d'Omalius.

—   301, avant-dernière ligne. Au lieu de : Gissey-la-Vieil, lisez :
        Gissey-le-Vieil.

—   303, ligne 14. Après ces mots : *Zoophycos scoparius*, ajoutez :
        (Cancellophycus scoparius, Saporta.)

—   321, ligne 5. Au lieu de : *P. Silennus?* d'Orb., lisez : *P. Silc-
        nus? d'Orb.*

Page 328, ligne 6. Au lieu de : La zone du calcaire à Pinna on blanc-jaunâtre inférieur, lisez : *La zone du calcaire à pinna ou blanc-jaunâtre inférieur.*

— 329, ligne 5. Au lieu de : Caractérisé, lisez : *Caractérisée.*

— — ligne 8. Après ces mots : A test ornementé de dessins concentriques, ajoutez : *Qui ne sont que des orbicules formés après coup, lors de la pétrification.*

— 334, lignes 13 et 14. Au lieu de : Formant le couronnement des hauteaux, et constitués, lisez : *Formant le couronnement des hauteaux constitués.*

— 344, ligne avant-dernière. Au lieu de : La description ces terrains jurassiques, lisez : *La description des terrains jurassiques.*

— 348, ligne 9 du renvoi. Au lieu de : La succession des dépôts dans la grande série des dépôts géologiques, lisez : *La succession des dépôts dans la grande série géologique.*

— — ligne 32 du renvoi. Au lieu de : Craie Tufan, lisez : *Craie Tufau.*

— 368, ligne 14. Au lieu de : Par Fouques, lisez : *Par Pouques.*

— 387, ligne 23. Au lieu de : Bradfort-Clay, lisez : *Bradford-Clay.*

— 412, ligne 16. Au lieu de : 1,00, lisez : *100.*

— 419, lignes 4 et 5 du renvoi. Au lieu de : Et qui renfermaient des fossiles de l'oolithe inférieure, lisez : *Et qui renfermaient des fossiles de la grande oolithe.*

— 453, lignes 11 et 12. Au lieu de : Et dans beaucoup de points au midi du canton de Montbard et de la Terre-Plaine, lisez : *Et dans beaucoup de points, au midi du canton de Montbard et sur le bord septentrional de la Terre-Plaine.*

— 459, avant-dernière ligne. Au lieu de : On le trouve, lisez : *On les trouve.*

— 460, ligne 19. Au lieu de : Vouligny, lisez : *Vauligny.*

— 470, dernière ligne. Au lieu de : Se continue par un couloir étroit et tortueux, lisez : *Se continue par un couloir reserré et tortueux.*

— 510, lignes 25 et 26. Au lieu de : Dénudations opérées sur les contrées limitrophes du Morvan et ses causes, lisez : *Dénudations opérées sur les contrées limitrophes du Morvan, et leurs causes.*

— 514, ligne 12. Au lieu de : En décrivant le phénomène de la 4ᵉ phase, lisez : *En décrivant les phénomènes de la 4ᵉ phase.*

— 557, ligne dernière. Au lieu de : Entre les sommets du Morvan et de l'Auxois, lisez : *Entre les sommets du Morvan et l'Auxois.*

— 560, ligne 26. Au lieu de : Soit à une alimentation moins fortifiante, lisez : *Ou bien à une alimentation moins fortifiante.*

— 577, ligne 15. Au lieu de : Le porphyre et l'euryte, lisez : *Le porphyre et l'eurite.*

TABLE ORDINALE DES MATIÈRES [1]

[1] Voir à la fin de l'ouvrage, la Table analytique des matières, par ordre alphabétique.

TROISIÈME PARTIE.

GÉOGÉNIE.

Division en phases.

— XVII —

QUATRIÈME PARTIE.

Constitution du sol au point de vue agricole et industriel. — État de la population dans ses rapports avec la contrée qu'elle habite.

AVANT-PROPOS

La description géologique de l'Auxois a paru par fragments dans le Bulletin de la Société des sciences historiques et naturelles de Semur, années 1867, 1868, 1869-70 et 1871.

Nous avons, à chaque fois, fait tirer à part, avec une pagination spéciale, un certain nombre d'exemplaires, afin de réunir le tout en un volume quand nous aurions terminé l'ouvrage.

C'est ce volume que nous présentons, avec une table ordinale ou méthodique au commencement, et une table analitique et générale par ordre alphabétique à la fin.

Nous engageons le lecteur à bien se rendre compte de l'ordre établi dans la table ordinale et à donner un examen attentif au Tableau général des Terrains qui termine l'ouvrage, avant d'entreprendre l'étude géologique de l'Auxois.

Nous l'engageons aussi à faire préalablement les corrections indiquées à la liste trop longue des *errata* qui figure aux premières pages.

Nous aurions désiré joindre à notre travail un autre complément d'une grande utilité, sinon indispensable : c'eut été d'abord une carte géologique, coloriée en teintes différentes, suivant les étages, et ensuite de grandes coupes, également coloriées, traversant le Morvan et les contrées limitrophes. Ces coupes auraient été dirigées du N. au S. et de l'E. à l'O. ; elles auraient montré les successions et les lacunes des dépôts, ainsi que les failles.

La carte géologique n'est pas prête et les difficultés d'exécution que nous avons rencontrées jusqu'ici ne nous ont pas permis de donner les coupes.

Cependant nous espérons publier le tout ultérieurement.

INTRODUCTION

Suivant ses moyens d'action, les études auxquelles il s'est livré, la nature de son esprit, la contrée qu'il habite, le point de vue où il se place, le géologue, sans négliger les connaissances générales qui lui sont indispensables, doit chercher à mettre en lumière un côté quelconque de la science dont il s'occupe. Trop vaste pour être traitée dans son ensemble, la géologie exige, au moins autant qu'aucune autre science, la division du travail.

S'il est permis à quelques-uns, d'après les études partielles et les observations restreintes de beaucoup d'autres, d'entreprendre des travaux d'ensemble d'un mérite incontestable, il faut bien reconnaître que, pour parvenir à une synthèse satisfaisante en géologie, il reste encore énormément à défricher dans un champ aussi étendu et encore si peu et si inégalement exploré, et qu'il est nécessaire de multiplier les études spéciales et les recherches locales.

Partant de cette idée, nous nous sommes proposé d'étudier la géologie de l'Auxois. Les observations que depuis longtemps nous avons faites sur les lieux, les nombreux matériaux que nous avons recueillis (1), nous ont permis de concourir à l'œuvre générale; mais l'étude que nous avons entreprise, quelque peu important que paraisse sur la carte l'espace que nous avions à décrire, n'en était pas moins au-dessus de nos

(1) La collection géologique locale du Musée de Semur, augmentée de notre collection particulière et de celles de MM. Bréon et Bochard, les recherches que nous avons faites en compagnie de ces deux géologues et avec MM. J. Martin et Flouest, alors qu'ils habitaient notre ville, nous ont fourni les moyens de donner ce travail que nous n'aurions pas entrepris, sans le concours et les encouragements de nos bienveillants confrères.

forces, tant elle exige de connaissances variées et de documents difficiles à réunir.

Cependant nous avons abordé cette tâche, persuadé que, malgré notre insuffisance et quoique venant après plusieurs autres géologues qui se sont occupés de notre pays (1), nous aurions des choses nouvelles à publier et aussi quelques erreurs à signaler.

Nous nous sommes efforcé de présenter le résultat de nos recherches sans idées préconçues, et, si nos observations ne sont pas toujours en accord complet avec celles faites sur d'autres contrées appartenant aux mêmes terrains que les nôtres, c'est que les choses se sont présentées à notre examen, telles que nous les avons consignées. Les études géologiques sont assez avancées pour qu'on admette plus d'exceptions qu'on ne l'a fait antérieurement, alors que l'esprit de système dominait l'esprit d'observation. Ces exceptions d'ailleurs n'infirment en rien les principes de la géologie; elles ne sont que la confirmation de cette grande loi de la nature qui veut partout la variété dans l'unité.

Le travail que nous publions se divise en quatre parties :

La première contient l'orographie du pays avec indication des altitudes des points principaux;

La deuxième comprend la pétrographie et la stratigraphie des terrains les plus anciens de la contrée, en même temps que la désignation, pour les roches sédimentaires, des fossiles par zones et par étages ;

La troisième partie, consacrée à la géogénie, s'applique à un sujet encore plein d'obscurité et qui n'a été soumis à des observations sérieuses et suivies que depuis une époque récente.

Elle renferme la description de ces terrains répandus à la surface du sol, recouvrant d'un manteau limoneux ou détri-

_____

(1) Voir ci-après la liste des auteurs.

tique les roches de formation antérieure, et désignés généralement sous les noms d'*alluvions anciennes*, de *terrains de
transport*, de *blocs erratiques,* de *terrains d'éboulis*, etc.
Nous en avons recherché la nature et l'origine; nous avons
indiqué les érosions, les dénudations et les modifications dans
le relief du sol, qui ont précédé ou accompagné ces dépôts
de l'avant-dernière période géologique; mais, pour exposer
un sujet aussi complexe et encore si peu connu, malgré les
recherches nombreuses dont il est l'objet sur tous les points
du globe, nous avons été amené à aborder des questions théoriques d'une solution difficile. Remontant des effets aux causes, nous avons tenté de reconstituer les phases successives
par lesquelles notre pays a passé et d'indiquer les phénomènes
divers dont il a subi l'influence, avant d'arriver en dernier
lieu à sa configuration actuelle.

Nous n'osons nous flatter d'avoir réussi dans notre exposition géogénique; nous savons que, malgré nos recherches
et nos observations dirigées bien au-delà de l'Auxois et du
Morvan, il n'est guère possible d'arriver à des résultats suffi-
sants, sans de longues et patientes investigations répétées sur
des espaces plus considérables.

Néanmoins, en nous bornant aux questions qui se rattachent au mode de formation du sol que nous habitons, nous
pensons n'avoir pas fait un travail inutile. La géologie est une
science d'observation et l'on ne peut observer convenablement
que ce qu'on a constamment à sa portée. Si l'on n'accepte
pas nos idées théoriques, on trouvera toujours, dans la constatation scrupuleuse des faits, une base qui pourra servir à
une meilleure solution.

Dans la quatrième partie nous donnons un complément
que nous avons jugé indispensable. Il a pour objet l'étude
des terrains dans leurs rapports avec l'agriculture et l'industrie. Nous avons passé successivement en revue, d'une manière sommaire, la composition des différentes terres, les

productions végétales, les richesses minérales, la nature des eaux et le caractère des habitants soumis aux influences de races, de sol et de climat.

Le travail que nous présentons ne s'adresse pas seulement aux personnes initiées à la géologie, mais encore à celles qui, étant étrangères à cette science, veulent étudier les terrains de leurs pays ; c'est ce qui explique certains détails élémentaires dans lesquels nous sommes entré ; c'est ce qui nous a déterminé à parler de la série entière des dépôts sédimentaires, bien que beaucoup de ces dépôts, par nous décrits sommairement, ne se trouvent pas dans la région dont nous avions à nous occuper ; c'est encore par le même motif que nous avons donné des définitions et des synonymies, sans lesquelles nous aurions pu n'être pas compris de tous les lecteurs.

NOMS DES AUTEURS

QUI ONT ÉCRIT

SUR LA GÉOLOGIE DE L'AUXOIS

Nous citerons seulement les noms des géologues qui, à notre connaissance, se sont occupés des terrains de notre pays. La liste de ceux qui ont écrit sur les mêmes terrains, en dehors de la contrée dont nous donnons la description, serait trop considérable pour être présentée ici, même en n'y comprenant que les auteurs français ; les noms de ces derniers, quand nous aurons à les citer, figureront au cours de l'ouvrage (1).

BUFFON. — *Epoques de la nature, 3ᵉ époque, t. v. — Histoire des minéraux, des argiles et des glaises, t. vi.*

GUETTARD. — *Mémoire et carte minéralogique sur la nature et la situation des terrains qui traversent la France et l'Angleterre. —* (Mémoires de l'Acad. des sciences, 1746; p. 363.) *— Mémoire sur les*

(1) Voir à la page 601 la liste générale des auteurs cités et consultés. Nous profiterons de la réimpression de la présente page pour ajouter les notices suivantes parues pendant le cours de la publication de notre travail.

COLLENOT. — *Blocs erratiques d'origine glaciaire, au pied du Morvan,* (Bulletin de la Société géologique, 2ᵉ série, t. xxvi, p. 173 ; 1868.)

J. MARTIN. — *Les glaciers du Morvan. — Trois journées d'excursion dans les environs de Semur et d'Avallon, en compagnie de MM. E. Benoit, Bochard, Bréon, Collenot, Falsan, Mailly, E. Marion et Moreau.* (Bulletin de la Société géologique, 2ᵉ série, t. xxvii, p. 225 ; 1869.)

poudingues. (Mémoires de l'Acad. des sciences, 1753; p. 90.)— *Granite des environs de Semur. — Observations minéralogiques faites en France,* etc. (Mémoires de l'Acad. des sciences, 1763; p. 137.) — *Observations faites sur la route de Lyon, avec une carte itinéraire. —* V. aussi Mémoires, t. i, p. 350; 1770. — *Mémoires sur différentes parties des sciences et des arts.* (Id. t. iii, 1770; p. 227.) — *Cailloux granitiques dans l'Yonne.*

VARENNE DE BÉOST. — *Mémoires sur les carrières de Bourgogne.* (Tablettes de Bourgogne, 1755; p. 175-183.)

LEFEBVRE D'HALLENCOURT. — *Observations minéralogiques faites à Sainte-Magnance, près Rouvray.* (Journal des Mines, n° 12, p. 49; 1795.) V. encore 1796.

LESCHEVIN. — *Mémoire sur la constitution géologique d'une partie du département de la Côte-d'Or.* (Journal des Mines, t. xxxiii.)

GILET DE LAUMONT. — (Journal des Mines, t. xxxiii.)

DE BONNARD. — *Notice géognostique sur quelques parties de la Bourgogne,* 1825. (Annales des Mines, t. x.) — *Sur la constance des faits géognostiques qui accompagnent le gisement du terrain d'arkose, à l'est du plateau central de la France,* 1828. (Annales des Mines, 2e série, t. iv.)

VIRLET D'AOUST. — *Sur les filons de galène de Courcelles-Frémoy.* (Bulletin de la Société géologique, 1re série, t. iv, p. 44.) — *Sur les granites roses et les filons de galène des environs de Semur.* (Même Bulletin, même série, t. vi, p. 43.) — V. encore les opinions du même auteur lors de la réunion extraordinaire à Avallon, 1845. (Même Bulletin, 2e série, t. ii.)

DE CHRISTOL. — *Notice sur les coquilles en fer oligiste de Beauregard.* (Bulletin de la Société géologique, 1re série, t. xii ; 1840.)

DE LA FRESNAIE. — *Quelques observations géologiques sur la ville de Semur et ses environs.* (Paris, Levasseur; 1841.)

MALINOWSKI. — *Rapport à l'Académie de Dijon sur la brèche osseuse de la montagne de Genay, près Semur.* (1843.)

NODOT (Léon). — *Notice sur les ossements fossiles trouvés sur la montagne du Télégraphe, près Semur.* (Mémoires de l'Académie de Dijon, 1re série.)

NODOT. — *Note sur le gisement de plomb sulfuré de Courcelles-Frémoy.* (Bulletin de la Société géologique de France, 1re série, tome VII, 1835.)

MOREAU. — *Notice sur les arkoses des environs d'Avallon,* (Bulletin de la Société géologique de France, 1re série, tome X, 1839, et 2e série, tome II, 1845.) — *Note sur la géographie physique du Morvan.* (Bulletin de la Société des Sciences historiques et naturelles de l'Yonne, XIe vol. 1857) — *Note sur le graphique de Villarnoux.* (Bulletin de la Société d'études d'Avallon, 1861.) — *Les vallées de l'Avallonnais.* (Bulletin de la Société d'Études d'Avallon, 1864.)

Ed. RICHARD. — *Note sur des roches et des fossiles des environs de Thostes.* (Bulletin de la Société géologique de France, 1re série, tome XI, 1840.)

ROZET. — *Mémoire géologique sur la masse de montagnes qui séparent le cours de la Loire de ceux du Rhône et de la Saône.* (Mémoires de la Société géologique de France, 1re série, tome IV, 1840.)

MANÈS. — *Notice sur les Bassins houillers de Saône-et-Loire.* (Annales des Mines, tome IV, 1843.)

RÉUNION EXTRAORDINAIRE DE LA SOCIÉTÉ GÉOLOGIQUE DE FRANCE, A AVALLON. — MM. Moreau, Virlet d'Aoust, Leymerie, Deschamps, Hébert, Nodot, etc. (Bulletin de la Société géologique de France, 2e série, tome II, 1845.)

DESPLACES DE CHARMASSE. — *Sur la non-association de la houille avec les porphyres dans le bassin d'Autun et sur l'âge des porphyres du Morvan.* (Bulletin de la Société géologique de France, 2e série, tome II, 1845.)

DUFRÉNOY et ÉLIE DE BEAUMONT. — *Explication de la Carte géologique de France,* tomes I et II, 1841, 1848.

ÉLIE DE BEAUMONT. — *Système de Montagnes.* (Dictionnaire universel d'histoire naturelle, 1848.)

ALCIDE D'ORBIGNY. — *Paléontologie française, Terrains jurassiques,* 1842-1850. — *Cours élémentaire de paléontologie stratigraphique,* tome II, 1849.) — *Prodrome de Paléontologie,* 1er vol. 1850.

RUELLE, DUCOS et JULLIEN. — *Coupe géologique de la montagne de Blaisy.* (Bulletin de la Société géologique de France, 2e série, tome VIII, 1851, pl. 10.)

PAYEN. — *Les deux Bourgognes*, 1838. (Journal d'agriculture de la Côte-d'Or, 1851.)

GUILLEBOT DE NERVILLE. — *Note sur le terrain houiller de Sincey.* (Annales des Mines, 5e série, tome I, 1852). — *Carte géologique du département de la Côte-d'Or,* et *Légende explicative* de cette carte, Paris, 1852-1853. — *Sur le Bone bed de la Bourgogne.* (Bulletin de la Société géologique de France, 2e série, tome XIX, 1862.)

D'ARCHIAC. — *Histoire des progrès de la géologie,* tome VI, 1856.

DUMORTIER. — *Note sur quelques fossiles peu connus ou mal figurés du Lias moyen,* Lyon, 1857.

ZIENKOWICZ. — *Note sur quelques faits observés lors de l'ouverture et de l'élargissement de la galerie principale du souterrain de Blaisy, près Dijon.* (Bulletin de la Société géologique de France, 2e série, tome XIV, p. 774, 1857.)

RAULIN et LEYMERIE. — *Statistique géologique du département de l'Yonne,* Auxerre, 1858.

EBRAY. — *Études géologiques sur le département de la Nièvre,* Paris 1858 à 1864. — *Sur la ligne de propagation de certains fossiles, et considération géologique sur la ligne de partage du bassin de la Seine et du bassin de la Loire,* Nevers, 1862.

J. MARTIN. — *Fragment paléontologique et stratigraphique sur le lias inférieur du département de la Côtz-d'Or et de l'Yonne.* (Bulletin du Congrès scientifique de France, xxve session, à Auxerre, 1858.) — *Notice paléontologique et stratigraphique établissant une concordance inobservée jusqu'ici entre l'animalisation du lias inférieur de la Côte-d'Or et de l'Yonne et celle du grès d'Hettanges.* (Bulletin de la Société géologique de France, 2e série, tome XVI, 1859.) — *Note sur les arkoses et leur faune en Bourgogne.* (Bulletin de la Société géologique de France, 2e série, tome XVI, 1859.) — *Paléontologie stratigraphique de l'infralias du département de la Côte-d'Or.* (Bulletin de la Société géologique de France, 2e série, tome VII, mémoire n° 1, 1860) — *De la zone à Avicula contorta et du Bonebed de la Côte-d'Or.* (Mémoires de l'Académie des Sciences, Arts et Belles-Lettres de Dijon, tome XI, 1863) — *Zone à Avicula contorta ou étage Rhœtien. État de la question.* (ibid. tome XII, 1865.) — *Réponse aux observations de MM. Levallois et Dumortier sur le mémoire précédent.* (ibid., tome XII, 1865.)

LEVALLOIS. — *Les couches de jonction* (greuzschicten) *du trias et du lias dans la Lorraine et dans la Souabe, leur continuité dans l'Ardenne et le Morvan*, etc. (Bulletin de la Société géologique de France, 2ᵉ série, tome xxi, 1864.) — *Observations à propos du Mémoire de M. Jules Martin, intitulé :* ZONE A AVICULA CONTORTA OU ÉTAGE RHÆTIEN, Paris, 1865.

TERQUEM. — *3ᵉ, 4ᵉ et 5ᵉ mémoires sur les foramifères du lias*, Metz, 1863, 1864, 1865.

COLLENOT. — *De la présence des Astéries dans la zone à Avicula contorta.* (Bulletin de la Société géologique de France, 2ᵉ série, tome xx, 1862.) — *De la brèche osseuse de la montagne de Genay.* (Bulletin de la Société des Sciences historiques et naturelles de Semur, 1864.) — *La Fontaine salée de Pouillenay.* (ibid. 1865.)

BELGRAND. — *Études hydrologiques dans les granites et les terrains jurassiques formant la zone supérieure du bassin de la Seine.* (Bulletin de la Société géologique de France, 2ᵉ série, tome iv, 1846.) — *Annuaire statistique du département de l'Yonne* (1850), et *Notice sur la carte agronomique et géologique de l'arrondissement d'Avallon.* — *Note sur le terrain quaternaire du bassin de la Seine.* (Bulletin de la Société géologique de France, tome xxi, 1864.)

COTTEAU. — *Note sur le ptycholepis bollensis, du calcaire bitumeux de Vassy (Yonne).* (Bulletin de la Société des Sciences historiques et naturelles de l'Yonne, 1865.) — *Rapport sur une excursion géologique dans les terrains tertiaires et quaternaires de l'Yonne et de la Côte-d'Or.* (Même Bulletin, 1866.)

ÉVRARD. — *Le plateau de Thostes et ses mines.* (Revue universelle des Mines. Liége, 1867.)

DESCRIPTION GÉOLOGIQUE

DE L'AUXOIS

PREMIÈRE PARTIE

OROGRAPHIE

L'Auxois, *Alisiensis, Alsensis Pagus* (1) se composait, avant la Révolution française, des baillages de Semur, Avallon, Saulieu et Arnay-le-Duc; mais la contrée qui fait l'objet de nos études a une étendue plus restreinte.

Elle ne comprend pas l'arrondissement de Semur tout entier, car les limites naturelles concordent mal avec les limites administratives; mais le champ de nos observations s'étend sur une partie des arrondissements voisins, celui de Châtillon-sur-Seine excepté, et nous verrons, quand nous exposerons la géogénie de notre pays, que c'est bien au-delà que nous

---

(1) La capitale du *pagus alisiensis* était *Alesia, Alisia,* ou *Alexia,* ville célèbre par le siége qu'elle eut à soutenr contre J. César et par la victoire que celui-ci remporta sur Vercingétorix et sur l'armée venue au secours des assiégés (52 ans avant J.-C.). Les ruines de cet *oppidum* occupent le Mont-Auxois, canton de Flavigny.

aurons à chercher les preuves des modifications qu'il a subies, aux différents âges géologiques.

L'Auxois, ou plutôt la partie de l'Auxois que nous nous proposons de décrire, comprend la plaine ou le bassin dont la ville d'Avallon (Yonne) et de Semur (Côte-d'Or), occupent les bords à l'occident et à l'orient, dans la section la plus large, et qui se termine par deux ramifications prolongées vers le sud, en remontant les cours du Serein et de l'Armançon.

Il comprend aussi une partie des montagnes qui forment l'enceinte du bassin : celles dont les eaux s'écoulent vers le centre de celui-ci et tombent dans les rivières qui le traversent où le bordent, c'est-à-dire dans le Cousin, le Serein (1), l'Armançon et la Brenne.

En conséquence la région qui nous occupe a pour limites :

Vers le sud-ouest, le plateau situé entre la Cure et le Cousin, de Quarré-lès-Tombes à Avallon, ou plutôt le cours du Cousin en remontant d'Avallon au point où cette rivière reçoit les eaux de la Romanée, puis le cours de la Romanée et de son affluent, le ruisseau du Tournesac.

Vers le sud, une ligne tirée des hauteurs de Montbroin, près Saulieu, aux sources de l'Argentalé, affluent du Serein, pour regagner par une courbe, dont le côté convexe regarde le midi, les sources de la Brenne, près Sombernon; cette ligne traversant les sources du Serein, près de Beurey-Beaugay et celles de l'Armançon entre Thoisy-le-Désert et Essey.

Au sud-est, le milieu du plateau sur le versant duquel sort la source de l'Ozerain, près St-Mesmin.

A l'est, le point de partage des eaux vers Blaisy, au-dessus

______

(1) Dans l'arrondissement de Semur on écrit Serein, dans le département de l'Yonne, Serain. Nous croyons que le premier mode d'orthographier le nom de cette rivière doit être préféré, car il est présumable que ce nom lui a été donné en raison de la nature de ses eaux pures relativement à celles de l'Armançon, qui coule parrallèlement, et qui, dans son cours souvent torrentueux, charrie les dépôts limoneux du bassin de l'Auxois.

des sources de l'Oze et vers Bligny-le-Sec, a l'endroit ou commence le ruisseau de Bonnevaux, qui se jette dans l'Oze, près de Munois.

Au nord-est et en déçà des sources de la Seine, les hauteurs qui dominent Bussy-le-Grand, où prend naissance le Rabutin, autre affluent de l'Oze, qu'il rencontre au-dessous de Grésigny.

Au nord, une ligne passant par le plateau d'où descend le ruisseau de Touillon, tributaire de la Brenne, dans laquelle il tombe à Marmagne; cette ligne aboutissant à Buffon, au confluent de la Brenne avec l'Armançon.

Au nord-ouest, la limite suit le cours du ruisseau de Bornant, qui tombe dans l'Armançon entre Buffon et Rougemont, puis, remontant vers Anstrude, se prolonge par une ligne sinueuse dont la direction moyenne est du nord-est au sud-ouest, sur le faîte des montagnes du midi, en ne comprenant des hauteurs que la partie ayant l'aspect tourné vers le centre du bassin. Cette ligne passe par le télégraphe de Pisy, les sources du ruisseau de Monceaux, coupe le Serein au dessous de Montréal et va rejoindre Avallon par Provency, Vassy et Montmartre.

Toutes les eaux du bassin de l'Auxois se dirigent au nord et au nord-ouest, vers la Seine par l'Yonne. Elles se réunissent dans trois rivières principales : le Cousin, qui sort du bassin par la Gorge-du-Vault, près d'Avallon, pour rejoindre la Cure à Blannay; le Serein et l'Armançon, à peu près parallèles dans leurs cours, qui s'échappent par deux coupures dans le massif des montagnes jurassiques. Le Serein quitte la plaine à Angely et l'Armançon en sort à Athie pour s'engager dans l'étroit vallon de Quincy, qu'il abandonne à Buffon pour entrer dans la vallée de la Brenne dont il reçoit les eaux (1).

(1) C'est la Brenne qui perd son nom en se réunissant à l'Armançon; il serait plus rationnel que le contraire eut lieu, car le cours de la Brenne est plus direct.

Les autres rivières de l'Auxois, tel que nous l'avons circons-crit, qui ont leurs cours en dehors du bassin, sont la Brenne, l'Ozerain et l'Oze, dirigées du sud-est au nord-ouest; elles se réunissent au pied d'Alise dans la vallée des Laumes, séparée de la plaine principale par un chaînon. De là, la Brenne continue son cours vers Montbard, puis vers Buffon où elle rejoint l'Armançon.

En dehors du périmètre naturel que nous venons de tracer, les cours d'eau qui descendent des points de partage, par les versants opposés à ceux qui ont leur inclinaison vers l'Auxois, se rendent vers le sud, au bassin de la Loire par le Tarnin ou Ternin, affluent de l'Arroux, par l'Arroux et ses autres affluents; vers le sud-est au bassin du Rhône par l'Ouche, tributaire de la Saône. Deux autres rivières ayant leurs cours en dehors du même périmètre, font partie du bassin de la Seine, mais y coulent par des vallées différentes de celles dont nous avons à nous occuper. Ce sont, au nord-est la Haute-Seine (1) et au sud-ouest la Cure, affluent de l'Yonne.

Les hauteurs qui s'étendent sur la circonférence de la contrée que nous décrivons forment, à l'ouest et au sud-ouest, les premiers gradins du Morvan; au sud, au sud-est, à l'est, au nord-est, au nord et au nord-ouest, les premiers contreforts des montagnes jurassiques de la Bourgogne.

Le bassin de l'Auxois a l'aspect d'un plateau ondulé, tra-versé par d'étroites dépressions qui servent de lit aux cours d'eau qui le sillonnent.

Il est nettement circonscrit par une ligne de montagnes qui le cernent de tous côtés, livrant seulement passage pour leur

______

(1) La Seine prend sa source dans l'arrondissement de Semur, mais comme elle est en dehors des limites naturelles que nous avons indiquées et qu'elle entre presque immédiatement dans l'arrondissement de Châtillon-sur-Seine, nous n'avons pu la comprendre au nombre des rivières de la partie de l'Auxois qui fait l'objet de nos études.

sortie, par trois gorges étroites, aux trois rivières dont nous avons parlé plus haut.

Cette ceinture de montagnes donne à la plaine inférieure l'aspect d'un grand cirque, excepté vers le midi où la courbe formée par les hauteurs se projette par un angle saillant ou cap avancé vers le centre, séparant deux ramifications du bassin qui se prolongent vers les sources du Serein et vers celles de l'Armançon.

Le bassin intérieur contient trois vallées principales, dont deux au nord, connues sous les noms de Terre-Plaine, d'Avallon au cours du Serein, et de Vallée d'Epoisses, du cours du Serein à celui de l'Armançon, et une au sud-est appelée Vallée de St-Thibault sur le cours supérieur de l'Armançon.

Il comprend aussi de petites vallées secondaires que nous désignerons sous la dénomination de vallée de St-Euphrône entre l'Armançon et les montagnes de l'est; vallée de Roilly, entre les cours moyens de l'Armançon et du Serein; vallée de Genouilly entre le cours moyen du Serein et le Morvan, vallée de Missery, sur le cours supérieur du Serein.

Les montagnes qui bordent le bassin central du côté du Morvan s'élèvent graduellement par une pente continue, formant une suite de mamelons arrondis contournés par les cours d'eau.

Les hauteurs calcaires qui continuent l'enceinte s'élèvent brusquement, formant de larges plateaux découpés en chaînons, entre lesquels règnent des vallées étroites et profondes.

Pour terminer l'orographie du pays, nous allons donner les principales altitudes, d'après la carte du dépôt de la guerre (1).

---

(1) Ces altitudes ne sont souvent qu'approximatives. Elles sont prises sur la carte du dépôt de la guerre, le plus près possible du lieu indiqué. Il peut exister quelques inexactitudes, surtout pour les pays où le sol est très accidenté, mais ces inexactitudes sont de peu d'importance, si l'on considère les altitudes indiquées comme marquant seulement le relief général de la partie de l'Auxois dont nous nous occupons.

Ligne de ceinture du bassin central.

MORVAN.

Sud-ouest.	Bois de Cerée............	335 m.
	Le Meix..............	390
	St-Branché...........	396
	Sources de la Romanée.....	573
	Sources du Tournesac.....	582
Sud.	Sources de l'Argentalé.....	562

MONTAGNES JURASSIQUES

	Sources du Serein........	529 m.
	Sources de l'Armançon....	418
Sud-est.	Sources de la Brenne.....	551
	Sources de l'Ozerain......	534
	Sources de l'Oze........	577
	Sources de Bonnevaux.....	521
Est.	Sources du Rabutin.......	411
Nord-est.	Fontaine de l'Orme.......	261
Nord.	Buffon.............	216
	Anstrude.............	307
	Télégraphe de Pisy.......	376
	Sources de Monceaux......	246
	Vassy.............	310
Ouest.	Montmartre............	357

Points principaux du bassin central.

Terre-Plaine.	Etaules................	309 m.
	St-André-en-Terre-Plaine..	317
	Savigny................	259
Vallée d'Epoisses.	Epoisses..............	258
	Jeux................	224
	Vic-de-Chassenay........	324
Vallée de St-Euphrône.	St-Euphrône...........	301
	Villeneuve-sous-Charigny...	347

Vallée de Roilly	Roilly	363 m.
Vallée de St-Thibault.	Pont-Royal	252
	St-Thibault (canal)	331
	Eguilly (canal)	352
Vallée de Genouilly.	Genouilly	368
	Beauregard	373
Vallée de Missery.	Le Brouillard	346
	Marcilly-sous-Mont-St-Jean	409

Points principaux de la vallée de la Brenne, de Vitteaux à Buffon.

Vitteaux	331 m.
Brain	272
Mussy-la-Fosse (canal)	251
Buffon	213

Altitudes des chefs-lieux de cantons.

Avallon	242 m.
Guillon	228
Montbard	219
Semur	306
Flavigny	425
Vitteaux	331
Précy-sous-Thil	323
Saulieu	540
Pouilly (canal de Bourgogne)	390
Sombernon	551

En comparant les altitudes des montagnes qui entourent le bassin de l'Auxois, on voit qu'elles s'abaissent sensiblement vers le nord-est, le nord et le nord-ouest, tandis qu'elles se relèvent dans les autres parties; mais comme le bassin s'a=baisse également vers le nord, la ceinture semble conserver la même hauteur pour l'observateur placé au centre de la plaine.

On voit aussi que la surface du bassin n'est pas d'égale altitude dans tous les points, et qu'elle se relève principalement en approchant des montagnes vers le cours supérieur des rivières (1).

(1) Pour les autres détails relatifs à la configuration du pays, voir la quatrième partie ayant pour titre : *Constitution du sol au point de vue agricole et industriel.*

DEUXIÈME PARTIE

PÉTROGRAPHIE, STRATIGRAPHIE, PALÉONTOLOGIE

Les terrains de l'Auxois sont très-variés, eu égard à la surface du pays.

Ils se divisent naturellemement en deux grandes classes : *Les terrains de cristallisation* et *les terrains de sédiment.*

PREMIÈRE DIVISION

TERRAINS DE CRISTALLISATION (1)

Nous commençons par les terrains de cristallisation, qui servent de base aux terrains sédimentaires ou déposés par couches stratifiées.

Les terrains de cristallisation forment la partie superficielle

(1) Les roches massives de la base sont appelées roches de cristallisation, parce qu'elles contiennent presque toujours des cristaux formés des substances qui les constituent.

A l'exception des terrains *azoïques* dont nous parlerons ci-après et qui servent de transition entre les roches cristallines et les roches sédimentaires, participant de la nature des premières par leur texture, et de la nature des secondes par leur disposition stratifiée, les roches sédimentaires sont amorphes; si elles contiennent des cristaux, c'est accidentellement, et les parties cristallines qu'elles renferment doivent être considérées comme des exceptions purement minéralogiques.

du noyau du globe. La masse intérieure de ce noyau est complétement inconnue. On sait seulement, par une foule d'observations consignées dans tous les ouvrages de géologie élémentaire, que le centre de la terre primitivement à l'état fluide est d'une extrême densité, qu'il est encore soumis à une température excessivement élevée et que sa croûte externe qui seule peut être étudiée directement s'est formée sous l'action combinée de la chaleur et de l'eau, jointe à une énorme pression.

Les matériaux qui constituent les roches cristallines sont d'une origine très-complexe. Ils proviennent des premiers dépôts répandus à la surface solidifiée de la terre, soumis à des actions moléculaires, à des combinaisons chimiques diverses, remaniés et mêlés aux produits d'éjection ou d'épanchement qui se sont échappés par les fissures de la croûte primitive, plissée et disloquée.

On avait d'abord donné aux terrains de cristallisation le nom de *Terrains primitifs;* mais cette dénomination doit être rejetée comme manquant de justesse, car il est démontré qu'ils se sont fait jour à la surface, à différentes époques et même pendant le dépôt des terrains sédimentaires, qu'ils ont soulevés ou disjoints.

Ils apparaissent sur une partie considérable de la région qui nous occupe, et principalement au sud-ouest, dans la partie morvandelle.

Ils se présentent tantôt sur de grandes surfaces, tantôt sur des points isolés, tantôt le long et au fond des dépressions servant de lit aux cours d'eau.

Le canton de Saulieu est presque entièrement formé de roches de cristallisation; elles occupent une grande étendue du canton de Précy-sous-Thil; le canton de Semur et la Terre-Plaine, dans l'arrondissement d'Avallon, les montrent à nu sur les déclivités à l'ouest et au sud. On les remarque aussi dans le fond et sur les bords de la plupart des rivières et des ruis-

seaux du bassin principal. Dans les parties nord, nord-est,
est, et sud-est, elles disparaissent sous les dépôts sédimentaires.

Elles se présentent avec une composition et des teintes
variées, encastrées les unes dans les autres, se recoupant dans
tous les sens, souvent ayant chacune une texture et une couleur nettement tranchée, plus souvent passant de l'une à
l'autre par des dégradations insensibles.

Avant de donner la description de celles des roches cristallines qui existent dans le pays, nous devons exposer briève-
ment la disposition du Morvan, auquel elles se rattachent, et
indiquer la position relative qu'elles occupent sur les sommets,
sur les flancs et à la base de ce massif montagneux.

Coup d'œil général sur le Morvan.

Le Morvan forme la partie septentrionale du plateau central.
Il s'avance comme un cap avancé de 10 à 12 myriamètres au
milieu des terrains sédimentaires.

Il occupe tout ou partie des arrondissements d'Avallon
(Yonne), au nord; de Clamecy et Château-Chinon (Nièvre),
à l'ouest et au sud-ouest; d'Autun (Saône-et-Loire), au sud
et au sud-est; de Beaune et de Semur (Côte-d'Or), à l'est.

Ses limites septentrionales, occidentales et orientales sont
assez nettement dessinées par de profondes dépressions, où
vient finir le granite, ou par des dépôts sédimentaires. Il est
plus difficile de fixer la démarcation vers le sud, où le
Morvan se relie au grand massif du plateau central.

MM. Raulin et Leymerie, dans leur *Statistique géologique
du département de l'Yonne,* confinent le Morvan par une ligne
partant d'Autun et passant par Arnay-le-Duc, Semur, Avallon, Corbigny et Luzy, pour rejoindre la première ville.

M. Moreau (1) assigne au Morvan, comme limite méridionale, une contrée située un peu au-delà de la Roche-Millay.
Suivant ce géologue, le Morvan se terminerait à l'occident par
une ligne presque droite, allant du nord au sud, d'Avallon
aux bords de la Loire, un peu au dessous de Digoin, en
passant par Lormes et Moulins-Engilbert, et à l'est par une
ligne brisée partant également d'Avallon et passant par Saulieu, Arnay-le-Duc, Couches, Montcenis et se terminant encore
à la Loire à Digoin.

M. Manès (2) donne le nom de Morvan à tout le groupe de
montagnes qui sont situées au nord du canal du Centre et
qui s'étendent de Montcenis à Avallon; par conséquent, la
limite méridionale serait les petites vallées de Bourbince et de
la Dheune, occupées par le terrain houiller de Blanzy, qui
sépare le Morvan du Charoilais et par la vallée de la Loire,
au-delà de laquelle commence le Forez.

M. Manès rattache au Morvan le groupe porphyrique de
St-Saulge, séparé du Morvan principal par une bande de terrain sédimentaire.

Les habitants du pays ne donnent pas au Morvan une limite
aussi avancée vers le sud. Ils arrêtent cette limite au nord de
Luzy, où cesse la masse porphyrique du sommet du Morvan,
sans doute par des motifs puisés dans la tradition et l'histoire
de la contrée.

Nous adopterons la limite vers le sud assignée au Morvan
par M. Manès, laquelle diffère, du reste fort peu, de celle
indiquée par M. Moreau, parce qu'elle est déterminée par un
accident de terrain parfaitement dessiné. Nous acceptons,

(1) *Note sur la géographie physique du Morvan*, (Bulletin de la
Société des sciences historiques et naturelles de l'Yonne. T. xi.) 1857.

(2) *Notice sur les bassins houillers de Saône-et-Loire*. (Annales des
Mines. T. iv) 1843.

pour le reste, les limites fixées par M. Moreau, en ajoutant seulement sur la ligne de l'est, ou plutôt du nord-est, le petit bourg de Rouvray, comme point intermédiaire entre Avallon et Saulieu.

Les différences que l'on constate sur la même ligne entre les démarcations de MM. Raulin et Leymerie et celles de M. Moreau proviennent de ce que les terrains de cristallisation projettent des ramifications plus ou moins avancées vers le centre du bassin de l'Auxois, par suite de l'ablation des terrains sédimentaires (1).

Le Morvan peut être divisé en trois groupes principaux :

Premier groupe ou *groupe supérieur*. — PORPHYRE DES SOMMETS ;

Deuxième groupe ou *groupe moyen*. — GRANITE GRIS SUR LE SECOND PLAN ;

Troisième groupe ou *groupe inférieur*. — GRANITE ROSE DE LA BASE.

GROUPE SUPÉRIEUR OU PREMIER GROUPE CENTRAL FORMÉ PAR LE PORPHYRE (2).

Vers le milieu du Morvan, il existe un massif porphyrique puissant, formant, sur la carte géologique de la France, par MM. Dufrénoy et Elie de Beaumont, un triangle irrégulier dont l'angle oriental se projette à l'est, au-delà de Lucenay-

---

(1) En effet, si l'on arrête les limites du Morvan aux endroits où cesse d'apparaître le granite, la ligne séparative fort sinueuse, pour ce qui regarde le bassin de l'Auxois en particulier, s'avancera vers le centre de la grande plaine en deçà, ou restera au-delà du Serein, et même pourra être portée en deçà et au-delà de l'Armançon, suivant les lieux.

(2) Roche à base de feldspath compacte, contenant des cristaux disséminés de feldspath et de quartz.

l'Évêque, l'angle méridional se termine au nord-ouest de Luzy, et l'angle occidental aboutit aux environs de Corbigny. Le côté est de ce triangle finit à Château-Chinon et Moulins-Engilbert, le côté nord vers Montsauche et le côté sud-est aux terrains houillers d'Autun et à la contrée granitique dont Luzy occupe la partie nord-ouest.

Les montagnes de ce groupe sont disposées sans ordre, formant des cônes plus ou moins abrupts, contournés par des vallées profondes.

La roche est généralement quartzifère. La teinte en est variable. Du côté du nord, la couleur du porphyre est ordinairement rouge brique ou rougeâtre, mais vers le sud, elle passe au violacé, au vert, au bleu et même au noir, sur plusieurs points.

La masse porphyrique est souvent recoupée par des filons d'eurite (1) et plus rarement d'une roche d'un ton gris bleuâtre, connue sous le nom de *trapp* (2).

Elle relève le granite gris du 2e groupe dont nous parlerons ci-après ; elle en enclave même certaines parties sur ses bords ; et, au contact des roches porphyriques et granitiques, on rencontre des roches modifiées, passant à l'eurite, à la minette (3), à la diorite (4) et des filons de barytine (5) et de fluorine (6) avec galène (7).

(1) Roche de feldspath compacte.

(2) Roche compacte, composée de feldspath, de pyroxène et d'amphibole. — Cette roche, très-difficile à déterminer et qui contient quelquefois du mica, n'est probablement pas un trapp. Elle se trouve en filons ou en nappes (Aligny, Moux. — *Nièvre*).

(3) Porphyre micacé.

(4) Roche composée de feldspath et d'amphibole.

(5) Sulfate de baryte en roche.

(6) Roche composée de fluor et de calcium ; on l'appelle aussi chaux fluatée.

(7) Plomb sulfuré.

Les plus grandes altitudes du groupe porphyrique existent au sud, dans la chaîne de la Gravelle (Bois-du-Roi, 900 m. — mont Beuvray, 820 m.) Vers le nord, le groupe porphyrique a des altitudes à peine supérieures à celles des sommets du 2e groupe à travers lesquelles il projette des filons; c'est à ces ramifications qu'appartient le porphyre de Saulieu, du Bras-de-Fer et de Thoisy, et une partie de ceux du ~~nord~~ [Sud] d'Avallon.

GROUPE MOYEN OU DEUXIÈME GROUPE FORMÉ PAR LE GRANITE GRIS (1)

Contre la masse porphyrique centrale vient s'appuyer une masse de granite gris, qui, vers le nord, aurait une largeur de 15 à 16 kilomètres, suivant M. Manès.

Ce granite, où domine le mica noir et le feldspath-orthose souvent en gros cristaux, avec quartz gris amorphe, est composé de grains généralement assez gros, bien que souvent recoupé par des filons et des masses à grains fins, surtout sur les bords extérieurs du côté du 3e groupe.

L'aspect du pays occupé par le granite gris change complétement; au lieu de sommets coniques on ne rencontre plus que des monts arrondis dont les contours se sont usés sous l'influence des agents naturels. La roche est en effet fort altérable et il est difficile de trouver un bloc, même taillé de main d'homme, qui n'ait perdu ses arrêtes après un séjour prolongé à l'air.

Les plus grandes altitudes de groupe moyen au 2e groupe, atteignent vers le nord près de 700 mètres. (Environs de St-Brisson 682 m. — Bois de la Peirouse 609 m. — Collonchèvres, 598 m.)

(1) Le granite est une roche formée de mica, de feldspath et de quartz, en grains également répartis.

M. Manès donne pour la partie méridionale du granite gris, qu'il nomme granite indépendant, des altitudes à peu près équivalentes.

Par sa décomposition, il forme une terre jaunâtre qui souvent a été transportée par des courants au-delà du sol où elle s'est formée, comme nous le verrons plus loin.

Malgré ses formes arrondies, cette masse présente d'assez fortes dépressions dont les pentes sont fréquemment très-rapides.

A son contact avec le 3e groupe, on rencontre des filons et des nappes de granite à petits grains, de leptynite et de quartz.

GROUPE INFÉRIEUR OU TROISIÈME GROUPE FORMÉ PAR LE GRANITE ROSE

En contrebas de la masse granitique précédente, à laquelle il se relie par des granites à grains fins et des leptynites (1), s'étend un versant plus ou moins incliné, s'élargissant ordinairement en pente douce et descendant vers les extrémités opposées au centre du Morvan (2).

Il est constitué par un autre granite tantôt à grains moyens ou à gros grains, tantôt à grains fins, traversé par des filons de pegmatite (3) et de leptynite ou de granite passant à ces roches.

(1) Roche composée de feldspath grenu à éléments très-fins, avec quartz et autres minéraux disséminés.

(2) Dans certaines parties, aux environs de St-Honoré-les-Bains, par exemple, au sud-ouest du Morvan, le porphyre s'étend jusqu'aux terrains sédimentaires et les granites du 2e et du 3e groupe ne sont pas apparents.

(3) Roche granitoïde composée de feldspath et quartz. On y trouve aussi du mica et de la tourmaline; mais souvent les éléments composant ne sont pas mélangés mais séparés en petits amas.

La couleur générale de ce granite, qui est fréquemment porphyroïde (1), est le rose; et le feldspath orthose (2) est souvent accompagné de l'oligoclase (3) dans la même roche.

Le versant sur lequel s'étend le 3e groupe dont l'altitude la plus grande ne dépasse pas 470 mètres et qui, du côté de la Loire, descend brusquement à 240 mètres, s'enfonce vers ses extrémités inférieures sous les terrains sédimentaires.

Le groupe de granite rose est généralement plus fissuré que celui du granite gris et semble plus recoupé d'autres roches d'origine cristalline. Il est plus résistant que le granite gris aux influences atmosphériques.

Il se relie, comme nous l'avons déjà dit, vers sa partie supérieure au granite du 2e groupe par des leptynites ou des granites à grains fins. Vers la base et en certains endroits (bords du Serein, de Montigny-St-Barthélemy à Vieux-Château, bords du Cousin, près d'Avallon, bords de la Cure, Pierre Pertuis), il a modifié la nature des terrains de sédiment en silicifiant et en imprégnant de galène, de barytine, de fluorine et de fer oligiste, les strates qui lui sont superposés par des éjections et des émissions sorties de ses fractures.

Il est aussi vers sa base traversé par des porphyres ~~plus anciens que ceux du premier groupe~~ et par des masses de gneiss dont nous parlerons plus loin. Ces gneiss, qu'il a pressés et contournés dans ses replis, sont modifiés dans les environs d'Avallon, au point d'être devenus de véritables granites noirs, parmi lesquels on peut reconnaître l'alignement primitif et une sorte de disposition en assises.

---

(1) On donne le nom de granite porphyroïde à celui qui contient dans sa masse de larges cristaux de feldspath.

(2) Feldspath à base de potasse cristallisant en prismes rhomboïdaux obliques. Silicate d'alumine et de potasse

(3) Feldspath à base de soude et de chaux cristallisant en prismes obliques non symétriques. Sa couleur dans l'Auxois est rouge

La ligne séparative entre les trois groupes est variable en raison des mouvements divers que le sol a subis. Elle est plus basse du côté du nord, au dessus du Cousin; plus élevée vers le nord-est, du côté de Saulieu.

Les roches cristallines du Morvan sont recouvertes en différents points de lambeaux de terrains de sédiment qui ont été relevés et souvent modifiés par les mouvements d'exhaussement et d'affaissement du massif. Nous en reparlerons plus loin en même temps que nous exposerons la nature des terrains sédimentaires et leur ordre de dépôt.

Orientation du Morvan.

D'après M. Élie de Beaumont (système de montagnes), l'orientation générale du Morvan est voisine de l'O. 40° N, qui est celle du Türingerwald.

La ligne anticlinale du Morvan suit en effet cette direction, de Montreuillon (Nièvre) au Mont-Beuvray (Saône-et-Loire), et cette ligne est le point principal de partage des eaux qui descendent à la Loire ou qui vont à la Seine.

Du côté du sud, les versants les plus élevés du massif porphyrique donnent naissance aux rivières de la Selle, de la Drague et de la Roche; du côté du nord, à l'Yonne, au Challaux et à la Cure. Cependant la ligne de partage remonte vers le nord-est jusqu'aux hauteurs granitiques de Montbroin, car entre les sources de la Cure et la lisière orientale du Morvan, on trouve une dépression d'où descend encore vers le sud le Tarnin, affluent de l'Arroux, dont le cours commence au-dessous du village de Montbroin, près Saulieu, en même temps que le Cousin et l'Argentalé, partant du versant opposé des mêmes hauteurs, vont au bassin de la Seine.

Entre le Tarnin et la lisière orientale existe une ligne de

montagnes (plateau de Pierre-Écrite) ayant, d'après M. Élie de Beaumont, la direction du système du Forez (N. 15° O.).

Suivant le même géologue, on trouve à l'ouest de Château-Chinon une rangée de cimes dirigées N. S., suivant le système de l'Angleterre, sans compter d'autres rangées qui, dans dans le Morvan, auraient la direction du système du Rhin (N. 21° E) et peut-être d'autres systèmes plus modernes.

Par suite de la direction générale de la principale ligne de faîte du Morvan (O. 40° N.), il s'incline dans les deux sens opposés. Du côté de l'Auxois, il s'enfonce sous les terrains stratifiés de la plaine dans la direction O. 35° N.

Nous verrons plus loin, quand nous traiterons de la géogénie, quelles sont les failles (1) qui coupent les bords du Morvan. D'après la direction de ces failles et la nature des terrains sédimentaires qui couvrent les sommets du massif ou qui viennent buter contre lui, nous aurons à déterminer l'époque du dernier relief du Morvan.

Les détails qui précèdent nous permettront maintenant d'aborder la description des roches de cristallisation comprises dans les limites orographiques que nous avons assignées à nos études géologiques.

La contrée porphyrique, ou groupe culminant, est en dehors de ces limites, ou ne s'y trouve représentée que par des ramifications de peu d'importance.

Le groupe moyen, ou de granite gris du nord et du nord-est du Morvan, s'y trouve englobé dans une assez grande proportion.

Le groupe inférieur, ou de granite rose, y est tout entier, séparant le Morvan des terrains sédimentaires.

Nous commencerons par les granites qui forment la masse

____

(1) On donne le nom de faille à une rupture dans les terrains, accompagée d'un changement de niveau dans les bords ou lèvres de la fente. Ces bords affaissés d'un côté ou relevé de l'autre cessent de se correspondre.

la plus importante des roches cristallines de notre pays et nous suivrons un ordre inverse à celui que nous avons établi précédemment, c'est-à-dire que nous partirons de la base pour remonter ensuite vers les points les plus élevés.

GRANITE

GROUPE INFÉRIEUR. — GRANITE ROSE

Les principales variétés sont :

A. — Feldspath orthose lamellaire de couleur rosée. — Quartz gris vitreux en grains amorphes, mica à éclat argenté. (Bords du Serein, Terre-Plaine, bords de l'Armançon) (1).

B. — Le même à l'état porphyroïde, c'est-à-dire contenant de grands cristaux de feldspath orthose. Ces cristaux sont de couleur blanche sur un fond rose coloré par le feldspath lamellaire (Bourbilly, Vieux-Château, Lamotte-Ternant).

C. — Granite à deux feldspath, l'un à petits grains d'un rouge vif de la variété *oligoclase* (silicate d'alumine et de soude calcique); l'autre à l'état lamellaire rose de la variété orthose (silicate d'alumine et de potasse) souvent parsemé de grands cristaux d'orthose de couleur blanchâtre; mica noirâtre sur les lames, argenté sur la tranche, quartz gris. (Très-abondant sur les bords du Serein et de l'Armançon, Semur, Précy-sous-Thil, Thoisy-la-Berchère, etc.)

D. — Granite à grains fins et serrés avec feldspath rose vif (*oligoclase*) et feldspath orthose lamellaire, mica noir, quartz gris. Il contient des taches et des veines d'un noir foncé. Il paraît contenir aussi de l'amphibole (2). (Pont de Chevigny, Genay) la roche est très-dure et très-fissurée.

(1) On y trouve quelquefois deux micas, l'un blanc argenté, l'autre noir ou vert foncé.

(2) Minéral ordinairement vert ou noir. (Silice, alumine, fer, chaux, magnésie, etc.) Quand l'amphibole remplace complètement le mica, la roche prend le nom de *Syénite*.

E. — Granite rose à grains fins, voisin de la *Leptynite*, mais moins grenu (Normiers, Marcigny, Montigny-St-Barthélemy, moulin de Ruffey, Courcelles-Frémoy, environs d'Avallon, etc.). Il est souvent associé aux gneiss dont nous parlerons plus loin.

F. — Granite rose à grains fins, passant à la leptynite ou même au pétrosilex grossier, avec mica noir, feldspath orthose de couleur rosée (environs d'Avallon, Ste-Magnance, Cussy-les-Forges. Ce granite montre souvent une tendance à l'alignement, soit par la disposition des lamelles de mica, soit par la direction des cristaux de feldspath orthose qu'il contient quelquefois. Il se casse plutôt dans un sens que dans l'autre et tend à passer au gneiss. Il semble n'être qu'un gneiss modifié.

GROUPE MOYEN. — GRANITE GRIS

G. — Granite brun violacé ou noirâtre, coloré sur fond blanc par un mica noir. Quartz gris amorphe, feldspath orthose blanc lamellaire cristallisé et passant alors souvent à l'état porphyroïde (Saulieu, Villargoix, etc.).

Quand le mica est peu abondant, le granite devient presque blanc, et dans cet état il est presque toujours à gros éléments d'une faible cohésion (Rouvray, Laroche-en-Brenil, Précy).

H. — Granite gris à grains moyens avec mica noir, feldspath-orthose, blanc ou très-faiblement rosé, quartz gris (environs de Saulieu, entre la Cure et le Cousin, Laroche-en-Brenil).

I. — Le même à grains fins (environs de Saulieu).

Nous avons seulement indiqué les principales variétés du

granite; il serait impossible de les donner toutes, car elles sont innombrables (1).

La grosseur des grains change à des distances souvent très-rapprochées; il en est de même de la consistance.

Le granite se montre aussi fréquemment altéré qu'en roches vives; quand il est à l'état arénacé, il laisse toujours apparaître dans les exploitations les surfaces lisses des fissures en sens divers qui caractérisent les roches cristallines massives, et l'arène est presque toujours grasse par l'effet de la décomposition du feldspath.

Dans les contrées où domine le groupe moyen, les granites des variétés G, H et I forment, par leur décomposition, une terre végétale jaunâtre et qui entre pour une grande proportion dans les terrains d'alluvion où elle a été tranportée par les courants, comme nous le verrons plus tard.

On rencontre à St-Léger-de-Fourcheret une terre argileuse produite par la décomposition du granite à grains fins et très-micacée qui, lavée, donne comme résidu une poussière jaune que les habitants vendaient autrefois comme poudre d'or, pour sécher l'écriture (mica jaune pulvérulent).

C'est ordinairement sur les pentes rapides et dans les grandes brisures du sol que le granite semble le moins altéré, ce qui porterait à croire qu'il est plutôt décomposé lorsqu'il est enfoui et pénétré par les eaux d'infiltration que lorsqu'il est exposé à l'air; mais comme on rencontre sur les mêmes pentes des parties complétement arénacées, il faut plutôt conclure que la résistance originelle du granite est très-variable et que si l'on trouve des roches dures en plus grande abondance sur les déclivités, c'est que les brisures du sol et

---

(1) Le granite passe quelquefois à la syénite, comme on peut le remarquer aux environs de Thostes et de Chamont. (Notice géologique sur le plateau de Thostes, etc., par M. Evrard, p. 13.)

ses dégradations par les eaux mettent plus le granite à découvert que les surfaces planes cachées sous les terres arables et dénaturées par la culture.

Il n'est pas rare de rencontrer, au milieu du groupe moyen, le granite à l'état vif au milieu des masses décomposées. C'est surtout au sein des arènes formées aux dépens du granite brun G (environs de Saulieu, route de Liernais, etc.), qu'on peut remarquer des blocs de granite vif. La gangue altérée est de couleur jaunâtre ; chaque bloc est enveloppé en outre, surtout aux angles, d'une couche grisâtre moins décomposée. Quand les blocs sont exposés à l'air, cette seconde croûte se détache et ils prennent alors une forme arrondie. Le terrain jaunâtre sur lequel ils reposent, produit de la désagrégation du même granite, semble être d'une nature différente, et on pourrait les prendre, au premier examen, pour des blocs erratiques, surtout quand on les trouve au bas des pentes, le long des ruisseaux, soit qu'ils aient glissé jusque-là, soit plutôt qu'ils aient été mis à nu sur place par les cours d'eau. Il faut, pour reconnaître leur véritable origine, les avoir vus dans les carrières, les uns encore en place où ils font partie intégrante de la masse arénacée, les autres déjà détachés, se dépouillant ou complétement dépouillés de leur croûte grisâtre (1).

On remarque souvent au sein des roches granitiques dures ou altérées, surtout dans le groupe moyen, des rognons d'un granite noir ordinairement à grains plus fins où domine le mica (2).

Il semblerait que ces nodules sont les débris roulés d'un

(1) Voir la figure de ces blocs à la planche vi du *Mémoire géologique* de M. Rozet, sur les masses de montagnes qui séparent le cours de la Loire de ceux du Rhône et de la Saône.

(2) M. Rozet, dans le même Mémoire, a constaté la présence de ces nodules dans le granite du Morvan.

granite plus ancien, englobé plus tard dans la masse (1); cependant il n'est pas rare de voir dans cette même masse des parties assez considérables de granite noir, en taches ou en nappes qui paraissent extravasées au sein des roches. Dans ce dernier cas, la roche encaissante est ordinairement assez dure.

Le granite à grains moyens ou à gros grains passe souvent à la pegmatite, et le granite à grains fins passe aussi à la leptynite.

PEGMATITE

Si le granite du groupe inférieur ou du groupe moyen se rapproche souvent de la pegmatite (2) à laquelle il passe, la pegmatite bien caractérisée n'est pas commune; on la trouve en amas et en filons.

Groupe inférieur. Sur les bords de l'Armançon, elle existe avec un caractère particulier. C'est une roche où le quartz et le feldspath-orthose lamellaire de couleur rosée se montrent en éléments nettement séparés, ordinairement d'une dimension relative assez grande. Il est fort rare qu'on n'y rencontre pas le mica, en grandes plaques et à reflet argenté; mais le quartz n'a pas dans cette roche l'aspect vitreux ordinaire, il est d'un blanc laiteux et se montre quelquefois cristallisé (3).

---

(1) M. de Bonnard *(Notice géognostique sur quelques parties de la Bourgogne)* pense que ces rognons sont contemporains de la roche encaissante. On pourrait admettre, en effet, qu'il se sont rangés à part sous l'action d'une certaine affinité, si leur forme arrondie n'était de nature à faire plutôt conjecturer une origine adventice.

(2) Roche granitoïde formée de feldspath et de quartz.

(3) En creusant des fondements à l'institution des Sœurs, faubourg des Bordes, à Semur, on a découvert, au milieu d'un granite arenacé à gros grains, un énorme filon de pegmatite à très gros éléments où dominait le le quartz laiteux, traversé par de beaux cristaux de tourmaline. Le mica est fort rare dans ce filon et le feldspath y est peu abondant.

La tourmaline (1), moins abondante que le mica, est aussi souvent associée à cette roche et à l'état cristallin en prismes à six pans cannelés de couleur noire (faubourg des Bordes, à Semur). On trouve encore, mais très-rarement dans les amas de pegmatite à gros éléments avec quartz cristallisé, une substance d'un vert pâle qui se laisse facilement rayer par une pointe d'acier et qui pourrait être la villarsite ou un hydrosilicate de magnésie et de fer (moulin Beauby, près Cary).

En résumé, la pegmatite dont nous parlons pourrait n'être qu'un granite dont la solidification s'est opérée dans des conditions telles que les différents éléments qui le constituent habituellement et même accidentellement, au lieu d'être disposés d'une manière confuse, sont arrangés à part avec une texture amorphe ou cristallisée. Dans cet état, on a appelé cette roche *armophanite;* mais comme elle passe à la pegmatite véritable, nous croyons ne pas devoir l'en séparer.

Sur les bords du Serein, au contact du gneiss et dans l'arrondissement d'Avallon, la pegmatite forme des filons assez développés dans le granite (au-dessus du moulin de Ruffey, rive droite du Serein, Villiers-les-Poteaux, au-dessus du Cousin).

Groupe moyen. — Au milieu des granites gris, on rencontre également des filons de pegmatite. M. Raulin cite un gisement de pegmatite blanche près de St-Léger-de-Fourcheret, au Moulin-Colas. Nous signalerons aussi la pegmatite des Teureaux-Blancs, près Montbroin, où elle passe à l'armophanite dont nous venons de parler. Dans cette roche, le quartz est laiteux comme aux environs de Semur, et prend çà et là, la forme cristalline en gros prismes.

LEPTYNITE

Après le granite, la roche cristalline la plus abondante est

(1) Boro-silicate de magnésie, d'alumine, de potasse et de soude.

la leptynite ou le leptynite. On ne la rencontre que dans le groupe inférieur. Elle est surtout développée vers la partie supérieure de ce groupe, servant dans ce cas de transition aux granites gris du deuxième groupe.

On en remarque des amas ou des filons aux environs de Semur; cependant elle n'a pas dans les environs de cette ville la texture typique qui la distingue. C'est plutôt un granite à grains fins passant à la leptynite. Pour la trouver avec son caractère de feldspath et de quartz grenus, il faut la chercher sur la route d'Époisses, entre Mènetreux et Pouligny, près du parc de Bierre et aux environs de Normiers; mais c'est surtout entre Rouvray, Laroche-en-Brenil, Saulieu, Montlay et Arcenay qu'elle abonde.

Elle contient toujours de petites parcelles de mica, tantôt à reflet argenté, tantôt noirâtres.

Aux environs de Rouvray, elle renferme des mouches ou de petites taches noires de mica, peut-être de manganèse.

La leptynite est toujours de couleur rose pâle, très-fissurée. Il n'est pas rare de rencontrer dans les fissures des arborisations produites par l'oxide de manganèse et appliquées sur les surfaces des joints. Elle est beaucoup moins altérable que le granite et ne varie guère dans la grosseur de ses grains, qui sont toujours très-atténués. Jamais on n'y rencontre des cristaux de feldspath-orthose.

PORPHYRE, EURITE

Groupe inférieur. — Il existe au toit et au mur du terrain houiller de Sincey et enveloppés par des bancs de gneiss, au milieu des granites et des pegmatites du groupe inférieur, des filons de porphyre de couleur rougeâtre.

Sous le bois situé en contrebas de Beauregard, près du pont de Beau-Serein, le porphyre compris entre les gneiss et le terrain houiller dont nous parlerons plus loin a un aspect grossier et contient des cristaux de feldspath-orthose et des veines de quartz. Sa pâte est remplie de noyaux calcédonieux.

A Sincey-lès-Rouvray, il se montre avec des éléments plus fins enveloppant les tranches redressées du terrain houiller qui renferme, enveloppés dans ses grès, des galets du même porphyre. On le retrouve encore dans les mêmes conditions à Villers-lès-Nonains.

Indépendamment des porphyres au contact du terrain houiller, on en trouve encore en amas ou en filons dans les environs.

Ainsi, on peut remarquer le porphyre à Bierre, dans la carrière du Crapon, où il est exploité pour l'empierrement des routes, et à Précy-sous-Thil, aux environs de la Maison-Neuve, où il passe à l'eurite.

Il forme encore des filons au milieu des granites de l'arrondissement d'Avallon, dans trois directions rectilignes et parallèles, courant, suivant M. Moreau (1) du N. 33º E, au sud 33º O (lignes de Magny, Presle et Ste-Magnance). Ces porphyres de l'Yonne contiennent des cristaux de pinite (2). Ils sont surtout développés à Marrault.

Comme les porphyres traversent les gneiss dont nous allons nous occuper; comme ils existent à l'état de galets dans les grès houillers et qu'ils ont redressé et pressé dans leurs plis le terrain houiller lui-même, ils sont postérieurs aux gneiss;

(1) *Statistique géologique du département de l'Yonne*, par MM. Raulin et Leymerie, page 220.

(2) Substance opaque en petits cristaux d'un vert tendre, assez souvent décolorés, en prismes octogones ou à base carrée, émarginés sur les arrêtes latérales. La pinite est composée de silice, alumine, oxide de fer, magnésie et potasse.

ils se sont produits avant et après le dépôt houiller de l'Auxois; mais ils sont évidemment antérieurs aux grès du trias (Beauregard) qui recouvrent ce dépôt en stratification horizontale, et dont nous parlerons ci-après.

Nous considérons les porphyres de Bierre et de Précy comme contemporains des mêmes éjections porphyriques. Nous croyons aussi que les porphyres des environs d'Avallon sont de la même époque.

Groupe moyen. — Le groupe moyen contient également des porphyres et quelques eurites qui forment des filons à travers le granite gris. Ils paraissent, comme les porphyres de l'Auxois qui traversent le granite rose et les gneiss, être le prolongement du groupe supérieur ou central.

Nous avons remarqué un de ces filons à Saulieu, au sud-ouest de la ville, un autre au Bras-de-Fer, sur la route d'Ar-nay-le-Duc; on en retrouve encore un près de Thoisy-la-Berchère, au-dessus du château.

Le porphyre en filons, dans le granite gris (1), ne contient point de cristaux de pinites; il est généralement d'un rouge foncé, formé d'une pâte fine de feldspath, renfermant des lamelles d'orthose rougeâtre et de petits grains anguleux de quartz amorphes ou bipyramidés.

Accidents minéralogiques dans les roches de cristallisation.

Les terrains de cristallisation sont traversés en différents sens par des filons de quartz, surtout au contact des gneiss et

(1) Voici l'analyse que M. Delesse a faite de porphyres des environs de Saulieu. (*Bulletin de la Société géologique de France*, 2e série. T. VI, 1849, page 638.)

Silice	77	5
Alumine	12	9
Oxide de fer	2	5
Chaux	0	4
Potasse, soude et magnésie	5	9
	99	2

au voisinage des terrains du lias, c'est-à-dire vers la partie la plus inférieure du groupe inférieur (bords du Serein, de Ruffey à Vieux-Château, bords du Cousin, près d'Avallon, bords de l'Armançon, surtout aux environs de Semur, roches de Saumaise, etc.).

Ce quartz est ordinairement blanc laiteux ; souvent coloré par le fer, il prend une teinte rougeâtre ou violacée. Sur les bords du Cousin, les filons quartzeux passent quelquefois au jaspe et au silex et contiennent de la barytine, de la fluorine, de la galène et du fer oligiste.

Dans le groupe moyen, les filons de quartz hyalin sont moins fréquents. (Teureau-Blanc, près Montbroin.)

Le groupe inférieur contient quelquefois de l'amphibole, mais la syénite en roche y est fort rare. On rencontre pourtant, d'après M. Raulin, la syénite à Lautreville, près Saint-Germain-des-Champs.

Les groupes inférieur et moyen renferment des filons ou des mouches de tourmaline, ordinairement cristallisée, c'est ordinairement dans la pegmatite qu'on rencontre ce minéral, cependant il n'est pas rare dans le granite lui-même aux environs de Semur.

On trouve aussi dans les mêmes groupes des filons ou des amas de feldspath orthose décomposé et passant au kaolin. Le gisement le plus important du groupe inférieur est à Champ-Morlin (Yonne), au Champ de la Tuilerie ; il existe aussi quelques filons de kaolin près du bois de Censey, environs de Courcelles-lès-Semur, sur le ruisseau ; mais le kaolin de la contrée que nous décrivons est généralement peu abondant. Le plus souvent il est coloré par le fer mélangé de grains de quartz. Il n'est guère susceptible d'emploi que pour la fabrication des briques réfractaires et de la poterie.

TERRAIN AZOIQUE

Comme transition entre les terrains de cristallisation en roches massives et les terrains sédimentaires dont nous allons parler ci-après, se place le terrain azoïque, représenté par les gneiss et les micaschistes.

En effet, par leur texture granisoïde, ces roches participent de la nature des terrains de cristallisation; mais par leur structure schisteuse, c'est-à-dire en feuillets, dans lesquels les minéraux qui les constituent (mica, quartz, feldspath) sont alignés dans le sens des feuillets (1), elles sont généralement considérées comme formées primitivement dans les mêmes conditions que les terrains sédimentaires.

Nous avons dit qu'elles ne contiennent pas de corps organisés; mais rien ne prouve qu'elles n'en ont pas renfermé et que ces corps n'ont pas été détruits par les changements que les roches azoïques ont subies en passant à l'état granitoïde; au contraire, on peut considérer, comme un indice de productions végétales modifiées, la présence du graphite (2) dans le gneiss, constatée à Villarnoux par M. Moreau, d'Avallon (3).

Les terrains de cristallisation, par suite des mouvements répétés de l'écorce du globe, ont souvent changé l'horizontalité des depôts stratifiés. Il est arrivé aussi que la sructure primitive de certaines roches a été altérée; dans d'autres cas, la composition chimique de ces roches a été dénaturée elle-même par déplacement moléculaire, par imbibition, par combinaison et par la pénétration de nouvelles substances épanchées ou injectées, phénomène désigné en géologie par le nom de métamorphisme.

(1) Quand le mica domine et que le feldspath et le quartz s'atténuent, la roche prend le nom de micaschiste.

(2) Carbone presque pur, avec traces de fer et de silice.

(3) *Bulletin de la Société d'Études d'Avallon, 1861.*

Le métamorphisme s'est produit quelquefois lentement par voie humide, au contact des roches voisines, sous l'action de la chaleur et de la pression, ainsi qu'il résulte des recherches de MM. Delesse et Daubrée. Les émanations gazeuses ont même suffi pour amener des changements notables dans la composition des roches.

Aussi les terrains azoïques peuvent n'être que le résultat du métamorphisme à son maximum d'intensité. Ces terrains sont redressés, plissés et brisés, et ne contiennent plus que les minéraux du granite à l'état granulaire, feuilleté ou cristallisé. Ils n'auraient conservé de leur disposition primitive que l'arrangement stratiforme.

Nous verrons plus loin, quand nous parlerons des terrains paléozoïques (formation primaire), combien l'horizontalité des dépôts est souvent dérangée et combien les débris organiques peuvent facilement disparaître dans les roches de sédiment les plus inférieures. L'intensité et la fréquence des commotions dont elles ont souffert ont eu pour conséquence des modifications d'autant plus profondes qu'elles sont situées plus près du centre et qu'elles n'ont échappé à aucune des actions qui ont affecté plus tard les dépôts sédimentaires placés au-dessus.

Si l'on considère les gneiss et les micaschistes comme des terrains sédimentaires, on peut encore aller plus loin et comprendre, dans la même catégorie de roches métamorphiques, certains granites des environs d'Avallon, que nous avons vus conserver sur les bords du Cousin une tendance à l'alignement, une disposition en assises et une cassure plus facile dans un sens déterminé.

Les gneiss se montrent à la base du nord et du nord-est du Morvan, à travers les granites du groupe inférieur et se prolongent sous les lias et les terrains oolithiques, pour reparaître à l'est dans un îlot granitique situé aux environs de Mâlain, canton de Sombernon, tandis que, vers l'ouest, on les rencontre jusqu'aux environs de Chastellux, au sud d'Avallon. Cette roche existe encore, suivant M. Manès, au contact des granites du groupe moyen, près de St-Léger-de-Fourcheret.

La direction du gneiss dans l'Auxois est O.-E environ. Il forme plusieurs bandes parallèles ; mais si, sans tenir compte de l'ensemble, on examine les différentes parties d'une bande, on les voit relevées et plissées dans différents sens par le granite, la leptynite, la pegmatite et les porphyres inférieurs, par suite de mouvements locaux.

Dans l'Auxois, les gneiss se montrent à Montigny-sur-Armançon, près du village, en aval du pont, sur l'Armançon, ainsi que sur le ruisseau de l'Étang ; à Flée, ils forment une bande parallèle à celle de Montigny. On les rencontre encore au pont de Beau-Serein, au-dessous de Beauregard ; à Villars-Frémoy ; au nord-est de Bussières, près Villarnoux ; à Villers-les-Nonains, Marrault, etc.

Le mica du gneiss est ordinairement noir ou jaunâtre ; quand le mica domine, la roche prend le nom de micaschiste. Le gneiss se présente tantôt à l'état feuilleté, facile à diviser dans le sens des feuillets ; quelquefois, comme dans les environs de Chastellux, il est d'une consistance très-dure, comme si les feuillets avaient été soudés par une pression et une chaleur plus intenses et il prend une teinte noirâtre qu'on observe même dans les granites environnants.

A Villers-lès-Nonains, un puits creusé dans le but de chercher de la houille a traversé, d'après M. Raulin, sur une longueur d'environ soixante mètres, un système de roches talqueuses stratifiées, gris verdâtre, composé de protogynes à grains fins, de talschiste et de diorite talcifère (1). Ainsi, le talc, dans certains cas, vient remplacer le mica.

---

(1) Le talc est une substance voisine du mica, également disposée par feuillets, mais plus douce au toucher et comme savonneuse Il doit cette propriété à la grande proportion de magnésie qui entre dans sa composition.

La protogyne diffère seulement du granite en ce que le mica est remplacé dans cette roche par le talc.

La diorite est composée de feldspath et d'amphibole.

Le terrain azoïque accompagne ordinairement dans l'Auxois les granites à grains fins, les leptynites, les pegmatites et même le porphyre du groupe inférieur. Il se trouve souvent au voisinage du terrain houiller.

Accidents minéralogiques.

Les bandes gneissiques sont souvent coupées de filons, de quartz laiteux. La roche passe quelquefois à la pegmatite, et dans les environs de Thostes et de Beauregard elle est fortement imprégnée de fer oligiste. Nous avons déjà vu qu'à Villarnoux elle contient du graphite.

Relation du gneiss de l'Auxois avec le même terrain des autres parties du Morvan.

On trouve les gneiss et les micaschistes, dans le groupe inférieur, à St-Martin-du-Puits, près Lormes, à l'ouest; près de St-Honoré-les-Bains et de Bourbon-Lancy, au sud-ouest; aux environs du terrain houiller, dans l'Autunois et en se rapprochant de Nolay, au sud-est.

DEUXIÈME DIVISION

TERRAINS DE SEDIMENT

Nous allons maintenant nous occuper des terrains sédimentaires ou stratifiés, proprement dits, c'est-à-dire déposés successivement à la surface des roches de cristallisation.

Nous avons vu que le terrain azoïque encore cristallisé pourrait, à la rigueur, être placé en tête de cette série, puisqu'il est généralement considéré comme stratifié; mais en l'absence de preuves certaines, nous l'avons laissé dans les terrains de cristallisation de la première division, comme formant un groupe à part, et établissant un passage entre ces derniers et les terrains sédimentaires bien constatés.

Nous indiquerons la nature et la position relative des terrains de sédiment, en commençant par la base. Nous ne parlerons que d'une manière sommaire de ceux qui n'existent pas dans la contrée comprise dans la circonscription spéciale dont nous avons entrepris l'étude; nous insisterons davantage sur la description des dépôts stratifiés qui, manquant dans l'Auxois, se trouvent néanmoins représentés sur le Morvan ; et nous n'entrerons dans des développements un peu étendus que lorsqu'il s'agira des terrains placés dans les limites que nous avons déterminées dans la première partie (1).

FORMATION PRIMAIRE

Nous donnons le nom de formation primaire aux terrains sédimentaires, au sein desquels les êtres vivants ont commencé à paraître, ce qui est démontré par la présence de restes organiques.

Cette désignation de terrains primaires (2), attribuée aux premiers dépôts stratifiés, a l'avantage de n'apporter aucun changement à la classification des autres terrains placés plus haut, telle qu'elle avait été établie par les géologues du

(1) Voir l'échelle générale et comparative des terrains, à la fin de la quatrième partie.

(2) Et non *terrains primitifs*, dénomination improprement appliquée, comme nous l'avons vu plus haut, aux roches de cristallisation.

xviiie siècle ; de sorte que les terrains primaires seront naturellement suivis des terrains secondaires, tertiaires et quaternaires.

Les terrains primaires contiennent, en même temps que
des assises régulièrement stratifiées, un grand nombre de
roches cristallines, produites par voie d'épanchement, d'injection, etc. Les dislocations et les remaniements qu'ils ont
subis ont souvent détruit leur horizontalité primitive et fait
disparaître dans certaines parties les restes organiques. Aussi
ont-ils été d'abord considérés comme tenant une position
intermédiaire entre les terrains de cristallisation et les terrains placés plus haut, qui ont été moins affectés par les
mouvements intérieurs du globe et par le métamorphisme,
et, pour cette raison, on leur avait donné le nom de *terrain
de transition* par lequel on les désigne encore souvent ; mais
cette dénomination, qui pouvait paraître rationnelle alors
qu'on tenait plutôt compte des caractères minéralogiques
que des caractères paléontologiques, doit être rejetée aujour-
d'hui, qu'il est reconnu que les terrains dont nous parlons
ont été déposés dans les mêmes conditions que ceux qui les
surmontent.

Les mêmes terrains sont encore connus sous le nom de
terrains paléozoïques, parce qu'ils contiennent la faune la plus
ancienne du monde ; mais comme ils renferment aussi la
première flore, cette qualification est incomplète.

Nous comprendrons dans la formation primaire, en lui
donnant la première place, un terrain nouvellement connu
qui avait été jusqu'ici confondu avec les roches azoïques,
mais qui, par suite de la découverte récente d'un corps fossile dans ses strates, doit figurer dans la série paléozoïque.

TERRAIN LAURENTIEN ET HURONIEN

Les géologues américains ont découvert dans les montagnes Laurentides du Canada, non loin du cours du fleuve Saint-Laurent, deux séries distinctes de roches gneissiques et calcaires superposées en stratifications discordantes, qu'ils ont distinguées en *Laurentien inférieur* et *Laurentien supérieur*.

Le Laurentien inférieur n'a pas moins de quarante mille pieds anglais et le Laurentien supérieur aurait une puissance d'au moins dix mille pieds.

Au-dessus du système Laurentien, on trouve une autre masse de roches altérées, en discordance de stratification avec les précédentes, composées de schistes et de calcaires, d'une épaisseur d'environ dix-huit mille pieds, qu'on a désignées sous le nom de *Terrain huronien*.

Jusqu'ici on n'a découvert dans ces puissants groupes, et dans le Laurentien inférieur seulement, que de rares débris organiques, parmi lesquels on a reconnu des spicules d'Eponges et un Rhyzopode ou Foraminifère de grandes dimensions, décrit par le docteur Dawson de Montréal, sous le nom d'*Eozoon canadense*.

Ce fossile doit sa conservation à la serpentine qui a pénétré la roche dolomitique où l'Eozoon semble avoir formé des récifs d'environ deux cents pieds. La serpentine polie laisse voir la sructure du foraminifère.

Dans le calcaire du même système Laurentien, M. Gümbel a constaté en Europe, sur le territoire de la Bavière, la présence de l'Eozoon dans les mêmes conditions, c'est-à-dire injecté de serpentine et d'amphibole et associé à d'autres restes organiques encore indéterminés. Le Laurentien inférieur de la Bavière serait encore plus puissant que celui du Canada et n'aurait pas moins de 90,000 pieds anglais (1).

(1) *Esquisse géologique du Canada,* par la commission géologique de ce pays, à l'Exposition universelle de 1867. Paris, G. Bossange, 1867.
On n'a pu déterminer l'épaisseur considérable de ces terrains qu'au

Si ces découvertes sont confirmées, on y trouvera une nouvelle présomption, en faveur de l'origine sédimentaire du terrain azoïque. On reconnaîtra même la possibilité de l'existence d'êtres organisés dans les gneiss et les micaschistes, avant le métamorphisme. Le passage de ces roches au granite est aussi de nature à jeter des doutes sur l'origine purement ignée des masses granitiques.

Le terrain Laurentien n'a pas encore été rencontré ailleurs que dans les deux régions que nous avons indiquées. Le terrain huronien est même spécial au Canada.

TERRAIN SILURIEN

Avant la découverte de corps organisés fossiles dans le terrain précédent, on considérait le terrain silurien comme le plus ancien des dépôts paléozoïques ou primaires.

Le nom de Silurien lui a été donné par M. Murchison, parce qu'il a été d'abord étudié et décrit par ce géologue sur le type fourni par une contrée du pays de Galles, occupé par les Silures, lors de la conquête romaine.

Il se divise en deux parties, le Silurien inférieur et le Silurien supérieur.

Silurien inférieur.

Le Silurien inférieur ou étage Cambrien, ainsi appelé d'une

moyen d'observations faites sur de grandes étendues et à l'aide des failles et des dislocations qui font retomber à des niveaux très-bas les points les plus élevés dans d'autres lieux. La puissance de quatre-vingt-dix mille pieds anglais, calculée pour le terrain Laurentien de la Bavière, correspond à vingt-sept mille cinq cents mètres. C'est cinq à six fois la hauteur du Mont-Blanc, au-dessus de la mer.

peuplade celtique, les Cambres, qui habitaient une portion du pays de Galles, a encore reçu plus tard de M. Elie de Beaumont le nom d'étage de Cumbrien, parce qu'il est mieux caractérisé dans le Cumberland.

Il est composé de schistes métamorphiques et aussi de grès ou de sables quartreux solidifiés qu'on retrouve dans un grand nombre de formations, mais qui se rencontrent constamment, avec des couleurs et des structures variées à partir de la base du terrain paléozoïque jusqu'au lias exclusivement.

Silurien supérieur.

La composition minéralogique du silurien supérieur ne diffère guère de celle de l'étage Cumbrien; cependant le calcaire y est un peu plus développé.

Il fournit une grande quantité d'ardoises qui sont surtout exploitées dans les environs d'Angers. Il renferme aussi quelques gisements de houille sèche.

Le terrain silurien est très-riche en débris de corps organisés, surtout à sa partie supérieure.

On y trouve des poissons *(genre des Cestrationidæ);* des annelés *(annélides et crustacés trilobites);* des mollusques céphalopodes, gastéropodes, lamellibranches et brachiopodes; des crinoïdes, des échinodermes; des zoophytes et quelques végétaux marins (1).

---

(1) On croit généralement que les premiers êtres qui ont apparu sur le globe n'étaient que des ébauches, par lesquelles la nature préludait, avant d'atteindre à des formes d'un ordre plus élevé.

Si l'on considère, en effet, d'une manière générale l'ensemble des êtres qui ont habité successivement la terre, on remarque un perfectionnement continu de l'organisme, et ce n'est que dans les terrains les moins

Le terrain silurien est très-répandu à la surface du globe, et, dans certains pays, il atteint une puissance considérable (huit mille mètres en Angleterre); mais le plus souvent ne se présente que par lambeaux disloqués.

Il n'existe pas dans l'Auxois, et cette lacune peut s'expliquer par une plus grande extension du Morvan, du côté du nord-est, pendant la période silurienne, extension qui aurait empêché l'envahissement de la mer sur ce point alors soulevé, ou bien par la dénudation qui aurait détruit les assises siluriennes, si elles ont pu s'y former, avant la production

anciens que se sont développés, sauf de rares exceptions, les animaux supérieurs (oiseaux mammifères).

Cependant, si l'on examime l'évolution des êtres avec plus d'attention, on voit qu'ils n'ont pas toujours eu une marche progressive et que certains d'entre eux, qui ont peuplé les premiers terrains de sédiment, ne le cédaient en rien et étaient quelquefois supérieurs aux espèces des genres semblables qui ont vécu plus tard et qui même ont prolongé leur existence jusqu'à l'époque actuelle. On voit aussi que des familles de mollusques, remarquable par la perfection de leur organisation, ont disparu sans être remplacées; dans la grande classe des mollusques céphalopodes, par exemple, qui a commencé dès la période silurienne, qui a atteint son maximum de développement dans la formation secondaire, et est allée en décroissant jusqu'à nos jours, on peut constater que la famille des *ammonidæ*, si variée et si bien douée, sous le rapport des organes et dont la première apparition date de la fin du Trias, s'est éteinte vers la fin de la période crétacée.

Il semble plus rationel d'admettre, qu'au lieu d'ébauches successives pour arriver à des types plus perfectionnés, les êtres recevaient une organisation appropriée au milieu où ils étaient appelés à vivre.

La force créatrice avait la même puissance à toutes les époques; mais elle accommodait les formes et les organismes à l'état du globe correspondant et, quand le milieu était plus convenable qu'aujourd'hui à l'évolution de certains genres, ces genres acquéraient une richesse d'organisation qu'on ne retrouve plus dans les conditions actuelles pourtant si favorables à la vie des mammifères et des oiseaux.

d'autres dépôts qui sont venus plus tard couvrir le sol de l'Auxois.

Existence sur le Morvan de roches siluriennes.

Dans le Morvan, on remarque une surface d'une certaine étendue qui pourrait appartenir au terrain silurien.

Au nord de Bourbon-Lancy, il existe un lambeau de roches métamorphiques, sans fossiles, que M. Rozet (1) désigne sous le nom de Dépôt de Grauwacke (2). Ce lambeau, d'après ce géologue, présente le caractère schisteux, avec couches de conglomérat et de poudingues, analogue au même terrain du Forez, qui appartient au terrain silurien et qui n'est séparé du Morvan que par la vallée de la Loire.

Cette masse métamorphique renferme des bandes de Phyllades (3) noirâtres entrecoupées de filons de porphyre et d'eurite que M. Rozet distingue d'une bande voisine également schisteuse, mais formée de psammites rougeâtres (4), qu'il range dans le vieux grès rouge ou terrain Devonien (5).

(1) Société géologique de France, tome IV, 1re partie. *Mémoire sur la masse de montagnes qui séparent le cours de la Loire de ceux du Rhône et de la Saône,* page 92.

(2) Roche composée de grès fin ou grossier, avec éléments arrondis ou anguleux, reliés par un ciment argileux et schisteux, quelquefois micacé.

(3) Micaschiste compacte. La roche est luisante, satinée et feuilletée.

(4) Grès argileux micacé.

(5) Rozet, Mémoire déjà cité, page 91. Comme à l'époque où M. Rozet composait son mémoire, les étages paléozoïques étaient encore mal définis, il appelle le vieux grès rouge terrain carbonifère; mais le vieux grès rouge doit être compris dans le terrain Devonien de M. Murchison, qu'on appelait aussi terrain anthraxifère. Le terrain carbonifère véritable est supérieur au terrain Devonien.

M. Manès (1) signale les mêmes grauwacke à Bourbon-Lancy et même à Arnay-le-Duc. Il la considère comme *terrain de transition*, sans désignation d'étage.

Enfin M. de Charmasse (2) établit une distinction entre les porphyres rouges du nord de la partie du Morvan, disposés en filons et en culots de couleur claire, dépourvus de sulfures métalliques et ne faisant jamais effervescence dans les acides et entre les porphyres noirs du sud, formés d'un pétrosilex de couleur foncée, passant au porphyre par l'adjonction du feldspath cristallisé et de quartz en cristaux ou en globules; et ce géologue rattache ces derniers aux terrains métamorphiques du bord de la Loire par les raisons suivantes :

La roche de porphyre noir est souvent terreuse, quelquefois granitoïde. Elle contient des noyaux ou galets de quartz et d'autres roches et même des veinules de carbonate de chaux. En certains lieux, elle présente des schistes argileux et des schistes pétrosiliceux et compactes. Quand ceux-ci ont été longtemps exposés à l'air, on y remarque des stries parallèles droites ou contournées, ou des zones minces alternativement blanches et noires, et même des cristaux de feldspath; le tout disposé en lignes, dont la direction N. S. est celle des grauwackes des bords de la Loire.

Au milieu des porphyres noirs de Champ-Robert, il existe une couche assez puissante de marbre blanc dont la présence ne peut s'expliquer que par l'action métamorphique et qui paraît appartenir, suivant M. de Charmasse, au terrain silurien ou carbonifère (3).

(1) *Notice sur les bassins houillers de Saône-et-Loire.* Page 8. (Extrait du tome IV des *Annales des Mines, 1843.)*

(2) *Bulletin de la Société géologique de France,* 2ᶜ série, tome II. Réunion extraordinaire à Avallon, 1845.

(3) Evidemment M. de Charmasse entend comme M. Rozet par terrain carbonifère le terrain Devonien. (Voir le 5ᵉ renvoi de la page 92.)

Le porphyre noir, désigné souvent sous le nom de Trapp, Eurite, Diorite, etc., contient des pyrites de fer et de cuivre et ne pénètre pas dans le granite comme le porphyre rouge ; mais il est traversé par les filons de celui-ci, ainsi qu'on peut le constater au fond des vallons.

La différence entre le porphyre noir et le porphyre rouge devient d'autant plus tranchée qu'on s'avance davantage vers le midi du Morvan.

M. de Charmasse est porté à croire que ces modifications peuvent avoir pour cause les éruptions du porphyre rouge.

Ainsi, l'analogie des grauwackes noirâtres du Forez, qui sont siluriennes, avec les grauwackes de Bourbon-Lancy, et le passage de celles-ci aux porphyres noirs, conduisent à cette conclusion que la partie méridionale du Morvan, avant son exhaussement qui a porté les points culminants de la masse métamorphique à 900 mètres au-dessus du niveau de la mer, aurait pu recevoir un dépôt silurien (1).

Cependant M. Rozet ajoute plus loin, dans une note (page 91) du mémoire déjà cité :

« Après avoir entendu la lecture du beau Mémoire de
« M. Murchison, sur le terrain Devonien, équivalent du vieux
« grès rouge, je serais tenté de ranger dans ce terrain, tout
« les schistes rouges, gris et bleuâtres compris entre la Loire
« et l'Arroux, et même ceux des environs du Donjon, dans le
« département de l'Allier. »

Il résulterait de ce qui précède que l'existence du terrain silurien sur le Morvan serait problématique. Toutefois, M. d'Avout (2) n'hésite pas à considérer le terrain dit de Tran-

---

(1) Voir un mémoire de M. Durocher, *Etudes sur le métamorphisme des roches. (Bulletin de la Société géologique de France,* 2ᵉ série, tome III, page 595).

(2) *Bulletin de la Société géologique de France,* 2ᵉ série, tome II. Réunion extraordinaire à Avallon, 1845.

sition de Bourbon-Lancy comme l'équivalent du terrain Cambrien ou silurien inférieur. Et M. Boulanger (1) tire de la ressemblance des terrains dont nous parlons, situés dans le département de la Loire et de Saône-et-Loire avec ceux de l'Allier, qui sont évidemment siluriens, la conséquence qu'ils appartenaient au même dépôt coupé depuis par le bassin de la Loire. (2).

TERRAIN DEVONIEN

Au-dessus des dépôts Siluriens, on rencontre le terrain Devonien, ainsi appelé par M. Murchison, qui en a placé le type dans le Devonshire.

Il portait auparavant le nom de vieux grès rouge, parce qu'il est souvent composé de grès rougeâtres ; mais on y trouve aussi des calcaires schisteux ou en assises, et le caractère minéralogique du terrain Devonien est fort variable. On l'a appelé aussi terrain anthraxifère, parce qu'il renferme des dépôts de houille sèche ou anthracite.

Le terrain Devonien occupe un grand nombre de points dans l'ancien et le nouveau continent, sous des latitudes très-différentes, avec de nombreux fossiles qui ne varient pas avec ces latitudes, ce qui prouve qu'à l'époque où il a été déposé, le climat était à peu près uniforme sur tous les points du globe. Il contient des assises terrestres et des assises marines.

C'est dans les couches devoniennes que les reptiles font leur première apparition. On y trouve aussi de nouveaux genres de poissons qui manquaient dans le terrain silurien. Ils sont accompagnés également de genres inconnus jusques-là et

(1) *Statistique géologique et minéralogique de l'Allier.*
(2) *Ibid.,* pages 96-107.

d'espèces spéciales aux assises devoniennes, parmi les mollusques, les crustacés, les échinodermes, les crinoïdes, les zoophytes et les végétaux.

Existence sur le Morvan de roches devoniennes.

A l'angle formé par l'Arroux et la Loire, au voisinage des schistes gris et noirs formant le Dépôt de Grauwacke que M. Rozet place avec doute dans le terrain silurien, on rencontre une masse de psammites rouges qui, de l'autre côté de la Loire, vont s'enfoncer sous les terrains houillers. Ils sont pénétrés par des filons de quartz et recouvrent les schistes noirs. M. Rozet les considère comme appartenant au vieux grès rouge *(terrain devonien)*.

Sur la rive droite de la Loire, au-delà du village de Creux, le même géologue (page 93 du Mémoire déjà cité) a constaté la présence d'une masse de calcaires gris bleuâtre qui ne sont pas associés aux schistes noirs.

Ces calcaires, qui font partie des terrains devonien, contiennent une grande quantité d'encrinites et le *ciatophyllum héliantoïdes*.

Nous devons signaler aussi sur la partie médiane du Morvan, au milieu des porphyres, au village de Cussy-en-Morvan, un dépôt de calcaire marneux bleuâtre dans lequel nous avons rencontré un ciathophyllum. La pierre qui est employée à faire de la chaux devient parfaitement blanche par la cuisson, ce qui indique que sa coloration en bleu foncé provient de matières organiques.

Le calcaire de Cussy nous paraît être de même origine que celui des bords de la Loire.

A quelques kilomètres au nord de Cussy, près du village de Menessaire, il existe un lambeau d'anthracite qu'on a tenté d'exploiter et qui paraît encore appartenir au même étage. **Nous** ne savons pourtant s'il contient des fossiles qui permettraient de le distinguer de l'anthracite de l'étage houiller dont nous parlerons ci-après.

Pour certains géologues la formation primaire ou paléozoïque ne comprend que les terrains sédimentaires précédemment énumérés; mais à l'exemple d'autres géologues, nous y rangerons encore le terrain carbonifère et le terrain permien.

TERRAIN CARBONIFÈRE

Ceux des terrains paléozoïques dont nous avons parlé précédemment tirent leurs noms des lieux où ils sont plus particulièrement développés.

Il n'en est plus de même du terrain carbonifère, qui prend rang au-dessus du terrain devonien. Il est ainsi appelé, parce qu'il renferme en abondance le charbon fossile; cependant s'il est le plus riche en combustible minéral, il n'est pas le seul qui en soit pourvu.

Il eut donc été convenable de lui donner une dénomination plus caractéristique; mais celle qu'il porte est consacrée par l'usage et nous n'avons rien à y changer.

Le terrain carbonifère est composé de roches de nature diverse, où dominent les grès, les schistes et aussi les calcaires, plus ou moins disloqués et contournés, traversés par des filons de structure cristalline et pénétrés de substances métalliques.

Il est assez répandu à la surface du globe et on le trouve en France autour des montagnes du plateau central. Il existe aussi en Bretagne et en Vendée et dans les départements du nord où il se relie aux bassins carbonifères de la Belgique.

Il est ordinairement formé de dépôts marins alternant avec des dépôts terrestres ou lacustres; cependant dans la France centrale, le terrain carbonifère ne porte aucune trace d'origine pélagienne.

On le divise en deux étages : l'étage du calcaire carbonifère et l'étage houiller.

Étage du calcaire carbonifère.

L'étage inférieur essentiellement marin est appelé aussi calcaire anthraxifère (1), parce qu'il renferme une certaine quantité d'anthracite ou houille sèche. Les Anglais le désignent sous le nom de calcaire de montagne *(mountain limestone)*.

Il se compose de calcaires compactes de couleur ordinairement foncée, et cette teinte est produite par des matières bitumineuses ; aussi la roche donne par le frottement une odeur fétide. Les marbres connus sous le nom de Flandre et de Belgique proviennent des calcaires carbonifères.

Indépendamment des filons métalliques, on y trouve la barytine, le bitume, de la dolomie au calcaire magnésien. Aux États-Unis, il renferme aussi d'importants gisements de gypse.

Le calcaire carbonifère abonde en fossiles, parmi lesquels dominent les zoophytes et les poissons.

Étage houiller.

L'étage supérieur est très-riche en charbon minéral. La roche principale est un grès composé de feldspath et de quartz, appelé grès houiller, passant quelquefois aux poudingues. Les roches subordonnées consistent en schistes, en argiles et en calcaires.

La houille intercalée entre les grès et les schistes se présente avec une structure variée, suivant les lieux et même

(1) Il ne faut pas le confondre avec certains calcaires devoniens qui lui ressemblent minéralogiquement, mais qui en différent par les fossiles.

suivant les lits. Les carbures d'hydrogène qu'elle contient en plus ou moins grande abondance la rendent inflammable ; mais on la rencontre aussi dépourvue de matières bitumineuses, à l'état sec et friable et brûlant sans flamme. Elle prend alors le nom d'anthracite, qui s'applique à tous les dépôts de cette nature, quel que soit le terrain qui les renferme.

Quand la houille est imprégnée de sulfures, elle est peu propre à la fabrication du fer qu'elle rend cassant, à moins d'être réduite à l'état de coke.

L'étage houiller est ordinairement disloqué et plissé. Les nombreuses failles qui le coupent en rendent l'exploitation difficile. Il est fréquemment traversé par des filons de porphyre.

Il renferme beaucoup de fossiles d'origine marine, terrestre et d'eau douce.

Parmi les reptiles, nous signalerons les Nothosaurus ; parmi les poissons fort abondant dans la faune houillère, les Placoïdes et les Ganoïdes. Quelques-uns de ces poissons se rapprochent des reptiles et sont appelés Poissons Sauroïdes. C'est la première apparition des poissons Paléoniscidés.

Parmi les annelés on remarque de nouvelles formes de crustacés ; et l'on y voit pour la première fois une grande quantité d'insectes des ordres des coléoptères, des orthoptères et des névroptères.

Les mollusques céphalopodes n'y sont pas moins nombreux. La famille des *Nautilidæ* y est surtout fort développée.

Des gastéropodes, des lamellibranches, des brachiopodes, des échinodermes, des zoophytes et des foraminifères, tous spéciaux à cet étage, ont peuplé à profusion les dépôts houillers.

Mais c'est surtout par la richesse de sa flore que se distingue l'étage supérieur.

On y trouve des cryptogames vasculaires *(fougères, lycopo-*

diacées, équisétacées) ; des dicotylédones gymnospermes où à graines nues *(conifères, cycadées, sigillariées)*. Les dicotylédones angiospermes y manquent complétement. Les monocotylédones s'y montrent assez rarement.

Ces plantes affectent le plus souvent des formes qui s'éloignent beaucoup de celles des plantes actuellement vivantes. Les fougères seules ont quelque analogie avec celles qui croissent de nos jours sous les tropiques.

Il est à remarquer que ces végétaux, dont quelques-uns étaient de grande taille, sont les mêmes dans tous les dépôts houillers, aussi bien près des pôles que sous des latitudes tropicales ; d'où l'on doit conclure que les conditions climatériques étaient identiques sur tous les points du globe, pendant la période houillère.

La flore houillère a laissé des empreintes nombreuses de tiges, de fleurs et de fruits au milieu des grès et des schistes, où les plantes ont été pressées et conservées comme dans un herbier. L'existence de la houille a toujours été attribuée à l'agglomération prodigieuse des végétaux, quoique, en apparence, aucune forme n'y paraisse conservée. Cette opinion a été récemment confirmée par les observations de M. Goeppert qui, à l'aide du microscope, est parvenu à reconnaître dans la houille à peu près tous les genres découverts dans les grès.

La houille est disposée en lits quelquefois fort nombreux séparés par des dépôts grèseux ou schisteux.

Mais comment expliquer la puissance et l'accumulation de pareilles masses végétales et déterminer les conditions dans lesquelles ces dépôts se sont produits ?

Etudions d'abord la distribution géographique actuelle des familles végétales qui ont vécu dans les houillères.

Les conifères se trouvent sous toutes les latitudes et n'offrent par conséquent aucune indication de nature à éclaircir la question.

Il n'en est pas de même pour les autres plantes qui composent la flore houillère.

Les fougères assez peu répandues dans l'intérieur des continents, deviennent plus nombreuses dans les contrées insulaires, dans les archipels surtout, et, lorsque la température est élevée, elles se montrent tellement abondantes qu'elles forment souvent le tiers ou la moitié de la flore.

Ainsi, pour atteindre leur maximum de développement, il leur faut un climat marin, une humidité constante et une température égale dans toutes les saisons. Les lycopodiacées, les équisétacées et les cycadées exigent à peu près le même milieu climatérique. Elles ne prennent de l'extension et n'acquièrent une taille arborescente qu'au voisinage des tropiques.

Il est donc naturel d'admettre que les plantes de la période houillère, si remarquable par leur nombre et par leurs dimensions, se trouvaient dans des conditions analogues et même plus favorables, par d'autres raisons que nous allons indiquer.

Nous avons dit plus haut que les végétaux des houillères sont semblables sous toutes les latitudes, ce n'est donc pas à la chaleur solaire qu'il faut attribuer la cause de leur développement considérable, mais à la chaleur du globe lui-même dont la croute peu épaisse et encore mouvante donnait à la surface terrestre la température d'une serre chaude.

Des masses de vapeurs s'élevant des mers, plus étendues que de nos jours, voilaient l'éclat de soleil et ne laissaient pénétrer qu'une lumière diffuse. Ces vapeurs se résolvaient en brumes ou en pluies presque continuelles.

L'acide carbonique indispensable à la vie des plantes devait s'échapper abondamment par les fissures de la terre et par la bouche des volcans ; mais l'atmosphère n'en était pas saturée au point d'empêcher la vie des animaux à respiration aérienne, tels que les insectes et les reptiles, car il est démontré par les expériences de M. P. Bert, que les reptiles supportent plus difficilement que les oiseaux et les mammifères, un excès d'acide carbonique. Cependant les limites au delà desquelles l'air cesse d'être respirable par l'effet d'une trop grande proportion d'acide carbonique sont fort larges, et, pour produire une flore aussi exubérante, l'atmosphère devait renfermer alors une quantité de ce gaz plus considérable qu'aujourd'hui.

Voyons maintenant de quelle manière l'accumulation de pareilles masses végétales et leur transformation en charbon minéral ont pu s'opérer.

On avait d'abord pensé que les plantes de la période houillère avaient été apportées par les eaux torrentielles en immenses radeaux qui seraient venus s'échouer dans quelques bas fonds; mais cette hypothèse ne peut se concilier avec la présence dans les bassins houillers d'autres fossiles placés perpendiculairement aux couches, avec leurs formes cylindriques et leurs racines en place au milieu des strates. Il n'est pas rare, en effet, de trouver de grands végétaux ayant leurs racines implantées dans les schistes et à l'état siliceux, tandis que le tronc placé dans la houille est à l'état charbonneux. Il arrive aussi que les racines développées dans la houille et converties en charbon sont surmontées d'un tronc siliceux se continuant dans les schistes ou les grès.

En Angleterre, M. Lyell a trouvé près de Wolverhampton, trois portions de forêts superposées. Les troncs de certains arbres ne mesuraient pas moins de trois mètres de circonférence. Tous ces arbres étaient en place avec leurs racines.

Dans la Nouvelle-Écosse, le même géologue a reconnu avec M. Dawson soixante-huit niveaux successifs de sols contenant des racines et dix-sept de ces niveaux portaient des troncs d'arbres en position verticale. L'épaisseur totale de cette masse houillère, schisteuse et gréseuse est de 4,400 mètres.

L'accroissement des végétaux de la houille s'est donc fait sur place dans des conditions paisibles, troublées seulement, à de longs intervalles, par des affaissements du sol; d'où résultait l'envahissement des débris de roches environnantes, qui venaient combler le vide. Souvent c'était la mer elle-même qui, profitant de l'abaissement du bassin, y pénétrait pour un temps ; puis la végétation reprenait le terrain avec un nouveau développement, pour être enfouie plus tard sous des dépôts vaseux ou sableux.

La fermentation et la pression donnait à la longue à cet amas de plantes cette consistance homogène qu'on remarque dans la houille ; les argiles passaient à l'état de schistes et les sables se solidifiaient pour former des grès.

Existence dans l'Auxois du terrain carbonifère.

La formation primaire n'est représentée dans l'Auxois que par l'étage houiller.

Nous avons déjà dit que le terrain carbonifère ne renferme au pied du plateau central que des dépôts terrestres ou d'eau douce. Il est donc naturel de n'y pas rencontrer l'étage du calcaire carbonifère, qui est toujours d'origine marine (1).

Le gisement dont nous allons nous occuper, signalé par M. Rozet (2) et par MM. Dufrénoy et Elie de Beaumont (3), a été l'objet d'un travail important de M. Guillebot de Nerville, et nous emprunterons à la notice remarquable qu'il a publiée dans les Annales des Mines (4), une partie des détails qui vont suivre.

Il s'étend dans la direction E. 3º N., à partir de Ruffey,

(1) Le lambeau de calcaire fétide de Cussy en Morvan (voir page 56) nous a paru faire partie de l'étage devonien comme étant analogue au même calcaire des bords de la Loire. Il est donc peu probable qu'il appartienne à l'étage du calcaire carbonifère.

(2) *Mémoire géologique sur la masse de montagnes qui séparent le cours de la Loire de ceux du Rhône et de la Saône.* Page 99.

(3) *Explication de la carte géologique de France,* tome i, page 682.

(4) *Extrait des Annales des Mines,* 5ᵉ série, tome 1ᵉʳ, 1852.

près Bierre-lès-Semur ou plutôt du pont de Bierre (arrondissement de Semur) jusqu'à Villers-les-Nonains (arrondissement d'Avallon).

Il se présente sous la forme d'un lambeau enclavé dans le terrain de cristallisation et resserré entre deux parois étroites de porphyre qui en constituent le mur (1) au nord et le toit (2) au sud. Ces parois paraissent provenir d'un seul filon porphyrique, bifurqué à la base du dépôt.

Le porphyre est lui-même pressé par deux bandes de gneiss et de micaschistes. Celle du nord s'appuie au mur, celle du sud, moins continue, est moins rapprochée du toit et se montre englobée dans les granites.

La nappe porphyrique dépasse très-peu le gisement houiller vers l'est (3); vers l'ouest, au contraire, elle s'étend d'une manière discontinue, en filons distincts, au milieu des granites du département de l'Yonne.

Les gneiss et les micaschites se prolongent vers l'est au delà du dépôt houiller. Ils apparaissent sur l'Armançon, à Montigny et même à Flée où ils s'infléchissent vers le sud. Enfin on les retrouve à Mesmont, arrondissement de Dijon, au milieu d'un pointement granitique qui a soulevé en cet endroit les terrains triasiques et jurassiques.

Vers l'ouest, ils s'avancent également au delà de Villers-les-Nonains, dans l'arrondissement d'Avallon, et on les retrouve encore dans les environs de Lormes.

Leur plus beau développement le long de la bande houillère est au moulin de Villars, où ils forment des escarpements très-pittoresques.

(1) Paroi inférieure.
(2) Paroi supérieure.
(3) Cependant M. Guillebot de Nerville, dans sa légende explicative de la carte géologique du département de la Côte-d'Or, signale le porphyre jusque dans le pointement granitique du ravin de Prâlon, près Sombernon.

Ils sont pressés et contournés entre les terrains granitiques et contiennent des filons de quartz blanc, de jaspe rouge et de pegmatite avec tourmaline.

Le dépôt houiller, pincé presque verticalement comme un coin entre les roches encaissantes sans relèvement et avec un léger plongement vers le sud, ne laisse apercevoir que la tranche. Il s'étend sur une bande de 24 kilomètres, sur une largeur moyenne de 180 à 200 mètres, sauf en un point où il présente un renflement de 400 à 500 mètres de large (Sincey-lès-Rouvray et la Charmée). Cette bande est à peu près rectiligne; cependant on y remarque un léger coude, près de Sainte-Magnance où elle est comme étranglée par le porphyre (bois da la Trèche); de sorte que la partie comprise presque entièrement dans l'arrondissement de Semur, et qui mesure environ 15,000 mètres de long, est dirigée E. 3º S., tandis que celle de l'arrondissement d'Avallon d'une longueur de 9,000 mètres est dirigée E. 2º N.

Au delà de Villers-les-Nonains, il existe, suivant les observations de M. Moreau, consignées par MM. Raulin et Leymerie dans la statistique géologique du département de l'Yonne, des affleurements rectilignes qui paraîtraient être un rejet vers le S. O. de la bande houillère et qui aboutissent à Montmardelin près Saint-Germain-des-Champs.

Suivant M. G. de Nerville, le lambeau houiller dont nous parlons est composé de poudingues de grès et d'argiles schisteuses, renfermant six veines de houille sèche. Nous verrons plus loin qu'une nouvelle veine paraît avoir été récemment découverte.

Les affleurements existent à différents niveaux (1) aussi bien

(1) Les points principaux d'affleurements sont : Le pont de Bierre, les environs du moulin de Ruffey, le ruisseau des Chênes, près Thostes, Villars, Courcelles-Frémoy, Sincey, La Charmée, Sainte-Magnance, Villers-les-Nonains, etc.

sur la croupe du mamelon qu'au fond des vallons, preuve évidente, comme le remarque **M. Rozet**, que le dépôt de ce terrain est antérieur au relief actuel du sol. Leur altitude la plus haute ne dépasse pas 350 mètres.

Dans les parties où la nappe porphyrique est la plus développée, il existe au contact une roche de frottement, formée aux dépens du porphyre et du grès.

Nous donnons ci-après, en abrégé, les détails de la coupe prise par **M. de Nerville** dans la partie la plus large du dépôt (la Charmée et Sincey) et à partir du mur porphyrique de quatre à cinq mètres d'épaisseur.

Grès quartzeux et schisteux, schistes gris, grès rougeâtres, quartz lydien, schiste noir, grès noirâtres.....	56^m	» ^{c}
1re *Veine d'anthracite* de 0,50^c environ, enclavée au milieu d'un banc de schiste noir, en tout................................	1	»
Grès, poudingues, schistes lie-de-vin, grès verdâtres et schistes noirs....................	58	»
2e *Veine d'anthracite*....................	1	20
Grès blancs et gris, schisteux jaunâtres.....	23	»
3e *Veine d'anthracite*....................	»	30
Grès et poudingues, schistes rougeâtres et noirs, avec lentilles de quartz lydien, etc......	82	»
4e *Veine d'anthracite*.................	1	»
Grès schisteux, grès gris, poudingues, schistes argileux noirs, grès houiller, schiste argileux...	87	»
5e *Veine d'anthracite*....................	»	15
Schistes argileux noirs avec barres de grès schisteux....................	10	20
6e *Veine d'anthracite*....................		15
Schistes argileux noirs et gris.............	'80	
Largeur totale, non compris les porphyres du mur et du toit, ces derniers passant à l'eurite et à la pegmatite............................	400^m	»

Les poudingues, ordinairement rougeâtres, sont formés de galets d'un petit volume, soudés par un ciment grèseux passant quelquefois au jaspe (1). Ces galets proviennent des roches du pays, et la plus grande partie consiste en débris roulés de porphyre et d'eurite. On y trouve aussi en moindre abondance des cailloux de granite des différentes variétés de la contrée, de gneiss et de quartz blanc. Beaucoup de ces galets sont impressionnés, c'est-à-dire qu'ils ont pénétré les uns dans les autres, comme sous l'effort d'une énorme pression. D'autres sont cassés et souvent ressoudés par le ciment grèseux.

Les grès, qui constituent la partie la plus considérable du gisement houiller et qui alternent avec les poudingues et les schistes argileux, sont composés de grains plus ou moins atténués de porphyre et de granite, agglutinés par un ciment quartzeux grisâtre. Ils contiennent des nids charbonneux disseminés dans la masse et prennent souvent une coloration rouge qui leur donne l'apparence du porphyre. Il n'est pas rare d'y trouver des zones rubannées, ayant la nature du jaspe. L'infiltration siliceuse a pénétré les fragments de troncs végétaux et les a transformés en jaspe. Dans d'autres parties, les plantes fossiles sont à l'état charbonneux au milieu des grès et quelquefois les feuilles de fougères sont simplement desséchées entre les lits du grès, quand il devient schisteux.

Les schistes argileux, plus abondants vers le toit que vers le mur, ont une pâte fine et homogène colorée ordinairement en noir par le charbon. Ils renferment des empreintes végétales et l'on y remarque des traces nombreuses de glissements striées et polies, en même temps que des amandes et des veines de quartz lydien ou quartz compacte noir, placés dans le sens de la stratification. On y trouve aussi quelques pyrites de fer et des rognons de fer carbonaté.

(1) Roche siliceuse opaque diversement colorée.

Les veines charbonneuses éprouvent des étranglements; elles affectent plutôt la forme de lentilles que d'assises continues; aussi se terminent-elles en pointe.

Le charbon entrelacé dans les schistes a toujours le caractère de l'anthracite, et nous ne pouvons mieux faire que de reproduire la description qu'en donne M. de Nerville. « Il est « d'un noir légèrement métalloïde ; sa structure est tour- « mentée et le moindre choc le divise en écailles et en frag- « ments lenticulaires à surfaces lisses. Il n'a qu'une faible « cohésion et s'écrase facilement entre les doigts en y lais- « sant une empreinte noire. Il brûle sans se boursoufler, « sans donner ni flamme ni odeur sensible et habituellement « sans décrépiter ; la calcination en vase clos ne change pas « sa forme et ne lui fait perdre que 8,6 pour 100 de son « poids. »

M. G. de Nerville donne l'analyse du combustible de la Charmée.

Il contient :

Charbon........	0,826
Cendres.........	0,088
Matières volatiles .	0,086
	1,000

Son pouvoir calorifique, qui est de 0,84, est considérable, et, en raison de sa pureté, il aurait pu être employé avec avantage dans quelques opérations métallurgiques; mais la faible richesse des veines exploitables n'a permis jusqu'ici de l'utiliser que pour la cuisson du plâtre, de la chaux et du ciment; aussi offre-t-il plus d'intérêt au point de vue scientifique qu'au point de vue industriel.

Il a été pour la première fois exploité par M. de Nansouty, en 1835 ; Mme de Candras entreprit en même temps des fouilles à la Charmée. Les travaux ont duré environ sept ans, puis ont été abandonnées.

Depuis quelques années ils ont été repris par une compagnie (1) qui sollicite la concession des terrains sur un espace assez étendu et qui paraît avoir découvert, à 66m de profondeur, une nouvelle veine de 2m de puissance au milieu des anciennes exploitations de Sincey (2).

D'après la disposition du terrain en couches redressées et laminées entre deux nappes de porphyres, comprises elles-mêmes entre deux parois de gneiss au milieu des granites, le gîte houiller dont nous parlons semble n'être qu'un lambeau conservé d'un plus grand dépôt enlevé en grande partie par des dénudations ultérieures; on peut donc le considérer comme enfoui entre les lèvres d'une grande faille rectiligne qui s'est produite au milieu du terrain de cristallisation.

La nature sèche de la houille pourrait provenir de l'émission des porphyres du mur et du toit et aussi de la pression et de la trituration que le gîte a éprouvés, avec accompagnement d'une grande production de chaleur. Il en serait résulté un dégagement de la matière bitumineuse qu'on retrouve dans la plupart des houillères de l'Autunois ; mais on peut attribuer la texture sèche du combustible de Sincey, et c'est l'opinion de M. G. de Nerville, à l'état primitif du dépôt charbonneux qui semble appartenir à la base de l'étage houiller.

Le porphyre en galets compris dans les poudingues et le porphyre en filons qui enveloppe la masse carbonifère sont de même nature et paraissent identiques à ceux des sommets du Morvan; cependant les porphyres du mur et du toit ont souvent une apparence globuleuse particulière qui peut provenir de la pression qu'ils ont subie, et il est à remarquer qu'à Sainte-Magnance, à l'endroit de leur plus grand développement, ils contiennent de la *Pinite* (3) comme aux environs

____

(1) M. Soyer et Compagnie.

(2) Observations de M. Evrard dans sa *Notice sur le plateau de Thostes et ses mines de fer*, page 15.

(1) D'après M. de Nerville, ce n'est peut-être qu'un hydrosilicate de magnésie et de fer mal cristallisé, ou un mica à l'état confus.

d'Avallon, et qu'à Villers-les-Nonains, au fond d'une fouille, M. Rozet a constaté la présence d'une eurite pénétrée de nombreuses veines de carbonate de chaux qui se perdent dans la masse ; de plus, certaines parties de cette eurite, qui paraissent dépourvues de chaux, font effervescence avec les acides.

Les porphyres en galets sont donc d'une époque antérieure au terrain houiller qui les renferme ; les porphyres en nappes qui l'enserrent se sont produits lors du redressement des couches houillères et sont antérieures au dépôt du trias ; car la masse charbonneuse est surmontée d'une mince assise du trias qui la recouvre en stratification horizontale, et le trias lui-même supporte, sans dérangement dans les strates, l'infra-lias, le lias inférieur et même l'assise inférieure du lias moyen.

Cette disposition est manifeste sur le plateau de Thostes, où le terrain houiller disparaît sous les terrains de la formation secondaire avec lesquels il est en stratification discordante, sur une étendue de 2,500 mètres.

FOSSILES

On ne rencontre dans le gisement houiller de l'Auxois que des fossiles végétaux, les uns à l'état jaspoïde, les autres à l'état charbonneux, entre les lits de schistes et de grès, ou simplement desséchés dans les grès.

Ils caractérisent parfaitement l'étage houiller et sont semblables aux débris organiques végétaux des houillères de l'Autunois, quoique ceux-ci présentent une flore plus variée.

Il serait assez difficile, sans la présence de ces plantes conservées dans la bande carbonifère de la Côte-d'Or et de l'Yonne, de déterminer à quel terrain paléozoïque appartient l'anthracite que renferme cette bande, car elle est isolée, sans rapport avec le granite qui est au-dessous et le trias supérieur qui la recouvre.

Voici, suivant M. G. de Nerville, la liste de ces végétaux qu'il rapporte à des espèces houillères décrites par M. Brongniart.

Dicotyledones gymnospermes.

Sigillaria lata.
Sigillaria elongata.
Asterophyllites polyphylla.
Annularia fertilis.

Monocotyledonés.

Palmacites striatus.
Palmacites (espèces indéterminées).

Cryptogames acrogènes.

FOUGÈRES

Pecopteris serlii.
Pecopteris cyathea.
Pecopteris arborescens.
Pecopteris (diverses indéterminables).
Nevropteris angustifolia.
Sphenopteris vignalii (1) ?

ÉQUISITACÉES

Calamites cannœformis.
Calamites elegans.
Calamites (diverses indéterminées).

LYCOPODIACÉES

Lepidodendron.

On pourrait trouver une preuve de métamorphisme postérieur au dépôt houiller, dans la présence de rubans de jaspe au milieu des grès et des poudingues, dans l'existence d'as-

____

(1) Nous ajouterons à cette liste, le *Sphenopteris dissecta,* Brongn.

sises de quartz lydien avec veines blanches parallèles à la stratification et dans la silification de certains fragments de troncs d'arbres au centre de la bande charbonneuse.

Mais il est plus naturel d'y voir, avec M. de Nerville, l'effet d'une concentration par voie humide, contemporaine des dépôts arénacés, laquelle a persisté pendant quelque temps, puisqu'elle a rempli de petites fissures de retrait.

On ne peut donner pour cause à cette action siliceuse l'influence de l'émission porphyrique qui a accompagné le redressement des couches houillères, puisque le porphyre n'a pas modifié d'une manière sensible les roches au contact.

La bande houillère enserrée dans une grande faille a été elle-même coupée plus tard par d'autres failles qui traversent également les dépôts du trias, de l'infra-lias, et du lias inférieur, placés au-dessus. Il en est résulté des effets métamorphiques puissants dont nous aurons à parler ci-après ; mais si les terrains secondaires inférieurs ont éprouvé d'importantes modifications dans les environs du Serein et de la Cure, le terrain houiller paraît n'en avoir été affecté que sur le trajet même des failles postérieures.

MM. Dufrénoy et E. de Beaumont (1) considèrent les gites houillers de la France et surtout ceux du centre comme ayant appartenu à des bassins fermés.

Celui de l'Auxois pouvait s'étendre au delà des limites que nous avons indiquées, et c'est au contact du granite qu'on aurait l'espoir de le rencontrer ; cependant, sur les bords de l'Armançon et de ses affluents, qui coulent presque tous sur le granite, au voisinage des gneiss surtout qui apparaissent à Montigny-sur-Armançon et à Flée, on ne voit aucun affleurement du terrain houiller.

On ne peut donc pas affirmer d'une manière certaine que le dépôt carbonifère ne s'étend pas sous les terrains de la for-

____

(1) *Explication de la carte géologique de France.* Tome i, p. 506.

mation secondaire; mais les chances de le rencontrer sont fort douteuses. Dans ces conditions, il aurait probablement une allure moins tourmentée; le combustible, par conséquent, y serait peut-être plus abondant, sans pourtant qu'on put espérer beaucoup que l'anthracite ferait place à la houille.

Existence sur la partie méridionale du Morvan de l'étage houiller.

A la base méridionale du massif porphyrique du centre du Morvan et au contact des roches métamorphiques qui s'enfoncent par-dessous, suivant M. Rozet, et que nous avons rapportées à l'étage Devonien, il existe aux environs d'Autun et d'Epinac, sur un espace de 30,000 hectares, un bassin s'étendant de l'ouest à l'est comme celui de l'Auxois (1), bordé au sud par les gneiss et les micaschistes et renfermant, comme le bassin de Sincey, des cailloux roulés de nature porphyrique.

Cette bande est beaucoup plus riche en combustible que la bande du nord dont nous venons de parler, et le charbon s'y présente plus souvent sous la forme de houille grasse que sous celle de houille maigre ou anthracite.

On y trouve les mêmes fossiles végétaux, en nombre plus considérable et en espèces plus variées.

Un peu plus au sud, les bassins houillers de Blanzy, de Montceau, du Creusot, etc., qui longent le canal du centre, servent de limites au Morvan.

Terrain Permien.

Le terrain Permien, qui vient après le terrain carbonifére et qui est le dernier de la série primaire ou paléozoïque, tire son nom de la ville de Perm en Russie, et M. Murchison a

______

(1) *Explication de la Carte géologique de France.* Tome I, page 669.

priscomme type de ce terrain certains dépôts très-développés sur les pentes de l'Oural.

Il est encore appelé grès rouge, zechstein, terrain pénéen.

On le divise en deux étages : l'un d'origine terrestre ou lacustre, ou étage des *pséphites*, l'autre d'origine marine et lacustre ou étage du *zechstein*.

ÉTAGE DES PSÉPHITES

Il est composé de sables et de grès rouges et jaunes, contenant à la base des galets de jaspe et de porphyre décomposé provenant des masses voisines, roche que M. Cordier a désignées sous le nom de pséphite. On y trouve aussi des schistes argileux et quartzeux.

Il contient, comme le terrain houiller, des dépôts d'anthracite et même de houille grasse.

Ses fossiles sont des poissons lacustres de la famille des paléoniscidées et des crustacés cyproïdes. Ils consistent aussi en nombreux végétaux appartenant aux mêmes familles que ceux du terrain carbonifère, mais généralement d'espèces différentes.

ÉTAGE DU ZECHSTEIN

Cet étage est composé généralement de calcaires magnésiens et bitumeux. Il est assez riche en veines métalliques (cuivre, argent, plomb). Il contient également des schistes calcaires et des dépôts de sel gemme et de gypse.

Ses fossiles vertébrés, d'origine marine et lacustre, consistent en reptiles et en poissons. Parmi les mollusques, toutes les classes se trouvent représentées ; on y trouve aussi des bryozoaires, des échinodermes et des zoophytes. C'est la première apparition des genres panopœa, ostrea et myoconcha.

Dans les limites orographiques que nous avons indiquées dans la première partie, on ne rencontre aucun vestige du terrain permien. Le terrain carbonifère est recouvert immédiatement par le trias, premier dépôt de la formation secondaire ; cependant l'analogie de position avec les terrains du sud du Morvan peut faire supposer que le terrain permien a peut être recouvert le dépôt houiller de l'Auxois ; mais il aurait été emporté, après sa formation, par un effet de dénudation qui n'a laissé enclavé dans les roches cristallines que le lambeau houiller de Sincey.

Existence à la base méridionale du Morvan de dépôts permiens.

A la partie supérieure des dépôts houillers de l'Autunois s'étend une masse de schistes bitumineux avec assises subordonnées de grès, de poudingues et de houille, et même de calcaire gris de fumée, dolomitique.

Cette masse est surtout développée à Igornay, à Muse, à Surmoulin, à Millery, à Saint-Forgeot, à Chamboy, etc., et existe en plusieurs points isolés sur les bords de l'Arroux.

Le schiste bitumineux qui est exploité, pour l'extraction par distillation du gaz d'éclairage, contient un nombre considérable de poissons fossiles de la famille des paléoniscidées, indice d'une formation lacustre. On trouve aussi dans le même dépôt une grande quantité de végétaux d'origine terrestre, parmi lesquels dominent les conifères.

M. Rozet (1) range dans le grès rouge (terrain permien), cette masse supérieure au terrain carbonifère, qui est, avec ce dernier, en discordance de stratification, discordance reconnue par M. de Charmasse, à la Selle, au pont de Vesvres, et par M. Virlet, à Saint-Berain.

Les poissons décrits par M. Agassiz, sont :

Palæoniscus Blainvillei;

P. Voltzii;

(1) Mémoire déjà cité. Page 98 et suivantes.

P. angustus;

P. magnus;

Pygopterus Bonnardii.

M. Agassiz avait établi une distinction entre les paléonisci-dées du terrain houiller et ceux du terrain permien, en constatant que les premiers ont les écailles lisses, tandis que les seconds ont les écailles striées; mais M. Rozet pense que cette distinction n'a plus de raison d'être, puisque le *Palæoniscus magnus*, qui est spécial au zechstein, abonde dans les schistes bitumineux de l'Autunois.

Les fossiles végétaux du même gisement se rapprochent des plantes houillères, et suivant MM. Brongniart et Landriot, les espèces décrites appartiennent à l'étage houiller; cependant il en reste à déterminer un grand nombre et on ne peut encore arriver à une certitude absolue à ce sujet.

Il n'y aurait rien d'étonnant d'ailleurs que la flore houillère eut persisté dans les dépôts bitumineux, ou que, suivant l'opinion de M. Pellat (1), les végétaux du terrain carbonifère eussent été entraînés dans le lac permien des hauteurs voisines.

Malgré cette similitude dans la flore des deux dépôts, M. Landriot (2) n'en considère pas moins les calcaires dolomitiques intercallés dans les schistes comme offrant un passage du terrain houiller au zechstein.

MM. Dufrénoy et Élie de Beaumont (3) sont d'avis que les

(1) La zone à *Avicula contorta* et le *Bone-bed* (étage Rhœtien) au sud-est d'Autun dans les environs de Couches-les-Mines (Saône-et-Loire); leurs relations avec les couches qui les précédent et celles qui les suivent. — (*Bulletin de la Société géologique de France*, 2ᵉ série, tome XXII, page 546 et suivantes.

(2) *Notice géologique sur la formation des schistes de Muse.* (Mémoire de la Société Éduenne.)

(3) *Explication de la Carte géologique de France*, pages 674, 678 et 679.

schistes bitumineux forment la partie supérieure de l'étage houiller, dont ils ne peuvent être séparés. « L'alternance des « premières couches du schiste avec les dernières couches « du grès ayant été constatée d'une manière positive. »

Cependant l'opinion de M. Rozet semble prévaloir et la masse schisteuse et bitumineuse superposée au terrain houiller, dans les environs d'Autun, appartiendrait au terrain permien ; c'est ce qui résulte de différents articles du *Bulletin de la Société géologique de France* (1).

Suivant M. Coquand (2), il existe encore dans le bassin de Blanzy, à Charmoy, une masse de grès que M. Manès (3) aurait confondue avec les grès bigarrés du trias, qui leur est pourtant inférieure, et qui doit être rapportée, conformément à l'opinion de M. Rozet, au grès rouge (Roth todt liegende) ou étage inférieur du terrain permien, comme contenant aussi bien que les schistes bitumineux à poissons, des walchia (*W. Schlothemii, W. Hypnoïdes)*, conifères qui sont caractéristiques de la flore permienne.

Le terrain permien est le dernier de la formation primaire, représentée dans l'Auxois par l'étage houiller seulement.

(1) Voir une discussion à ce sujet entre MM. Boubée, de Bonnard et Rivière, ainsi qu'une note de M. Delahaye. *(Bulletin de la Société géologique de France,* 2e série, tome v, page 304).— Une note de M. Landriot, 2e série, tome vi, page 90. — Une autre de M. Delahaye, même vol. page 374. — Réponse de M. Landriot, tome vii, page 32.

Enfin un mémoire de M. Coquand, sur l'existence du terrain permien et du représentant du grès vosgien dans le département de Saône-et-Loire, etc. *(Bulletin de la Société géologique,* 2e série, tome xiv, page 35). Et une note de M. Pellat déjà citée. (La zone à *Avicula contorta,* même bulletin, tome xxii, page 546 et suivantes.

(2) *Loco citato,* page 13.

(3) *Statistique minéralogique, géologique et métallurgique du département de Saône-et-Loire. —* Mâcon, 1847.

FORMATION SECONDAIRE

La formation secondaire comprend une succession considérable de dépôts sédimentaires et se divise en terrains triasique, jurassique et crétacé, qu'on peut considérer comme autant de sous-formations (1).

(1) La division des terrains sédimentaires en formations est purement conventionnelle et n'a d'autre utilité que celle de faciliter l'étude de la géologie par des coupures qui reposent l'esprit; car les formations ne sont pas séparées, comme on le croyait d'abord, par des changements minéralogiques ou paléontologiques plus tranchés que ceux qu'on remarque entre les terrains et même quelquefois entre les étages.

Ainsi, par exemple, on pourrait aussi bien rattacher le terrain permien au trias qui le suit et qui appartient à la formation secondaire, qu'au terrain carbonifère qui le précède et qui est compris dans la formation primaire.

La division en terrains, en groupes et en étages est plus rationnelle, et la distinction en zones est la seule naturelle ; mais les zones sont tellement nombreuses qu'il serait extrêmement difficile d'en embrasser l'ensemble d'un seul coup d'œil, sans poser des jalons dans l'immense série des dépôts stratifiés, et sans établir une classification qui, bien que sujette à critique, n'en est pas moins nécessaire.

Les zones distinctes par certains caractères, dans un point déterminé, ne sont pas toujours séparées d'une manière aussi tranchée dans d'autres points. Elles se relient souvent par des rapports minéralogiques ou paléontologiques ; et si elles contiennent des espèces fossiles spéciales, qui naissent et qui s'éteignent dans une seule zone, on trouve aussi, dans certains cas, des espèces qui passent d'une zone à l'autre et qui, s'accommodant à un milieu nouveau, persistent, plus ou moins longtemps dans l'étage et se continuent même bien au delà ; de sorte que l'on peut considérer les dépôts sédimentaires comme formant un ensemble continu, variant de proche en proche, suivant les conditions de milieu et sous l'influence des causes multiples au nombre desquelles nous citerons : les oscillations et les ruptures de la croûte terrestre, toujours en mouvement, s'élevant et s'abaissant le plus souvent avec une extrême lenteur ; les émissions de

En nous renfermant dans la circonscription que nous nous
sommes proposé de faire connaître, nous n'aurons à nous
occuper que du terrain triasique et des deux premiers groupes du terrain jurassique; car c'est au-delà de l'Auxois, tel

natures diverses à travers les fissures des roches; les modifications dans la
température; les combinaisons chimiques incessantes, sous l'action de la
chaleur, de l'électricité, de la pression et de l'humidité; enfin l'altération
et la désagrégation des roches déjà formées; l'ablation, la trituration, le
transport et le mélange par les eaux des masses préexistantes pour former
de nouveaux sédiments.

Nous avons vu, par ce qui précède, combien la composition minéralogique fournit des indices peu certains, quand elle sert uniquement de base
à la détermination des terrains. Le voisinage des roches de cristallisation
a influé dans des proportions énormes sur la nature des sédiments de la
formation primaire et nous avons pu remarquer à quel point les débris de
ces roches ont contribué à donner un aspect uniforme aux dépôts les premiers stratifiés.

Pendant la période triasique, nous pourrons constater les mêmes effets;
aussi, pour arriver à se reconnaître au milieu des assises de nature grèseuse ou argileuse, il faut tenir compte de la position relative des dépôts,
de la concordance, de la discordance ou de la trangressivité de stratification et surtout des caractères paléontologiques.

Les mêmes difficultés se présentent, au milieu des dépôts purement calcaires, si l'on n'a pas recours à tous ces moyens d'investigation réunis.

Cependant lorsqu'on borne ses recherches à des espaces restreints, les
caractères minéralogiques sont moins variables et l'on peut souvent, de
l'identité de composition et d'aspect, déduire l'identité d'origine, et par conséquent la contemporanéité des roches similaires; encore faut-il beaucoup d'attention et d'expérience pour ne pas s'égarer dans certains cas.

Ces explications, moins nécessaires quand nous avions à parler des terrains de la formation primaire, à peine représentés dans l'Auxois et dont
nous n'avions à donner qu'une description abrégée, devenaient indispensables pour faire comprendre les divisions et subdivisions des terrains de la
formation secondaire; principalement quand nous nous occuperons de la
partie des terrains jurassiques qui existe dans notre pays et qui s'y montre
parfaitement développée.

que nous l'avons délimité dans la première partie, que se montrent, à mesure qu'on s'éloigne du plateau central, les autres terrains de la formation secondaire.

SOUS-FORMATION TRIASIQUE

TERRAIN TRIASIQUE

Le nom de trias a été donné à cette sous-formation, parce que les premiers géologues ont reconnu trois divisions stratigraphiques ou étages distincts.

Étage inférieur. — GRÈS VOSGIEN ET GRÈS BIGARRÉ.

Étage moyen. — MUSCHELKALK OU ÉTAGE CONCHYLIEN.

Étage supérieur. — KEUPER OU MARNES IRISÉES.

Nous y ajouterons ci-après un quatrième étage pour des motifs que nous indiquerons.

Le trias, qu'on trouve partout autour du plateau central de la France, au pied des Pyrénées, en Normandie, etc, est surtout développé sur les deux versants des Vosges.

On y voit apparaître pour la première fois, parmi les vertébrés, des oiseaux et des reptiles de l'ordre des chéloniens; parmi les annelés, des crustacés décapodes; parmi les mollusques céphalopodes, des cératites, voisins des ammonites.

La température était toujours fort élevée pendant la période triasique, car on rencontre, comme dans les terrains primaires, des végétaux encore représentés par des fougères, des cycadées, des équisétacées, des conifères, etc.

PREMIER ÉTAGE. — GRÈS VOSGIEN ET GRÈS BIGARRÉ.

L'étage inférieur commence par les grès vosgiens, que quelques géologues rangent à la partie supérieure du terrain permien. Il est difficile, en effet, de bien fixer la place de ces masses rougeâtres, ordinairement dépourvues de fossiles, et contenant seulement en grande abondance des filons d'oxide de fer et de plomb carbonaté et phosphaté.

Cependant, comme les grès vosgiens, quelquefois en discordance de stratification avec les grès bigarrés, passent dans certains points à ceux-ci d'une manière insensible, et qu'on y a découvert de rares débris végétaux *(calamites arenaceus, Jœg. — Nevropteris Voltzii, Brongn. — Pecopteris. — Sultziana, Brongn.)*, qui existent également dans les grès bigarrés, il est plus naturel de les considérer comme formant la base du trias.

Les grès bigarrés, dont les teintes sont extrêmement variéés, ayant tour à tour une texture grossière avec poudingues, ou finement arenacée, friable ou dure, contiennent à leur partie supérieure quelques fossiles marins *(Natices Limes, etc.)*.

On y a trouvé aussi, en Saxe, des empreintes d'un batracien gigantesque *(Labyrinthodon)* et, aux États-Unis, des empreintes de pas d'oiseaux fort reconnaissables.

Il est curieux de constater, à cette époque reculée, l'apparition d'animaux de la classe des oiseaux, dont le maximum de développement ne se produira que pendant les formations tertiaire et quaternaire et la période moderne (1).

DEUXIÈME ÉTAGE. — MUSCHELKALK OU ÉTAGE CONCHYLIEN.

Le calcaire conchylien ou muschelkalk des allemands occupe la partie moyenne du trias. Il est développé surtout dans le département de la Meurthe, en Alsace, et dans certaines parties du midi de la France. La roche dominante de

(1) On a également découvert des débris d'oiseaux à Solenhofen, en Bavière *(archeopteris)*, dans l'étage oxfordien (groupe oolithique moyen, sous-formation jurassique).

cet étage est un calcaire compacte, souvent enfumé, qui alterne avec des marnes et des argiles. Il passe souvent à la dolomie (calcaire magnésien), et contient aussi quelques lentilles de gypse et de sel gemme.

Les bancs inférieurs renferment un grand nombre d'encrines. Ils sont moins fossilifères que les bancs supérieurs pétris de coquilles marines, au nombre desquelles on rencontre beaucoup de reptiles et des poissons des genres *palœoniscus*, *amblypterus*, *cératodon*.

Parmi les mollusques, nous citerons des goniatides, des cératites *(cératites nodosus)*, l'*avicula socialis*, la *myophoria vulgaris*.

On y trouve aussi des brachiopodes, des genres *Spirifer*, *Terebratula*, etc., des zoophytes et des échinodermes.

TROISIÈME ÉTAGE — KEUPER OU MARNES IRISÉES.

Le keuper ou étage des marnes irisées est caractérisé par des masses puissantes de marnes rouges, vertes et jaunes, très-peu calcaires, avec couches de grès subordonnés, de dolomies et de cargneules ou corgneules (dolomie caverneuse). Il renferme en outre des amas de gypse et de sel gemme. C'est dans le keuper, dont Alcide d'Orbigny avait fait son étage saliférien, qu'existent toutes les exploitations salines du globe et en particulier celles de la Meurthe et du Jura, en France.

Le troisième étage du trias semble avoir été soumis à des réactions chimiques d'une grande énergie (1) et s'est formé dans des conditions peu favorables à la vie des végétaux et

(1) Voir un Mémoire de M. Durocher, *Études sur le métamorphisme des roches* (Bulletin de la Société géologique de France, tome iii, 2e série, p. 546 et suivantes).

des animaux. Il est généralement dépourvu de restes organiques, sauf en certains points où l'on rencontre des débris de plantes et même des dépôts de houille de mauvaise qualité, et il est à remarquer que ces végétaux sont exclusivement dans les parties grèseuses et jamais dans les marnes; aussi le keuper est généralement considéré comme un dépôt formé au sein de marais salants et de lagunes, le plus souvent sans communication avec la mer.

Cependant, sur certains points de l'Allemagne, il existe dans le trias supérieur une faune marine assez développée, où commence à paraître le genre ammonite. C'est surtout au pied du Tyrol, au milieu de masses calcaires, dans le gisement célèbre de Saint-Cassian, que les géologues allemands ont découvert ce dépôt fossilifère, qui paraît se relier à l'étage rhétien, dont nous nous occuperons ci-après.

Existence de dépôts triasiques sur le Morvan.

Le premier étage est assez développé dans la partie méridionale du Morvan, où il recouvre les dépôts permiens.

M. Coquand (1) signale dans le département de Saône-et-Loire une arkose (2) inférieure qu'il croit être l'équivalent du grès vosgien.

M. Pellat (3), en citant les observations de M. Coquand, a

(1) *Mémoire géologique sur l'existence du terrain permien et du représentant du grès vosgien dans le département de Saône-et-Loire et dans les montagnes de la Serre (Jura).* (Bulletin de la Société géologique de France. 2e série, tome **XIV**, page 35).

(2) Le nom d'arkose a été donné par **M.** Brongniart à une roche grèseuse grossière, composée de quartz et de fedspath, débris du granite. L'arkose peut exister à différents niveaux géologiques et cette dénomination seule ne peut servir à déterminer la place qu'occupe cette roche.

(3) Notice déjà citée, *La zone à Avicula contorta,* etc.

reconnu cette arkose qu'il considère, avec doute, comme grès vosgien, aux environs de Couches-les-Mines.

C'est au dessus de cette masse arkosienne que M. Coquand et M. Pellat placent les grès bigarrés à *calamites arenaceus, Jæg.*, et le premier de ces géologues considère un ensemble d'argiles calcarifères et de calcaires grisâtres, à cassure conchoïde, de dolomies cendrées à grains très-serrés et caverneuses, alternantes à plusieurs reprises, d'une puissance de 35 à 40 mètres, en superposition aux grès bigarrés et placées au dessous des marnes irisées, comme représentant le muschelkalk qu'il trouve dans les mêmes conditions, mais mieux développé et fossilifère, dans les communes de Moissy et d'Offanges, au milieu de l'îlot granitique de la Serre (Jura), îlot qui se rattacherait plutôt au plateau central qu'au Jura proprement dit.

Par dessus cette masse calcaire ou calcaréo-marneuse et dolomitique, qu'il attribue au muschelkalk, M. Coquand place le 3e étage ou keuper, caractérisé par des marnes irisées, des gypses et des dolomies d'une assez grande puissance dans l'Autunois, en desaccord sur ce point avec M. Manès (1), qui fait des grès permiens à Walchia l'équivalent des grès bigarrés, et qui range tout ce qui est au dessus dans l'étage keupérien.

M. Rozet (2) ne reconnaît dans l'ensemble triasique de l'Autunois que les étages inférieurs et supérieurs. Suivant lui, le muschelkalk manque complétement.

MM. Dufrénoy et E. de Beaumont (3) n'y voient également que les grès bigarrés et le keuper, en admettant pourtant que

(1) *Statistique minéralogique, géologique et métallurgique du département de Saône-et-Loire;* Mâcon, 1847.

(2) Mémoire déjà cité, page 106.

(3) *Explication de la carte géologique de France,* page 129.

le calcaire compacte, gris de fumée, placé entre les deux étages, pourrait être le muschelkalk; M. E. de Beaumont (1), plus tard, a même considéré ce calcaire comme compris dans le keuper, dont il formerait la base.

Malgré ces divergences d'opinion, il résulte des observations précédentes qu'aux environs d'Autun l'existence des grès bigarrés et du keuper est incontestable.

Mais ce n'est pas seulement vers l'extrémité méridionale du Morvan qu'on rencontre des dépôts triasiques.

Ils existent encore sur les hauteurs du Morvan; en effet, nous signalerons :

1° A la Pierre-Écrite (Nièvre), altitude 580 m., sur un plateau (plaines de Pensières), un lambeau de grès grossier de couleur gris rougeâtre, que M. Coquand rapporte au grès vosgien (2), et où M. Elie de Beaumont (3) ne voit que l'arkose contemporaine des marnes irisées.

Nous avons visité les lieux et nous avons reconnu, à la partie supérieure de ce grès non effervescent (tuilerie de Pensières), un banc d'argile très-gréseuse et blanchâtre, faisant effervescence avec les acides, et exploitée pour la fabrication des briques (4). Nous avons de plus constaté au dessus de

(1) Observations de M. E. de Beaumont à la fin du Mémoire de M. Coquand, déjà cité, page 47.

(2) Mémoire déjà cité. Note de la page 34.

(3) Système du Turingerwald, du Bohmerwald-Gebirge, du Morvan. (*Dictionnaire universel d'histoire naturelle*, 12e vol. page 274).

(4) Il est à remarquer que les tuiles et briques de Pensières sont de même pâte et de même nuance que celles que les Romains employaient non-seulement dans les environs d'Augustodunum, mais dans tout l'Auxois. Au milieu des amas de tuiles des ruines d'Alise, il est impossible d'en rencontrer une seule dépourvue de grains de quartz, et pourtant la terre des plateaux liasiques de l'Auxois fournit des tuiles d'excellente qualité. L'Autunois était alors le principal centre d'industrie; on en trouve encore une preuve dans la présence, dans les ruines gallo-romaines de l'arrondissement de Semur, de fragments sciés et polis des schistes bitumineux (terrain permien) que MM. Élie de Beaumont et Dufrénoy (*Explication de la carte géologique*, p. 676), signalent dans les ruines de l'Autunois.

cette argile la présence d'une faible couche de la première zone de l'infra-lias (zone à *Am. planorbis)*, parfaitement caractérisée et dont nous parlerons ci-après.

2º Un peu plus à l'ouest, vers Chaumien, commune de Moux, et à l'entrée du village de Gien-sur-Cure, au milieu des porphyres, le même dépôt d'argiles grèseuses (1) non effervescentes.

3º Au dessus du village des Loizons, près Saint-Aignan, dans la contrée nord-est du Morvan, au bas de la partie de la forêt de Brenil, appelée Vente-à-l'Italienne, une assise grèseuse semblable au grès grossier ou arkose qui accompagne les marnes irisées dans l'Auxois, et en superposition à cette assise, une masse de calcaire à gryphées silicifiée, contenant les fossiles de ce calcaire (altitude 640 mètres).

L'existence de la zone à *Amm. planorbis* à Pensières, en stratification concordante avec le trias, qui a échappé aux auteurs de la *Carte géologique de France* et qui n'a été indiquée par aucun géologue; celle du calcaire à gryphées silicifié des Loisons déjà signalée par M. Moreau et par nous (2), prouvent, comme nous le démontrerons plus tard, que le dernier relief du Morvan n'est pas contemporain du trias, suivant l'opinion de M. E. de Beaumont (3), mais qu'il s'est produit à une époque postérieure.

(1) Il est difficile d'indiquer d'une manière positive à quelle partie du trias appartiennent les grès et les argiles sableuses de Pensières, puisqu'ils ne forment qu'un lambeau isolé; cependant nous sommes disposé à les placer dans l'étage des marnes irisées, par la raison qu'ils sont recouverts, sans discordance de stratification, d'un calcaire marneux, caractérisé par les fossiles de la première zone de l'infra-lias.

(2) *Les vallées de l'Avallonnais. (Bulletin de la Société d'Études d'Avallon,* 1864, page 33). — *(Bulletin de la Société des Sciences historiques et naturelles de Semur,* 1865, pages 31 et 32).

(3) *Système de montagnes.*

Le trias, dont nous venons de constater la présence sur certains sommets du Morvan, se rencontre encore à l'entour de la chaîne, sur les pentes et à la base, à des altitudes variables suivant les oscillations que le sol a éprouvées.

Nous n'entrerons pas dans plus de détails sur les dépôts triasiques situés en dehors de la circonscription dont nous nous occupons et nous nous bornerons à l'étude spéciale de ceux qu'elle renferme.

Existence du trias dans l'Auxois.

Pour bien comprendre sa position et sa nature, il est nécessaire de donner quelque explication et d'anticiper un peu sur ce que nous aurons à dire plus tard des terrains qui le recouvrent.

On trouve dans l'Auxois des roches grèseuses accompagnées ou non de marnes bariolées, avec cargneules qui présentent tous les caractères du trias supérieur.

Ces roches, qui reposent toujours sur le granite ou sur les gneiss, excepté aux environs de Thostes, où elles sont superposées à l'étage houiller, sont d'une faible épaisseur quand elles sont rapprochées du Morvan, mais prennent une plus grande puissance dès qu'elles s'en éloignent, comme nous le verrons ci-après.

Au dessus et dans certains lieux, on trouve une autre roche ordinairement grèseuse et fossilifère qui se relie à la partie supérieure du keuper et qui fait partie de l'étage rhétien.

Plus haut encore apparaît l'infra-lias, englobant quelquefois des débris granitiques dans sa pâte calcaire, renfermant même quelques bancs grèseux, mais toujours facile à distinguer par ses fossiles.

Enfin l'infra-lias est surmonté du lias inférieur.

Ces différents dépôts ne sont pas toujours tous en superposition et souvent occupent séparément la superficie du sol, au voisinage du granite ; mais la place qu'ils gardent constamment les uns à l'égard des autres dans les lieux où ils se recouvrent est représentée par l'échelle suivante :

D

C

B

A

G

G. — *Granite, gneiss.* — *A. Trias supérieur.* — *B. Étage rhétien.* — *C. Infra-lias.* — *D. Calcaire à gryphées arquées.*

Avec un peu d'attention et quand on a l'habitude du pays, on arrive ordinairement à reconnaître les assises de cette échelle ; cependant l'étude en a été longtemps fort embrouillée par suite d'une confusion que nous allons indiquer.

En réunissant en un seul ensemble géognostique les grès du trias en général, puis les grès de l'étage rhétien *(Psammites)*, et même les roches de l'infra-lias et du lias inférieur, quand elles présentent, comme il arrive en certains points que nous ferons connaître, une structure et une composition minéralogique particulière, par épanchement ou injection de silice, M. de Bonnard (1) désigna le tout sous le nom de terrain d'arkose qu'il distingua en arkoses arenacées et en arkoses cristallines, sans reconnaître, malgré une justesse d'observation remarquable, qu'il était en présence de terrains de natures différentes.

(1) *Notice géognostique sur quelques parties de la Bourgogne*, présentée à l'Académie des Sciences en 1825. — *Notice sur la constance des faits géognostiques qui accompagnent le gisement d'arkose à l'est du plateau central de la France*, 1828, p. 6 et 7.

M. Rozet (1) reliant au lias la partie supérieure des arkoses de l'Auxois appelées *grès du lias*, reconnut pourtant la présence du trias à la base.

MM. Dufrénoy et Élie de Beaumont (2), en adoptant la manière de voir de M. de Bonnard, en plaçant dans le lias, sous le nom de *grès ou arkoses inférieures du lias*, tous les dépôts arénacés ou silicifiés compris entre le granite et le lias, à la base du nord et du nord-est du Morvan, et en établissant que le rapport avec les terrains jurassiques inférieurs était marqué par la présence dans les grès d'un ciment calcaire, faisant effervescence avec les acides, augmentèrent encore la confusion qu'on remarque dans la description de M. de Bonnard; car certains grès (arkoses) du keuper font effervescence avec les acides, tandis que les grès de l'étage rhétien qui sont au dessus, mais qui étaient mal connus alors, ne font pas toujours effervescence.

MM. Raulin et Leymerie (3) se rangeant au même avis que les auteurs de la *Carte géologique de France* ont considéré tous les grès des environs d'Avallon comme compris dans le lias.

Si MM. de Bonnard, Dufrénoy et Élie de Beaumont, Raulin et Leymerie ont ainsi réuni ce qui devait être séparé, c'est que leurs observations ont porté presque exclusivement sur les caractères minéralogiques des roches, caractères dont l'uniformité apparente a pour cause le voisinage du granite, qui a fourni tous les matériaux des assises arénacées et a

---

(1) *Mémoire géologique sur la masse de montagnes qui séparent le cours de la Loire de ceux du Rhône et de la Saône.* (Mémoires de la Société géologique de France, 1840, pages 111, 115 et 116).

(2) *Explication de la carte géologique de France*, 2e vol. pages 101, 157, 273, etc. — 1848.

(3) *Statistique géologique du département de l'Yonne*, 1858, pages 242 et suivantes.

produit, par ses fractures, les émissions siliceuses dont nous avons parlé plus haut.

Ces auteurs, s'ils avaient d'abord étudié les mêmes roches sur les bords de l'Armançon, où elles sont mieux caractérisées et où il est très-rare de les trouver modifiées par la silice injectée ou déposée en nappes, et s'ils les avaient ensuite comparées à celles des bords du Serein, du Cousin et de la Cure, auraient pu éviter toute confusion et mettre chaque dépôt à sa place stratigraphique.

Les recherches qui ont été faites depuis par d'autres géologues ont permis de faire, entre les assises, des distinctions qui ont échappé aux savants que nous avons cités plus haut ; mais comme les opinions de ces derniers ont eu pour conséquence de laisser subsister une erreur minéralogique et de contribuer à une fausse interprétation géogénique, que nous avions à cœur de signaler, nous avons cru devoir entrer dans les détails qui précèdent.

L'erreur minéralogique consiste dans l'emploi du nom d'arkose pour désigner les différents grès et roches silicifiées de la base du Morvan. Cette expression ne peut être maintenue (1), parce que la roche d'arkose *(grès composé de débris de quartz et de feldspath)* n'est pas spéciale au terrain appelé terrain d'arkose (2) par M. de Bonnard, et ensuite parce que toutes les roches arénacées ou silicifiées qu'il y a comprises ne sont pas des arkoses. Rien n'empêchera pourtant d'em-

---

(1) Le nom d'arkoses a déjà été l'objet de nombreuses critiques de la part de MM. Leymerie et Rozet (Réunion de la Société géologique de France à Autun. — *Bulletin*, 1re série, tome VII). De la part de M. Virlet (Réunion de la Société géologique à Avallon. — *Bulletin*, 2e série, t. II). — Levallois *(Bulletin*, 2e série, t. XXI, p. 426). — Pellat, 2e série, t. XXII, p. 552. — Martin *(Paléontologie stratigraphique de l'infra-lias*, Société géologique de France, 2e série, t. VII, p. 5).

(2) Ainsi, la plupart des grès houillers de l'étage houiller de Sincey sont de véritables arkoses.

ployer et nous emploierons cette expression, quand elle s'appliquera à une roche qui aura les caractères propres à l'arkose; mais alors il faudra ajouter le nom de l'étage et de la localité où elle se rencontrera.

L'interprétation géogénique inexacte a son point de départ dans la réunion que les auteurs de la *Carte géologique de France* (1) ont faite, sous le nom de grès inférieurs du lias, de tous les terrains dont nous venons de parler, en les plaçant dans le chapitre consacré aux terrains jurassiques, à la base ds ces terrains, et comme établissant un raccordement avec le Morvan.

C'est probablement ce qui a conduit M. E. de Beaumont, dans son important travail sur le *Système de montagnes* (2), à les considérer comme formés au pied du Morvan, après le mouvement d'exhaussement qui a donné son relief à la partie nord du plateau central, et qui se serait effectué pendant le dépôt du trias.

Nous avons déjà vu que le mouvement d'exhaussement du Morvan ne peut être synchronique du dépôt des marnes irisées, puisqu'à Pensières et aux Loizons (altitude 594 et 624 mètres), l'infra-lias et le lias inférieur sont superposés au trias; ce n'est donc pas avant les dépôts du lias, mais plus tard, que le Morvan a pris son dernier relief (3), et nous tâcherons, quand nous traiterons de la géogénie de l'Auxois, de déterminer l'époque approximative pendant laquelle s'est produit ce phénomène.

(1) *Explication de la carte géologique de France*, 2ᵉ vol., pages 104, 287, 289, 291, 295, 296, 297.

(2) *Système de Montagnes*. — Syst. du Thüringerwald, du Bohmerwald-Gebirge, du Morvan. — *Dictionnaire universel d'histoire naturelle*, tome XII, page 271.

(3) Nous admettons bien que les terrains situés dans l'Auxois, à la base du Morvan, sont des terrains côtiers; mais comme le sol a éprouvé de nombreuses oscillations antérieures au dernier soulèvement qui a donné à la chaîne son relief définitif, le dépôt des terrains dont nous parlons se rapporte à une de ces oscillations antérieures.

Après les explications qui précèdent, nous n'avons plus qu'à décrire les terrains triasiques de l'Auxois.

Le trias, qui existe dans certaines parties de la France avec des épaisseurs considérables, 150 m. pour les grès vosgien et bigarré, 150 à 200 m. pour le muschelkalk, 300 m. pour les marnes irisées, et qui, dans l'Autunois, acquiert une certaine importance, n'est représentée dans le centre de l'Auxois que par ce dernier étage.

Encore le keuper ne s'y montre que par lambeaux dont la puissance varie de un à deux mètres au plus, et cette faible épaisseur ne provient pas de la dénudation qui a affecté les terrains du pays, puisque, dans les parties où les marnes irisées sont recouvertes par d'autres terrains marins, et par conséquent ont été protégées contre l'érosion, elles ne présentent pas un plus grand développement.

C'est surtout en se rapprochant des pentes du Morvan que leur puissance est plus faible; au contraire, quand on s'en éloigne, elle devient plus marquée, et nous verrons qu'elle est relativement considérable dans les environs de Blaisy.

Il faut donc admettre qu'à l'époque où le keuper s'est déposé, tout l'Auxois, qui était exondé pendant la formation des terrains palézoïques et des deux premiers étages du trias, a éprouvé un abaissement considérable avec une partie des surfaces émergées du centre du Morvan. Il s'est produit alors des lagunes saumâtres, siége de réactions chimiques, dans lesquelles les dépôts vaseux alternaient avec les dépôts arénacés provenant des roches granitiques voisines, sur lesquels reposent toujours ces dépôts. Il y a pourtant exception pour le plateau de Thostes, où ils sont superposés en stratification discordante au gîte houiller, d'origine terrestre, dont nous avons parlé précédemment.

Nous prendrons d'abord comme terme moyen les assises keupériennes des environs de Semur, qui occupent le centre de l'Auxois et qui généralement n'ont pas été affectées par les émissions siliceuses si nombreuses sur les bords du Serein, du Cousin et de la Cure.

Puis nous décrirons les points plus rapprochés du Morvan.

Ensuite nous examinerons les dépôts situés plus à l'est et au sud-est de l'Auxois.

Sur les plateaux inférieurs qui entourent Semur, et même dans la partie orientale de la ville, on rencontre des lambeaux de l'étage supérieur du trias, caractérisés par des alternances de grès grossiers à l'état d'arkose, de sables stratifiés contenant les éléments de l'arkose, des grès fins et des sables fins, composés exclusivement de parcelles granitiques, et de marnes irisées, faiblement calcaires. Tantôt l'un, tantôt l'autre de ces éléments, avec ou sans cargneules, est en dominance; ils ne forment presque jamais des bancs continus au sein des lambeaux keupériens et présentent un caractère tellement variable qu'il est très-rare de rencontrer deux points, même rapprochés, identiques par la disposition et la nature des couches. Il est même impossible, la plupart du temps, dans les lieux (*Chapeau-du-Curé*, au dessus de la chaume Perthuisot) où l'on enlève les marnes irisées et les arkoses pour en extraire l'arène décomposée de la base, de trouver après chaque exploitation le même arrangement et la même épaisseur dans les assises dont les tranches horizontales sont mises à découvert.

Souvent le terrain keupérien commence par des arkoses ou des sables, avec fragments roulés ou anguleux, renfermant des petits bancs de grès fins et des lits de marnes irisées, sableuses ou compactes; quelquefois les marnes irisées reposent immédiatement sur le granite, et ce sont alors les lits de sable, d'arkose et de grès fins avec cargneules disséminées qui s'y trouvent enclavés.

Les marnes irisées et les arkoses sont effervescentes; les grès fins purement quartzeux ne sont pas ordinairement attaqués par les acides.

Nous allons donner quelques coupes prises aux environs de Semur :

I. — *Ru de Cernant (rive droite), à l'est du pont, sur la route d'Avallon.*

		m	
E	*Lumachelle de l'infra-lias en plaques.* *Marnes.*	» m	40
D		»	08
C		»	60
B		1	50
A		»	40
	Granite.	2 m	98

A. — Arène stratifiée avec quartz, mica et feldspaih.

B. — Grès très-fin, blanc, quartzeux, sans fedspath, avec parties sableuses, employées pour le moulage de la fonte.

C. — Sable grossier roulé et stratifié, contenant du feldspath, avec petits cailloux arrondis de quartz blanc ou coloré.

D. — Arkose solide et grossière en plaques.

E. — Marnes jaunâtres dépendant de la lumachelle et lumachelle.

Les assises A et B ne font pas effervescence, les autres assises sont attaquées par les acides.

Le grès fin blanc B blanchâtre se continue çà et là le long du ru de Cernant avec des poches de marnes irisées. En se rapprochant de l'Armançon, on trouve certaines parties de ce grès caverneuses comme des cargneules, mais il est à remarquer que la structure grèseuse n'a pas été modifiée et que le grès caverneux ne fait pas plus effervescence avec les acides que les bancs non cariés. Les vides du grès se sont produits, sans doute comme dans les cargneules, par la dissolution et l'entraînement d'une substance minérale particulière qui les remplissait primitivement.

C'est dans le même grès fin B que nous avons rencontré près du ru de Cernant le seul débris organique connu du keuper de l'Auxois. C'est un fragment d'un végétal de grande taille qui nous paraît appartenir au genre calamite, et qui figure au musée de Semur.

La lumachelle qui est superposée aux marnes irisées est pénétrée de sablons quartzeux avec grains de feldspath d'origine granitique; mais elle en porte surtout un grand nombre incrustés à sa surface.

Le grès de l'étage rhétien, dont nous allons bientôt nous occuper, manque complétement entre le banc D et la lumachelle, et cependant il n'est pas rare d'en trouver des fragments fossilifères disséminés à la surface de la terre arable qui recouvre la lumachelle.

De l'autre côté du ru de Cernant, rive gauche, au-delà du pont, à l'endroit où l'on a pratiqué une rectification de la route d'Avallon, pour la faire passer un peu à gauche, nous avons profité de la tranchée ouverte à la jonction du granite au keuper, pour étudier ce gisement qui n'est séparé du précédent que par la profonde dépression où coule le ruisseau.

Voici la coupe que nous avons relevée (1) :

II. — *Ru de Cernant (rive gauche).*

Terre végétale.

D 0^m 55^c — Grès blanc en plaquettes, moucheté de taches noires (oxide de manganèse).

C 0^m 30^c — Marnes barriolées.

B 0^m 30^c
   0^m 25^c — Grès blanc en trois bancs.
   0^m 15^c

A 0^m 15^c — Arkose avec mica, renfermant des galets quart-

(1) Nous avons pu intercaller cette coupe prise au commencement de 1868 dans notre travail qui date de 1867, mais qui n'était pas encore complétement imprimé.

zeux, de la grosseur du poing, passant à quelques mètres plus haut à un grès grossier ferrugineux avec quelques parcelles de feldspath, (arkose mal caractérisée.)

Granite.

En remontant la pente encore à quelques mètres plus haut, le banc C seul est visible, mais il est constitué par une masse remaniée, où se montrent confusément répartis, des marnes barriolées, des arkoses et des grès blancs. On y trouve peu d'éléments roulés.

Ce banc remanié est raviné par les alluvions anciennes avec grains de fer qui couvrent la surface des terrains environnants. Ces alluvions y ont formé des poches qui tranchent par leur couleur brune avec la masse qu'elles ont pénétrée et sont évidemment d'une époque bien postérieure.

Le banc confus dont nous parlons nous paraît contemporain du dépôt keupérien.

III. — *Montée de Menétoy.*

Décrit par M. Levallois (1), ce gisement présente la succession suivante, au-delà du pont qui coupe le ruisseau, sous le bois de Long-Genièvre en se dirigeant vers Menétoy et sur le bord du chemin à droite.

Lumachelle de l'infra-lias.

0ᵐ 20ᶜ — Arkose grossière, ferrugineuse, contenant peu de feldspath, effervescente comme la couche A, de la coupe précédente (point de grès Rhétien au dessus).

0ᵐ 60ᶜ — Marnes irisées avec cargneules intercallées.

Granite.

(1) Couches de jonctions du trias et du lias. *Bulletin de la Société géologique de France*, 2ᵉ série, t. xxi, p. 420.

IV. — *Chapeau-du-Curé, au dessus de la chaume Pertuisot*
(sud-ouest de Semur).

— Partie nord, environ quatre mètres de marnes irisées sableuses avec grains anguleux et roulés, au dessus du granite.
— Partie sud.

Terre végétale.

0ᵐ 30ᶜ — Marnes irisées.
0ᵐ 15ᶜ — Arkose à grains fins.
0ᵐ 60ᶜ — Arkose grossière avec petits galets de quartz blanc.

Granite.

— Partie ouest au-delà de la route de Saulieu.
  Grès fins blanchâtres, 30 à 40 centimètres en contact avec
    le granite.
— Au dessus de la chaume Chapelière, entre les vignes et
  une dépression qui borde la route de Semur à Saulieu.
  Arkose grossière reposant sur le granite, 1ᵐ 30ᶜ.
— Un peu plus bas, en descendant vers le nord, l'arkose
  grossière est remplacée par les grès blanchâtres.
— Au-delà de la route de Saulieu, en face de Chapeau-du-Curé,
  mais après avoir passé le ruisseau appelé ru de Chenot, en
  remontant le coteau, le grès blanc est intercallé entre le
  granite et les marnes irisées.
— Du côté d'Ardelon, les arkoses dominent et sont entremêlées
  de marnes irisées.

Les différents points dont nous parlons, désignés sous le
nᵒ IV, et situés à des distances très rapprochées les unes des
autres, présentent un arrangement et une composit'on variant
de proche en proche.

Tous les bancs font effervescence avec les acides, à l'exception
du grès blanc, qui est semblable à celui du ru de Cernant.

On trouve, sur le point le plus élevé, au dessus de la lande dite Chapeau-du-Curé, et de chaque côté de la route de Saulieu, des débris de grès, appartenant au banc en plaquettes qui forme ordinairement le sommet de l'étage rhétien. Ces débris, rejetés à la surface par les fouilles des vignerons, paraissent être à leur place en cet endroit; mais nous n'avons pu reconnaître le banc dans sa position première. Ils contiennent quelques mollusques peu déterminables, et l'on remarque sur la surface de certaines plaquettes des empreintes qui paraissent avoir été produites par des feuilles de conifères.

Un peu plus haut, on trouve la lumachelle de l'infra-lias en dalles minces au milieu de marnes jaunes *(au dessous du chemin qui conduit de la route au bois de Montille).*

V. — *Au dessus de la Chaumes-aux-Aulnes, sur un chemin creux qui borde les vignes.*

Lumachelle de l'infra-lias.

Grès fin effervescent avec les acides au contact de la lumachelle, et paraissant être une dépendance de celle-ci, sans fossiles.	0m 10c
Marnes irisées avec cargneules intercallées	1m »
Arkose dolmitique	0m 50c

Granite.

Un peu plus haut et à quelques mètres, les marnes irisées sont remplacées sous la lumachelle par un grès grossier siliceux qui s'égrène sous le moindre choc.

VI. — *Au dessus des roches de Saumaise, sous les Véronnes.*

Lumachelle grèseuse à pâte calcaire.

Arkose avec nids et poches de marnes irisées, 1m 50c.

Granite.

On trouve également des fragments de grès rhétien rougis par le fer et couverts de déjections d'annélides avec quelques mollusques, sur le sol arable, aux environs de ces deux derniers points.

Dans la même contrée des Véronnes, l'arkose est modifié à la pointe sud-ouest des roches, au milieu des bruyères et sur la partie la plus élevée d'un ancien chemin, par des émissions siliceuses qui se sont fait jour entre les brisures du granite. La roche, de gréseuse qu'elle est aux environs, devient compacte et d'une grande dureté ; la baryte sulfatée en petite quantité s'est mêlée à l'empâtement siliceux.

De chaque côté de cette arkose injectée, soit pendant le dépôt, soit après coup, nous avons compté, au sud-ouest, deux filons siliceux principaux, parallèles entre eux, qui coupent le coteau granitique de Saumaise du N. O. ou S. E.. pour disparaître sous l'Armançon, et au nord-ouest deux ou trois autres filons plus petits et aussi parallèles qui traversent le chemin. Ils sont à peu près dirigés O. E.

La silice qui remplit ces filons est peu homogène et comme composée de parties agglutinées et rougies par le fer. Les petits filons du chemin des Véronnes, au dessus du coteau qui domine les moulins à foulon, semblent être formés de parties globuleuses de quartz blanc et rouge aussi agglutinées et comme impressionnées.

VII. — *Partie orientale de la ville de Semur.*

Dans les endroits où des fouilles ont été pratiquées dans les rues Impériale et des Carmes, les marnes irisées seules d'une puissance moyenne de 1 mètre environ, reposent immédiatement sur le granite, sans intercallation d'arkoses ou de grès.

Nous ne multiplierons pas d'avantage les descriptions de lieux. Celles qui précèdent suffisent pour donner une idée de la disposition du keuper dans les environs de Semur et du peu d'uniformité des assises.

Nous constaterons seulement que les arkoses, en se rapprochant de la surface et au contact des lumachelles (zone à Am. planorbis de l'infra-lias), se montrent assez fréquemment comme celles-ci en dalles plus ou moins épaisses et qu'on ne distingue souvent la lumachelle, presque toujours pétrie et couverte de sablons d'arkose à la base, que par sa pâte calcaire et entremêlée de fossiles.

Dans la partie occidentale du canton de Semur, dans la partie sud du canton de Guillon, dans la partie sud et sud-ouest du canton d'Avallon et dans la partie est du canton de Vézelay, à l'approche du Morvan septentrional, le keuper se présente aussi par lambeaux. Cependant les marnes irisées proprement dites sont plus rares et les dépôts arénacés, gréseux ou arkosiens deviennent prédominants dans le trias supérieur. Sur les bords du Serein, les grès et arkoses se divisent en dalles minces, comme les laves des montagnes calcaires de l'Auxois.

De plus, sur les bords du Serein, de Montigny-St-Barthelemy à Toutry, sur les bords du Cousin, en se rapprochant d'Avallon, et sur les bords de la Cure à la sortie du Morvan, le keuper se trouve çà et là modifié par des émissions siliceuses et autres qui ont affecté en même temps l'infra-lias et le lias, sans les dénaturer au point que, dans la plupart des cas, on ne puisse distinguer les assises diverses des roches et les étages auxquels elles appartiennent.

Nous reviendrons plus tard sur ces changements, dans la nature des dépôts, et nous tâcherons d'en expliquer la cause, après que nous aurons décrit le lias inférieur.

Nous devons signaler aussi dans les environs d'Avallon quelques sources peu abondantes, d'une eau impure et salée que recherchent les pigeons et les ruminants. Ces sources, situées au voisinage de failles dont nous parlerons dans la

3e partie, se trouvent au Vault (vallée du Cousin), et à St-Père, (vallée de la Cure.) Bien que dans ces localités il n'existe aucun affleurement de marnes irisées, il n'est guère possible d'attribuer la salure des eaux à une autre cause qu'à la présence de ces marnes; mais elles sont cachées par les dépôts jurassiques qui les recouvrent.

Dans les parties des cantons de Précy et de Saulieu, situés à l'ouest et au sud-ouest de l'Auxois, au pied et sur les pentes du Morvan, les dépôts keupériens deviennent extrêmement rares et n'y sont guère représentés que par des arkoses (1) et pourtant l'affaissement, qui a permis au trias supérieur de se déposer dans l'Auxois, s'est prolongé jusque dans le canton de Montsauche, puisqu'aux Loisons on trouve l'arkose au dessous du lias inférieur, et qu'à Pensières, à Chaumien et à Gien, on trouve même des lambeaux de marnes irisées.

Sur les bords de l'Armançon en se dirigeant vers le sud-est, de Semur à Normier, le keuper n'a pas un grand développement; l'arkose l'emporte encore sur les marnes irisées, et les assises arénacées appartiennent plutôt à l'étage Rhétien, dont nous allons bientôt nous occuper, qu'au trias supérieur.

Le keuper, du côté opposé au Morvan, disparaît vers l'est, sous les dépôts jurassiques; cependant, par l'effet de mouvements du sol qui l'ont rejeté vers la surface, et par suite de fouilles pratiquées dans le massif oolithique inférieur, on peut se convaincre, comme nous l'avons déjà indiqué, que cette puissance augmente dans de grandes proportions.

Ainsi, les travaux opérés pour le percement du canal de Bourgogne, au point de partage vers Pouilly, ont permis à

______

(1) La juxta-position de la lumachelle de l'infra-lias au granite, presque constante de Précy à Saulieu, indique l'absence presque complète du keuper dans cette direction. Il reparaît pourtant aux environs de Thoisy-la-Berchère.

M. Lacordaire de donner une coupe générale des terrains, reproduite par les auteurs de la Carte géologique de France (1).

Nous extrayons de cette coupe la partie qui se rapporte à l'étage supérieur du trias.

VIII. — *Coupe de Pouilly.*

Marnes argileuses noires, à ciment (étage rhétien).

Arkose arénacée....................	1m 50c
Calc. siliceux et marnes argileuses vertes.	
Marnes argileuses vertes et arkoses arénacées	4 50
Arkose arénacée....................	1 50
Marnes argileuses vertes et arkoses......	3 »
Arkose avec marnes argileuses vertes....	3 »
Arkose granitoïde friable ou arène.......	2 50
Arkose granitoïde ou granite avec substance verte....................	2 »

18m 00c

Granite.

Il existe à Pouillenay, dans le vallon de la Brenne, une fontaine salée, située au pied de la montagne de Mussy, près de l'écluse 49 du canal de Bourgogne, et au centre d'une petite faille. Les eaux en sont salées (1) comme celles des environs d'Avallon et paraissent être de même nature que celles d'une autre source salée qui sort du vallon de la Dheune, près de Santenay (2).

En 1854, des industriels pratiquèrent, à une centaine de

(1) *Explication de la Carte géologique de France.* T. ii. P. 303.

(1) Voir le *Bulletin de la Société des sciences historiques et naturelles de Semur*, 1865. La fontaine salée de Pouillenay.

(2) La fontaine de Santenay, à laquelle on attribue des propriétés thérapeutiques, sort également des lèvres d'une faille au contact du trias supérieur, devenu apparent par un relèvement du côté sud de la vallée.

mètres de la fontaine de Pouillenay, sur un pâtis communal, près du pont par où la route de Semur franchit le canal, un puits d'essai dans le but d'explorer les richesses du sous-sol.

Après avoir creusé de 19 mètres 10 centimètres au dessous de la terre végétale et avoir traversé successivement la partie inférieure du lias moyen, le lias inférieur, l'infra-lias et l'étage rhétien, ils pénétrèrent dans le dépôt keupérien, et quoiqu'ils n'aient pu atteindre la base de ce dépôt, ils trouvèrent pour le trias supérieur, une profondeur de 22m 75c, ainsi repartie :

IX. — *Coupe de Pouillenay.*

5 m. 10. — Grès tendre, spongieux, à grains fins, renfermant des nids d'argile verdâtre avec gypse cristalisé, sous forme lamellaire rayonnée. Source d'eau limpide salée à un degré de l'aréomètre Baumé; sel très-blanc, non déliquescent à l'air, 3 mètres cubes d'eau par heure environ..... 5 10

14 m. 65. — Schistes gris rubannés, siliceux, à surface de clivage lisse savonneuse, verdâtre et jaunâtre, très-durs, donnant des étincelles par le choc, avec parties plus tendres, intercallées; minéral blanc ou brun où domine l'arsenic...................... 14 65

3 m. — Schistes bruns rougeâtres, plus ou moins pénétrés de silice, avec bancs de grès durs, marnes irisées verdâtres durcies, et indices de dolomie de même couleur............................ 3 »

Il résulte de cette coupe que la partie du keuper explorée est déjà à Pouillenay de (1)............ 22 75

(1) Cette coupe est extraite de l'ouvrage de M. J. Martin, ayant pour titre : *Paléontologie stratigraphique de l'infra-lias du département de la Côte-d'Or,* figurant aux Mémoires de la Société géologique de France, 2e série, t. vii. 1860.

Évidemment le durcissement des marnes irisées est dû à l'influence de la faille, et la nappe d'eau salée qui s'en échappe s'étend sur une surface assez étendue.

Mais une preuve plus convaincante de l'épaississement des couches keupériennes, en s'éloignant du Morvan, est fournie par les observations suivantes :

Aux environs d'un bombement granitique qui est venu se faire jour aux environs de Sombernon, sur le trajet d'une faille dirigée de Beaume-la-Roche à Remilly, par Mémont, à une distance d'environ 36 kilomètres de la base du Morvan (de Mâlain à Lamotte-Ternant, sur le Serein), on trouve, pour le trias, une puissance de 13 m. 70 c. environ, d'après une coupe prise par M. Martin (1) à Mémont, dans le ravin du Pissou. Nous extrayons de cette coupe ce qui a rapport au trias, en commençant immédiatement au-dessous de l'étage rhétien approximativement délimité.

X. — *Coupe de Mémont.*

Marnes schisteuses, vertes et jaunes..........	0ᵐ 50ᶜ
Calc. marneux brun, verdâtre à pâte fine......	0 40
Marnes noirâtres, entremêlées de veinules de chaux fluatée, blanche, fibreuse...............	0 20
Gypse, banc rouge séparé du suivant par un lit de 0ᵐ 05 de marnes noirâtres feuilletées, avec veinules de chaux sulfatée......................	0 75
Gypse, petit banc rouge....................	0 50
Marne durcie noirâtre, avec veinules de chaux sulfatée.................................	0 15
Gypse, banc marneux, s'exfoliant à l'air.......	0 70
Lit de marne feuilletée....................	0 05
Gypse, banc gris, souillé de marne...........	0 50
A reporter...................	3ᵐ 75

(1) *Paléontologie stratigraphique* déjà citée, page 11.

Report	3	75
Lit de marnes feuilletées	0	15
Gypse, banc de pied	0	50
Lit de marnes feuilletées	0	10
Petit banc de schiste marneux	0	10
Marnes noirâtres feuilletées, avec plaques fibreuses de chaux sulfatée blanche	0	30
Dolomies blanchâtres à pâte fine, très-dure	0	20
Gypse souillé de marnes, couche irrégulière	1	»
Marnes brunes feuilletées	0	10
Gypse gris rouge, banc peu suivi et souvent marneux	0	40
Marnes noirâtres feuilletées, avec gypse subordonné	0	20
Sorte d'arkose brune, marneuse, grenue, peu solide	0	20
Arkose à gros grains de quartz, blanchâtre	0	90
Roche caverneuse, passant à l'arkose avec nids d'argile verte et de gypse	0	70
Marne sableuse verdâtre	0	10
Arkose à gros éléments, peu solide et souvent arénacée	5	»
Total	13ᵐ	70ᶜ

Granite.

A 500 ou 800 mètres du point ou cette coupe a été prise, M. Martin déclare que les couches keupériennes, même sans comprendre la base qui est inconnue, n'ont pas moins de 30 à 35 mètres d'épaisseur.

Dans les puits 15 et 19, creusés pour l'établissement du tunnel de Blaisy, situé un peu au nord du gisement de Mémont, MM. Ruelle, Ducos et Jullien (1) ont constaté que la puis-

(1) Coupe géologogique de la montagne de Blaisy, par MM. Ruelle, Ducos et Jullien. *Bulletin de la Société géologique de France*, 2ᵉ série,

sance du trias supérieur est de 66 mètres, d'après une coupe dont nous extrayons la partie relative à l'étage qui nous occupe, en commençant immédiatement au dessous des assises que ces trois ingénieurs désignent par le nom de grès, calcaires à ciment et grès inférieurs du lias, et que nous considérons comme correspondant à l'étage rhétien :

XI. — *Coupe de Mémont.*

Grès, calcaires à ciment et grès inférieurs du lias, 12 m.

Dolomies et marnes irisées......................	6^m
Gypse en modules et argiles...................	3
Gypse assez pur............................	13
Marnes irisées.............................	19
Grès des marnes irisées.....................	25
En tout...................	66^m

Granite.

Par ce qui précède, nous croyons avoir démontré l'abaissement à l'époque keupérienne de l'Auxois auparavant attaché au Morvan et entièrement émergé, abaissement qui s'est prolongé jusqu'au cœur de la région morvandelle, vers l'ouest.

En effet, les dépôts peu prononcés du côté du Morvan deviennent d'autant plus puissants qu'on se porte d'avantage dans la direction de l'est, et ils n'atteignent leur plus grand développement qu'au pied du Jura. Partout ils reposent sur le terrain granitique ou sur le gneiss, excepté aux environs de Thostes où ils recouvrent un dépôt terrestre (étage houiller). L'abaissement dont nous parlons avait commencé, au sud du Morvan, dès l'époque houillère et avait continué pendant la période permienne, aussi bien que pendant la période triasique

T. VIII, 1851, planche X. La puissance des assises est indiquée par M. Martin, dans son ouvrage ayant pour titre : *Zone à av. contorta ou Etage Rhœtien, état de la question*, p. 106,

tout entière. Dans l'Auxois, au contraire, si l'on peut constater un affaissement à l'époque houillère, cet affaissement avait été suivi d'un redressement qui place les assises houillère sur leur tranche et ce n'est que lors du dépôt keupérien seulement que se-produit à nouveau une dépression notable du sol.

Sur le versant occidental du Morvan, le trias supérieur seul existe et se montre atténué comme dans l'Auxois. Il n'atteint qu'exceptionnellement les bords extérieurs des sommets.

Les minéraux les plus importants du keuper, le sel et le gypse, qu'on ne rencontre jamais en masses suivies, mais en lentilles et en amas, manquent ou sont à peine accusés dans l'Auxois. Le gypse seul ne commence à se présenter avec quelque puissance, comme dans l'Autunois et sur les bords de la Loire, que vers Mémont et Blaisy. Les dépôts salifères ne sont indiqués que par de faibles sources, non-seulement au voisinage du Morvan, mais sur tous les points situés autour du plateau central.

La vie ne se manifeste dans le trias supérieur que par la présence de quelques débris végétaux fort rares. A l'exception de certaines parties de l'Allemagne, on n'y rencontre pas de fossiles marins. Au pied du plateau central, les dépôts keupériens semblent s'être formés au milieu de marécages saumâtres ou de lagunes stagnantes dans lesquelles les animaux ne pouvaient exister. Nous n'avons jamais trouvé dans l'Auxois qu'un seul fossile keupérien et ce fossile était de nature végétale *(grès du ru de Cernant)*.

Ce n'est donc pas par ses fossiles que l'étage keupérien peut être reconnu dans notre pays, mais seulement par sa nature minéralogique et surtout par la place qu'il occupe. Sa position tantôt au dessous de l'étage rhétien, tantôt au dessous de l'infra-lias, l'un et l'autre fossilifères, et avec lesquels il est toujours en stratification concordante, indique que les roches dont nous venons de parler appartiennent à la partie supérieure du trias.

Nous dirons ci-après, quand nous aurons décrit l'étage rhétien, à quels signes il devient possible de distinguer, dans l'Auxois, les grès keupériens des grès rhétiens.

ÉTAGE RHÉTIEN (1).

Aux sédiments keupériens succèdent d'autres couches où dominent encore les roches sableuses à l'état de grès. D'abord appelé zone à *Avicula Contorta*, du nom d'un petit mollusque acéphale qui abonde partout dans ses strates, et *Bone bed* ou lit à ossements par les géologues anglais, en raison du nombre considérable de débris de poissons et de reptiles qu'il contient dans certaines assises, ce dépôt a été plus tard, quand on a mieux connu son développement et son extension, élevé à la hauteur d'un étage que Gümbel a proposé dès 1861, de nommer Etage rhétien, parce qu'à la base du Tyrol, dans l'ancienne Rhétie, il acquiert une énorme puissance, au voisinage des dépôts marins du keuper.

La plupart des géologues ont adopté cette qualification donnée par le géologue allemand à une suite d'assises mal connues auparavant et qu'on avait confondues dans le terrain d'arkose de M. de Bonnard, ou avec les grès inférieurs du lias, des auteurs de la carte géologique de France.

Aucun terrain n'a peut-être été, autant que celui qui nous occupe, l'objet de discussions ardentes au sujet de son classement et, si l'on s'est enfin décidé à en faire un étage à part, il reste encore une question à vider, celle de savoir s'il doit être placé dans la sous-formation triasique ou dans la sous-formation jurassique.

Nous avons déjà dit combien sont artificielles les grandes coupures géologiques, faites seulement en vue de poser des

______

(1) On écrit ordinairement *Rhœtien*, suivant l'orthographe allemande ; mais puisqu'en français on écrit *Rhétes* et *Rhétie*, nous croyons plus correct d'orthographier conformément à notre langue.

jalons dans l'énorme série des terrains sédimentaires. La succession des dépôts stratifiés s'est faite lentement et toujours avec transition ménagée d'un étage à l'autre. On avait cru autrefois à une démarcation tranchée entre le trias et le lias, démarcation causée par des perturbations violentes dont l'effet aurait été de détruire la faune précédemment existante, pour la faire suivre d'une faune toute nouvelle, apparaissant avec des formes entièrement différentes. C'était la une conception préconçue qui n'a résisté nulle part à l'observation.

Le plus grand nombre des géologues reconnaissent aujourd'hui que les perturbations brusques et violentes ont été fort rares ou n'ont eu qu'une action limitée et que les changements produits à la surface de la terre, au point de vue minéralogique ou paléontologique, se sont produits lentement pendant des périodes d'une immense durée où les siècles ne comptaient que comme des secondes.

Le désaccord des géologues sur la question de savoir si l'étage rhétien doit être accolé au trias ou au lias est une preuve irrécusable d'une transition entre deux sous-formations qu'on avait crues isolées. Quant à la question en elle-même, elle n'a qu'une importance secondaire et nous croyons que M. Pellat (1) en a parfaitement apprécié la valeur dans les lignes suivantes :

« Les géologues qui n'admetttent pas son indépendance
« (indépendance de l'étage rhétien), c'est-à-dire qui veulent
« en faire un étage jurassique ou un étage triasique, produi-
« sent, à l'appui de leur opinion, des listes de fossiles, pèsent
« et comptent les affinités paléontologiques avec le trias ou
« avec le lias ; mais « le recensement des fossiles de la zone

(1) La zone à *Avicula contorta* et le *Bone bed* (étage rhétien) au sud-est d'Autun, etc. *Bulletin de la Société géologique de France*, 2ᵉ série, T. xxii, p. 564.

« à *Avicula contorta* n'est-il pas ouvert de trop fraîche
« date (1) » pour que ce mode d'argumentation soit concluant
« dès maintenant ? Quelque soin que l'on apporte à l'étude
« des fossiles cités, les déterminations sont-elles assez cer-
« taines, surtout lorsqu'il s'agit de fossiles à l'état de moules ?
« Les listes exactes aujourd'hui le seront-elles demain,
« quand chaque jour la faune de l'âge rhætien s'enrichit
« d'espèces nouvelles ? La découverte dans nos contrées de
« quelques fossiles keupériens, découverte sur la voie de
« laquelle nous met M. Levallois, ne viendra-t-elle pas peut-
« être un jour ou l'autre apporter dans la question l'élément
« de comparaison qu'actuellement il faut aller chercher dans
« d'autres pays ? Ne serait-il pas prudent d'attendre encore
« avant de conclure ?

« La question, au surplus, est-elle si importante, comme le
« disait encore récemment M. Renevier (2) ? Est-il absolu-
« ment nécessaire de rattacher l'étage rhætien, soit au trias,
« soit au lias ?

« Aujourd'hui, on admet généralement que les faunes se
« sont modifiées petit à petit, de proche en proche, aussi
« bien horizontalement que verticalement, et que, sauf sur les
« points, centres de perturbations géologiques, elles n'ont
« pas été anéanties brusquement pour être remplacées par
« d'autres toutes nouvelles.

« Dans cet ordre d'idées, ne pourrait-on pas arriver à dire :
« L'étage rhætien est jurassique dans certains pays, tria-
« sique dans d'autres.

« Lorsqu'il correspond à un changement dans la configu-
« ration de la mer, lorsque, comme en Bourgogne, par exem-
« ple, dépôt marin, il succède à un dépôt formé dans des
« conditions différentes, il se relie au lias (dépôt marin
« comme lui) plutôt qu'au trias.

(1) M. Levallois. *Bulletin de la Société géol.* 2ᵉ série. T. xxɪ, p. 429.
(2) *Bulletin de la Société géologique de France,* 2ᵉ série. T. xxɪ,

« Lorsqu'au contraire, dans une contrée, la faune keupé-
« rienne, mieux développée, a pu persister plus longtemps,
« lorsque la perturbation a été moins grande, lorsque, par
« conséquent, le changement dans la faune a été plus lent,
« il se relie plutôt au trias.

« Tout le monde aurait alors raison dans cette question
« de limite de terrain, de même que dans d'autres questions
« analogues qui, comme elle, ont donné lieu à tant de
« controverses. »

Sans contester les raisons qui portent M. Pellat à relier
l'étage rhétien en Bourgogne, au lias plutôt qu'au trias, sans
attacher plus que lui d'importance à la question, et sans méconnaître qu'il est naturel que les affinités paléontologiques
soient plus tranchées avec le lias marin et fossilifère qu'avec
le trias qui en France est un dépôt marécageux et dénué de
fossiles animaux à partir du muschelkalk, nous placerons
pourtant cet étage à la suite du trias, par ce motif unique
que si, dans l'Auxois, nous avons pu déterminer le point où il
finit et où commence minéralogiquement l'infra-lias, nous ne
sommes pas parvenu avec la même précision à fixer le point
où il se sépare du keuper. Comme pour nous les coupures
n'ont d'autre valeur que celle de faciliter l'étude des terrains, il
nous a paru plus facile d'établir cette coupure à l'endroit où
elle se montre mieux dessinée, c'est-à-dire entre l'étage rhétien
et l'infra-lias. C'est par la même raison que nous n'avons pas
séparé complétement les roches azoïques des roches massives,
dans lesquelles elles sont enclavées, et que nous avons compris
les unes et les autres dans les terrains de cristallisation,
bien que les roches azoïques soient considérées comme sédimentaires.

Nous avons dit que l'étage rhétien était surtout composé
d'assises grèseuses; cependant ce fait, inconstestable pour
l'Auxois, n'est pas constant pour d'autres pays où dominent
les dépôts calcaires, marneux ou schisteux, comme en An-

gleterre, en Italie et dans la plupart des régions alpines, ainsi que l'a établi M. Martin (1). Nous aurons même à constater la présence de dépôts calcareo-marneux sur les limites de notre pays à l'est et au sud-est.

Dans la partie méridionale du Morvan, les assises de l'étage rhétien décrites par M. Pellat (2) sont composées de grès, de calcaires siliceux et ferrugineux, et de couches subordonnées de marnes bigarrées, de grès et d'arkoses en couches transgressives sur le keuper, c'est-à-dire que l'abaissement du sol a amené un empiétement de la mer au delà des terrains keupériens.

L'étage rhétien s'étend sur le trias, dans d'autres pays qui avoisinent la partie nord du plateau central; mais nulle part nous ne sachions qu'il ait atteint les points aujourd'hui culminants du centre où l'on trouve le keuper.

Étage rhétien dans l'Auxois.

Nous ferons pour l'étage rhétien de l'Auxois ce que nous avons fait pour le keuper, c'est-à-dire que nous l'examinerons d'abord aux points du bassin où il est le mieux développé; puis nous verrons comment il se comporte en se rapprochant de l'ouest, et quels sont l'aspect et l'allure qu'il présente en prenant une plus grande extension du côté de l'est et du sud-ouest.

La partie du centre de l'Auxois où l'étage dont nous parlons est le plus caractérisé est située sur les bords de l'Armançon, de Montigny à Normiers.

(1) *Zone à A. conterta ou étage rhétien.* — *Etat de la question.* Mémoires de l'académie de Dijon (12ᵉ vol.). Extrait, page 199.

(2) *La zone à A. contorta, etc.,* déjà citée, p. 563.

I. — *Gisement de Marcigny-sous-Thil.*

Nous donnons la coupe prise par M. Martin (1) et nous la ferons suivre de quelques réflexions.

Lumachelle du lias inférieur (assise peu développée).

A. —	0	20	Grès à fucoïdes (2).
B. —	0	25	Strates arénacées, sorte d'arkose désagrégée.
C. —	0	15	Arkose à gros éléments.
D. —	1	90	Grès blanchâtre à grains fins, micacé, avec veines colorées par l'oxide de fer.
E. —	1	50	Grès comme le précédent (Cette assise n'a pas encore été exploitée).

Granite.

(1) *Paléontologie stratigraphique de l'infra-lias du département de la Côte-d'Or,* p. 23.

(2) Cette expression de grès à fucoïdes, d'abord acceptée parmi les géologues qui se sont occupés de l'Auxois, nous semble erronée. Ce que l'on a considéré comme des traces végétales à la partie supérieure des grès nous paraît plutôt être le produit de déjections d'animaux annelés. Cette opinion nous a été suggérée par des reliefs semblables formant des tubes entrecroisés et se recouvrant confusément, que nous avons vus sur le sable au bord de l'océan, à marée basse et que M. E. Deslongchamps nous a dit être rejetés par un ver recherché comme appat pour la pêche.

Cette manière de voir a d'ailleurs été plus tard adoptée par M. Martin dans sa notice sur la zone à *Av. contorta,* etc. p. 35.

On trouve aussi sur les mêmes grès supérieurs d'autres reliefs en rubans accolés deux à deux, que M. de Bonnard avait déjà signalés et que M. Terquem a remarqués sur les grès d'Ettange (partie supérieure de la zone à *A. angulatus*) et qu'il a désignés comme appartenant à la *Terebella Liasina.* Ces rubans pourraient bien avoir la même origine que les reliefs en tubes dont nous venons de parler.

Enfin, certains tubes sont couverts de stries en forme d'anneaux qui pourraient être l'empreinte des plis de membranes anales, d'une annélide; M. Martin les considère comme l'empreinte même du corps de l'annélide qu'il désigne sous le nom de *Serpula Blaisyana.* (De la zone à *Avicula,* p. 53.)

Nous ferons remarquer d'abord que la liaison des grès par le haut avec la lumachelle, et par le bas avec le granite, est masquée à Marcigny. La même observation a déjà été faite par M. Levallois (1) à propos du contact du grès au granite. « On ne voit pas, dit-il, l'application immédiate du grès fos- « silifère sur le granite, de manière à pouvoir affirmer que les « marnes irisées manquent absolument en ce point.

Cependant nous croyons que M. Martin ne s'est pas trompé quant au recouvrement par la lumachelle, parce que, dans d'autres endroits voisins, le contact est certain.

Quant au contact du grès avec le granite, il n'est guère possible de l'affirmer, et pourtant la nature des lieux et l'absence de marnes irisées ou d'arkoses équivalentes à proximité du gisement rendent très-probable ce contact.

A propos des assises B et C, nous ferons observer encore que le nom d'arkose (roche arénacée contenant des grains de feldspath et de quartz, suivant M. Brongniard) ne peut s'appliquer à un grès un peu grossier simplement quartzeux, renfermant seulement en outre quelques lamelles de mica et de baryte sulfatée, comme le fait remarquer M. Levallois (2).

Cette distinction entre les grès et les arkoses est pour nous très-importante et nous en dirons plus tard le motif.

Nous ajouterons encore, et pour y revenir, que les différentes assises du grès de Marcigny ont une texture fissile très-prononcée, que ces grès se séparent sous le choc du marteau en petits lits entre lesquels sont disposés les fossiles et qu'ils paraissent solidifiés presque sans ciment.

Ce gisement de Marcigny, d'où l'on tirait autrefois les pavés de la ville, situé au sud-est du village de ce nom, se prolonge sur un plateau recouvert çà et là par la lumachelle, jusqu'au

______

(1) *Les couches de jonction du trias et du lias, etc.* Bulletin de la Société géologique de France, 2e série, T. XXII, p. 419.

(2) Ouvrage déjà cité, pages 417 et 418.

village de Lédavrée, plateau si bien décrit par **M. de Bon**nard (1).

II. Un peu plus au sud-est, près du village de Normiers, on retrouve encore les grès rhétiens, souvent hors de leur place primitive et comme arrachés de leur base.

Sur un côteau, près de la rivière, on remarque des débris gréseux, non fossiles, contenant de rares débris de dents de poisson. (*saurichthys acuminatus,* Agass.; *hybodus; sargodon tomicus,* Plien, espèces du *Bone bed*); mais leur gisement et leur position dans l'étage, ne peuvent être indiqués d'une manière positive, car ils ne sont plus en place par l'effet d'érosions dont nous aurons à parler dans la 3e partie. Nous avons constaté qu'ils sont effervescents comme les grès de Mémont et de Blaisy qui renferment des ossements et des dents, tandis que les autres grès rhétiens, avec fossiles de la classe des mollusques, ne sont pas effervescents avec les acides.

III. A Nan-sous-Thil, nous avons encore reconnu les mêmes grès et nous avons relevé la coupe suivante, au sud-ouest du parc.

Lumachelle caverneuse avec grains de quartz.

F — 1m 50c Partie recouverte par la terre végétale, mais semée de débris gréseux saes fossiles.

E — 20c Grès à grains de grosseurs inégales, fossilifère, avec *avicula contorta, Ostrea haidingeriana,* Emmrich, etc.

D — 33c Marnes argileuses jaunâtres avec grains de quartz.

C — 25c Arène quartzeuse.

B — 20c Grès zoné sans fossiles.

A — 1m 50c Grès zoné, id.

Base inconnue.

L'inclinaison des couches est du nord-est au sud-ouest.

(1) *Notice géognostique,* etc., p. 40.

La coupe suivante, des plus intéressantes par sa netteté et par son contact immédiat avec l'infra-lias, a été prise par nous à l'est de Marcigny, partie orientale du territoire de Clamerey, sur un petit ruisseau.

IV. Au lieu dit Pré du Vivier, dans la contrée appelée la Maltière, sur le bord d'une dépression et sur le côté nord de cette dépression, on voit s'élever verticalement un rocher qui de loin ressemble aux abrupts granitiques des environs du Serein et de l'Armançon.

Quand on s'en rapproche, on reconnaît qu'il est formé d'assises grèseuses, à l'exception de l'assise du sommet qui appartient à la lumachelle, et comme la pente au dessus du rocher, en se dirigeant vers la route de Dijon, est encore fort sensible on peut voir en superposition à la lumachelle (zone à *Am. planorbis*), affleurer la zone supérieure de l'infra-lias (zone à *Am. angulatus*); puis le calcaire à gryphées arquées (lias inférieur), le tout en stratification concordante.

Voici cette coupe telle que nous l'avons relevée :

A — 1ᵐ »   *Lumachelle avec grains de quartz.*

B — » 30ᶜ Petit banc de grès fin jaunâtre, feuilleté avec tubulures au sommet, renfermant *cardita luerœ*, stopp. *cypricardia marcignyana*, Mart. *myophoria inflata*, Emmrich, etc.

C — » 70ᶜ Grès grossier peu fissile, très-dur, sans fossiles.

D — » 20ᶜ Grès grossier roussâtre, en plaquettes, sans fossiles.

E — » 90ᶜ Grès grossier brun, sans fossiles à la base, mais contenant de rares mollusques vers le sommet du banc. Ces fossiles, mal conservés, paraissent être la *myophoria inflata* et la *cardita luerœ*.

F — 1ᵐ » Grès arénacé rougeâtre, peu consistant, sans fossiles.

    3ᵐ 10ᶜ

Base inconnue.

Nous regrettons beaucoup de n'avoir pu faire creuser au pied du rocher pour déterminer le point de jonction du grès, soit avec le keuper (qui peut-être est représenté par le banc F), soit avec le granite. Nous regrettons aussi de n'avoir pu détacher de grands fragments des assises C, D, E, F, dont une seule, l'assise E, nous a paru un peu fossilifère, à en juger seulement par la surface. Cette localité mériterait d'être explorée, à la pioche pour découvrir les assises cachées au dessous du pré du Vivier, et à la mine pour rechercher, dans les grès durs, le nombre et les espèces des corps organisés qu'ils peuvent contenir.

Mais la distance de Semur et les difficultés, que nous aurions sans doute rencontrées de la part du propriétaire du sol, nous ont empêché de faire cette exploration.

V. Nous rapprocherons du grès de la coupe précédente une masse de grès grossiers d'une épaisseur à peu près égale, de couleur roussâtre et disposés en assises qu'on peut remarquer au bas du village de Dracy-lès-Vitteaux, à environ 8 kilomètres plus à l'est, le long d'un ruisseau qui a entamé profondément ces grès, sans pourtant creuser son lit jusqu'au granite. L'abrupt arénacé recouvert, comme au pré du Vivier, par la lumachelle (zone à *Am. planorbis*), paraît privé de fossiles, cependant M. Martin (1) y a receuilli la *cypricardia marcignyana* avec le test; mais ce fossile unique, trouvé dans la course que nous avons faite ensemble à Dracy, n'a pas été rencontré en place dans la roche même de l'escarpement grèseux.

Le village de Montigny-sur-Armançon est remarquable par le beau développement qu'y prend l'étage rhétien; il est pourtant rare de voir les assises rhétiennes en contact avec le keuper bien dessiné.

Au nord du pays, les arkoses et même quelques lambeaux

____

(1) De la zone à *Avicula contorta ou Bone bed* de la Côte d'Or, p. 32.

de marnes irisées recouvrent le granite et on peut les voir en justa-position avec les roches cristallisées sur les pentes. Dans la contrée du Moulin-à-Vent, rive droite de l'Armançon, le sol est couvert de grès rhétiens non en place.

Sur la pente sud-est du village, rive droite de la rivière, et au-delà du pont; sur la rive gauche dans la direction de Brianny ou de Roilly, les grès rhétiens apparaissent sur plusieurs points, soit en place, soit détachés de leurs bancs. Ils sont généralement fossilifères et l'on y trouve surtout en grande abondance l'*Ostrea haidingeriana*, Emmrich.

Ces grès sont tour à tour fins et grossiers, ordinairement brunis par le fer, plus rarement blanchâtres, et jamais effervescents avec les acides.

Nous allons reproduire les deux coupes données par MM. Levallois et Martin.

VI. — *Coupe prise par M. Levallois* (1) *au sud-est du village de Montigny.*

Lumachelle de l'infra-lias.

C. — Roche roussâtre, essentiellement formée de grains de quartz hyalin fortement cimentés entre eux, avec lamelles abondantes de baryte sulfatée et peu de feldspath.

B. — Roche de composition analogue, mais où les grains de quartz sont plus inégaux de grosseur, renfermant même de véritables cailloux de quartz gris et ayant en un mot tous les caractères des poudingues.

A. — Grès à grains très-fins de quartz avec quelques lamelles de mica blanc et de baryte sulfatée, sans ciment visible, intercalé de quelques feuillets d'argile verdâtre. La roche est dure, mais peu résistante, de couleur blanche ou bien roussâtre et toute piquetée d'oxide manganèse comme dans le grès de la ferme de Leurey *(v. nos coupes I et II du ru de Cernant,*

(1) Couches de jonction, p. 417.

qui sont les mêmes que celle que M. Levallois désigne sous le nom de giscment de Leurey, mais que nous considérons comme keupériennes); cette assise est fossilifère, et M. Levallois y a trouvé des *Cardium* et des *Myophoria.*

Granite.

VII. — *Coupe de M. Martin* (1).

Lumachelle (banc de 30 à 35 centimètres).

B 0m 55. — Arkose granitoïde. — Sans fossiles.
A 0m 60. — Grès à grains fins, ponceux, faiblement agrégé
et bruni par l'oxide de fer. — Très-fossilifère.

Granite avec filons de quartz.

Nous ferons encore observer ici que la couche supérieure, désignée sous le nom d'arkose, n'est pas une arkose, bien qu'on y rencontre quelques parcelles de feldspath. Elle n'est d'ailleurs pas effervescente comme les arkoses qui accompagnent les marnes irisées du keuper.

Nous complèterons les deux coupes que nous venons de citer à Montigny-sur-Armançon, par une coupe relevée par M. Bochard, au moment où le terrain était fouillé pour les besoins de l'agriculture.

Elle a été prise au sud-ouest du village, sur la rive gauche du ruisseau de l'Étang, à la partie déclive d'un mamelon, lieu dit le Porchoy.

VIII. *Lumachelle de l'infra-lias.*
Marnes jaunes.

C. 0 30c — Grès fin, peu consistant, d'un jaune ocreux,
zoné de rouge et de brun par l'effet d'oxida-

(1) *Paléontologie stratigraphique du département de la Côte-d'Or,* page 25.

tion du fer, avec quelques moules de mollusques et quelques astéries.

B. 0 40c — Grès grossier brun, renfermant quelques nids de marnes vertes avec empreintes indéterminables de végétaux à l'état charbonneux et contenant un grand nombre de fossiles, parmi lesquels domine l'*Ostrea haidingeriana*, Emmerich, décrite depuis sous le nom d'*O. marcignyana*, par M. Martin. On y trouve aussi la *Lima Bochardi*, mart. fort rare dans l'étage et peu commune dans le banc dont nous parlons.

A. 0 30c — Grès fins, d'un jaune ocreux foncé, avec un grand nombre de fossiles mollusques parmi lesquels l'*O. haidingeriana* se montre encore mais rarement.

Marnes irisées (épaisseur inconnue).

Et plus bas, sans qu'on puisse voir le point de contact, on rencontre le granite.

IX. — Entre le chemin de Brianny et le moulin de Montigny, au lieu dit Champ de la Forêt, le grès rhétien prend un autre aspect, bien qu'il ne soit séparé de celui de la coupe précédente que par le ruisseau.

Il paraît également recouvert par la lumachelle de l'infralias, sans qu'on puisse déterminer d'une manière précise le point de contact.

Sa texture est extrèmement fine, sa couleur est blanchâtre ou jaune-clair. Il se divise sous le choc en petits fragments cubiques et ne présente pas, comme les autres grès de l'étage, une structure fissile dans le sens de la stratification.

Les fossiles parmi lesquels dominent le *pecten cloacinus*, Quenst, et la *lima præcursor*, Quenst, mais où l'on ne rencontre jamais l'*O. haidingeriana*, si commune dans les grès grossiers, se trouvent disposés seulement entre les bancs qui sont assez espacés.

La base de ce grès blanc n'est pas connue; ce n'est que plus bas qu'on rencontre le granite sur le bord et dans le lit de la rivière.

Si maintenant nous descendons l'Armançon jusqu'aux environs de Semur où nous avons vu le trias mieux développé que dans les autres parties de l'Auxois, nous y trouvons encore l'étage rhétien, avec une puisance moindre que sur le trajet de Montigny à Normiers.

Il existe à l'état de grès blanchâtre ou jaunâtre, souvent rougi par l'action de l'air, comme à Lédavrée et à Normiers, quand il est à la surface du sol.

Le plus souvent il n'est pas en place et semble appartenir à la couche supérieure en plaquettes ou avec empreintes en relief de déjections d'annélides. On le remarque aussi quelquefois en fragments mêlés à des débris de grès keupériens. Avec un peu d'habitude, il est facile de faire la distinction des deux grès au premier coup d'œil; dans tous les cas le choc du marteau fait cesser l'incertitude, car le grès rhétien, fossilifère ou non, se divise suivant un certain sens, tandis que le grès du keuper casse dans tous les sens, sans apparence de fissilité.

Ce mélange des deux grès n'existe que dans les lieux où les eaux ont transporté les roches plus ou moins loin de leur gisement primitif, comme au-delà de Genay, dans la contrée de Beaucaveau où ils sont en même temps accompagnés de blocs plus ou moins roulés de quartz coloré, de granite et d'arkose.

X. — Aux environs du pont du ru de Cernant, au dessous de la ferme de Leurey (voir le gîte Ier de l'étage keupérien), les grès rhétiens sont évidemment hors de place, puisque dans les fouilles en deçà du pont on ne trouve pas l'étage rhétien entre les arkoses et la lumachelle; mais ils doivent provenir d'un gisement peu éloigné.

XI. — Près **du** Chapeau-du-Curé (voir le gîte IV de l'étage keupérien), s'ils ne sont pas en place, c'est que sans doute, par suite des travaux agricoles, ils ont été dérangés, et l'on peut les considérer comme existant sur le lieu de leur gisement. Ils contiennent çà et là sur leurs surfaces des empreintes végétales peu déterminables et quelques mollusques entre les lames qui constituent les bancs.

XII. — Au dessus de la chaume Perthuisot (voir le gîte **V** de l'étage keupérien), dans les vignes, il est difficile de savoir le lieu exact de leur provenance, puisqu'ils manquent entre le keuper et la lumachelle, sur le chemin creux.

XIII. — Aux Véronnes (voir le gîte **VI** de l'étage keupérien), ils sont également arrachés par l'effet de la culture, mais ils sont sur place; c'est surtout là que les déjections d'annélides, qui existent presque partout à la partie supérieure de l'étage, se montrent avec abondance, mais on n'y trouve pas les formes en rubans que nous aurons à décrire plus tard. Quelques rares mollusques assez mal conservés, quelques astéries encore plus rares, en relief sur les grès rougis, accompagnent ces boudins formés par les déjections.

XIV. — Sur le milieu du plateau, entre la route de Montbard et la rivière, au sud de Charentois et au nord des vignes des Enlerys, on trouve encore les grès rhétiens mêlés aux grès keupériens.

Nous n'avons trouvé véritablement en place les roches de l'étage dont nous parlons que dans deux endroits, où elles n'ont plus l'aspect des grès précédents, mais sont constitués par une sorte de calcaire grèso-marneux, très-ferrugineux, gelif et effervescent, qui se divise en plaquettes entre lesquelles nous avons recueilli plusieurs mollusques et entre autres l'*Avicula contorta*. — Ces gisements existent :

XV. — Près du pont qui coupe le chemin rural de Semur

aux vignes de Mont-le-Duc, sur le ru de Bougé, vers Cary, et en deçà de ce pont. En voici la coupe d'après M. Martin. (1).

Lumachelle de l'nfra-lias.

Étage rhétien.	0 25 —	Marne roussâtre, dure, schisteuse, passant au grès dans sa partie inférieure.
Keuper......	0 50 —	Marnes verdâtres et lie de vin, ou marnes irisées.
	0 70 —	Arkose à gros éléments.

Granite.

XVI. — A la montée de la route de Dijon, au-delà du pont de Massenne, dans le fossé de cette route, à l'est, près de l'endroit où aboutit la voie romaine.

Ce gisement est semblable au précédent.

Si mainteaant nous nous éloignons des environs de Semur, du côté de l'ouest, les dépôts rhétiens deviennent de plus en plus rares et en nous rapprochant du Serein, nous trouvons seulement aux environs de Ruffey deux gisements de peu d'importance.

XVII. — Sur le chemin vicinal de Ruffey à Laroche-en-Brenil, entre Ruffey et le pont de Beau-Serein, mais plus près de Ruffey, un peu au dessus du point où s'embranche le chemin du moulin, la réparation de la route et le creusement du fossé nord ont mis en évidence un banc de 10 centimètres environ d'épaisseur, constitué par un grès argileux et micacé jaune-clair, dans lequel on rencontre quelques fossiles mal conservés, au nombre desquels nous croyons avoir reconnu l'*ostrea pictetiana*, Mortillet, un *mytilus* voisin du *M. minutus*, Goldf, une avicule inédite se rapprochant de l'*A. sideloci*,

(1) *Paléontologie stratigraphique, etc.,* p. 25.

Martin, de la zone à *Am. planorbis*, une anatine, une panopée, etc.

Ce grès, non effervescent, est d'une pâte extrêmement fine et, seul de tous les grès de l'étage rhétien de l'Auxois auxquels M. de Bonnard a appliqué le nom de *psammite* il a le caractère que M. Brongniart a assigné à cette roche (grès micacé argileux).

En raison de sa superposition immédiate aux arkoses grossières et brunes du keuper, qui sont effervescentes, et avec lesquelles il est en stratification concordante, nous croyons qu'il appartient à l'étage rhétien. La présence de l'*O. pictetiana*, seul fossile bien déterminé de cette assise est encore un motif pour la faire ranger dans la zone à *avicula contorta*.

Il est impossible de décider si ce banc, peu développé, est placé immédiatement sous la lumachelle qu'on trouve aux environs. La dénudation du sol en cet endroit est telle, que la succession des couches supérieures fait complètement défaut.

XVIII. — Au voisinage du même village de Ruffey, entre l'Armançon et le Serein, mais sur le plateau qui domine immédiatement le Serein, on trouve aussi disséminés à la surface du sol des débris de grès rhétien, semblable à celui des environs de Semur et avec les fossiles ordinaires de ce grès. Ils paraissent avoir été arrachés de leur gisement par les travaux agricoles.

Ces deux dépôts voisins de roches silicifiées ou pénétrées de baryte sulfatée, et même de cuivre carbonaté, ont complétement échappé aux émissions qui ont changé la nature ordinaire des roches en beaucoup de points sur les bords du Serein.

Au delà du Serein, dans les arrondissements de Semur et d'Avallon et même en deçà du Serein dans la vallée d'Époisses,

nous n'avons jamais reconnu l'existence de roches appartenant à l'étage dont nous parlons.

Cependant M. Martin, dans une coupe qu'il donne de la
lumachelle de Thostes, d'après M. d'Ambly (1), signale à la
base de la zone à A. planorbis un grès renfermant la *Lima
præcursor*, Quenst,

Nous avons souvent visité les lieux et nous croyons que ce
grès n'est point fossilifère.

De son côté, M. Évrard (2) indique au dessus des arkoses
du trias, à Thostes, une série de lits argileux, calcaires et
grèseux, qu'il considère comme appartenant à l'étage rhétien
et dans lequel il aurait rencontré le *Pecten valoniensis*, De-
frrance, la *Plicatula hettangiensis*, Terq., et la *Lima præcursor*, Quenst.

La *plicatula hettangiensis* appartient à la lumachelle ou
zone à *A. planorbis* de l'infra-lias. Deux *pecten* ont été assimilés au *P. valoniensis*, qui n'existe pas dans l'Auxois; l'un
appartient à la zone à *Avicula contorta*, c'est le *P. cloacinus*,
Quenst, et l'autre, encore à déterminer, croyons-nous, est de
la lumachelle. Quant à la *Lima præcursor*, elle est bien un
fossile rhétien, mais M. Évrard ne l'aurait-il pas citée d'après
M. Martin ?

Ce n'est pas que nous considérions comme impossible de
trouver quelques lambeaux de l'étage dont nous nous occupons au delà du Serein; nous tenons seulement à constater
que le recouvrement du keuper par les dépôts rhétiens n'est
pas complet dans l'Auxois et que la mer, à cette époque, a
pénétré très-peu avant dans la direction du Morvan sur la
partie occidentale du pays que nous décrivons.

(1) *Paléontologie stratigraphique de l'infra-lias du département
de la Côte-d'Or*, coupe n° 3, p. 36.

(2) *Le plateau de Thostes et ses mines de fer*, page 18.

Il en est de même au S.-O., car nous n'avons rien découvert qui se rapporte à la zone à *Avicula contorta* au delà du Serein, de Précy à Saulieu, et plus loin dans le canton de Montsauche, où l'on trouve encore le keuper, comme nous l'avons vu précédemment.

Du côté de l'est et du sud-est, au contraire, dans la direction opposée au Morvan, les assises rhétiennes acquièrent une plus grande puissance, car la mer s'approfondissait en s'éloignant de la côte, et nous allons indiquer ce que l'on a constaté dans les lieux où les fouilles et les mouvements du sol ont permis d'arriver jusqu'à l'étage que nous étudions.

XIX. — *Pouillenay.*

Dans les fouilles tentées infructueusement à Pouillenay, par MM. Matussières et Menand, dans le but de rechercher les richesses minérales que pouvait renfermer le sous-sol, fouilles dont nous avons déjà parlé dans la description du keuper de l'Auxois, on a découvert des débris de l'étage rhétien entre la lumachelle et le trias supérieur.

Malheureusement nous n'avons pu juger du résultat que par les déblais du puits creusé et par la coupe donnée par M. Martin (1), d'après les directeurs des travaux. Il est bien difficile, d'après ces documents, assez incertains, de bien préciser les points où commence et finit l'étage rhétien, surtout de marquer la séparation entre cet étage et la lumachelle.

Voici cette coupe dans laquelle nous comprenons la lumachelle :

(1) *Paléontologie stratigraphique de l'infra-lias du département de la Côte-d'Or*, page 10. — Zone à *Avicula contorta* ou étage rhétien, état de la question, page 122.

Zone à *A. Burgundiæ* ou à *A. planorbis.* Infra-lias.	0ᵐ 40	Calcaire lumachelle gris dur, avec sulfure de fer.
	0 10	Calcaire gris blanc en plaquettes.
	1 20	Marnes schisteuses, gris foncé.
	0 75	Grès compacte, sorte de macigno avec cardinies, gervillies et mytilus.
	0 80	Marnes noires schisteuses, avec plaques de grès plus ou moins friables.

2ᵐ 25

Zone à *Avicula contorta* ou étage rhétien.	0ᵐ 30	Grès compacte très-dur, sorte d'arkose lumachelle, avec *cardium cloacinum.*
	0 20	Marne brune schisteuse, avec nombreux débris de *gervillia præcursor.*
	0 15	Calcaire brun noduleux, à ciment.
	0 90	Marne noirâtre rubanée, schisteuse, avec quelques débris fossiles.
	2 90	Marne comme la précédente, avec plaques de grès intercallés.

4   45

5 mètres 10 centimètres grès tendre, spongieux, etc.

Voir la suite à la coupe IX de l'étage keupérien déjà décrit.

XX. — *Pouilly-en-Auxois.*

Le percement du souterrain de Pouilly pour le passage du canal de Bourgogne, au point de partage des eaux, a fourni à M. Lacordaire une coupe intéressante, mais où, en l'absence d'indication de fossiles, il est difficile de reconnaître les limites de l'étage rhétien, vers la partie supérieure (1).

Nous sommes surpris de n'y pas voir figurer une lumachelle (2) calcaire de couleur blanche, semblable à celle que l'on rencontre dans les extractions du souterrain de Blaisy-Bas, et dont nous parlerons ci-après. Au nombre des fossiles déterminables qu'elle renferme, nous avons remarqué l'*A. contorta* et un pecten voisin du *Pecten valoniensis*, Defr.; mais plus oblique et à ailes plus courtes. Nous ne voyons pas également dans cette coupe un calcaire très-marneux, blanchâtre et fossilifère qui contient l'*A. contorta*, la *Lima præcursor*, et une autre Lime à côtes très-espacées, indéterminable.

Des échantillons de ces deux roches trouvées récemment, mais non en place, dans les exploitations de calcaire à ciment de Pouilly, par M. Bréon, figurent au musée de Semur avec les fossiles que nous venons d'indiquer.

Il n'est guère possible d'expliquer cette omission que par une différence de nature minéralogique entre les roches actuellement exploitées et celles extraites à l'époque des travaux de M. Lacordaire, différence qu'il n'est pas rare d'observer dans les carrières, à des distances souvent fort rapprochées.

Voici cette coupe réduite aux assises de l'infra-lias et de l'étage rhétien.

	Lias inférieur	9ᵐ 80
Infra-lias et étage rhétien.	Calcaire argileux à chaux hydraulique	2 »
	A reporter	2 »

----

(1) *Explication de la carte géologique de France*, t. ii, p. 303. — De Bonnard, *Sur la Constance des faits géognostiques, etc.*, Annales des Mines, 2ᵉ série, t. iv, 1828.

(2) On donne le nom de lumachelle à toute roche pétrie de coquilles, quel que soit le terrain auquel elle appartient. Il faut donc toujours indiquer l'étage ou les fossiles caractéristiques pour la distinguer.

		Report.....	2	»
Infra-lias et étage rhétien. (suite).	Lumachelle argileuse (chaux un peu hydraulique)........ Lumachelle siliceuse........		1	10
	Arkoses et marnes argileuses..		1	30
	Grès à gros grains et calcaire rubané, à très-bon plâtre-ciment..................		1	10
	Grès à grains fins, avec *clathropteris meniscioïdes*, marnes noires et vertes..........		1	40
	Grès et marnes noires.......		0	60
	Calcaire siliceux donnant le meilleur plâtre-cim. (ciment noir).		0	60
	Arkose et marne argileuse noire, pyrites.................		1	»
	Marnes argileuses noires, avec rognons de calcaire argileux.		8	»

$$17^{m}10$$

Arkose arénacée, etc. (Voir, pour ce qui concerne la partie inférieure, la coupe VIII de l'étage keupérien.

Indépendamment des fossiles qu'on rencontre à Pouilly, on y trouve aussi quelques débris de poissons des genres *Saurichthys* et *Sargodon*.

Un peu plus loin, vers le sud-est, les carrières d'arkoses de Sainte-Sabine, qui paraissent keupériennes, renferment vers leur sommet des fossiles rhétiens : *Avicula contorta*, *Myophoria isoceles*, Stopp., *Gervillia præcursor*, Quenst., etc., ainsi que l'a constaté M. Martin (1).

Mais le point où l'étage rhétien atteint son plus grand développement dans la Côte-d'Or est placé sur cette ligne de

____

(1) *De la zone à A. contorta et du Bone bed de la Côte-d'Or*, p. 40.

failles, dont nous avons déjà parlé, et qui s'étend de Baume-la-Roche à Remilly, par Savigny et Mémont.

De plus, les travaux de percement du souterrain de Blaisy, pour le passage de la grande voie ferrée de Paris à Lyon, ont mis en évidence les couches intérieures de la montagne de Blaisy, qui aboutit, à l'est, à la grande faille déjà citée.

C'est l'endroit du département le plus intéressant pour l'étude du keuper et de l'étage rhétien, en même temps que l'énorme dislocation des terrains de cette contrée fournit des données géogéniques de la plus haute importance.

XXI. — *Gisement de Mâlain.*

Nous reproduisons la coupe de M. Martin (1) d'après les renseignements fournis par M. Coas, fabricant de plâtre, qui a creusé deux puits d'extraction dans cette localité.

Calcaire à gryphées, y compris les deux bancs à Am. angulatus................. 4 50

Zone à *Av. contorta* ou étage rhétien.	Marnes argileuses.....	0^m 50	
	Arkoses............	2 50	
	Marnes avec bancs lenticulaires de grès subordonnés........	8 »	11^m 90
	Arkoses............	0 60	
	Marnes brunes.......	0 30	
Keuper.	Dolomies..........	1^m »	
	Marnes entremêlées de lentilles de gypse....	0 40	8^m 40
	Gypse marneux (8 bancs ensemble)........	7 »	

24^m 80

(1) *De la zone à Avicula contorta et du Bone bed*, etc., page 31. — Voir encore la notice de M. de Bonnard, *Sur quelques parties de la Bourgogne*, page 53.

Indépendamment des mollusques ordinaires de l'étage rhétien, on rencontre à Mâlain une certaine quantité de débris de poissons (dents de *Saurichthys*, de *Sargodon*, d'*Acrodus* et d'*Hybodus*.

XXII. — *Gisement de Mémont, rive nord du ravin du Pissou* (1).

Lias inférieur et Infra-lias.	A. — *Calcaire à gryphées arquées.* B. — *Calcaire gris compacte avec grains de quartz, représentant la zone à A. angulatus.* (La zone à *A. planorbis* manque).			
Étage rhétien.	C. — Arkose passant par place à un grès roussâtre . .	2	50	
	D. — Grès roussâtre ou sorte de calcaire spathique	0	10	
	E. — Marnes brunes sans fossiles.	1	90	
	F. — Grès jaunâtre très-fissile.	0	10	6 »
	G. — Calcaire dolomitique d'un gris verdâtre, à pâte fine. . .	0	35	
	H. — Marnes feuilletées d'un brun verdâtre.	0	60	
	I. — Lumachelle jaunâtre, jaspée de violet	0	45	
Keuper ?	K. — *Calcaire marneux, brun, vert, à pâte fine, sans fossiles.*			

(1) Coupe donnée par M. Martin. *De la zone à Avicula contorta et*

Au dessous des bancs rhétiens, dont nous venons de donner l'échelle, commencent, par des marnes schisteuses vertes et jaunes, les assises keupériennes, dans l'ordre que nous avons indiqué (v. coupe X du keuper).

Le banc C, effervescent, est très-riche en débris de poissons, dont on ne trouve guère que les dents; les mollusques y sont très-rares.

On trouve aussi des dents de poissons dans les bancs D et I, mais en très-petite quantité.

Les bancs F et I contiennent un grand nombre de coquilles bivalves.

Les fossiles du banc I sont peu déterminables; cependant M. Martin a pu y reconnaître la *Leda Deffneri*, Opp. très-abondante, la *Cardita austriaca*, Hauer, et la *Myophoria arkosiæ*, Mart.

Il est à remarquer que les dents de poissons de la couche C montent jusque dans la couche B de la zone à Am. angulatus, à Mémont. La concordance de stratification entre les deux couches et le passage des débris de poissons dans le lias sont une preuve que la succession des dépôts s'est effectuée lentement et sans violence. Il y a pourtant eu un léger mouvement du sol entre les deux assises, puisque la zone à A. planorbis, que nous retrouverons à Remilly, fait défaut à Mémont.

XXIII. — *Gisement de Remilly* (1).

Lumachelle (zone à A. planorbis), 0 ᵐ 15 à 0 ᵐ 20 ᶜ.

Lumachelle argilo-calcaire compacte, avec dents de poissons et fossiles mollusques de l'étage rhétien, 0 ᵐ 05.

du *Bone bed*, page 6. — Voir aussi, du même auteur, *Paléontologie stratigraphique du département de la Côte-d'Or*, page 11. — Voir encore la *Notice géognostique* de M. de Bonnard *sur quelques parties de la Bourgogne*, page 51.

(1) Martin, *De la zone à Avicula contorta, etc*, page 22. — Voir encore la notice de M. de Bonnard déjà citée, page 49.

Grès jaunâtre micacé, se divisant en plaquettes comme le grès de Marcigny, avec nombreux mollusques et très-rares débris de dents de poissons (non effervescent).

(Les principaux mollusques sont le *Cardium cloacinum*, Quenst; *C. Rhœticum*, Mérian; *Myophoria inflata*, Emmrich, *Anatina prœcursor*, Quenst.

Base inconnue.

Il est à remarquer que l'assise de la zone à *Am. planorbis* succède avec transition insensible à l'assise supérieure de l'étage rhétien contenant des dents de poissons et qu'elle en renferme elle-même un petit nombre, d'où l'on peut conclure que le passage s'est fait, sans perturbation, d'une couche à l'autre.

Nous laisserons de côté le gisement de Savigny-sous-Mâlain, où l'on rencontre également des débris de poissons, mais qui est peu important, pour nous occuper de celui de Blaisy, sur la traversée du chemin de fer, à l'extrémité qui regarde l'est, du côté de Dijon.

Nous regrettons de ne pouvoir le juger que par les déblais extraits du puits et par les coupes qu'en ont données MM. Ruelle, Ducos et Jullien, ingénieurs chargés du percement de la montagne (1), M. Zienkowicz (2), et M. Guillebot de Nerville (3), mais à une époque où l'étage rhétien était encore inconnu; de sorte que la séparation d'avec les autres étages n'a pas été faite suffisamment, et que les fossiles n'ont pas été désignés de manière à satisfaire aux exigences de la science actuelle.

---

(1) *Bulletin de la Société géologique de France*, 2ᵉ série, t. VIII, page 570.

(2) *Ibid.*, t. XIV, page 774.

(3) *Ibid.*, t. XIX, page 687.

XXIV. — *Coupe de Blaisy, par M. G. de Nerville, aux puits 16 et 17.* (1).

Lias inférieur.	Zone du calcaire à gryphées arquées	7^m 70

	Calcaire lumachelle, grès compacte, à grains très-serrés, à fossiles généralement brisés, mais parmi lesquels on distingue quelques cardinies, entre autres les *cardinia concinna* et *securiformis*, Agass. Cette lumachelle empâte de nombreux grains quartzeux..	0	70
Infra-lias.	Marne schisteuse, grèsique, noirâtre; avec débris de fossiles indéterminables.	0	10
	Grès fin, quartzeux, grisâtre, à texture rubanée, soudé par un ciment calcaire peu abondant, renfermant quelques fossiles indistincts et des cardinies : *cardinia concinna*, Agass.	0	60
	Marne feuilletée, grèsique, noirâtre, très-quartzeuse, s'exfoliant facilement, presque sans consistance, empâtant de petits cristaux de pyrite de fer.	0	15

Étage rhétien.	Grès grisâtre à grains fins, renfermant quelques filets marneux bitumineux, nombreux débris de

(1) D'après M. Martin, *De la zone à A. contorta,* page 44, M. de Nerville aurait fait erreur. Il s'agirait des puits 12 à 15.

Étage rhétien.
(suite).

fossiles , souvent indistincts : *pleuromya*, *ceromya? chemnit-zia*, *cardium*, etc., etc. (Ce grès paraît correspondre au grès de Marcigny-sous-Thil.......... 0 80

Marnes schisteuses noires, pyriteu-ses, à feuillets contournés en-chassant de petites lentilles de grès fin, grisâtre... .... 0 10

Calcaire marneux, compacte, gri-sâtre, à grains serrès, à texture rubanée, en banc de 0,30 à 0,40^c d'épaisseur, séparés par de min-ces lits argilo-marneux verdâtres. Ce calcaire donne un très-bon ciment hydraulique.......... 1 20

(Il correspond au ciment de Pouilly).

Marnes schisteuses noires, enchas-sant des feuillets lenticulaires de grès fin, grisâtre, avec fucoïdes et empreintes de fougères..... 0 40

Grès fin, quartzeux, grisâtre, pyri-teux, avec empreinte charbon-neuse de fucoïdes et de fougères. 0 60

Marnes schisteuses, noires, très-feuilletées 0 20

Grès grisâtre, quartzeux, efferves-cent, à grain inégal, avec fu-coïdes.................... 0 60

Marnes noires, schisteuses, à feuil-lets contournés............. 0 25

A. — Grès quartzeux, effervescent, moucheté de pyrite de fer, pré-

sentant des rubans à gros grains anguleux, avec dents de poissons (*squales*)? 0 55

B. — Marnes noires, schisteuses, renfermant quelques vertèbres de sauriens. 0 10

C. — Grès fin. blanchâtre, avec veinules marneuses, noires. . . . 0 30

D. — Marnes argileuses, noires, très-feuilletées, enchassant de gros bancs lenticulaires d'un grès à ciment calcaire, à grains quartzeux, anguleux et luisants, avec dents de poissons et de sauriens.

Ces bancs atteignent parfois une épaisseur de 0ᵐ 40 à 0ᵐ 50. Ils dégénèrent en beaucoup de points en une brèche calcaire à ciment de grès, très-remarquable. Cette brèche est formée de fragments anguleux, de plaquettes, de calcaire marneux gris de fumée, à pâte fine compacte, qui ont dû être brisées et réagglutinées sur place; elle est très-pyriteuse; on peut même dire qu'en beaucoup de points elle est à ciment de pyrite de fer. Elle empâte de nombreux ossements et dents de sauriens et de poissons. 4 »

Marnes grisâtres, très-grèsiques. . 0 20

Étage rhétien. (*suite*).

| | Banc de calcaire marneux, gris ver-
dâtre, à structure caverneuse et
à fausse apparence scoriacée,
empâtant de gros grains de
quartz, dégénérant même par | | |
| Keuper ? | place en une sorte de grès ren-
fermant des nids de pyrite de
fer, de blende et de calamine.
Ce dernier banc repose directe-
ment sur l'assise dolomitique du
keuper..................... | 0 | 20 |

Nous avons, sur la coupe qui précède, délimité l'étage rhétien à Blaisy, ce que n'a pas fait M. G. de Nerville, qui l'a confondu avec l'infra-lias. Cette confusion s'explique par la date où il relevait cette coupe; sa séparation d'avec le keuper était fort incertaine, et nous ne l'avons indiquée qu'approximativement.

Nous ne voyons pas figurer dans cette coupe une luma-chelle blanche, très-calcaire, passant au grès dans certaines parties et dont les débris sont très-abondants dans les déblais du puits nº XIV; elle est semblable à celle qu'on trouve à Pouilly avec l'*A. contorta* et contient un grand nombre de fossiles à peu près indéterminables. Nous avons pourtant cru y reconnaître la *Cypricardia Marcignyana*, Mart., et la *Gervillia præcursor*, Quenst.; mais il nous est impossible d'indiquer la place que cette lumachelle occupe dans la série des bancs de l'étage.

M. G. de Nerville pense que les couches qu'il a désignées par les lettres A, B, C, D, comprenant les grès à dents de poissons et la brèche à ossements, paraissent représenter le *Bone bed*. On ne peut faire du *Bone bed* une zone à part de l'étage rhétien, car on rencontre des ossements à différents niveaux, surtout vers la base à Blaisy, et principalement au sommet à Mémont. Ils sont, dans certains bancs, accompagnés de mollusques; et il est à remarquer que lorsque les mollusques abondent, les ossements sont rares ou absents, et que lorsque les ossements sont en dominance, les mollusques sont clairsemés ou font défaut. Nous tâcherons plus loin d'expliquer la cause de ce fait.

Ces mêmes bancs A, B, C, D, dont les débris existent au dessus du puits XIV et qui dégénèrent en beaucoup de points en une brèche calcaire à ciment de grès, formée de fragments anguleux de quartz, de plaquettes de calcaire marneux gris de fumée, à pâte fine, imprégnés de pyrite de fer, semblent terminer à peu près l'étage rhétien vers le bas. Nous croyons, avec M. Martin, que la brèche dont il est question s'est formée, par remaniement, au dessus des roches dolomitiques et grèseuses du keuper.

Les angles conservés des fragments dolomitiques, les rides qui couvrent la surface des lentilles intercallées dans le banc D, et si riches en coprolithes et en ossements, indiquent que ce remaniement s'est fait sans violence et que les matériaux étaient amoncelés à peu de distance du lieu de provenance. En effet, le flot venant mourir au fond d'une anse peut seul former ces rides, qui seraient effacées par une vague un peu forte ou un courant.

Ces empreintes physiques du flot glissant sur la grève sont encore fort abondantes au puits XII, sur de larges dalles de grès à ciment calcaire, dont l'une des faces, ainsi que le remarque M. Martin (1), est constamment couverte de rides régulièrement espacées, et les rares débris de dents de poissons qu'elles contiennent doivent les faire ranger dans l'étage rhétien.

Les dépôts rhétiens de Blaisy et de la faille de Baume-la-Roche sont un peu en dehors du pays que nous avons à faire

______

(1) *De la zone à A. contorta, etc*, page 53.

connaître ; mais les strates de cet horizon géologique situés dans les cantons de Sombernon et de Pouilly, se relient à ceux des environs de Semur et les complètent tellement, que nous n'avons pu nous dispenser d'en parler. C'est, en effet, du côté de l'est et du sud-est que la mer rhétienne a envahi la base du Morvan, et l'affaissement du sol s'est surtout manifesté dans cette direction.

Conditions dans lesquelles semblent s'être formés les dépôts keupériens et rhétiens.

L'étage rhétien est le premier dépôt marin de l'Auxois. L'étage houiller est d'origne purement terrestre. L'élévation et la disposition du sol n'a pas permis aux deux étages inférieurs du trias de recouvrir notre pays ; le trias supérieur ou keuper a pu seul s'y déposer dans des eaux stagnantes et impropres à la vie, troublées de temps en temps par les apports des eaux terrestres.

Le trop plein des marécages saumâtres s'écoulait vers la mer et l'abaissement progressif du sol a donné accès, pendant la période rhétienne, aux eaux pélagiennes sur différents points occupés par les lagunes keupériennes.

Mais si dans la partie méridionale du Morvan, comme l'a reconnu M. Pellat, la mer rhétienne, franchissant les dépôts du keuper, s'est avancée transgressivement sur les terrains plus anciens, l'affaissement a été moins marqué dans l'Auxois et les dépôts rhétiens n'ont pas recouvert entièrement le trias supérieur qui s'avance jusque dans le canton de Montsauche. Ils se sont arrêtés à peu près sur la ligne du Serein.

Et même dans les lieux où le flot marin a pénétré sur le keuper, il n'a pas envahi tous les marécages, puisque la zone à *Avicula contorta* fait défaut sur beaucoup de points entre les couches keupériennes et l'infra-lias, ainsi qu'on peut le constater au sud-est de Semur et près du pont du ru de Cernant.

Mais d'un autre côté, sur d'autres points, comme à Marcigny et Nan-sous-Thil, il a pu recouvrir des espaces que le keuper n'avait pas atteints, car les grès rhétiens semblent reposer directement sur le granite.

C'est une preuve d'oscillations lentes et partielles du Morvan à cette époque, et il est à remarquer que l'horizontalité des couches n'a pas été dérangée.

Il est naturel de penser que les marécages keupériens, dans les contrées où la mer n'a pu s'avancer, ont continué d'exister en même temps que les assises rhétiennes se disposaient non loin de là; c'est ce qui explique le recouvrement direct du keuper par la lumachelle de l'infra-lias, et la forme en dalles des arkoses supérieures au contact des dalles de la lumachelle. Il y a eu, dans ce dernier cas, passage insensible du keuper à l'infra-lias *(environs de Cernois, etc.)*.

On peut croire aussi que, dans certaines lagunes, le flot marin est entré par intermittence, comme au gisement du Champ-de-la-Forêt, à Montigny-sur-Armançon (v. le gisement IX ci-dessus), où les grès blancs, épais, non fossilifères et non fissiles, en tout semblables aux grès keupériens, sont pourtant séparés par de petits lits des fossiles de l'étage rhétien.

Nous verrons plus tard que l'affaissement du Morvan s'est encore continué pendant longtemps et que l'infra-lias est venu niveler et recouvrir non-seulement les terrains sédimentaires déjà décrits, mais encore des parties qui avaient été hors des eaux pendant les dépôts keupérien et rhétien.

L'Auxois affectait alors la forme d'une plaine basse, presqu'au niveau de la mer, et devait s'enfoncer progressivement en recevant des dépôts de plus en plus récents, pour émerger ensuite dans des proportions considérables, comme nous aurons à le démontrer.

Nous avons dit précédemment que les grès rhétiens sont

souvent dans les environs de Semur arrachés de leur base et quelquefois transportés à une certaine distance. On ne peut expliquer ce fait que par les dénudations dont nous aurons à parler plus tard; lesquelles, après avoir enlevé les terrains supérieurs, rongèrent le sol jusqu'aux dépôts arénacés. Ceux-ci, dans beaucoup de points, ne formaient qu'une mince couche, reposant sur un sol marneux ou graveleux peu solide. Soulevés d'abord par les gelées, ils étaient ensuite entraînés par les eaux. Les travaux de l'agriculture ont aussi contribué pour une grande part à ce résultat.

Distinctions à établir entre les étages keupérien et rhétien.

En plaçant l'étage rhétien dans la sous-formation triasique, nous avons donné pour motif la difficulté qu'on éprouve à le séparer minéralogiquement du keuper; cependant, malgré cette difficulté, nous croyons que, dans beaucoup de cas, il est possible d'établir des distinctions entre les roches qui constituent les deux étages, et nous allons tâcher d'indiquer les moyens d'y parvenir, en l'absence de corps organisés fossiles. Bien entendu que nos observations ne s'appliquent qu'à la contrée dont nous nous sommes spécialement occupé. Nous avons déjà exprimé notre opinion sur le peu de constance des caractères lithologiques, et les différences que nous allons signaler peuvent ne pas exister dans d'autres pays.

Les deux étages sont constitués par des marnes, par des calcaires marneux passant dans certains points à la dolomie, par des lumachelles et par des roches arénacées.

MARNES. — Les marnes lorsqu'elles sont irisées, c'est-à-dire lorsqu'elles affectent des teintes jaunes, rouges lie de vin et vertes, font toujours partie du keuper. Leur superposition au granite, ou leur intercallation au milieu des arkoses, dans les lieux où l'on ne découvre aucun vestige de l'étage rhétien, ne laissent aucun doute à cet égard.

Quand elles ne sont que d'une seule couleur, elles peuvent appartenir aussi bien à l'un des étages qu'à l'autre, comme à Mémont, où l'on trouve également des marnes brunes sans fossiles intercallées dans les assises à ossements et dans les bancs plus inférieurs au milieu des gypses et des dolomies du keuper. *(Cette teinte uniforme se rencontre également dans les marnes associées aux bancs de la zone à Am. planorbis de l'infra-lias, qui sont ordinairement jaunâtres.)*

Par ce qui précède, on voit que les calcaires marneux sont assez difficiles à classer en l'absence de fossiles. Cependant le caractère dolomitique est plutôt spécial au keuper qu'à l'étage rhétien. C'est dans le keuper seulement qu'existent les cargneules et les bancs épais de calcaire magnésien qui accompagnent les bancs de gypse keupérien, exploités à Mémont. Si à Blaisy l'étage rhétien renferme une brèche calcaire à ciment de grès, contenant des fragments anguleux de calcaire compacte, c'est qu'ils ont été arrachés au keuper et remaniés par le flot.

CALCAIRES MARNEUX. — C'est dans l'étage rhétien que se trouve exclusivement la roche calcaire connue sous le nom de ciment noir de Pouilly, qu'il ne faut pas confondre avec un autre ciment aussi exploité à Pouilly, qui appartient au lias moyen et qui est plus généralement connu sous le nom de ciment de Venarey.

LUMACHELLE. — On doit aussi ranger dans l'étage rhétien certaines lumachelles blanchâtres et effervescentes (Pouilly, Blaisy), par cette raison qu'elles contiennent des fossiles marins de la zone à *A. contorta*, et que le keuper en est complétement dépourvu. Ces lumachelles sont, du reste, faciles à distinguer de celles qui se trouvent placées plus haut et qui renferment des fossiles propres à la zone à *Am. planorbis*, que nous décrirons plus tard.

Pour assigner leur véritable place aux calcaires des deux étages keupérien et rhétien, quand elle ne peut être déterminée par les restes organiques, il faut bien tenir compte de la position qu'ils occupent par rapport à d'autres bancs dont la station ne laisse aucun doute, qu'elle soit fixée par des caractères lithologiques ou par des caractères paléontologiques.

Dépôts arénacés. — Les dépôts arénacés qui abondent dans les deux étages présentent moins de difficultés, quand il s'agit de reconnaître l'étage auquel ils appartiennent.

Ils sont composés de grains anguleux ou roulés, où dominent pourtant les premiers.

Arkoses. — D'abord, toutes les roches qui ont le caractère de l'arkose, c'est-à-dire où le feldspath en grains s'allie aux grains de quartz, sont keupériennes, puisqu'elles accompagnent les marnes irisées qui souvent y sont intercallées; et même dans les lieux dépourvus de marnes irisées, la position des arkoses sur le granite, à la place habituelle du keuper, avec absence de roches rhétiennes, comme dans la contrée située au-delà du Serein, conduit à les ranger dans le trias supérieur (1).

Les arkoses sont toujours effervescentes avec les acides, quand elles ne sont pas silicifiées, comme sur les rives du Serein, du Cousin et de la Cure. L'arkose même de Sainte-Sabine, qu'on exploite pour ses pavés, quoique modifiée par une sorte de métamorphisme qui la rend si résistante, fait elle-même une faible effervescence avec l'acide nitrique. Il y

(1) Dans les coupes i, vii, xx, xxi et xxii de l'étage rhétien, que nous avons reproduites, nous avons laissé subsister pour certains bancs le nom d'arkose qui leur avait été donné par les auteurs des coupes; mais il s'applique seulement à un grès grossier qui ne doit pas être confondu avec les véritables arkoses.

a pourtant exception pour l'arkose de Pensière, qui n'est pas attaquée par les acides.

Les quelques parcelles de feldspath qu'on peut rencontrer dans quelques grès rhétiens, ne sont pas en assez grande abondance pour leur donner le caractère de l'arkose, et d'ailleurs ces grès ne sont pas effervescents.

GRÈS. — Les grès proprements dits sont keupériens ou rhétiens, mais il y a des distinctions à faire.

Ils sont *keupériens* quand, ne faisant pas effervescence avec les acides, ils ont une structure homogène et qu'ils n'ont aucune disposition à se diviser sous le marteau, dans un sens plutôt que dans un autre. Ils se rencontrent au milieu des arkoses et des marnes irisées, comme au ru de Cernant (1).

Ils sont *rhétiens*, au contraire, lorsqu'ils offrent les caractères que nous allons indiquer.

Premier cas. — Sans être effervescents avec les acides comme les précédents, s'ils ont une texture fissile plus ou moins prononcée, et s'ils se divisent en lames ou tranches correspondant aux lits superposés du sable dont ils sont formés.

C'est entre ces tranches qu'existent les fossiles caractéristiques de l'étage rhétien, et ceux-ci ont toujours l'axe de leur plus grande dimension parallèle au lit sur lequel ils reposent; mais toutes les surfaces séparatives des lits ne contiennent pas de restes organiques, et très-fréquemment, à côté d'un lit fos-

----

(1) Les marnes irisées sont le produit de sédiments vaseux dans une eau stagnante. Les arkoses se sont déposées dans les mêmes conditions au plus près du bord des marécages, entraînées par les eaux terrestres. Les grès emportés plus loin à l'état de sables fins ont perdu leur calcaire par le lavage. L'association sur un même point de ces trois éléments du keuper indique des changements dans l'état des lagunes ou dans la direction des torrents d'alimentation, au moment de chaque dépôt.

silifère, on en trouve un autre séparé du précédent par quelques centimètres, qui est complétement stérile.

Les grès fissiles sont ordinairement fins; cependant on en trouve aussi quelques-uns à structure grossière et, dans ce cas, la division par lits est moins accusée. Les fossiles y sont abondants, comme dans les grès fins; mais certaines espèces semblent y dominer : (*l'Ostrea haidingeriana*, par exemple, comme à Montigny).

Nous citerons comme type du grès fissile, celui de Marcigny (coupe I), dont les lits sont composés de grains de grosseur souvent inégale d'une tranche à l'autre. Ces lits sont devenus adhérents par la pression; mais le point de contact des surfaces est toujours d'une moindre résistance que le lit dans son épaisseur. De plus, les points de séparation de ces petites assises, reconnaissables dans la roche vive, deviennent d'autant plus prononcés que les blocs ont été exposés longtemps à l'air.

Ces lits ne sont pas tous parallèles entre eux, même sur une faible étendue, à tel point que sur un seul moellon ou sur un pavé il arrive qu'on peut distinguer un assez grand nombre de rainures avec des directions différentes et formant fréquemment entre elles des angles assez ouverts. Ils n'est pas rare de compter, sur les vieux pavés de la ville, trois ou quatre directions dans les rainures d'un seul bloc.

On peut remarquer, dans la carrière de Marcigny, qu'une assise est venue se déposer souvent sur un plan incliné qu'elle a ramené à l'horizontale, et cette assise, divisible en une foule de petites plaques, a la forme d'un biseau.

Ce caractère de fissilité est spécial aux grès qui renferment des fossiles de la classe des mollusques avec quelque abondance, qu'il s'agisse des bords de l'Armançon ou du voisinage de la faille de Malain à Remilly.

Nous citerons cependant comme exceptions certains bancs grèseux qui terminent l'étage et qui sont couverts de déjections d'annélides et de quelques astéries. Ces bancs n'ont pas toujours la structure fissile; les mollusques y sont rares et ils sont quelquefois effervescents, comme à Blaisy (puits XIII).

Tous les bancs rhétiens des bords de l'Armançon sont arénacés, sauf en deux localités, Cary et Massenne, (coupes XV et XVI), où existe un mince lit de calcaire marneux en plaquettes avec quelques grains de quartz. Ce petit banc très ferrugineux est effervescent et passe au grès vers la base. La présence de fossiles rhétiens dans ces deux gisements ne laisse aucune incertitude sur la place à leur assigner.

Les grès fissiles sont plus ou moins ferrugineux, et même lorsque dans les carrières ils présentent un aspect blanchâtre ou jaunâtre, ils prennent ensuite par oxidation sur les surfaces exposées à l'air une teinte de rouille assez prononcée.

Si la structure homogène des grès keupériens indique qu'ils se sont déposés dans des eaux tranquilles, celle des grès fissiles ne se conçoit que dans des conditions toutes différentes.

En effet, l'action d'un courant violent dans une mer peu profonde est nécessaire pour expliquer la disposition par petits lits superposés de la roche rhétienne (1). Le peu de consistance des bancs de grès souvent remaniés par la vague peut seule faire comprendre la disposition des fossiles manquant à la surface d'un lit, abondant dans un autre et probablement entraînés vivants par le flot, car il n'est pas très-rare de rencontrer des acéphales *(Lima prœcursor*, Quenst.), avec leurs valves réunies (2).

(1) On trouve également des grès fissiles dans certaines parties de la zone inférieure de l'infra-lias, comme à la Corcelle, près d'Avallon, et aux environs d'Arnay-le-Duc ; mais outre que ces grès sont effervescents, les fossiles qu'ils contiennent ne permettent pas de les classer dans l'étage rhétien.

(2) Il est à remarquer que cette disposition des grès en petites assises à directions diverses se retrouve aujourd'hui dans les grands fleuves à fond de sable, et sur les bancs sableux de l'Océan, agités et sans cesse déplacés par les marées.

Nous avons cru reconnaître dans l'existence des grès non fissiles disposés en bancs épais et non fossilifères, portant seulement des coquilles rhétiennes aux points de jonction des bancs (Champ-de-la-Forêt, à Montigny, v. coupe IX), la preuve d'une alternance entre les sédiments keupériens et les sédiments rhétiens.

Deuxième cas. — Les grès sont ordinairement rhétiens quand, présentant une structure ordinairement non fissile, ils sont en même temps effervescents. C'est par ce dernier caractère qu'ils se distinguent des grès keupériens.

Ces grès effervescents renferment des ossements de reptiles et de poissons et surtout un grand nombre de dents. Dans l'arrondissement de Semur, nous ne les avons encore rencontrés qu'à Normiers (v. le gisement II); mais ils sont abondants à Blaisy, à Mémont et dans le voisinage de ces gisements.

Les grès à ossements contiennent peu de mollusques et les grès fissiles sont ordinairement dépourvus d'ossements.

Il nous semble qu'on peut attribuer la cause de ces différences entre les deux grès rhétiens à ce fait que, tandis que les éléments des roches arénacées non effervescentes étaient lavés et triés par des courants qui les débarrassaient de leur calcaire, entraînant sur leur passage des mollusques encore vivants, et relativement assez lourds, distribuant en outre les grains de sables par petits lits superposés, les grès effervescents et non fissiles, au contraire, en masse confuse et mélangés de calcaire, se déposaient dans des eaux plus tranquilles, à l'abri des vagues, sur des points où les cadavres des vertébrés, rendus plus légers par la décomposition, venaient à peu près seuls attérir.

Les strates à coprolithes constituent surtout, comme le remarque M. Martin (1), « un banc d'échouage où sont venus

____

(1) *De la zone à A. contorta*, etc. P. 48.

« s'entasser pêle-mêle et les débris de la pleine mer, longtemps
« battus par la vague, et les dépouilles entières d'animaux à
« charpente cartilagineuse, poussés au rivage et abandonnés
« à une décomposition lente qui n'a épargné que les parties
« les plus inaltérables , les dents et les matières fécales
« contenues dans l'intestin.

« Tout semble nous prouver en effet, ajoute l'auteur que
« nous citons, la forme comme les sinuosités imprimées à
« la surface de ces dernières matières, qu'elles n'ont pas été
« excrétées et qu'elles ne sont devenues libres que par la
« destruction lente des viscères qu'elles contenaient. »

Il est vrai que les coprolithes n'abondent que dans certains
bancs en lentilles ; mais ces bancs sont ordinairement composés d'éléments plus grossiers, et complétement privés de
mollusques. Les assises qui renferment seulement des dents,
constituées par un sable moins brut, se formaient dans des
eaux un peu moins calmes ; aussi contiennent-elles quelques
mollusques et prennent-elles accidentellement la structure
fissile.

Une autre preuve du peu de violence des eaux , lors du
dépôt des gès à ossements, se retrouve dans ces surfaces ridées
par le flot , qu'on remarque au milieu des déblais des puits du
souterrain de Blaisy, en deux points : sur les grès à coprolithes et sur les grès contenant seulement des dents de poissons ; les uns et les autres effervescents. Nous l'avons déjà
dit, la vague n'aurait pas manqué d'effacer ces rides qui ne
pouvaient se produire que sous l'action intermittente du flot
mourant sur la grève.

Les dépôts d'ossements dont nous venons de parler ont,
dans certaines contrées, une assez grande extension. Les
Anglais en ont même fait une zone à laquelle ils ont donné
le nom de *Bone bed* ou lit à ossements (1). Le bone bed est

____

(1) C'est dans le bone bed qu'on a rencontré les premiers mammifères

ordinairement placé entre le keuper et la zone à *A. contorta*, mais dans le pays qui fait l'objet de nos études, les assises à ossements ne sont qu'un accident local dont la place varie dans l'épaisseur du dépôt rhétien. On les trouve à Blaisy (2), vers la base de l'étage; à Mémont et à Remilly, vers le sommet. M. Martin a même constaté l'existence de dents de poissons jusque dans l'infra-lias; ainsi, à Mémont, où manque la zone inférieure, il en a trouvé dans la zone à *A. angulatus* (1), et à Remilly, dans la zone à *A. planorbis* (2).

Pour résumer ce que nous avons dit des distinctions à établir entre les sédiments arénacés du keuper et de l'étage rhétien, surtout dans le centre de l'Auxois, nous plaçons, sauf très-rares exceptions :

Dans le keuper :

1º Les arkoses, presque toujours effervescentes;

2º Les grès non fissiles et non effervescents.

Dans l'étage rhétien :

1º Les grès fissiles à mollusques, non effervescents;

2º Les grès non fissiles à ossements, effervescents.

connus. Ces animaux de petite taille sont classés parmi les marsupiaux ou didelphes. Ce sont: *Microlestes antiquus*, Plienenger (Vurtemberg, Angleterre), *Hypsiprymnopsis Rhœticus*, Dawkins (Angleterre). Il est à remarquer que jusqu'ici, pour trouver d'autres mammifères, il faut remonter jusque dans les groupes oolithiques inférieur et supérieur de la sous-formation jurrassique (*schistes de stonesfield*), — grande oolithe — (*Couches de purbeck*), — portlandien supérieur), où les espèces découvertes appartiennént encore au didelphes, et ce n'est que dans la période tertiaire que les mammifères et les oiseaux deviennent abondants.

(2) V. la coupe xxiv d'après M. G. de Nerville. — Martin, *De la zone à A. contorta*, etc. p. 47.

(1) *De la zone à A. contorta*, etc. P. 18,

(2) *Ibid.* P. 23.

Accidents minéralogiques.

Les accidents minéralogiques, par émission ou pénétration de substances étrangères, n'existent pas dans les dépôts rhétiens qui paraissent n'avoir pas atteint la contrée métamorphique située au-delà du Serein. La baryte sulfatée, si commune dans le keuper, assez fréquente dans la lumachelle de l'infra-lias, est à peu près absente des grès rhétiens, et si on l'y rencontre, c'est, comme à Marcigny et à Sainte-Sabine, à l'état de grains mélangés aux grains de quartz, qui constituent les sables, devenus consistants plutôt par la pression que par l'intervention d'un ciment.

Pour terminer la description de l'étage rhétien, nous allons donner la liste des fossiles principaux dont l'existence dans l'Auxois est incontestable et dont la détermination paraît exempte d'erreur.

Cette liste est extraite en grande partie de celle présentée par M. Martin, dans son ouvrage déjà cité et intitulé: Zone à *Avicula contorta ou étage rhétien. État de la question.*

Nous ferons précéder de la lettre T les espèces qu'on rencontre dans le trias d'autres pays, et suivre de la lettre L, les espèces qui passent dans l'infra-lias.

FOSSILES.

Poissons.

T.	Saurichthys acuminatus, *Agass.* **L.**	*Blaisy, Mémont, Normiers.*
T.	Sargodon tomicus, *Plien.* **L.**	*Blaisy, Mâlain et environs.*
	Hybodus minor, *Agass.* **L.**	*Id.*
	Hybodus sublævis, *Agass.* **L.**	*Id.*
	Hybodus cloacinus, *Quenst.*	*Id.*
	Acrodus minimus, *Agass.* **L.**	*Id.*
	Ceratodus altus, *Agass.*	*Id.*

Annélides.

Serpula Blaisyana, *Mart.*	*Blaisy, Marcigy.*
Serpula strangulata, *Terq.* L.	*Blaisy.*
Terebella liasica, *Terq.* L. (1).	*Semur, Montigny, Blaisy.*

Mollusques.

Gastéropodes.

Chemnitzia? Oppeli, *Mart.*	*Marcigny.*
Fusus? Montignyanus, *Mart.*	*Montigny-sur-Armançon.*
Cerithium sp.	*Marcigny, Ruffey.*

Acéphales.

Panopœa dépressa, *Mart.*	*Marcigny.*
P. montignyana, *Mart.*	*Montigny.*
P. Remillyana, *Mart.*	*Remilly, Marcigny.*
P. Renevieri, *Mart.*	*Montigny-sur-Armançon.*
P. Kcupero-Liasina, *Mart.*	*Marcigny.*
Anatina pæcursor *Quenst.*	*Marcigny, Remilly.*
A. Suessi, *Opp.*	*Semur, Marcig., Remilly.*
A. Remillyana, *Mart.*	*Remilly.*
A. Stoppanii, *Mart.*	*Remilly.*
Leda Deffneri, *Opp.*	*Partout.*
Corbula arkosiæ, *Mart.*	*Remilly.*
Cardita multiradiata, *Emmr.*	*Semur, Mémont.*
C. austriaca, *Hauer.*	*Savigny.*
C. Lueræ, *Stopp.*	*Marcigny, Mémont.*
Cyprina macignyana, *Mart.*	*Marcigny.*
Cypricardia Breoni, *Mart.*	*Id.*
C. marcignyana, *Mart.*	*Id.*

(1) La Serpula strangulata et la Terebella liasica, ne passent pas dans le lias de la Côte-d'Or, mais se trouvent dans le lias de la Lorraine. — Voir les observations que nous avons faites sur ce dernier fossile dans une note *(Gisement de Marcigny, I.)*.

Myophoria (1) inflata, *Emmrich.*   *Marcigny, Montigny, Blaisy, Mémont, etc.*

Myophoria Emmrichi, *Vinkler.*   *Savigny.*

M.   arkosiæ, *Mart.*   *Mémont.*

Cardium Philippianum, *Dunk.*   *Partout.*

C.   cloacinum, *Quenst.*   *Id.*

Tancredia marcignyana, *Mart.*   *Marcigny, etc.*

Mytilus minutus, *Goldf.*   L.   *Partout.*

Lima præcursor, *Quenst.*   *Id.*

Lima Bochardi, *Mart.*   *Montigny, etc.*

Avicula contorta, *Portlock.*   *Partout.*

Gervillia præcursor, *Quenst.*   *Id.*

Pecten cloacinus, *Quenst.* (2).   *Id.*

Plicatula intustriata, *Emmr.*   L.   *Blaisy.*

Ostrea haidingeriana, *Emmr.*   *Montigny, Marcigny, etc.*

O. Marcignyana, *Mart..*   L.

O. Pictetiana, *Mortillet.*   *Ruffey.*

Anomia pellucida, *Terq.*   L.   *Montigny, etc.*

Astéroïdes.

Asteria. *Plusieurs espèces d'une*   *Marcigny, Montigny, Se-*
détermination très-difficile.   *mur.*

(1) Le genre myophoria commence avec la période triasique et finit dans l'étage rhètien.

(2) On assimile, à tort selon nous, le *Pecten valoniensis,* Defr. au *Pecten cloacinus.* Ce dernier, très commun dans les grès rhétiens de notre pays, est exactement semblable à celui décrit par Quenstedt, et dessiné dans la planche première de son ouvrage sur le Jura. — Le Pecten valoniensis, qui n'existe pas dans l'Auxois et qui appartient à la zone à A. planorbis de l'infra-lias, rapporté par nous de Valognes et confronté avec le P. cloacinus, en diffère par un plus grand bombement de la valve concave et surtout par la forme, le développement et la disposition des ailes.

Zoophytes.

Indéterminables. *Isastrea?*   Semur.

Végétaux.

Indéterminables.   *Marcigny, Montigny, Semur.*

Nous n'avons jamais trouvé de brachiopodes dans l'étage rhétien de notre pays.

SOUS-FORMATION JURASSIQUE

TERRAIN JURASSIQUE

Nous n'avons jusqu'ici rencontré qu'à l'état rudimentaire et fragmentaire, au-dessus des terrains de cristallisation, soit sur le Morvan, soit dans l'Auxois, les terrains azoïques et primaires et même les dépôts du trias par lesquels commence la sous-formation secondaire.

Sur les sommets et les pentes du Morvan, les lambeaux des terrains antérieurs à la sous-formation jurassique présentent moins de lacunes que dans l'Auxois; mais l'état métamorphique des roches ou l'extrême rareté des fossiles nous a laissé dans une sorte d'incertitude sur la nature de certains lambeaux paléozoïques que nous avons attribués avec doute, soit au terrain silurien, soit au terrain devonien, soit même au calcaire carbonifère (calcaire fétide de Cussy-en-Morvan) (1).

(1) De nouvelles observations et la similitude qui existe entre le calcaire de Cussy avec d'autres roches bien caractérisées sur le versant sud-est du Morvan, nous portent à ranger ce calcaire dans l'étage carbonifère. Nous y sommes conduit encore par la détermination du seul

Nous avons éprouvé la même difficulté à déterminer, parmi les dépôts du premier étage du trias, ceux qui peuvent être assimilés au grès vosgien ou au grès bigarré, et nous ne pouvons affirmer que le deuxième étage ou muschelkalk est représenté dans l'Autunois.

Dans l'Auxois, nous n'avons pu reconnaître qu'un seul lambeau de la formation primaire enclavé dans le terrain azoïque et caractérisé par le dépôt houiller de Sincey-lès-Rouvray, et nous avons établi que la première sous-formation secondaire commence seulement au keuper à peine développé et se continuant par l'étage rhétien également rudimentaire.

Il n'en est plus de même pour la deuxième sous-formation secondaire. L'affaissement du sol de l'Auxois, que nous avons vu se produire pendant la période keupérienne a continué sans arrêt et sans perturbations notables pendant la longue série des dépôts jurassiques, et nous ne trouverons plus de lacunes dans la superposition des étages jusqu'aux limites de la contrée dont nous exposons la géologie ; aussi la disposi-

fossile recueilli jusqu'ici à Cussy, lequel appartient à la classe des zoophytes marins.

M. de Fromentel, dont les travaux sur les zoophytes font autorité, et à qui le fossile dont nous parlons a été communiqué, le range, non dans le genre *Cyathophyllum*, comme nous l'avions dit en décrivant le calcaire de Cussy et en le plaçant dans l'étage devonien, mais dans le genre *Lophophyllum*, dont les deux seules espèces connues, *L. Dumonti*, *L. Konincki*, appartiennent au calcaire carbonifère de la Belgique. A la vérité, l'échantillon de Cussy, qui semble appartenir à une espèce nouvelle, est trop incomplet pour être décrit spécifiquement, mais comme le genre auquel il appartient n'a pas été trouvé en dehors de l'étage carbonifère, nous croyons avoir été dans l'erreur quand, sur l'autorité de MM. Dufrénoy et Élie de Beaumont *(Explication de la Carte géologique de France)*, t. I, pages 506 et 507, nous avons déclaré, en parlant d terrain carbonifère, que, dans la France centrale ce terrain ne porte p de traces d'origine pélagienne.

tion régulière des sédiments jurassiques autour du Morvan fait des contrées qui l'entourent une région typique qu'il est rare de rencontrer dans des conditions aussi favorables pour l'étude de la deuxième sous-formation secondaire.

L'Auxois ne renferme pas toute la série jurassique; c'est à peine si les deux premiers groupes s'y trouvent compris intégralement. Les deux autres groupes sont placés en dehors des limites orographiques que nous avons indiquées dans la première partie de nos études; nous n'aurons donc pas à nous en occuper.

Nous aurons ultérieurement à démontrer comment l'interruption dans la succession des sédiments au sommet de nos montagnes et la disposition en retrait des étages les moins anciens par rapport aux étages les premiers formés, doivent être attribuées; 1º à la nature côtière des dépôts qui, venant s'appuyer contre le Morvan, à mesure de son affaissement, devaient présenter une moindre épaisseur aux approches du rivage que dans la direction opposée regardant la pleine mer; 2º aux dénudations qui, plus tard, et après le relèvement du Morvan, ont enlevé des masses puissantes de terrains et produit l'ablation d'étages entiers. C'est à ces dénudations, sans lesquelles les dépôts les plus anciens resteraient masqués par les derniers stratifiés, que nous devons la facilité d'étudier les étages et les groupes, et surtout le magnifique développement du lias à la base de la série jurassique.

Nous allons donner d'abord l'échelle complète de la sous-formation jurassique pour en faire comprendre l'importance et saisir la relation des deux premiers groupes, qui existent seuls dans l'Auxois, avec les deux derniers situés au-delà de la circonscription que nous avons à étudier.

Tableau de la sous-formation jurassique et ses rapports avec les autres terrains de la formation secondaire.

III. — *Sous-Formation crétacée.*

	GROUPES.	ÉTAGES.
		Portlandien.
	Oolithique supérieur.	Kimméridgien.
		Corallien.
	Oolithique moyen.	Oxfordien.
		Kellovien.
		Cornbrash.
		Forest-Marble.
	Oolithique inférieur.	Grande oolithe.
		Fulle'rs earth.
		Oolithe inférieure.
		Lias supérieur.
		Lias moyen.
	Lias.	Lias inférieur.
		Infra-Lias.

(Accolade à gauche : FORMATION SECONDAIRE ; II. — Sous-Formation jurassique (1).)

I. — *Sous-Formation triasique.*

(1) Le type de la sous-formation jurassique est pris dans le Jura, où il présente un développement remarquable. Les noms de groupes et d'étages ont été pour la plupart crés par les géologues anglais qui, les premiers, ont décrit les terrains de la deuxième sous-formation secondaire ; cependant ces dénominations anglaises, appliquées à la France, expriment souvent plutôt des équivalences que des similitudes,

Premier groupe de la sous-formation jurassique.

LIAS

Le groupe du lias occupe dans l'Auxois une partie de la plaine principale et forme les talus des montagnes jurassiques au sommet desquelles il a pour limites les roches dures et d'une teinte plus claire du deuxième groupe, s'étendant ordinairement en corniche avec aspect ruiniforme sur le pourtour des plateaux supérieurs.

On ne trouve au fond de la grande plaine que l'infra-lias et le lias inférieur, avec rares lambeaux de la partie inférieure du lias moyen.

L'infra-lias se rencontre même sur plusieurs points des pentes morvandelles et nous verrons plus loin que, sur certains sommets granitiques du Morvan, on découvre non-seulement des îlots rudimentaires d'infra-lias, mais encore quelques restes du lias inférieur.

Dans les vallées secondaires du massif jurassique, l'infra-lias disparaît sous les dépôts supérieurs, et si l'on trouve encore le lias inférieur *(De Vitteaux à Pouillenay)*, c'est ordinairement la partie inférieure du lias moyen qui occupe les talwegs en s'éloignant du Morvan.

On ne trouve même plus que le lias supérieur à la base des côteaux à une distance plus éloignée, surtout du côté du N. E. *(au-delà de Montbard)*.

Nous venons de voir, dans l'échelle de la sous-formation jurassique, que le lias se compose de quatre étages :

4 Lias supérieur.	— Étage toarcien.		
3 Lias moyen.	— Étage liasien.		D'après
2 Lias inférieur.	—	Étag. sinémurien (1)	A. d'Orbigny.
1 Infra-lias.	—		

(1) C'est aux environs de Semur (*Sinemurum*) qu'Alcide d'Orbigny, frappé du développement, dans l'Auxois, des parties inférieures du lias, en a fait un des types de sa *Paléontologie française*.

Premier étage.

INFRA-LIAS

Nous commencerons par la description de l'infra-lias (1), premier étage du groupe qui se subdivise de la manière suivante :

2   Calcaire jaunâtre marneux   Zone à *Amm. angulatus.*
       ou
    Foie de veau des Carriers.   Zone à *Amm. liasicus.*

1   Lumachelle
         ou   Zone à *Amm. planorbis.*
  Pierre bise des Carriers (2).

Partie inférieure de l'infra-lias.

LUMACHELLE

La lumachelle (3) de l'infra-lias recouvre tantôt le keuper, tantôt l'étage rhétien, tantôt enfin repose immédiatement sur les terrains de cristallisation.

Dans le premier cas, le passage du keuper à la zone à *Ammonites planorbis* se fait, comme nous l'avons dit, le plus souvent par un petit lit d'arkose (4) ou de grès, divisé en dalles

(1) Ce nom d'infra-lias, créé par M. Leymerie, remplace le *white-lias* ou lias blanc des géologues anglais et convient mieux aux assises correspondantes de la France.

(2) On donne aussi quelquefois, par extension, le nom de pierre bise aux roches du calcaire à gryphées arquées, constituant le lias inférieur.

(3) De l'italien Lumachella. Le nom de Lumachelle est donné à toutes les roches coquillères. Il faut donc toujours ajouter le nom de l'étage ou de la zone pour être compris.

(4) Nous rappelons que nous avons appelé arkose une roche composée de grains de quartz et de feldspath, ordinairement effervescente dans le keuper et la lumachelle, bien que l'élément calcaire dans la pâte puisse, jusqu'à un certain point, la faire considérer comme un macigno.

minces comme la lumachelle elle-même (Cernois, bords du Serein); c'est probablement l'apport des premiers flots marins, d'abord chargés des débris des surfaces arénacées qu'ils balayaient et encore privés de restes organiques et presqu'entièrement de sédiments calcaires. Un peu au-dessus, dans la dalle arkosienne ou gréseuse, on voit apparaître quelques traces de pâte calcaire avec rares fossiles bivalves indéterminables; puis enfin la véritable lumachelle, plus ou moins dépouillée de gravier d'origine cristalline.

Dans le deuxième cas, la transition est plus brusque, et si le premier banc de lumachelle empâte encore de grains de quartz, il se distingue des grès rhétiens d'une manière beaucoup plus tranchée par la prédominance de l'élément calcaire et par l'abondance des fossiles de la zone à *Amm. planorbis*.

Dans le troisième cas, on trouve quelquefois à la base une faible assise gréseuse ou sableuse en contact avec le granit.

Il est naturel, en effet, que les premiers dépôts qui recouvrent les roches arénacées ou granitiques soient mélangées à leur naissance aux débris de ces roches (1).

A l'époque où se formaient les sédiments de la première zone de l'infra-lias, la mer a dépassé de beaucoup dans l'Auxois la ligne où s'étaient arrêtés les flots rhétiens, puisqu'elle a recouvert non-seulement les grès de la zone à *Avicula contorta*, mais encore les strates du keuper et qu'elle s'est même avancée sur le granite, dans des points où manquaient complétement les roches d'origine sédimentaire, comme on peut le constater à un demi-quart de lieue au-dessus de Toutry, sur la berge de la rive droite du Serein (2), à

____

(1) C'est ainsi que le *calcaire de Valognes* (Manche), qui appartient à la zone dont nous parlons, est mélangé avec le sable fin provenant de de la désagrégation des grès siluriens sur lesquels il repose.

(2) Voir la *Notice géognostique sur quelques parties de la Bourgogne*, par M. de Bonnard, page 34, ouvrage déjà cité.

l'entrée du village de Beauregard et surtout en différents lieux de la contrée qui s'étend de Précy-sous-Thil à Saulieu, notamment à Sainte-Isabelle (1) et au faubourg des Gravelles. Cet empiétement de la mer a donc donné lieu à une stratification transgressive (2).

Rarement la lumachelle manque à la base du lias. Parmi les points où elle fait très-exceptionnellement défaut, nous citerons la rive droite de l'Armançon au-delà du pont de Chevigny, sur la lèvre affaissée d'une faille que suit la rivière, où le lias inférieur repose sur le granite. Il est à remarquer que sur l'autre rive on retrouve la lèvre relevée de la faille, surmontée des arkoses du keuper et de la zone à *Amm. planorbis*, ce qui indiquerait qu'à l'époque du dépôt des derniers étages du trias et de la première zone de l'infra-lias, la lèvre

(1) Voir la notice de M. Levallois, les *Couches de Jonction,* ouvrage déjà cité, page 419. (Bulletin de la Société Géologique de France, 2ᵉ série, tome xxi.)

(2) La stratification est concordante, lorsque les sédiments s'appliquent parallèlement à ceux qu'ils recouvrent immédiatement, quelle que soit d'ailleurs leur inclinaison.

Elle est discordante lorsque les sédiments ne sont pas parallèles avec ceux qui sont placés au-dessous d'eux ou ont une direction différente.

Elle est transgressive lorsqu'un dépôt se prolonge au-delà de celui qui lui est inférieur.

Dans le premier cas, on conclut que la succession des couches s'est faite sans changement dans le fond de la mer ou de ses bords.

Dans les autres cas, on admet qu'une modification s'est produite dans l'état de la mer entre les deux dépôts, et lorsque la transgressivité est manifeste, comme dans le cas dont nous parlons, le rivage a dû s'affaisser.

La différence d'épaisseur d'un même dépôt dans l'Auxois en différents lieux, les îlots laissés intacts pendant la sédimentation des roches du trias supérieur, et plus tard recouverts, témoignent d'oscillations nombreuses du sol, dans les premiers temps de la formation secondaire.

aujourd'hui relevée était affaissée, et que la lèvre affaissée était relevée au-dessus des eaux (1).

On peut encore remarquer l'absence de la lumachelle à Mémont, au-dessus du ravin du Pissou, entre les grès rhé-thiens et la zone à *Am. angulatus*.

La lumachelle s'enfonce du côté opposé au Morvan sous les sédiments supérieurs de la sous-formation jurassique pour reparaître au sud-est sur l'îlot granitique de Mémont, au-dessus du keuper et de l'étage rhétien, à Remilly. On l'a retrouvée également à Pouillenay, dans le puits de recherches de MM. Matussière et Ménand, dont nous avons parlé précédemment, et à Blaisy, dans les travaux de percement c souterrain du chemin de fer.

Caractères de la lumachelle.

Pour bien faire comprendre la nature des roches (2) de la zone à *Amm. planorbis*, nous allons les présenter successivement sous leurs divers aspects. Nous décrirons d'abord les assises à l'état normal, c'est-à-dire avec leur caractère ordinaire dans la plus grande partie de l'Auxois.

Puis nous ferons connaître successivement les autres variétés qui sont spéciales à certaines localités.

(1) On appelle *faille* la fente résultant d'une brisure dans l'épaisseur des roches, quand les parois ou les lèvres de cette fente cessent de se correspondre, c'est-à-dire se trouvent, après le rupture, à des niveaux différents.

On donne le nom de *faille recurrente* à celle dont les parois, d'abord dénivelées dans un sens, ont changé leurs positions respectives par suite d'un mouvement postérieur en sens inverse. La faille du pont de Chevigny est donc une faille recurrente.

(2) Le nom de roche, en géologie, ne s'applique pas seulement aux masses minérales dures, mais encore à celles qui sont d'une moindre consistance, telles que les argiles, les marnes, les arènes, etc.

Lumachelle normale.

A partir d'Avallon jusqu'à Semur, dans la terre plaine dans la vallée d'Époisses, en remontant le cours de l'Armançon et même dans plusieurs points des rives du Serein, la zone à *Am. planorbis,* mise à nu dans les dépressions et occupant plus rarement les croupes des mamelons, où elle disparaît presque toujours sous les zones plus élevées dans la série, présente les caractères suivants.

Elle est composée de bancs en dalles plus ou moins épais et d'assises marneuses intercalées dans ces bancs. Tantôt ce sont les marnes qui dominent à la base et au sommet, contenant à différents niveaux des roches dures en plaquettes; tantôt c'est la dalle elle-même plus ou moins chargée de débris arénacés qui l'emporte en épaisseur et commence la zone, comme aux environs de Cernois.

La roche du calcaire en dalles est de structure pleine et sèche, se brisant sous le marteau en fragments à cassures à peu près rectilignes. L'élément calcaire y domine, mais il est combiné avec une certaine proportion de silice et d'alumine.

Les assises en dalles qui contrastent, par la grande quantité de fossiles qu'elles renferment, avec les bancs marneux moins riches en débris organiques, sont de couleur ordinairement bleuâtre quand elles sont mises à vif; cependant les petits bancs répandus à différents niveaux dans les marnes sont de couleur moins foncée, surtout lorsque la roche, très-argileuse, se divise facilement sous l'influence des agents atmosphériques. C'est à ces assises calcaires que s'applique particulièrement le nom de lumachelle, car elles sont pétries de coquilles entières ou brisées, couchées dans le sens de la stratification, parmi lesquelles dominent les bivalves. Il semble que les tests des mollusques y ont été accumulées sous l'action de la vague, dans une mer peu profonde et par intermittence, tandis que les assises marneuses au contraire paraissent être le produit d'un dépôt vaseux et tranquille. Les coquilles sont en effet tellement pressées dans la plupart des dalles qu'on ne peut guère admettre qu'elles aient pu vivre toutes et se développer ainsi agglomérées et qu'on ne saurait expliquer leur entassement autrement que par l'apport du flot.

Les marnes sont jaunâtres quelquefois grisâtres. Quand elles reposent sur le trias, elles renferment accidentellement vers leur base un banc argilo-marneux très-compacte, comme à la jonction de la route de Montbard avec l'ancien tronçon abandonné, entre Semur et le Pont-de-Chevigny.

Les fossiles de la lumachelle normale sont généralement très-difficiles à extraire. Ceux qui occupent la surface des bancs sont adhérents et on ne peut les obtenir qu'en enlevant le fragment de plaque sur lequel ils sont fixés. Ils sont ordinairement à l'état de moules ou d'empreintes sur les parties superficielles; cependant un certain nombre ont conservé leurs tests. Il est à remarquer que les dalles peu épaisses qu'on rencontre au milieu des marnes, quand elles contiennent des fossiles, ne les portent qu'à leur face supérieure et que la face inférieure en est dépourvue et presque toujours est rugueuse.

Les fossiles des marnes qu'on obtient plus facilement sont aussi la plupart du temps à l'état de moules.

Le point où les bancs en dalles dominent dans la zone est situé dans la commune de Vic-de-Chassenay, principalement à Chassenay (1).

La puissance de la zone à *Am. planorbis* est variable; elle

---

(1) Dans un puits creusé dans le hameau de Chassenay, on a trouvé à la base de la lumachelle en dalles, un banc de marne blanche, très-pure et compacte, semblable d'aspect à la craie de Meudon en pains du commerce, mais donnant une faible effervescence avec l'acide nitrique.

n'est guère en moyenne que de deux à trois mètres sur les bords de l'Armançon. Par conséquent, elle est plus remarquable par sa constance que par son développement en hauteur.

Bien que les fossiles de la lumachelle soient assez confusément répandus dans l'épaisseur des bancs, on peut observer que, sur certains points, certaines espèces prédominent. Telles sont les cardinies, les pleuromyes, les limes *(Lima edula,* d'Orb.), les plicatules, les mytilus, les spiriferina, la *terebratula perforata*, etc.

Le fossile le plus abondant de la zone à *Amm. planorbis* est sans contredit l'*Ostrea irregularis*, Münst, qui pourrait caractériser la zone mieux que l'*Amm. planorbis*, presque introuvable dans l'Auxois et seulement rencontrée à Saulieu. Nous avons pourtant conservé cette dénomination de zone à *Amm. planorbis*, pour nous conformer à l'usage adopté par la généralité des géologues (1).

Nous ne donnerons que deux coupes de la lumachelle normale, car il règne dans les différents gisements une telle variété, en ce qui concerne la puissance du dépôt, la distribution ou la prédominance de l'élément calcaire ou marneux, qu'il faudrait multiplier les coupes à l'infini. Nous croyons que ce que nous venons d'exposer suffira d'ailleurs pour faire

---

(1) Si nous avions à choisir pour l'Auxois un nom d'ammonite, pour caractériser la zone, nous donnerions la préférence à l'*Amm. Tortilis* d'Orb., qui pourtant n'est pas commune, et se trouve cantonnée dans le gisement ferrugineux de Beauregard, mais est moins rare que l'*Am. planorbis*. M. Martin, dans sa *Paléontologie de l'Infra-Lias du département de la Côte-d'Or*, a pris comme type celle qu'il a décrite sous le nor de *Amm. Burgundiæ*, et qui est la même que l'*Amm. Laqueus*, Quenst; mais cette ammonite, spéciale au gisement de Saulieu, et qui passe dans la zone à *Am. Liasicus* du *foie de veau*, des environs de Semur, pourrait, par cette raison, donner lieu à une confusion.

connaître suffisamment la première zone de l'infra-lias, avec son caractère ordinaire.

Première coupe empruntée à M. Martin (1) et prise aux environs de Semur, partie sud-ouest.

I. — *Marnes jaunes et calcaires noduleux*, ou *foie de veau*.

0m 10 — Lumachelle marneuse bleuâtre.
0m 35 — Argile grise marneuse.
0m 12 — Plaque lumachelle grise.
0m 20 — Argile brune marneuse.
0m 75 — Banc de lumachelle bleuâtre se divisant souvent en
1m 52   plaques séparées par de minces assises marneuses.

Marne schisteuse avec avicula contorta, passant au grès dans la partie inférieure. — Èt. Rhétien.

II. — Deuxième coupe prise dans le ravin du Pilier-de-la-Justice, au sud-est de Semur.

Foie de veau.

0m 07 — Calcaire marneux blanchâtre.
0m 35 — Marnes jaunâtres.
0m 06 — Calcaire marneux en plaques.
0m 03 — Marnes jaunes.
0m 03 — Lumachelle bleue en plaque.
0m 06 — Lumachelle marneuse. — *Lucina arenacœa.*
0m 20 — Marnes grises sans fossiles.
0m 75 — Lumachelle bleue en plaque. — *Ostrea irregularis.*
0m 40 — Marnes jaunes.
0m 20 — Grès.   } *Transition entre la lumachelle et le*
0m 20 — Marnes. }   *keuper.*
2m 35

0 70 — *Arkose grossière.* } *Keuper.*
    Marnes irisées. }

(1) *Paléontologie stratigraphique de l'infra-lias du département de la Côte-d'Or*, page 34.

Localités où la lumachelle se présente acciden-tellement sous un aspect différent de celui de la roche normale.

Certaines modifications minéralogiques purement locales, dont nous allons parler, n'étant pas spéciales à la lumachelle, mais affectant en même temps le keuper qui est au-dessous, le foie de veau et le lias inférieur qui sont au-dessus, nous nous réservons plus tard d'en indiquer les causes après la description de tous les terrains modifiés. Pour l'instant, nous nous contenterons de faire connaître les variétés accidentelles des roches de la zone à *Amm. planorbis.*

A. — BORDS DU SEREIN.

De Montigny-Saint-Barthélemy à Guillon.

Sur les deux rives du Serein, aux environs de Montigny-Saint-Barthélemy, Ruffey, Thostes, Bourbilly, Villars, Courcelles-Frémoy, Montberthault, Vieux-Château, Toutry et Guillon, la lumachelle se présente sous l'aspect d'une roche tantôt ferrugineuse tantôt siliceuse et même tout à la fois ferrugineuse et siliceuse, soit dans tous ses bancs, soit dans quelques-uns seulement, et nous commencerons par décrire le plateau de Thostes, où les émissions minéralisatrices semblent avoir agi avec le plus d'intensité et de variété.

Plateau de Thostes.

Ce plateau, occupé par les villages de Thostes et de Beau-regard, si cher aux géologues amateurs de beaux fossiles convertis en fer oligiste cristallisé, mais plus intéressant encore pour ceux qui cherchent à pénétrer les mystères de la géogénie, forme comme un cap entouré à l'est, au nord et à l'ouest par les méandres de la rivière, profondément encaissée dans des escarpements d'un aspect sauvage et pittoresque. Il a pour base les granites, les porphyres, les gneiss et les roches houillères qui se montrent à nu en différents endroits, mais surtout le long du Serein et vers le midi. Au-dessus, on trouve les assises du keuper, de l'infra-lias, du lias inférieur et même du lias-moyen, plus ou moins modifiées, séparées par des lacunes de dénudation, aussi bien au-delà de la rivière que vers le sud-ouest, d'autres terrains des mêmes zones, soit à l'état normal, soit pénétrés de substances minérales qu'on ne retrouve plus en s'éloignant de cette région.

L'exploitation des mines de fer (1), sur différents points du mamelon de Thostes, a permis d'étudier avec quelque suite et dans les profondeurs du sol les accidents minéralogiques dont il a été le centre principal.

Le plateau de Thostes peut être divisé en trois parties principales dans lesquelles les sédiments de la base de la sous-formation jurassique ont changé de nature, soit en totalité, soit partiellement.

Première partie ou partie occidentale.

Masse silicifiée.

Elle est limitée à l'ouest par les arkoses et les grès triasiques qui s'appuient sur la bande de terrain houiller des bords du Serein et sur les gneiss, les porphyres et les granites, à l'orient par une faille que nous a signalée M. Jean-Marie Gueux, an-

---

(1) Les mines de fer de Thostes et de Beauregard ont été, depuis l'année 1836, l'objet de travaux importants. Les galeries, d'abord ouvertes par M. de Nansouty, créateur des forges de Maison-Neuve, ont été continuées par la Société des Forges de Châtillon et Commentry, à qui elles appartiennent aujourd'hui.

cien conducteur des travaux des mines de Thostes. D'après les renseignements fournis par cet intelligent observateur, cette faille traverse le plateau du S. E. au N. O. Elle part de la maison Collin, dans la Chaume-Talifait, passe près de l'entrée de la galerie d'écoulement des mines, lieu dit les Hâtes-de-l'Hervière, et se dirige, à travers les grands bois de Thostes, vers la rivière, à l'endroit appelé les Perrons-de-la-Loge, où elle disparaît à l'approche de la profonde échancrure formée par le lit du Serein au nord-est du moulin Collin, pour reparaître plus loin sur le chemin de Thostes à Villars dans une carrière d'arène granitique.

La faille dont nous parlons et que nous désignerons sous le nom de faille A, serait coupée près de sa naissance par une autre faille, indiquée par M. Evrard, ingénieur de la compagnie de Châtillon et Commentry (1). Cette seconde faille, parallèle à d'autres failles secondaires, a une direction E 30° 33' N, avec un plongement au sud dont l'inclinaison est de 78°. Nous lui donnerons le nom de faille B.

Celle-ci paraît surtout visible à son passage au Ruisseau des Chênes qui la traverse, coupant la tranche de la masse houillère, dont elle a profondément silicifié les strates. Elle se terminerait à l'ouest au Serein, et se prolongerait à l'est jusqu'à la galerie n° 1, sous le chemin de Thostes et probablement plus loin.

La faille B, suivant M. Evrard, aurait eu pour effet de produire du côté du sud une dépression très-marquée dans la mine de fer et les terrains encaissants (2).

(1) Voir la notice de M. Evrard intitulée : le *Plateau de Thostes et ses Mines*, page 47. Voir en outre la carte du plateau jointe à cette notice.

(2) Nous ferons remarquer toutefois que M. G. de Nerville, tout en reconnaissant que l'affleurement houiller, au Ruisseau-des-Chêne, creusé suivant l'axe de sa tranche, a une teinte générale de métamorphisme (page 34 de la *Notice* déjà citée sur le terrain houiller de Sincey), ne constate aucune faille à cet endroit.

A l'ouest de la faille A, tous les terrains sédimentaires entièrement passés à l'état de roche siliceuse, souvent jaspoïde
et quelquefois rubanée, depuis l'arkose keupérienne jusqu'au
calcaire à gryphées arquées du lias inférieur qui couronne le
plateau, sont affaissés avec un dénivellement, peu apparent
à la surface, d'au moins 15 mètres en moyenne; cependant,
malgré cette conversion générale en silice, il est toujours
facile de reconnaître que la lumachelle est formée de deux
assises, ayant conservé des traces de fossiles, l'une inférieure
non ferrugineuse, l'autre très-riche en fer, mais dont on a dû
abandonner l'exploitation, parce qu'elle était trop réfractaire
taire au feu des hauts-fourneaux. Cette dernière assise, d'un
rouge vif, non effervescente, faisant feu sous le choc du briquet, et d'une puissance de 2 m. 50 c. environ dans la Chaume-
Talifait, n'a plus qu'une épaisseur moyenne d'un mètre dans les
grands bois, sur la grotte des Sarrasins, près de la Chaume
de la Morte, en longeant le chemin de Thostes à Villars (1).

Deuxième partie ou partie médiane.

Mine de Thostes.

Elle est limitée à l'ouest par la faille A, dont elle forme la
lèvre relevée; à l'est, par la troisième partie, sur une ligne
qui ne s'éloigne pas beaucoup de celle suivie par le chemin
de Thostes à Semur, qu'elle dépasse un peu vis-à-vis de
Thostes, galerie n° 1, du côté de l'orient et en deçà duquel

---

(1) Nous avons visité les lieux qui conservent encore quelques traces
de fouilles, et nous avons recueilli, parmi les anciens déblais, sur la
Chaume-Talifait et aux Hâtes-de-l'Hervière, des fragments de cette lumachelle ferrugineuse et siliceuse qui, suivant M. Gueux, se retrouve encore
à Forléans, sous la fontaine Benne, et aussi sur la rive gauche du Serein,
à l'ouest de Thostes.

12.

elle s'arrête vers l'occident, vis-à-vis de Beauregard (puits n° 9), sous un petit mamelon couronné par les couches inférieures du lias moyen.

Elle est traversée de l'ouest à l'est par la faille B, indiquée par M. Évrard, et est exploitée pour l'extraction du minerai de Thostes proprement dit, appelé *mine en terre* par les ouvriers, principalement dans la partie N.-O. du village, sur le Sentier-de-la-Messe.

M. Évrard (1) décrit ainsi le minerai de la partie médiane : « Les mineurs distinguent dans le minerai métamorphique de « Thostes ou mine en terre, quatre variétés, *la mine grasse,* « *la mine en plaquettes, la mine en rognons* et *la mine* « *noire.*

« La mine grasse est une limonite rouge à pâte excessive- « ment fine, très-riche en fer et très-onctueuse, se laissant « pétrir avec la plus grande facilité; cette variété se trouve, « en général, dans les régions où le métamorphisme (2) a « développé son action avec le plus d'énergie; elle est fort « recherchée, mais on ne la rencontre le plus souvent que « sur les points où la couche se réduit à une épaisseur de « 0m 30c à 0m 40c, trop faible pour que l'exploitation soit « encore lucrative; elle occupe dans ces étranglements tout « l'espace compris entre les deux épontes. Quand la mine « grasse se rencontre sur des points où la couche est plus « puissante, où elle atteint, par exemple, de 0m 60c à 0m 80c, « elle occupe toujours la partie supérieure de cette couche et « se réduit alors à un mince filet.

« La mine en plaquettes vient immédiatement sous la

(1) *Le Plateau de Thostes et ses Mines,* etc., p. 37.

(2) Bien entendu que **M.** Evrard ne parle que de la partie médiane, car le métamorphisme a agi avec plus d'intensité dans la partie occidentale.

« variété précédente, quand celle-ci existe ; c'est un minerai
« moins argileux, plus dur, dont la texture est schisteuse et
« qui se trouve en plaques dans la couche sur une épaisseur
« de 0m 12c à 0m 15c. Ces plaques sont souvent colorées en
« noir par l'oxide de manganèse. Cette variété, moins riche
« que la précédente, mais plus riche que la mine en rognons,
« paraît correspondre par sa position et sa nature schisteuse
« au minerai en plaquettes de Beauregard (1).... » (c'est-à-
dire de la partie orientale.)

« La mine en rognons ou mine rouge est moins argileuse
« que la mine grasse et paraît constituer le passage de la mine
« en terre à la mine en roche (2); elle se rencontre en frag-
« ments oolithiques à grains serrés, tantôt extrêmement
« siliceux, tantôt plus argileux et légèrement calcaires, for-
« mant un banc de 0m 40 à 0m 50, sous les variétés précé-
« dentes, ou occupant sur une hauteur de 0m 60 à 0m 70,
« toute la hauteur de la couche.

« La mine noire ne se rencontre que dans les régions où
« la couche métamorphique offre une puissance de 0m 70 à
« un mètre, c'est-à-dire sur les points les plus éloignés des
« centres d'action des sources siliceuses, c'est un minerai ter-
« reux, légèrement oolithique et très-manganésifère; il con-
« tient souvent jusqu'à 5 et 6 pour 100 de carbonate de
« chaux. Il ne se rencontre, en général, qu'à la partie infé-
« rieure de la couche; rarement, il occupe tout l'espace com-
« pris entre les épontes. »

M. Évrard ajoute plus loin que la galerie no 1, dont certaines parties avaient été exploitées par les Romains, a été
poussée vers l'est jusqu'à une limite où l'on a remarqué le

_____

(1) Voir plus loin sur la grande coupe de Beauregard, partie orientale,
l'assise 41.

(2) C'est-à-dire à la mine calcaire dont nous aurons à parler en décrivant la partie orientale du plateau.

passage insensible du minerai de Thostes au minerai de la partie orientale dont nous parlerons ci-après. La même observation a été faite au puits n° 9.

D'après la coupe que nous a communiquée M. J.-M. Gueux, chargé autrefois des travaux, il aurait trouvé, en se rapprochant de la faille séparative de la partie occidentale :
I.

0m50	Terre argileuse et siliceuse rougeâtre.	*Sol arable composé d'alluvions remaniées.*
3m90	Calcaire à gryphées siliceux, faisant feu sous le choc du briquet. *La zone supérieure manque.*	LIAS INFÉRIEUR.
0m10	Calcaire jaunâtre siliceux, avec argile blanche et baryte sulfatée.	Paraissant représenter les couches atténuées du foie de veau.
0m80	Mine grasse.	
0,50	Marne jaunâtre.	
0,30	Lumachelle calcaire, normale, bleuâtre; (c'est-à-dire sans être pénétrée de substances siliceuses ou ferrugineuses), pétrie de *spiriferina Walcotii.*	Lumachelle ou zone à *Am. planorbis.*
0,30	Marne bleuâtre intercallée.	
0,20	Lumachelle calcaire bleuâtre, normale.	
0,05	Argile bleuâtre.	
0,05	Lumachelle calcaire bleuâtre, normale.	
0,50	Petites assises feuilletées d'argile et de lumachelle fortement micacée.	
0,10	Grès reposant sur les roches azoïques ou houillères.	KEUPER.

INFRA-LIAS

M. Évrard (1) donne la coupe suivante prise au contraire à l'est de la partie médiane, au front de la première taille, dans la galerie nº 1, à 43ᵐ 80 de son origine, pour la section comprise entre le calcaire à gryphées siliceux du toit et le calcaire à lumachelle bleue normale du mur :

II.

0,05	—	Argile blanche et baryte sulfatée (2).
0,40	—	Calcaire à lumachelles, siliceux et étoilé.
0,45	—	Mine grasse.
0,45	—	Mine noire.
0,30	—	Mine en roche, minerai normal (3).

Et voici la composition moyenne qu'il indique pour le mi-

(1) Notice déjà citée, p. 39.

(2) A la page 41 de sa notice, M. Evrard déclare qu'on trouve toujours à cet horizon, dans les mines de Thostes, un filet de baryte sulfatée, dans lequel repose parfois un petit banc siliceux, dur et compacte, qui paraît représenter le foie de veau.

(3) M. Evrard donne le nom de *mine en roche* à la lumachelle développée, surtout à Beauregard, dans la partie orientale. Cette lumachelle calcaire et ferrugineuse, que l'on casse en petits fragments pour les hauts-fourneaux, est aussi appelée par lui *minerai normal*, parce qu'elle n'a pas subi l'action métamorphique, comme les assises ferrugineuses de la partie occidentale durcies par la silice (auxquelles conviendrait mieux le nom de *mine en roche*), et comme les assises supérieures de la partie médiane, pénétrées par une certaine proportion de silice et très-peu résistantes.

Nous rappelons que nous avons donné le nom de lumachelle normale aux sédiments de la zône à *Amm. planorbis* qui n'ont pas été pénétrés par des agents minéralisateurs, siliceux, ferrugineux ou autres, ou qui ne sont pas composés d'éléments particuliers, étrangers à la plupart des roches de la même zone, qu'il y ait ou non métamorphisme, et que, par conséquent, la lumachelle de Beauregard, que nous considérons avec M. Evrard comme non métamorphique, n'en est pas moins, selon notre définition, une lumachelle anormale. Cette explication était nécessaire pour empêcher un malentendu.

nerai de Thostes (mine grasse, mine en plaquettes, mine en rognons, mine noire) (1).

Silice......................	13,250
Alumine......................	10,950
Peroxyde de fer.............	67,500
Peroxyde de manganèse.......	1,396
Carbonate de chaux..........	2,232
Eau.........................	3,818
	99,146 — (2).

Nous donnerons encore une coupe empruntée à la notice de M. Évrard (3) pour faire comprendre la disposition et les rapports des assises ferrugineuses de la partie supérieure de la lumachelle de Thostes, avec les assises non modifiées de la base et en même temps le passage de la lumachelle aux sédiments keupériens et des sédiments keupériens aux roches houillères.

(1) Page 40, *ibid*.

(2) Voici encore l'analyse du minerai de Thostes telle que nous la trouvons dans le *Bulletin de la Société géologique,* 2e série, t. II, p. 724. (Réunion extraordinaire à Avallon).

Peroxyde de fer................	0,608
Oxyde rouge de manganèse........	0,034
Alumine soluble.................	0,060
Argile..........................	0,240
Eau et oxygène..................	0,058
Total...........	1,000

(3) Page 45.

III.   *Puits nᵒ 1. — Galerie nᵒ 1.*

DISTRIBUTION DES COUCHES SUIVANT NOTRE OPINION.

Lumachelle de l'infra-lias.

Toit disloqué, calcaire à lumachelle silicifié.

0m	70	Minerai siliceux *(mine grasse)* fouillé par les anciens.
0	60	Argile grise, feuilletée.
0	70	Argile bleue, massive.
0	30	Argile bleuâtre, feuilletée et durcie.
0	25	Argile durcie, avec lit de grès jaune, à coquilles turriculées indéterminables, et avec *Pecten valoniensis, plicatula hettangiensis, lima præcursor.*

M. Évrard a cru reconnaître dans ces restes organiques des fossiles rhétiens, mais ceux qu'il a cités ne sont pas tous de la faune rhétienne, et d'ailleurs il est bien difficile de faire des déterminations dans ce petit banc, par suite de la mauvaise conservation des coquilles.

Étage du keuper.

0m	30	Argile dure, schisteuse.
0	16	Premier banc d'arkose, avec galène et baryte sulfatée.
0	09	Deuxième banc d'arkose, à plus gros éléments.
0	10	Argile brune et durcie.
0	24	Troisième banc d'arkose, à gros éléments.
0	06	Argiles blanches, dures, avec feuillets de grès fins.
0	55	Quatrième et dernier banc d'arkose avec cristaux isolés de baryte sulfatée.

Étage houiller.

0m	15	Silex blonds, jaspoïdes, roche métamorphique avec partie verdâtre.
0	45	Brèche houillère à pâte fine, avec noyaux décomposés et jaspe blond; probablement grès houiller métamorphique.
0	65	Roche verte, sorte d'eurite porphyroïde, analogue à celle de Sincey.
0	30	Roche de passage verte et plus grenue.

DISTRIBUTION DES COUCHES PAR M. ÉVRARD.

Calcaire à lumachelle. Étage rhétien.

Série arkosienne (triasique.)

Terrain houiller.

Nous pourrions fournir d'autres coupes de la partie médiane, soit d'après M. Gueux, soit d'après M. Évrard, soit encore d'après nos explorations particulières et celles d'autres géologues. Nous verrions qu'elles varient entre elles sur certains détails provenant de l'allure tourmentée des couches ferrugineuses et des actions modificatrices, dont nous aurons à parler plus tard.

Celles que nous avons présentées suffisent pour faire comprendre que la lumachelle, qu'elle soit ferrugineuse ou non, entièrement silicifiée dans la partie occidentale, en même temps que tous les terrains entre lesquelles elle est enclavée, prend un autre aspect au-delà de la faille A et passe de proche en proche, à mesure qu'on s'éloigne de cette faille, en pénétrant dans la partie médiane, à des couches ferrugineuses de moins en moins pénétrées de silice, d'une nature moins résistante, plus ou moins laminées et étranglées, et que ces couches, désignées par M. Évrard sous les noms de mine grasse, mine en plaquettes, mine en rognons, mine noire, recouvrent d'autres couches de la même zone à l'état ordinaire et sont presque toujours surmontées par des assises dures et silicifiées sans imprégnatiou de fer, appartenant encore à la zone à *Amm. planorbis* ou au foie de veau ou au calcaire à gryphées (1).

(1) Il est à remarquer que la mine de fer en terre, de la partie médiane (Thostes), imprégnée de silice dans la proportion de 13,250. p. cent, paraît correspondre à la mine complétement silicifiée de la partie occidentale et à la mine en roche de la partie orientale (Beauregard) ; seulement elle a perdu une grande partie de sa puissance.

M. Martin a fait de la mine en terre de Thostes (*Paléontologie stratigraphique*, page 14 à 18) l'équivalent du foie de veau ; mais M. Evrard la considère comme la partie supérieure de la zone à *Amm. planorbis* (*Le Plateau de Thostes*, page 25 et 34). En effet, elle doit appartenir à cette zone, puisque dans certains endroits, comme par exemple dans le puits n° 1 de la galerie n° 1 (*Le Plateau de Thostes*, p. 45), elle est encore recouverte par la lumachelle silicifiée.

Les bancs siliceux de la lumachelle n'ont pas toujours gardé la trace des fossiles qu'ils renferment dans les autres localités; ils sont souvent convertis en jaspe quelquefois noir, quelquefois de nuances moins foncées, d'une consistance homogène passant accidentellement à la meulière. Cependant il n'est pas rare de rencontrer par place des assises qui ont conservé les marques des tests des mollusques, très-reconnaissables, quoique d'une détermination impossible. M. Évrard cite tout particulièrement (1) la galerie n° 6 *bis,* où la lumachelle siliceuse renferme des coquilles brisées et enchevêtrées les unes dans les autres, mais toujours altérées.

Nous avons nous-même trouvé cette même roche, avec traces de coquilles, non-seulement à Thostes, où elle abonde à l'état ferrugineux-siliceux dans la partie occidentale, mais dans d'autres localités voisines (Ruffey, Montigny-Saint-Barthélemy, Villars, Courcelles-Frémoy, etc.). Elle est souvent blanchâtre et toujours très-cassante, faisant feu sous la percussion du briquet.

Indépendamment de la silice à l'état jaspoïde que contient la lumachelle de la partie médiane, elle renferme encore, comme la partie occidentale, de la baryte sulfatée, de la chaux fluatée et de la galène.

Nous allons voir que, dans la troisième partie ou partie orientale, ni le toit, ni le mur de la mine ne sont silicifiés et que les couches ferrugineuses que nous avons déjà vues apparaître dans la Coupe II, où M. Évrard les désigne sous le nom de mine en roche, ont une plus grande puissance et un tout autre caractère que celles que nous venons de décrire.

Troisième partie ou partie orientale.

Mine de Beauregard.

Bordée à l'est par les escarpements du Serein, comme l'est

(1) Page 44 de la notice précitée.

à l'ouest la masse occidentale silicifiée, la partie orientale s'étend du village de Beauregard au nord, jusqu'aux terrains granitiques situés au sud du chemin de Thostes à Montigny-Saint-Barthélemy. Elle a pour limite du côté de Thostes une ligne qui suit à peu près le chemin de Thostes à Beauregard mais qui comprend pourtant au-delà de ce chemin, à l'ouest du dernier de ces villages, une partie d'un petit îlot formé par les assises inférieures du lias moyen, aux puits 7 *bis* et 26 des mines de Thostes.

Elle renferme les mines de Beauregard, exploitées près de la cité ouvrière de Champ-Bonvalot, au sud du village.

La bande houillère, qu'on voit affleurer sur les bords du Serein, à l'extrémité de la masse silicifiée de la partie occidentale, apparaît encore avec ses murailles de porphyre s'appuyant aux gneiss et aux micaschistes, sur la rivière à l'extrémité orientale des mines de Beauregard, en face du moulin de Ruffey, dans le vallon de la Comme-Bocan, de sorte que cette bande passe de l'est à l'ouest sous les trois parties du plateau.

Le caractère particulier de la partie orientale est de n'avoir aucune roche silicifiée, sauf un petit îlot de calcaire à gryphées traversé dans sa longueur au voisinage d'une faille (*faille du bois d'Elnère*) par le chemin de Thostes à Précy-sous-Thil, au-delà de Champ-Bonvalot (1), et de présenter dans la zone à lumachelle des lits calcaréo-ferrugineux plus ou moins oolithiques, à différents niveaux.

Pour faire comprendre la succession des couches de la lumachelle dans la section orientale et même des terrains qu'elle recouvre et de ceux qui lui sont superposés, nous ne pouvons mieux faire que d'emprunter à M. Évrard la coupe

(1) Voir la carte du plateau de Thostes à la fin de la notice de M. Évrard.

qu'il en a relevée, prise à l'exploitation de Champ-Bonvalot (1). C'est pour nous une bonne fortune de pouvoir profiter
d'un travail aussi consciencieusement exécuté et qu'il n'était
possible de donner avec tous ses détails stratigraphiques, qu'à
l'ingénieur chargé de la direction des recherches souter-
raines entreprises dans ce gisement intéressant.

(1) Voir la même notice, p. 28 *bis*.

I. — *Coupe des découverts de la mine de Beauregard.*

1^m60	B	0^m25	*Terres labourables avec minerais en grains en petite quantité. (La cote du sol est à 357^m 185^m au-dessus du niveau de la mer).*		Alluvions
		1 35	*Argiles jaunes ou brunes*		anciennes.
1^m43	62	0^m80	Calcaire à gryphées arquées, en blocs épars caverneux et corrodés, à texture grenue et serrée, de couleur bleuâtre et grisâtre, avec gryphées, limes, peignes, etc. — Plusieurs assises séparées par des feuillets marneux.	Zone moyenne ou à *Amm. bisulcatus.*	LIAS INFÉRIEUR.
	61	0^m60	Calcaire à gryphées bleu et gris, en bancs discontinus, mais plus rapprochés.		
	60	0^m03	Feuillet marneux jaune, avec gryphées et autres fossiles à l'état de débris.		
0^m68	59	0^m25	Calcaire à gryphés semblable au précédent, mais plus riche en fossiles.	Zone inférre ou à *Amm. rotiformis.*	
	58	0^m03	Feuillet marneux semblable au précédent.		
	57	0^m35	Calcaire à gryphées à grains plus fins et légèrement jaunâtres.		
	56	0^m05	Feuillet marneux terminant la zone qui est riche en fossiles.		
0^m74	55	0^m20 / 0^m05 / 0^m15	Calcaire bleu-jaunâtre avec lit marneux, passant vers la base au calcaire à lumachelles, ne contenant plus que des traces de gryphées et quelques fossiles de la zone à *Amm. angulatus.*	Zone à *Amm. angulatus* ou foie de veau.	INFRA-LIAS.
	54	0^m16	Marnes feuilletées, bleuâtres, argileuses.		
	53	0^m18	Calcaire bleu et brun avec baryte sulfatée.		

Coupe des découverts de la mine de Beauregard (Suite).

	52	0ᵐ44	*Calcaire à lumachelle peu ferrugineux.*	Calcaire gris-blanc à lumachelle, avec géodes (banc à géodes) avec hydroxyde de fer et manganèse.
	51	0ᵐ05		Délit jaune marneux, graveleux et friable.
	50	0ᵐ30		Calcaire à lumachelle brun–rougeâtre.
	49	0ᵐ30		Calcaire à lumachelle, avec grande abondance de fossiles.
	48	0ᵐ03		Délit tendre, avec débris de fossiles.
	47	0ᵐ26		Calcaire à lumachelle rouge, mais pauvre encore en oxyde de fer. — C'est le vrai toit de la couche de minerai appelé *banc rouge* par les mineurs.
3ᵐ33	46	0ᵐ11		Argiles marneuses du toit, feuilletées, grises, jaunes et blanches.
	45	0ᵐ25	*Calcaire à lumachelle ferrugineux.*	Premier banc de minerai très-riche et manganésifère.
	44	0ᵐ02		Feuillet marneux qui n'existe pas toujours dans la couche.
	43	0ᵐ25		Deuxième banc de minerai assez riche en oxyde de fer.
	42	0ᵐ07		Havage marneux.
	41	0ᵐ50		Minerai en plaquettes.
	40	0ᵐ03		Délit granuleux riche.
	39	0ᵐ75		Quatrième banc moins riche que les précédents, appelé *gros banc* par les mineurs et passant dans la partie inférieure au rocher stérile.

Zone à *Amm. planorbis* ou *Tortilis*
Calcaire à lumachelles.

Coupe des découverts de la mine de Beauregard (Suite).

38	0m 20		Rocher stérile, calcaire à lumachelle bleu-verdâtre, formant le mur de la couche (quelquefois remplacé par un lit marneux). *(Le Plateau de Thostes,* p. 20.)

Coupe prise dans un puits foncé à l'entrée de la 2e taille de la galerie n° 2, faisant suite à la coupe des découverts.

37	0m 11		Argile brune compacte.
36	0m 35		Argile marneuse brune, avec veines de calcaire à lumachelle.
35	0m 07		Calcaire à lumachelle jaune, avec noyaux blancs argileux.
34	0m 17		Marnes brunes en plaques.
33	0m 07		Calcaire bleu à lumachelle, avec *Spiriferina Walcotii.*
32	0m 28		Argile marneuse brune à pâte fine, avec faibles traces de mica.
31	0m 09		Calcaire marneux à lumachelle.
30	0m 10		Argile marneuse bleue.
29	0m 04		Calcaire argileux, blanchâtre, très-dur, sans fossiles.
28	0m 03		Argile marneuse schisteuse, bleu foncé, avec mica et gros grains de quartz.
27	0m 07		Calcaire argileux blanchâtre.
26	0m 10		Argile marneuse brune, avec feuillet grésique.
25	0m 07		Calcaire argileux blanchâtre.
24	0m 02		Argile marneuse brune, avec feuillet grésique.
23	0m 06		Calcaire argileux à lumachelle, avec feuillet grésique.
22	0m 28		Calc. bleu très-dur, à cassure saccharoïde, magnésien; nombreuses paillettes de mica blanc.
21	0m 02		Calcaire argileux bleuâtre.
20	0m 11		Argile marneuse bleue, avec mica blanc.
19	0m 23		Argile bleuâtre feuilletée, avec mica blanc.
18	0m 15		Calcaire marneux, dur, gris et peu fossilifère.
17	0m 14		Argile bleue, avec feuillet de calcaire marneux et paillettes de mica.

2m 76 — Calcaire à lumachelles avec bancs argileux non ferrugineux.

Zone à *Amm. planorbis* ou *Tortilis.* — Calcaire à lumachelles. — INFRA-LIAS

Coupe des découverts de la mine de Beauregard (Suite).

4ᵐ92	**16**	0ᵐ12	Grès bleuâtre à ciment calcaire, avec noyaux d'argile.	*Arkoses, grès et marnes du* KEUPER.
	15	0ᵐ70	Argile blanche, empâtant des morceaux de dolomie.	
	14	0ᵐ25	Argile bleuâtre, avec grains de quartz et de feldspath rose.	
	13	0ᵐ40	Grès blanc fin, alternant avec des grès plus grossiers à ciment calcaire, sans aucune trace de fossiles. Ces grès sont feldspathiques *(arkoses)*.	
	12	0ᵐ30	Argile bleuâtre, empâtant des grains de quartz et de feldspath. — Sorte de grès grossier et peu agrégé.	
	11	0ᵐ27	Argile bleuâtre, semblable à la précédente, mais moins dure.	
	10	0ᵐ35	Argile marneuse, avec grains de quartz et de feldspath. — Sorte de grès grossier *(arkose)* d'un gris verdâtre.	
	9	0ᵐ21	Argile verte, fine, tendre et feuilletée.	
	8	0ᵐ30	Grès blanc, argileux, feldspathique *(arkose)* et désagrégé.	
	7	0ᵐ20	Grès blanc, argileux, feldspathique *(arkose)* à plus gros eléments.	
	6	0ᵐ04	Argile verte.	
	5	0ᵐ22	Grès feldspathique, à ciment fortement calcaire *(arkose)*.	
	4	0ᵐ04	Argile verte, fine et plastique, avec quartz et feldspath *(marnes irisées)*.	
	3	0ᵐ62	Argile verte, empâtant de gros grains de quartz avec pyrite de fer *(marnes irisées)*.	
	2	0ᵐ30	Grès verdâtre, argileux, avec rognons.	
	1	0ᵐ60	Roche verdâtre, calcaire et feldspathique, avec noyaux argileux, colorés en vert par un sel de protoxyde de fer *(arkose à ciment calcaire)*.	
1ᵐ20 / 16ᵐ66	A.	1ᵐ20	*Porphyre verdâtre altéré à son contact avec les dépôts supérieurs et contenant même des veines calcaires et feldspathiques.*	TERRAIN HOUILLER.

Nous avons changé en un point la distribution établie par M. Évrard, qui a placé dans l'étage rhétien les assises 17 à 30 inclusivement ; c'est-à-dire que nous avons joint à la la zone à *Am. planorbis* les bancs placés entre cette zone et le keuper, qui contiennent des traces d'animalisation, quelque rares et confuses qu'elles soient. Si nous ne considérons pas comme rhétiennes ces petites couches contenant des fossiles indéterminables et clair-semées, c'est que partout, au-delà du Serein, nous n'avons jamais rencontré les moindres rudiments de la faune à *Avicula contorta*, qui manque même en deçà dans la vallée d'Epoisses; tandis qu'au contraire, sur la rive gauche de l'Armançon, dans les points dépourvus de sédiments rhétiens, nous avons toujours constaté que le passage du keuper à la lumachelle se fait par des couches de transition arénacées et marneuses où apparaissent çà et là quelques bancs fossilifères (1).

Aussi avons-nous marqué par une barre disjointe la limite qui sépare la lumachelle du keuper, pour indiquer qu'il n'est possible de la fixer qu'approximativement, car les conditions particulières au milieu desquelles se sont formés les dépôts qui recouvrent les roches cristallines, azoïques et houillères, plus ou moins désagrégées, ne permettent pas, en l'absence de fossiles, d'établir une démarcation tranchée.

Mais si nous avons fait ces changements, motivés par notre manière de comprendre l'ensemble des zones, nous avons

______

(1) Nous ne saurions trop insister sur ce fait.

La démarcation est incertaine entre le keuper et la zone à *Am. planorbis,* quand la zone à *A. Contorta* intermédiaire manque dans l'Auxois.

Elle est confuse encore entre le keuper et l'étage rhétien, quand celui-ci existe.

Mais, dans la plupart des cas, il est facile de déterminer le point de séparation entre l'étage rhétien et la lumachelle, quand la zone à *Av. Contorta* ne fait pas défaut.

C'est ce qui nous a déterminé à placer l'étage rhétien dans le trias.

reproduit exactement, tout ce qui concerne chaque assise en particulier et nous avons fait précéder les assises d'un numéro d'ordre, afin de pouvoir, dans la description, renvoyer à chaque banc par l'indication du chiffre.

M. Martin (1) et après lui M. Évrard ont constaté qu'à la base de l'assise 55 de la coupe de Beauregard, correspondant à la partie supérieure du foie de veau, on trouve un banc de lumachelle enchâssant d'innombrables débris triturés indiscernables. Nous avons également remarqué ce fait avec M. J.-Marie Gueux.

Il y aurait donc à Beauregard un lit de lumachelle enclavé dans le foie de veau; mais cette anomalie n'a rien d'étonnant, si l'on considère qu'aux environs de Semur il n'est pas rare de rencontrer dans certaines assises du foie de veau des agglomérations de cardinies, approchant pour le nombre de celles de la zone à *Am. planorbis*. On peut donc attribuer cette lumachelle à un apport exceptionnel de la vague au milieu des eaux tranquilles dans lesquelles s'est déposé le foie de veau, du reste très-rudimentaire à Beauregard et contenant vers son sommet des fossiles de la 1re zone du lias inférieur à laquelle il passe.

La composition moyenne du mineraï de Beauregard est, suivant l'analyse de M. Évrard (2) :

Silice 2 49
Alumine. 1 48
Oxyde de fer. 35 60
Magnésie. 0 86
Chaux. 30 25
Acide phosphorique. 0 96

(1) *Paléontologie stratigraphique*, p. 16.

(2) *Le Plateau de Thostes*, etc., p. 21.

Oxyde de manganèse...................... traces
Acide carbonique, eau et pertes............ 28 36
                                           ——————
                                           100 00

Les assises ferrugineuses de Beauregard sont pétries d'une quantité prodigieuse de fossiles peut-être plus abondants encore que ceux de la lumachelle normale des environs de Semur. La plupart sont d'une conservation parfaite, et quoique la fragilité des plus petites coquilles soit très-grande, il est facile d'en récolter un grand nombre. C'est dans les bancs les plus ferrugineux désagrégés par les agents atmosphériques qu'on trouve à Beauregard, et surtout sur le territoire de Montigny-Saint-Barthélemy, au sud-est, comme sur celui de Chamont, au sud-ouest, dont les exploitations sont aujourd'hui abandonnées, ces magnifiques coquilles (cardinies, astartes, etc.) si remarquables par la netteté de leurs formes et de leurs empreintes musculaires, converties en fer oligiste cristallisé dont la cassure a l'éclat de l'acier brisé. Elles sont devenues rares à la surface du sol, depuis qu'on les a recueillies pour être jetées dans les hauts-fourneaux. A Chamont, le lavage de la terre ferrugineuse ne donnait souvent comme résidu que des fossiles en fer oligiste où dominaient les cardinies entières ou brisées, quelquefois avec les valves réunies.

Dans la plupart des bancs de Beauregard, les plus grands parmi les fossiles, quoique rouges à la surface, sont convertis en chaux cristallisée et la cassure en est blanche.

C'est à Beauregard qu'on rencontre l'*Amm. tortilis*, que nous n'avons vu nulle part ailleurs dans l'Auxois.

Nous avons remarqué dans les bancs, çà et là, des cristaux de galène et des noyaux ou des cristallisations de pyrite de fer, et en même temps, à différents niveaux, la pyrolusite (1).

---

(1) Peroxyde de manganèse qui a la propriété de se décomposer sous la simple action de la chaleur.

La lumachelle ferrugineuse et silicifiée de la partie occidentale, reposant sur la lumachelle siliceuse non ferrifère, se retrouve encore à Forléans, aux environs de la fontaine Baine.

La lumachelle formant la mine en terre ne se rencontre guère au-delà du plateau de Thostes.

Quant à la lumachelle calcaréo-ferrugineuse de Beauregard, on peut constater sa présence ou celle de bancs analogues sur différents points, tels que Montigny-Saint-Barthélemy, Chamont, Genouilly et même à Courcelles-Frémoy et Montberthault, et toujours aux mêmes niveaux qu'à Beauregard, quoique, dans ces deux dernières localités, M. Martin (1) ait considéré les assises ferrugineuses comme placées à un niveau plus bas dans la zone.

A Courcelles-Frémoy, la lumachelle est pénétrée de galène sur un point où l'on a percé un puits de sept mètres, que M. Rozet (2) a placé dans l'arkose, mais ce gisement de galène, dont on a abandonné l'exploitation, appartient réelle- à la 1re zone de l'infra-lias.

La lumachelle ferrugineuse et calcaire s'étend encore sur les bords du Serein, à Toutry et jusqu'à Guillon où elle n'est plus constituée que par un banc moins riche en fer, occupant le milieu de la zone, exploité autrefois comme pierre d'appareil et reposant sur la lumachelle ordinaire. C'est cette roche que M. de Bonnard (3) et, après lui, MM. Dufrénoy et Élie de Beaumont (4) ont appelée *eisenrahm*. Elle a beaucoup d'analogie avec le banc rouge (assise 47 de la coupe de Beauregard).

(1) *Paléontologie stratigraphique*, p. 13 et 14.
(2) *Mémoire sur les Montagnes qui séparent la Loire du Rhône et de la Saône*, p. 115.
(3) *Notice géognostique*, etc., p. 33.
(4) *Explication de la Carte géologique*, t. II, p. 283.

Nous ajouterons encore une coupe prise par M. Bréon sur la limite du plateau au-dessous de Beauregard, dans la montée de la route de Semur qui conduit du pont de Beau-Serein au village. Cette coupe fera comprendre l'allure de la lumachelle à l'endroit où les bancs ferrugineux tendent à disparaître du côté de l'est.

II. — Coupe de Beauregard, au-dessous du village.

Alluvions rougeâtres.

XXVIII	0m	80	Lumachelle ferrugineuse, banc rouge.
XXVII	0	18	Marnes feuilletées gris-bleuâtre.
XXVI	0	05	Lumachelle avec fer hydroxydé.
XXV	0	09	Marnes feuilletées gris-bleuâtre.
XXIV	0	15	Lumachelle ordinaire avec fossiles indéterminables.
XXIII	0	17	Marnes feuilletées gris-bleuâtre.
XXII	0	27	Lumachelle ordinaire très-fossilifère. — *Ostrea irregularis, spiriferina Walcotii,* etc.
XXI	0	20	Marnes feuilletées gris-bleuâtre.
XX	0	06	Calcaire marneux, gris-compacte, sans fossiles.
XIX	0	05	Marnes feuilletées gris-bleuâtre.
XVIII	0	12	Lumachelle ordinaire en dalles *(nombreux fossiles indéterminables).*
XVII	0	01	Marnes feuilletées gris-bleuâtre.
XVI	0	02	Lumachelle ordinaire en dalle. — *Ostrea irregularis.*
XV	0	06	Marnes feuilletées gris-bleuâtre.
XIV	0	05	Calcaire compacte grisâtre, imprégné de barytine.
XIII	0	10	Marnes feuilletées gris-bleuâtre.
XII	0	07	Lumachelle ordinaire avec barytine, *Avicula Sideloci?*

xi	0	04	Banc gréseux grossier.
x	0	35	Grès calcarifère avec barytine, séparé par des veines de marnes feuilletées très-minces.
ix	0	18	Marnes feuilletées gris-verdâtre, très-dures.
viii	0	04	Grès calcarifère.
vii	0	03	Marnes feuilletées gris-verdâtre, très-dures.
vi	0	10	Grès avec quelques grains de feldspath, et avec barytine et malachite.
v	0	07	Grès calcarifère.
iv	0	01	Marnes feuilletées gris-verdâtre.
iii	0	10	Grès calcarifère très-compacte, grisâtre, avec barytine et fossiles indéterminables.
ii	0	03	Marnes feuilletées gris-verdâtre.
i	0	15	Cargneules gréseuses avec oxyde de fer hydraté et mica vert.
	2	00	Micaschiste.

Le banc I paraît appartenir au keuper.

Le banc III fossilifère pourrait peut-être représenter l'étage rhétien qui se trouverait encore en ce point sur le bord occidental du Serein ; mais sa faune est indéterminable et il nous paraît plus convenable de la considérer, jusqu'à preuve contraire, comme l'avant-dernière assise de la zone à *Amm. planorbis.*

Le micaschiste de la base, de deux mètres environ de puissance, repose sur le granite, parfaitement visible sur la pente.

Pour faire saisir les rapports des trois parties qui constituent le plateau de Thostes, nous en donnons la coupe synoptique.

Partie médiane Thostes.		Partie orientale. Beauregard.
1	:	1
2	:	2
3		3
4		4

Partie occidentale (1).

1
2
3
4

Faille A.

LÉGENDE.

1. — Calcaire à gryphées arquées et foie de veau rudimentaire, à l'état siliceux dans les parties occidentale et médiane, à l'état ordinaire dans la partie orientale.

2. — Lumachelle ferrugineuse, silicifiée dans la partie occidentale, alumineuse dans la partie médiane, calcaréo-ferrugineuse dans la partie orientale, et plus développée à Beauregard où elle n'a subi, postérieure-

(1) La dénivellation résultant de la faille est au moins de 15 mètres.

ment au dépôt qui l'a produite, aucune des actions minéralisatrices dont l'effet a été d'atténuer les assises ferrifères de l'ouest et du centre.

3. — Lumachelle non ferrugineuse dans les trois parties, mais seulement siliceuse dans la partie occidentale.

4. — Lumachelle, passage de la lumachelle au keuper et keuper, silicifiés seulement dans la partie occidentale.

B. — *Bords du Serein, de Précy jusqu'aux environs de Saulieu.*

En remontant le cours du Serein, rive gauche, de dix à douze kilomètres, et en s'éloignant plus ou moins de cette rive; en partant de Précy, et en se dirigeant jusqu'au pied de Saulieu vers les étangs de Champ-Monin, principalement sur les territoires de Pont-d'Aisy, Montlay, Lacour-d'Arcenay et Juillenay, la lumachelle, reposant immédiatement sur les granites et les leptinites, ou séparée des roches cristallines par un mince lit d'arène ou d'arkose, à une altitude de 360 à 470 mètres, se montre sous un nouvel aspect, dans ses assises inférieures, sans jamais affecter l'état siliceux.

La structure des bancs de la base, moins divisibles en dalles que dans les autres parties, est rugueuse et de teinte foncée et comme tachée de fer hydraté. On y remarque un mélange plus ou moins abondant d'éléments quartzeux et feldspathique en grains roulés ou anguleux dans une pâte calcaire.

La texture de ces bancs est vacuolaire et les interstices sont tapissés de cristaux de chaux carbonatée et même, çà et là, de baryte sulfatée, plus rarement de chaux fluatée et de galène. Ces substances se présentent souvent en mouches ou en amas dans toute la masse rocheuse.

Les vides nombreux dont nous parlons, avec ou sans remplissage des matières que nous venons d'énumérer, proviennent de fissures de retrait, mais surtout de la destruction des fossiles qui très-souvent ont laissé leur empreinte en creux revêtue de cristaux comme certaines géodes (1).

Il arrive aussi fréquemment que l'empreinte laissée par les fossiles a été complétement remplie, soit par le spath calcaire, soit par la baryte sulfatée et plus rarement par la blende (2) et par la galène (3). Dans ce cas, il y a substitution, et la reproduction du corps organisé est complète quant à la forme, mais l'extraction en est difficile.

La lumachelle se montre encore à l'état vacuolaire dans les bancs inférieurs d'un gisement signalé par MM. Raulin et Leymerie (4), à l'ouest de l'étang Touche-Bœuf, près de Sainte-Magnance, dans l'arrondissement d'Avallon.

Au-dessus de ces bancs vacuolaires dont on tire une pierre d'appareil fort estimée, plutôt pour sa solidité et sa résistance absolue à la gelée que pour sa beauté, et connue sous le nom de Pierre de Montlay, on trouve les autres bancs ordinaires de la zone, avec cette particularité que certaines assises sont complétement gréseuses et que, aux environs de Montlay, il existe une petite assise ferrugineuse vers la partie supérieure ; mais cette assise, exploitée en 1842 et 1843 pour les hauts fourneaux de Maison-Neuve, diffère de celles de Beauregard en ce sens que le fer, au lieu de se rencontrer à l'état d'oligiste, s'y montre constamment hydroxydé (5).

Parmi les fossiles spéciaux aux gisements dont nous nous occupons en ce moment, nous citerons deux polypiers : l'*Isas-*

(1) Masse ovoïde ou sphéroïdale creuse, dont l'intérieur est tapissé de cristaux ou d'incrustations.

(2) Sulfure de zinc.

(3) Sulfure de plomb lamelleux. Les fossiles en galène se rencontrent surtout à Lacour-d'Arcenay.

(4) *Statistique géologique du département de l'Yonne.*

(5) Le fer hydroxidé est un peroxide combiné à l'eau.

trœa basaltiformis, de From., qui n'existe que dans les bancs vacuolaires à l'état de contre-empreinte et qu'on retrouve encore, mais fort mal conservée dans la lumachelle calcaréomarneuse de Saulieu, dont nous allons bientôt parler, et la *Septastrœa excavata* de From., qui n'a été recueillie que dans les bancs supérieurs de Pont-d'Aisy.

La coupe suivante, prise par M. Bréon à Pont-d'Aisy, fera comprendre la disposition des bancs vacuolaires par rapport à ceux qui les surmontent.

Terre végétale mêlée d'argile.

	0ᵐ02	Calcaire gréseux fossilifère.	Avicules.
	0 03	Id.	Avicules, cardinies.
	0 20	Marnes sans fossiles	
	0 05	Calcaire gréseux.	*Ostrea irrégularis.*
	0 15	Marnes jaunes, sans fossiles.	
	0 80	Calcaire gréseux.	
	0 07	Marnes sans fossiles.	
	0 35	Lumachelle très-fossilifère.	*Lima valoniensis, avicula, ostrea irregularis, pecten, plicatula,* moules de cardinies et de gastéropodes.
	0 20	Marnes sans fossiles.	
	0 45	Lumachelle bleuâtre en dalles.	Fossiles indéterminables.
	0 40	Banc de grès calcareux, grossier.	Id.
	0 10	Grès en lits très-minces.	
	0 20	Lumachelle brune.	Fossiles indéterminables.
	0 70	Id.	Empreintes de cardinies, moules de pleuromyes.
	0 70	Id.	Fossiles indéterminables.
0 10		Grès à grains fins.	

Note: la colonne de gauche indique 3ᵐ 92 pour l'ensemble, et « PARTIE VACUOLAIRE » pour les bancs inférieurs.

Granite à gros grains.

Nous ferons remarquer :

Que la lumachelle de Pont-d'Aisy empâtant, généralement des débris granitiques, sans perdre son caractère calcaire, renferme néanmoins des bancs gréseux qui ne peuvent être confondus avec les grès rhétiens ou keupériens, puisqu'ils sont compris entre d'autres bancs appartenant à la zone à *Amm. planorbis*;

Que nous avons séparé le banc inférieur à grains fins, reposant sur le granite du reste de la zone, par une barre disjointe pour indiquer notre incertitude sur l'étage auquel appartient ce banc, car il peut être aussi bien attribué au keuper qu'à la lumachelle; cependant nous pensons qu'il appartient à la lumachelle, parce que, dans d'autres points des carrières de Pont-d'Aisy, ce banc n'est plus gréseux et renferme des fossiles de la 1re zône de l'infra-lias;

Que, si nous n'avons pas marqué dans la coupe qui précède le banc ferrugineux hydroxydé qu'on remarque aux environs de Montlay, c'est qu'il manque à Pont-d'Aisy; mais sa place est immédiatement au-dessus de l'assise supérieure de cette coupe et sous les strates du foie de veau à l'état ordinaire, c'est-à-dire calcaréo-marneux jaunâtre.

Il renferme un grand nombre de cardinies en fer hydraté et se montre en plaquettes et en géodes manganésifères, reposant sur un petit banc de grès également riche en manganèse qui correspond à la petite assise de 0m 02c qui termine la coupe que nous venons de donner.

Sa puissance est de 0m 05c à Juillenay, de 0m 25c à Lacour-d'Arcenay et de 0m 85c à Montlay. Il ne renferme jamais de baryte et donne une excellente fonte.

En voici l'analyse faite en 1842 au laboratoire de Dijon, telle que nous l'a fournie M. Jean-Marie Gueux, à l'obligeance duquel nous devons tous les renseignements qui concernent ce minerai.

Minerai de Lacour-d'Arcenay.

Peroxyde de fer.........................	0 734
Oxyde rouge de manganèse...............	0 036
Oxyde de chrôme, traces notables	
Alumine soluble.........................	0 011
Argile et silice gélatineuse...............	0 076
Perte au feu, eau et oxygène..............	0 143
	1 000

Tenue en fer métallique 50,90 pour 100.

Minerai de Juillenay, et Montlay.

Peroxyde de fer.........................	0 458
Oxyde rouge de manganèse..............	0 032
Alumine soluble.........................	0 036
Argile et silice.........................	0 306
Eau et oxygène.........................	0 168
	1 000

Tenue en fer métallique 31,20 pour 100.

De la comparaison du gisement ferrugineux du plateau de Thostes et des lieux voisins avec celui de Montlay, il résulte qu'ils n'occupent pas le même niveau. Celui de Thostes est moins élevé dans la zone que celui de Montlay.

Cette différence de niveau est encore plus évidente si l'on se place à un point intermédiaire entre les deux gisements précités, sur le territoire d'Aisy, par exemple, où le minerai de fer hydroxydé se trouve dans un grès grossier, ayant l'apparence de l'arkose granitoïde, correspondant aux assises du keuper ou peut-être de la lumachelle la plus inférieure (1).

Cette roche arkosienne d'Aisy a été exploitée également

---

(1) Nous croyons pourtant que le grès grossier d'Aisy doit être placé dans la lumachelle, car nous y avons rencontré un os de saurien.

par la société des forges de Maison-Neuve de 1842 à 1849 et de 1852 à 1860.

C. — *Lumachelle calcaréo-marneuse de Saulieu.*

Avant de quitter la partie sud-ouest de l'Auxois, nous remonterons encore la pente du Morvan jusqu'à Saulieu, à 1,500 mètres environ des étangs de Champ-Monin où se termine le gisement précédent, pour nous occuper d'une autre variété de lumachelle d'un caractère spécial que nous verrons se reproduire sur un des points culminants de la bande orientale du Morvan (environs de Pierre-Écrite).

Autant la lumachelle de Montlay se distingue par la rudesse de ses éléments, surtout dans les bancs inférieurs, et par le mélange dans ses strates de nombreux débris granitiques, autant la lumachelle de Saulieu, située au pied du faubourg des Gravelles, à une altitude de 500 mètres environ, est remarquable par la finesse et la pureté de sa pâte calcaréo-marneuse, ce qui donne à certains bancs l'apparence de ceux qu'on exploite pour la fabrication du ciment dans le lias moyen ; mais elle n'est employée qu'à la confection d'une excellente chaux hydraulique (1).

Les carrières de Saulieu, exploitées depuis longtemps, occupent au nord-est de la ville une dépression nivelée par les dénudations et recouverte par des alluvions argilo-ferrugineuses analogues à celles du centre de l'Auxois. Ces alluvions sont entourées d'autres alluvions sableuses provenant de la désagrégation et de la trituration des granites du Morvan.

Une particularité propre à ce dépôt de lumachelle, cons-

---

(1) Nous n'avons rencontré ce caractère calcaréo-marneux qu'en un seul point de la plaine de l'Auxois, dans les déblais d'un puits creusé dans la cour de la ferme de Champlon, près Semur.

titué par des assises alternatives de marnes et de calcaire marneux, c'est de renfermer dans plusieurs assises des fragments quelquefois anguleux, mais plus souvent arrondis en forme de gâteaux, d'un autre calcaire à peu près semblable, contenant fréquemment des perforations de mollusques lithophages, des bryozoaires, et, parmi des coquilles propres à la zone à *Amm. planorbis*, un fossile que nous avons déjà indiqué comme appartenant à la zone à *Avicula contorta (Plicatula intustriata*, Emmerich). Ces fragments, enchâssés dans la masse calcaire, semblent provenir d'anciens bancs remaniés.

La roche des carrières des Gravelles est généralement d'une teinte bleuâtre claire, d'une structure compacte, formant plutôt des bancs que des dalles.

Quoique moins riche en fossiles que les autres lumachelles de l'Auxois, celle de Saulieu en est encore abondamment pourvue; on y trouve même à certains niveaux quelques plaquettes dont la surface est garnie de débris organiques en quantité considérable où dominent les débris du *Pentacrinus angulatus* Opp. et l'*Ostrea irregularis*, Münst.

Si la pâte de la lumachelle de Saulieu est marneuse et compacte dans l'ensemble des assises, on y trouve cependant souvent à la base des plaquettes cristallisées ou semi-gréseuses.

Vers le milieu, surtout dans la carrière du sieur Perreau, on remarque un banc blanc, moins marneux, où les fossiles ont en partie disparu, laissant leurs empreintes tapissées de cristaux blancs de carbonate de chaux, ce qui rappelle la lumachelle vacuolaire de Montlay.

Les carrières des sieurs Guillot et Perreau se terminent par une mince assise de 8 à 10 centimètres d'un calcaire jaunâtre appartenant à la première zone du foie de veau (*zone à A. liasicus*) et dans lequel nous avons recueilli plusieurs fossiles caractéristiques de cette zone.

Jamais la baryte sulfatée si commune dans la lumachelle

de Montlay, jamais la chaux fluatée et la galène ne se rencontrent dans les carrières des Gravelles ; mais la pyrite de
fer y est abondante, se présentant à la surface des lits plutôt
en petits cristaux de couleur d'or qu'en amas ou en rognons.

C'est dans ce gisement, vers la partie supérieure surtout,
qu'on recueille l'*Amm. laqueus*, Quenst, décrit aussi par
M. Martin (1) sous le nom d'*Amm. Burgundiœ*. Ce fossile ne
se trouve dans la lumachelle qu'à Saulieu ; partout ailleurs
nous l'avons rencontré dans l'Auxois presqu'exclusivement
dans la première zone du foie de veau (*zone à A. liasicus*).

C'est également à Saulieu que nous avons recueilli, mais
en un seul exemplaire, l'*Amm. planorbis*.

Sans entrer dans de plus longs détails sur ce gisement qui
se reproduit encore en lambeaux isolés à Villeneuve (Plat
Pays de Saulieu) sur le chemin de Macon et à Macon dans la
direction de Liernais, nous allons donner une des nombreuses coupes que nous avons prises à différentes époques
et dans les trois carrières du faubourg des Gravelles ; mais
si les limites assignées à notre description géologique ne nous
permettent pas de les reproduire toutes ici, nous devons
déclarer qu'elles diffèrent entre elles et que nous n'avons
jamais trouvé la même distribution chaque fois que nous
avons visité les carrières en exploitation. Non-seulement ces
carrières ne sont pas semblables entre elles ; non-seulement
la même carrière change d'aspect à mesure de l'exploitation,
mais encore les deux parois d'une excavation présentent fort
souvent une disposition sédimentaire distincte.

Cette observation, surtout spéciale à la lumachelle de Saulieu, ne s'applique pas seulement à ce gisement ; nous avons

____

(1) *Fragment paléontologique et stratigraphique sur le lias inférieur des départements de la Côte-d'Or et de l'Yonne*, page 42.

fait la même remarque dans toutes les carrières de l'Auxois, quel que soit l'étage auquel elles appartiennent.

On comprend en effet que les dépôts en général et particulièrement les dépôts côtiers, bien que restant à peu près les mêmes sur un point, si l'on ne considère que l'ensemble, sont néanmoins soumis, sur ce même point, à des variations d'épaisseur et de composition, déterminées par les courants, la profondeur inégale du fond et la nature des éléments transportés.

Le gisement de Saulieu paraît avoir formé le fond d'un petit golfe creusé dans le granite, à l'abri des vagues de la pleine mer. Aujourd'hui ce n'est plus qu'un îlot entouré de roches cristallines.

Les sablons fins qui constituent le banc intermédiaire entre les granites et les premières assises de la lumachelle ne peuvent être considérés comme un rudiment keupérien, mais comme la partie superficielle désagrégée du granite du Morvan.

Coupe de la carrière Guillot, en 1864.

1^m35   *Alluvions argilo-ferrugineuses.*

0 35	Calcaire marneux, jaunâtre, coupé en deux parties par des marnes feuilletées, d'un gris bleuâtre, avec rares fossiles de la zone à *A. liasicus, (cérithes, arches, thecosmilia Martini).*	*Foie de veau inférieur.*
0 40	Marnes bleuâtres à la base, jaunâtres au sommet, avec quelques modules de calcaire jaunâtre.	*Zone à A. planorbis.*
0 60	Calcaire marneux jaunâtre, avec	

Am. *laqueus*, *ostrea irregula-*
ris, etc.

0 35 Marnes bleues, avec *ostrea irregu-*
laris.

0 10 Lumachelle marneuse en plaques,
avec ostrea irregularis, *pentacri-*
nus angulatus.

0 25 Marnes bleues avec *O. irregularis.*

0 50 Plaques bleuâtres, calcaréo-marneuses, séparées par des lits de
marne, avec nombreux fossiles de
la zone. *(Pointes de cidaris, myti-*
lus, plicatules, etc.).

0 30 Calcaire compact, bleuâtre, contenant empâtés de nombreux fragments de roches marneuses remaniées, avec perforation sur ces
fragments, surtout quand ils sont
arrondis. (*Plicatula intustri-*
ata) (1)

0 35 Plaques bleuâtres avec fossiles.

0 15 Lumachelle bleuâtre avec un liseré
blanchâtre par dessus.

0 10 Calcaire bleu, marneux, compact,
(O. irregularis).

0 10 Lumachelle bleue, compacte.

0 20 Banc gréseux.

3ᵐ40 *Sable argileux provenant de la décomposition*
du granite.
Granite gris.

Zone à *Am. planorbis.*

(1) Quelquefois, dans la carrière Perreau, par exemple, la lumachelle
cristallisée et un peu vacuolaire, blanchâtre, repose au-dessus de ce
banc.

Quelquefois aussi, le banc gréseux de la base manque et deux ou trois
bancs supérieurs à ce banc sont remplacés par des assises calcaréo-marneuses blanchâtres avec *O. irregularis.*

D. — *Lumachelle siliceuse de Courcelotte.*

Reportons-nous maintenant sur un autre point des pentes morvandelles, au-delà du Serein, au sud du gisement ferrugineux et siliceux de Thostes, à l'ouest du gisement de Montlay, sur les bords de l'Argentalé, rive droite, de Dompierre-en-Morvan jusqu'aux environs du moulin de Lacour.

Sur ce trajet, la lumachelle, coupée par des dépressions creusées dans le granite, forme des lambeaux siliceux sans la moindre trace de fer, mais avec nombreuses traces de barytine.

Elle apparaît à l'entrée du village de Dompierre, sur le chemin conduisant à Thostes.

On la retrouve au sommet du monticule qui domine Courcelotte, lieu dit Pierre-Grosse, où elle repose immédiatement sur le granite, s'étendant sur une bande d'environ 200 mètres de long sur 100 mètres de large. Elle est composée de deux bancs, l'un inférieur de 40 à 50 centimètres, et l'autre de 1 mètre 30 environ de puissance.

On remarque encore la lumachelle siliceuse dans les bois communaux de Courcelotte, lieu dit Chauds-du-Vernois, puis dans les bois de Chaluet, où la zone à *Amm. planorbis* est recouverte de calcaire à gryphées arquées, silicifié comme elle. A l'entour du sommet de Chaluet, on voit épars des blocs d'arkose silicifiée, en grains serrés, qui peuvent appartenir aussi bien au keuper qu'aux roches qui forment transition entre cet étage et la lumachelle.

Le gisement de Courcelotte, dont nous devons la connaissance à M. Jean-Marie Gueux, s'arrête vers le sud au chemin de Lacour, conduisant au moulin de Lacour sur l'Argentalé.

E. — *Bords du Cousin et de la Cure.*

Le caractère siliceux domine encore presqu'exclusivement

dans la lumachelle, mais sur certains points seulement des environs d'Avallon, situés soit sur les rives du Cousin, soit entre le Cousin et la Cure, soit même sur cette dernière rivière.

MM. Raulin et Leymerie (1) ont placé à la base des terrains jurassiques, aussi bien les arkoses que les lumachelles, sans distinguer ce qui appartient au keuper. Il est vrai que dans cette contrée, où l'étage rhétien fait défaut, la distinction est souvent difficile; cependant si les marnes irisées, en partant des bords de l'Armançon et en s'avançant vers l'ouest, se montrent de plus en plus rares, si l'élément arenacé déjà très-développé aux environs de Semur devient presqu'exclusivement dominant aux environs d'Avallon, certaines sources saumâtres dans les vallées du Vault et de Saint-Père (2) et les argiles barriolées de la Bouchoise (3), auraient dû faire penser aux auteurs de la Statistique géologique de l'Yonne qu'ils pouvaient se trouver en présence de dépôts rudimentaires du keuper. Ils n'en auraient plus douté, s'ils avaient comparé les roches arénacées de l'Avallonnais avec celles de l'est de l'Auxois, qui n'ont pas été dénaturées par des imprégnations siliceuses, et parmi lesquelles l'existence incontestable des marnes irisées ne laisse aucun doute sur la nature keupérienne des dépôts immédiatement superposés au granite, à l'entour du Morvan.

En l'absence de fossiles et de marnes irisées, nous l'avons déjà dit, le moyen de séparer le keuper de l'infra-lias parmi les sédiments arénacés est, suivant les observations que nous avons faites sur les bords de l'Armançon, où les points de

____

(1) *Statistique géologique du département de l'Yonne*, page 242 et suivante.

(2) La *Fontaine salée de Pouillenay (Bulletin de la Société des Sciences historiques et naturelles de Semur*, année 1866, page 33).

(3) *Statistique géologique du département de l'Yonne*, p. 249.

repaire sont plus faciles à saisir, de considérer comme keu-périennes (1) les assises épaisses de la base et comme infra-liasique ou servant de passage entre le keuper et la zone à *Amm. planorbis*, les assises supérieures disposées en dalles et séparées par de petits lits de marnes unicolores, bien que la démarcation soit quelquefois incertaine.

Nous allons indiquer maintenant les localités de l'Avallonnais où la pénétration siliceuse a changé la nature des roches, qu'il s'agisse d'assises arénacées keupériennes ou infra-liasiques, de bancs non arénacés de la lumachelle ou du foie de veau ou même du calcaire à gryphées arquées ; et si dans ces roches converties en calcédoine, en jaspe, en silex corné noirâtre et quelquefois en meulière, comme aux roches du Vent, près d'Avallon, on rencontre de nombreuses traces de barytine, de fluorine, de galène, de fer oligiste, de limonite, de manganèse et même d'azurite (2) et de malachite (3), ces substances ne sont que des accidents minéralogiques au sein des assises silicifiées.

RIVE DROITE DU COUSIN. — Environs de Sainte-Magnance et de Cussy-les-Forges, Magny, près la tuilerie et dans le vallon d'Étrée, le plateau des Chaumes à l'est d'Avallon, la contrée sous la Maladière à l'ouest de cette ville, Orbigny, le Vault de Lugny.

RIVE GAUCHE. — Les Panats, les Courtois, la Bouchoise, les Grandes et les Petites Châtelaines, le bois des Quatre Coupes et des Brosses, la Chapelle-St-Éloy à Pont-Aubert.

---

(1) Parmi les masses sableuses au contact des roches cristallines, il en est, nous devons le reconnaître, surtout quand elles présentent une stratification confuse, qui peuvent provenir de la désagrégation du granite par un simple effet des agents naturels, sans qu'on ait la certitude qu'ils appartiennent au keuper.

(2) Carbonate de cuivre bleu.

(3) Carbonate de cuivre vert hydraté.

Entre le Cousin et la Cure. — Grand Island, Ménades.

Sur la Cure. — Le Crot d'Usy, Domecy-sur-Cure; le bois de l'Appenay; les bois de Gratteloup où existe un gisement de galène exploité sans succès au siècle dernier; les plateaux qui dominent les deux rives de la Cure, aux environs de Pierre-Pertuis, village qui doit son nom à une arcade naturelle, prolongement de la nappe siliceuse du plateau et située sur le bord de l'escarpement au pied duquel coule la rivière. — Cette arcade, formée de roches siliceuses noirâtres, repose d'un côté sur un pilier granitique consolidé par des veinules siliceuses verticales, et traversé horizontalement par des filons de quartz laiteux; l'autre point d'appui est le flanc même de la colline composé d'arène silicifiée. Le vide laissé sous l'arcade s'est produit par la désagrégation du granite et de l'arène, moins résistants que le recouvrement jaspoïde.

L'imprégnation siliceuse dans les points que nous venons d'indiquer a donné aux roches une consistance telle qu'elles ont offert moins de prise aux érosions et qu'elles forment souvent corniche, au-dessus du granite altéré ou des roches arénacées non consolidées par la silice, sur les bords des vallées profondes de cette contrée pittoresque.

La lumachelle siliceuse avec cavités laissées par les fossiles, souvent tapissées de cristaux de quartz, et quelquefois de barytine lamellaire, est surtout reconnaissable :

Aux Panats, où M. Moreau a constaté (1) des couches horizontales bien réglées de lumachelle silicifiée barytifère, avec cette particularité importante que cette lumachelle alterne avec des lits de marnes qui sont à l'état naturel et peuvent être rayés par l'ongle.

Aux Courtois, où la zone à *Amm. planorbis* surmonte avec ses fossiles les roches arénacées également siliceuses et où elle est entrecoupée de lits de marnes durcis par la silice et d'au-

(1) *Bulletin de la Société géologique*, 2ᵉ série, t. ii, p. 675.

tres lits à l'état naturel, ayant conservé leur plasticité. On rencontre même dans cette localité un petit îlot de lumachelle de deux à trois ares qui a échappé à la pénétration siliceuse.

Au Vault de Lugny, où elle repose sur les roches arénacées également siliceuses, traversées de veines jaspoïdes qui pénètrent dans le granite altéré.

Aux Chaumes, où sur l'arène non siliceuse on trouve la lumachelle et ses bancs marneux durcis par la silice, avec le calcaire à gryphées à l'état de silex, caractérisé par ses fossiles.

A Ménades, et à Grand-Island où elle se présente encore avec superposition de calcaire à gryphées silicifié.

Dans la plupart des autres parties silicifiées, l'action minéralisatrice a été tellement prononcée qu'on peut rarement déterminer, au-dessus des masses arénacées entièrement ou partiellement silicifiées, le terrain auquel appartiennent les nappes siliceuses, quand les fossiles ont disparu, comme c'est surtout le cas sur le plateau qui domine Pierre-Pertuis.

Avant de terminer ce qui concerne ces gisements, nous devons signaler une remarque importante de MM. Raulin et Leymerie (1), c'est que les filons de quartz hyalin laiteux sont toujours dans le granite qu'ils ne dépassent pas, tandis que les roches supérieures d'origine sédimentaire, arénacées ou autres, ne sont imprégnées que de silex corné ou de jaspe et que le quartz hyalin, quand on le rencontre dans les bancs stratifiés, est seulement en petits cristaux tapissant les cavités.

Un autre fait intéressant rapporté par MM. Dufrénoy et Élie de Beaumont (2), c'est qu'en remontant un ravin qui se jette dans le Cousin, près de Pont-Aubert, on peut voir alter-

(1) *Statistique géologique*, etc., p. 255.
(2) *Explication de la Carte géologique de France*, t. ii, p. 275.

ner avec les roches arénacées ordinaires, d'autres bancs pénétrés de silice.

F. — *Gisement de la Corcelle.*

Nous ne quitterons pas l'Avallonnais sans parler d'un gisement de lumachelle qui diffère de tous ceux que nous avons précédemment décrits.

Près du village de la Corcelle, au sud d'Avallon, au-delà du gisement silicifié du bois des Brosses, on remarque des blocs épars d'un grès fin quartzeux à l'état normal. Il a parfaitement l'aspect du grès rhétien fossilifère de l'Auxois; mais il en diffère en ce qu'il n'est pas fissile, que son ciment est calcaire, étant effervescent avec les acides, et qu'il contient seulement, mais en grand nombre, des empreintes de mollusques de la zone à *Amm. planorbis*, en général peu déterminables, mais où les cardinies surtout sont très-reconnaissables.

A part cette localité, les grès fins de la lumachelle, dont nous avons parlé précédemment, sont le plus souvent dépourvus de fossiles comme les arkoses grossières en dalles, et quand ils sont fossilifères, les corps organisés y sont assez rares.

Nous renvoyons aux coupes XIX et XXIV de l'étage rhétien pour la partie de ces coupes relative à la zone à *Amm. planorbis*, à Pouillenay et à Blaisy dans les contrées E et S.-E. de l'Auxois, où la lumachelle a été accidentellement mise au jour par des travaux d'art. Du reste, elle ne diffère guère de la lumachelle du centre de l'Auxois. On remarque pourtant qu'à Pouillenay les marnes prennent quelquefois un caractère schisteux et que, entre ces marnes, on trouve un grès fin quartzeux soudé par un ciment calcaire, renfermant les fossiles de la zone. A Remilly, M. Martin a rencontré dans la lumachelle de l'infra-lias quelques dents et écailles de poisson qui ont passé de l'étage rhétien dans les bancs inférieurs de l'infra-lias (1).

Existence de la lumachelle sur les sommets du Morvan.

Nous avons décrit précédemment la lumachelle des pentes du Morvan, en les remontant jusqu'à une altitude de 500 mètres (lumachelle de Saulieu); mais on la rencontre encore beaucoup plus haut, sur deux points culminants du massif granitique qu'il nous reste à indiquer et dont nous avons déjà parlé incidemment.

G. — *Gisement des Loisons.*

Sur un des points les plus élevés du Morvan septentrional, la zone à *Amm. planorbis* à l'état siliceux, dont le gisement nous a été indiqué par M. Jean-Marie Gueux, existe en place, sur le versant nord de la Vente-à-l'Italienne à une altitude de 620 mètres environ, non loin du village des Loisons, commune de Saint-Aignan (Nièvre), où le calcaire à gryphées silicifié se trouve en bancs arrachés de leur base au-dessus des arkoses keupériennes.

De même que toutes les lumachelles siliceuses, elle contient encore des traces de nombreux fossiles entassés, comprimés et atténués par l'agent minéralisateur; aussi nous n'en pousserons pas plus loin la description, pour ne pas répéter ce que nous avons dit précédemment des lumachelles converties en silice.

Nous ferons seulement remarquer que c'est peut-être à la consolidation par la silice que nous devons la conservation de ce lambeau, car sans elle il eût été emporté par la dénudation qui a décoronné le Morvan.

(1) *De la zone à A. contorta*, p. 22. — *État de la question*, p. 140.

H. — *Gisement de la tuilerie de Pensières, près Pierre-Écrite.*

A Pensières, près de Pierre-Écrite (Nièvre), au sommet d'un plateau granitique faisant partie d'une ligne de montagnes située entre le Tarnin et la lisière orientale du Morvan, ligne que M. E. de Beaumont considère comme antérieure au système du Türingerwald et contemporaine du système du Forez, nous avons encore trouvé, au-dessus des arkoses triasiques qui s'étendent du bois de Vignolles jusque sur la route de Paris à Lyon, recouvertes elles-mêmes d'un dépôt d'argiles gréseuses calcarifères, paraissant représenter les marnes irisées, un lambeau de lumachelle marneuse en tout semblable à la lumachelle du faubourg des Gravelles de Saulieu (gisement C), mais d'une puissance beaucoup moindre. La lumachelle de Pensières est également exploitée comme chaux hydraulique; elle renferme une grande quantité d'*Ostrea irregularis*, avec d'autres fossiles de la zone à *Amm. planorbis*.

Un peu plus bas, vers Liernais, sur la pente (altitude environ 500 mètres), l'infra-lias reparaît, se reliant aux strates du lias inférieur.

La lumachelle n'occupe pas seulement la base du Morvan dans l'Auxois, mais elle forme encore une ligne continue à l'entour du massif cristallin, non-seulement à l'état normal, mais encore à l'état gréseux ou siliceux, comme aux environs d'Arnay-le-Duc, de Blanot, de Bar-le-Régulier, d'Autun, etc.

FOSSILES DE LA ZONE A *Am. planorbis.*

Parmi les nombreux fossiles de la lumachelle de l'Auxois, dont les spécimens peuvent être étudiés dans les vitrines du musée de Semur, nous allons donner la liste de ceux qui, à notre connaissance, ont été décrits. — Cette liste serait plus étendue si nous pouvions y ajouter les espèces qui paraissent inédites ou qui ne répondent pas exactement selon nous aux déterminations des auteurs.

Beaucoup de très-petites espèces, notamment parmi les gastéropodes, semblent être les mêmes que celles qu'on rencontre dans le foie de veau ; mais comme les tests ont disparu, il est difficile de se prononcer affirmativement.

———

Nous ferons précédér du signe — les espèces qui se trouvent déjà dans l'étage rhétien et suivre du même signe celles qui passent dans les zones supérieures à la zone à Amm. planorbis.

Reptiles.

Ichthyosaurus, *Sp.*   *Beauregard, Semur.*

Poissons.

— Saurichthys acuminatus, *Agass. Remilly.*

— Sargodon tomicus, *Plien.*   *Id.*

Crustacés cyproïdes.

Cypris, *Sp.*   *Semur.*

Mollusques.

Céphalopodes.

Ammonites tortilis, *d'Orb.*   *Beauregard.*

Am. Prometheus.   *Saulieu.*

Ammonites Johnstoni, *Sow.*   *Id.*

Am.   planorbis, *Sow.*   *Id.*

Am.   laqueus, *Quenst.* — (A.
           burgundiæ, *Mart.*)   *Id.*

Nautilus *Sp.* —   *Saulieu, Beauregard.*

Gastéropodes.

Chemnitzia Phidias, *d'Orb.* —   *Juillenay.*

Neritina cannabis, *Terq.*   *Beauregard.*

Littorina clathrata, *Desh.* —   Beauregard, Montigny-
                                         Saint-Barthélemy.
Turritella Deshayesea? *Terq.*   *Semur.*
Pleurotomaria, *Sp.*   *Beauregard.*
Cerithium, *Sp.* —   *Id.*
Orthostoma, *Sp.*   *Id.*
Turbo, *Sp.* —   *Id.*

Lamellibranches.

Pleuromya crassa, *Agass.* (Pano-
              pœa crassa).   *Semur.*
P.   striatula, *Agass.*   *Id.*
Pholadomya prima, *Quenst.*   *Saulieu.*
P.   *Sp.*   *Beauregard.*
Goniomya sinemuriensis, *Opp.* —   *Semur.*
Anatina sinemuriensis, *Mart.*   *Id.*
Leda tenuistriata, *Piett.*   *Id.*
Astarte Geuxii, *d'Orb.*   *Beauregard.*
A.   singulata, *Terq.*   *Ménetreux-lès-Semur.*
Cypricardia compressa, *Terq.*   *Id.*
Cardita tetragona, *Terq.*   *Chamont, Beauregard.*
Cardinia sinemuriensis, *d'Orb.*   *Montigny-St-Barthélemy,*
                                         Beauregard, Chamont.
C.   Deshayesei, *Terq.*   *Montigny-St-Barthélemy.*
C.   quadrangularis, *Mart.*   *Id.*
C.   Moreana, *Mart.*   *Id.*
C.   crassiuscula? *Agass.*   *Id.*
C.   trapezium, *Mart.*   *Id.*
C.   Hennoquii, *Terq.*   *Id.*
C.   Collenoti, *Mart.*   *Id.*
C.   subovalis, *Mart.*   *Id.*
C.   brevis, *Mart.*   *Id.*
C.   Breoni, *Mart.*   *Id.*
C.   concinna, *Agass.*   *Id.*
C.   contracta, *Mart.*   *Chamont.*
C.   trigona, *d'Orb., in mart.* *Chamont, Beauregard.*

Cardinia acuminata, *d'Orb.* —   *Chamont, Beauregard.*

C.   Listeri, *Sow.* (Unio Listeri, goldf.) —   *Id.*

C.   sublamellosa, *d'Orb., in mart.* —   *Id.*

C.   ovum, *Mart.*   *Chamont.*

C.   hybrida, *Agass.* (Unio hybrida Sow.) —   *Beauregard, Montigny-St-Barthélemy.*

Et un grand nombre d'autres cardinies (1).

Lucina arenacæa, *Terq.*   *Semur.*

Tancredia (Hettangia), sinemuriensis, *Mart.*   *Beauregard.*

T.   Deshayesea, *Terq.*   *Id.*

Et autres.

Cucullæa similis, *Terq.*   *Collonges.*

Et autres.

Arca Collenoti, *Mart.*   *Massenne.*

A.   hettangiensis, *Terq.*   *Mènetreux-lès-Semur.*

A.   sinemuriensis, *Mart.* —   *Semur.*

Et autres.

Pinna semistriata? *Terq.* —   *Semur, Beauregard.*

— Mytilus minutus, goldf.   *Semur.*

M.   Geuxii, *d'Orb.* —   *Id.*

M.   rusticus, *Terq.* —   *Id.*

Saxicava, *Sp.*   *Id.*

Lima edula, *d'Orb.* (L. plebeia? *(Chap. et Dewalque).* — *Partout.*

---

(1) Il est à remarquer que parmi les cardinies, beaucoup présentent des formes spécifiques incertaines, passant de l'une à l'autre par des transitions insensibles et que souvent on a plutôt des variétés que des espèces. Cette remarque s'applique également aux unio de l'Armançon et du Serein dont la forme se rapproche beaucoup de celle des cardinies qui sont des coquilles marines.

Lima valoniensis, de France (L.
      Geuxii *d'Orb.* L. amœna,
      Terq.)   *Semur, Beauregard.*
L.   hettangiensis, *Terq.* (L.
      Eryx *d'Orb.)*—   *Partout.*
L.   pectinoïdes, *Quenst.*   *Id.*
L.   prœlonga, *Mart.*   *Saulieu.*
L.   tuberculata, *Terq.*   *Partout.*
L.   (Plagiostoma   duplicate,
      Quenst.)   *Semur.*
Avicula Deshayesei, *Terq.*   *Id.*
A.   infraliasina, *Mart.*   *Champlon.*
A.   Dunkeri? *Terq.*   *Semur.*
A.   Sideloci, *Mart.*   *Saulieu, Semur.*
A.   similis, *Piet. et Terq.*   *Semur.*
Inoceramus, *Sp.*   *Id.*
Gervillia acuminata? *Terq.*   *Id.*
   Et autres.
Pecten Pollux, *d'Orb.*   *Id.*
P.   calvus? (espèce lisse).   *Beauregard, Semur.*
P.   dispar? *Terq.* —   *Partout.*
Plicatula spinosa, *Sow.*   *Id.*
P. Deslongchampsei, *Piet. et Terq.* *Id.*
P. hettangiensis, *Terq.*   *Semur.*
— P. instustriata, Emmr. (Spon-
      dylus liasicus, *Terq.*)   *Saulieu.*
P. Baylii, *Terq.*   *Semur.*
Hinnites liasicus, *Terq.* —?   *Id.*
— Ostrea haidingeriana, *Emmr.*
      (O. Marcignyana, *Mart.*)   *Montigny-sur-Armançon.*
O.   irregularis, *Münst.* —   *Partout.*
O.   leviuscula, *Münst.*   *Semur.*
O.   suilla? *Schlott.*   *Id.*

Brachiopodes.

Spiriferina Walcotii, *d'Orb.*   *Partout.*
Spiriferina, *Sp.*   *Menétoy.*
Terebratula perforata,*Piet.*
     (T. strangulata, *Mart.*   *Semur, Courcelles - lès - Semur, Pont-d'Aisy.*

Crinoïdes.

Pentacrinus angulatus, *Opp.*   *Semur, Saulieu.*
Ophioderma, *Sp.*   *Mènetreux-lès-Semur.*

Echinides.

Cidaris martini, *Cott.*   *Saulieu.*
Hemipedina Burgundiæ, *Cott.*   *Semur.*
Hemipedima, *Sp.*   *Saulieu.*

Bryozoaires.

Espèces indéterminées.   *Saulieu.*

Coralliaires.

Septastræa excavata, *De From.*   *Pont-d'Aisy.*
Isastræa basaltiformis, *De From.*   *Id.*
Astrocænia sinemuriensis, *De From.* —   *Arcenay, Beauregard.*
Stylastræa sinemuriensis,*De From.*   *Cernois, Beauregard.*
S.   Martini, *De From.* —   *Id.*

Nous ajouterons à cette liste les foraminifères de la zone à *Amm. planorbis*, déterminés par M. Terquem sur les marnes lavées qui lui ont été envoyées de Semur (1).

Ovolina fusiformis, *Terq.*   *Semur.*
Nodosaria metensis, *Terq.*   *Semur, Saulieu.*
N.   Simoniana, *Terq.* —   *Semur.*

---

(1) Voir la description des foraminifères de l'Auxois, dans les *Mémoires* de M. Terquem (principalement dans les *Mémoires* II, III, IV et V, Metz, 1863, 1864 et 1866.

Dentalina Terquemi, *d'Orb.* —   *Semur, Saulieu.*
D.   vetusta, *d'Orb.* —   *Id.*
D.   Collenoti, *Terq.*   *Id.*
D.   vetustissima, *d'Orb.* — *Semur, Genay.*
D.   obscura, *Terq.* —   *Semur.*
D.   compressa, *Terq.* —   *Id.*
D.   Breoni, *Terq.*   *Semur, Saulieu.*
D.   simplex, *Terq.*   *Semur.*
D.   sinemuriensis, *Terq.*   *Id.*
D.   subnodosa, *Terq.* —   *Saulieu.*
D.   radicula, *Terq.*   *Semur.*
Frondicularia Collenoti, *Terq.*   *Id.*
F.   excavata, *Terq.*   *Semur, Genay.*
F.   pulchra, *Terq.* —   *Semur.*
F.   hexagona, *Terq.*   *Id.*
Vaginula simplex, *Terq.*   *Id.*
Cristellaria sinemuriensis, *Terq.*   *Id.*
Marginulina Collenoti, *Terq.*   *Id.*
M.   Bochardi, *Terq* .   *Semur, Saulieu.*
M.   Pupa, *Terq.* —   *Saulieu, Genay, Semur.*
Textilaria Breoni, *Terq.*   *Semur.*
Polymorphina polygona, *Terq.*   *Semur, Genay.*
P.   pupiformis, *Terq.*   *Id.*
P.   cruciata, *Terq.*   *Id.*
P.   simplex, *Terq.*   *Id.*
P.   agglutinans, *Terq.*   *Semur.*
P.   bilocularis, *Terq.*   *Id.*
P.   ovula, *Terq.*   *Id.*
P.   Breoni, *Terq.*   *Id.*
P.   quadrata, *Terq.*   *Id.*
P.   angustata, *Terq.*   *Id.*
P.   irregularis, *Terq.*   *Id.*
P.   squammata, *Terq.*   *Id.*
P.   vagina, *Terq.*   *Id.*

P.   sinuata, *Terq.*   *Id.*
P.   piriformis, *Terq.*   *Id.*
P.   ovigera, *Terq.*   *Id.*
P.   triloba, *Terq.*   *Id.*
Ovolina fusiformis, *Terq.*   *Id.*

Et encore des traces de la *Talpina porrecta Terq.* perforant microscopique sur une lima edula.

Partie supérieure de l'infra-lias.

FOIE DE VEAU (1).

Si la partie inférieure de l'infra-lias ou zone à *Amm. planorbis* se différencie des zones voisines par ses assises minces en dalles calcaires, ferrugineuses ou grèseuses, avec petits lits de marnes intercallées, la partie supérieure ou zones à *Amm. liasicus* et à *Amm. angulatus,* présente un aspect tout différent.

Elle est composée, sauf les exceptions dont nous parlerons ci-après, d'une roche calcaréo-marneuse, ordinairement jaunâtre, compacte, à pâte très-fine, d'une teinte quelquefois

(1) Nous nous servons de cette dénomination adoptée par les carriers pour désigner une roche à pâte compacte se brisant en éclats de forme conchoïde, quelquefois rougeâtre, employée dans la fabrication de la chaux hydraulique. Ce nom vulgaire, dont M. Martin, le premier, a fait usage dans ses écrits sur l'infra-lias de la Côte-d'Or, a été critiqué à tort, car il a le mérite de faire image, ce qui n'arrive pas toujours aux appellations locales que les géolognes ont ordinairement le soin de consigner dans leurs ouvrages.

Les carriers appellent quelquefois du même nom une autre roche calcaréo-marneuse de teinte généralement bleuâtre, mais par altération jaunâtre à la surface des bancs, ce qui lui donne l'aspect du foie de veau; cette roche, qui fournit aussi une excellente chaux hydraulique, ne doit pas être confondue avec lui, car elle appartient à la base du lias moyen.

légèrement verdâtre à la base du dépôt, souvent mouchetée à l'intérieur de taches roussâtres concentriques.

La transition de la lumachelle au foie de veau se fait, dans la plupart des cas, par une assise marneuse moins résistante que les bancs qui la recouvrent.

La nature argilo-calcaire du foie de veau le rend fort gélif, cependant le banc inférieur (*Zone à Am. liasicus*) a plus de solidité.

Tandis que la sédimentation de la lumachelle a été soumise à des alternances d'agitation et de calme, le foie de veau, au contraire, paraît s'être lentement stratifié, à l'abri des courants, dans un fond vaseux. Tout au plus l'entassement dans certains points de la zone à *Amm. angulatus*, de cardinies et de limes d'une taille supérieure aux fossiles ordinaires de cette zone, paraît indiquer un apport passager de la vague.

Les assises du foie de veau n'ont guère qu'une puissance d'un mètre au plus, et quelquefois moins, surtout dans les parties où elles sont atténuées. Dans ce cas, elles semblent se confondre quelquefois avec les assises inférieures du calcaire à gryphées, dont elles prennent la couleur bleuâtre, comme à Beauregard et à Mémont.

La faune du foie de veau est nombreuse et composée de coquilles dont la plupart sont de taille tellement réduite qu'elles disparaissent complétement dans la roche, quand celle-ci n'est pas altérée; mais comme, dans les lieux où elle n'est recouverte que par des alluvions, elle a été fortement attaquée par les eaux chargées d'acide carbonique, il en est résulté que les fossiles à l'état spathique (1) plus résistants que la gangue, sont restés en relief à la surface des bancs usés et déchiquetés ; c'est ce qui explique pourquoi les bancs inférieurs plus durs et les bancs supérieurs, quand ils sont

____

(1) Ou remplacés par la chaux cristallisée.

protégés par les assises du lias inférieur, paraissent beaucoup moins riches en corps organisés.

Les tests des petits fossiles dont nous parlons sont admirablement conservés; mais l'emploi de la loupe est nécessaire pour en distinguer avec netteté les ornements délicats, et la roche est tellement altérable qu'il n'est guère possible de les recueillir que sur la pierre nouvellement extraite, après qu'elles ont été lavées par les pluies. Un séjour de quelques mois à l'air suffit pour les faire disparaître en grande partie.

Le foie de veau se montre à l'état exceptionnellement siliceux dans les lieux de l'Auxois qui ont été pénétrés par la silice et que nous avons indiqués en décrivant la zone à *Amm. planorbis* (rives du Serein, du Cousin et de la Cure, Courcelotte, etc.); mais il est souvent difficile de le reconnaître entre la lumachelle et le calcaire à gryphées arquées, car il a changé de couleur et d'état, et les fossiles noyés dans une pâte non altérable ne sont plus visibles; c'est pourquoi nous ne pouvons certifier son existence sur le Morvan, où la lumachelle existe au-dessous du calcaire à gryphées arquées. (Les Loizons, Les Amands, les Grandes-Fourches, etc. (Nièvre).

Il ne se rencontre jamais dans l'Auxois en bancs ferrugineux, comme la lumachelle; et c'est par erreur que les bancs altérés de la zone à *Amm. planorbis*, contenant les cardinies en fer oligiste, de Chamont et de Montigny-St-Barthélemy, ont été considérés comme l'équivalent du foie de veau.

Il n'en est plus de même à l'entour de la chaîne morvandelle, entre Beaune et Autun, sur les territoires de Chalancey, Perreuil, Thury, Nolay et Mazenay, où, d'après les observations de MM. Évrard et Flouest (1) confirmées par M. Pel-

____

(1) *Le plateau de Thostes,* etc,, pages 29 et suivantes.

lat (1), le niveau ferrugineux correspondrait non-seulement à la lumachelle supérieure, mais encore au foie de veau, puisque les assises ferrifères n'ont pour limite, vers le haut, que le calcaire à gryphées arquées.

En comparant les fossiles du foie de veau de l'Auxois avec ceux décrits par M. Terquem (2) dans le grès d'Hettange, en Lorraine, on trouve de très-nombreuses espèces communes. Le grès d'Hettange paraît correspondre à peu près au même niveau stratigraphique que le foie de veau; toutefois, sa faune comprend encore des espèces propres à la zone à *Amm. planorbis*.

Les deux zones du foie de veau sont quelquefois séparées par un mince lit de marnes jaunâtres dépourvues de corps organisés, et la zone supérieure se relie ordinairement par un feuillet marneux, aux bancs du calcaire à gryphées arquées inférieur.

Il est à remarquer que les marnes intermédiaires entre les les zones donnent comme résidu, après le lavage, des grains de fer hydraté et des foraminifères dont nous donnerons ci-après la description.

Le foie de veau, sauf dans les localités silicifiées, ayant un caractère minéralogique constant, il nous suffira d'en donner une seule coupe, et nous emprunterons à M. Martin celle qu'il a prise près de Semur, sur le chemin, de Vic-de-Châssenay, à l'ouest de la ferme de Leurey, où existaient autrefois un four à chaux et des carrières d'une richesse exceptionnelle en fossiles (3).

---

(1) *La zone à Av. contorta et le bone bed*, etc. (*Bulletin de la Société géologique,* 2e série, tome XXII, pages 550 et 562.

(2) *Paléontologie de la province de Luxembourg et d'Hettange.*

(3) *Paléontologie de l'infra-lias de la Côte-d'Or,* etc p. 46.

Coupe de Leurey.

Calcaire à gryphées arquées.

0m 10c. Marne blanchâtre, sans fossiles.	⎞ Zone à *Am.*
0m 25c. Calcaire argileux, jaunâtre, très-fossi- lifère.	⎬ *angulatus,* ⎠ Schl.

0m 30c Calcaire argileux jauântre, marbré de ta- ches roussâtres, assez dur, peu fossilifère.	⎞ Zone à *A.* ⎬ *liasicus,*
0m 10c. Marnes jaunâtres, sans fossiles.	⎠ d'Orb.

Lumachelle.

FOSSILES DU FOIE DE VEAU.

Nous allons réunir en une seule liste les fossiles du foie de veau; mais en même temps que nous ferons précéder du signe —les espèces qui exis- tent déjà dans la zone à Am planorbis, et que nous ferons suivre du même signe celles qui passent dans une ou plusieurs des zones supérieu- res, nous marquerons du signe 1 les espèces propres à la zone à A. liasi- cus, du signe 2, celles de la zone à A. angulatus, et du signe 1-2, les es- pèces communes aux deux zones.

Vertébrés. — Reptiles.

Ichthyosaurus sp. debris   2.

Annélides.

Galeolaria socialis, *Lmk.*   2

Mollusques. — Céphalopodes.

— Nautilus sp.   1.

Ammonites liasicus, *d'Orb.*   1

— A.   laquens, *Quenst.* (A. Burgundiæ, *Mart.*)   1

A.   anguliferus, *Philips.*   1

Ammonites angulatus, *Schl.*   2
A.   Moreanus, *d'Orb.* (A. colubratus, *Ziet.*)   1
A.   Charmassei, *d'Orb.*   2 —
A.   Delmasi, *Reynès.*   2 — (1).
A.   hettangiensis, *Terq.*   2

Mollusques. — Gastéropodes.

— Littorina clathrata, *Desh.*   1-2
Turritella Deshayesea, *Terq.*   2
T.   Humberti, *Mart.*   2.
T.   Dunkeri, *Terq.*   2 —
Melania cyclostoma ? *Terq.*   2
M.   crassilabrata, *Terq.*   2
Phasianella Morencyana, *Piet.*   2
P.   liasina, *Terq.*   2
Tornatella acuminata, *Piet.*   2
Orthostoma turgidum, *Terq.*   2
O.   frumentum, *Terq.*   1-2
O.   oriza, *Terq.*   2.
O.   decoratum, *Mart.*   2
O.   exile, *Mart.*   2
O.   gracile, *Mart.*   1-2
Trochus sinistrorsus. *Desh.*   2
T.   nitidus, *Terq.*   2
T.   lineatus, *Mart.*   2
Turbo decoratus, *Mart.*   1-2 —
T.   liasicus, *Mart.*   2
T.   cristatus, *Mart.*   1-2.
T.   Philemon, *d'Orb.*   2 —
T.   Piettei, *Mart.*   2

(1) Nous anticipons sur la description, que doit prochainement publier M. Reynès, des *Ammonites jurassiques* (de celles de l'Auxois en particulier), en donnant le nom des espèces nouvelles qu'il a déterminées.

Turbo subcrenatus, *Mart.*   1-2
T.   nanus, *Mart.*   1-2
T.   selectus, *Chap. et Dew.*   2.
T.   triplicatus, *Mart.*   1-2.
T.   Andleri, *Mart.*   2 —
T.   intextus, *Mart.*   1-2
Solarium lenticulare, *Terq.*   2
Straparolus Oppeli, *Mart.*   2
Pleurotomaria Terquemi, *Mart.*   2
P.   concava, *Mart.*   2
P.   Martiniana, *d'Orb, in Mart.*   2 —
P.   rotellæformis, *Dunk.*   2
    Et autres.
Purpurina tricarinata, *Mart.*   2.
Trochotoma clypeus ? *Terq.*
Cerithium verrucosum, *Terq,*   2 —
C.   semele, *d'Orb. in Mart.*   1-2 —
C.   subnudum, *Mart.*   2
C.   Martinianum, *d'Orb. in Mart.*   2
C.   sinemuriense, *Mart.*   2
C.   arduennense, *Piet.*   2
C.   gratum, *Terq.*   1-2
C.   Henrici, *Mart.*   2
C.   acuticostatum, *Terq.*   2
C.   Deshayesei, *Piet et Terq.*   2
C.   Collenoti, *Mart.*   2
C.   trinodulosum, *Mart.*   2
    Et autres.

Mollusques. — *Lamellibranches.*

Leda aballoensis, *Mart.*   2
Cardita Heberti, *Terq.*   2
Astarte consobrina, *Chap. et Dew.*   2
    Et autres.
— Cardinia Listeri, *Sow.*   2 —

— C.   sublamellosa, *d'Orb.*   2
— C.   acuminata, *Mart.*   2
— C.   hybrida, *Agass.*   2 —
    C.   exigua, *Terq.*   2
Lucina sp.   2
Cardium Terquemi, *Mart.*   2
Nucula sinemuriensis, *Mart.*   2
Arca pulla, *Terq.*   1-2
— A. sinemuriensis, *Mart.*   2
    Et autres.
Pinna Hartmanni, *Ziet.*   2
— P. semistriata ? *Terq.*   2
Avicula sinemuriensis, *d'Orb.*   2 —
— Mytilus Guexii, *d'Orb.*   2 —
— M. rusticus, *Terq.*   1
— Lima edula, *d'Orb.* (L. plebeia, *Chap. et Dew.*)
L. gigantea ? *Sow.*   2 — ?
— L. hettangiensis, *Terq.* (Lima eryx, *d'Orb.*   1-2 —
    Et autres
— Ostrea irregularis, *Münst* (très-rare)   1

Mollusques. — Brachiopodes.

— Terebratula perforata, *Piet.*   2
T.   retusa, *Mart.*   2.
Rynchonella variabilis, *d'Orb.*   2 —
R.   plicatissima, *Quenst.*   2.

Crinoïdes.

Pentacrimus tuberculatus, *Mill.*   2 —
Astropecten sp.   1

Coralliaires.

Montlivaltia Martini, *de From.*   2
M.   sinemuriensis, *d'Orb.*   2 —
Thecosmilia Martini, *de From.*   1
— Isastræa sinemuriensis, *de From.*   1

— Stylastræa Martini, *de From.*   1

— Astrocœnia sinemuriensis, *de From.*   1

Spongitaires.

Porosmilia Martini, *de From.*   1

Foraminifères.

Placopsilina Flouesti, *Terq.*   2

Involutina Petrea, *Terq.*   2 ---

Comme les petites espèces de la zone à *Amm. planorbis* sont dépourvues de test, comme les espèces microscopiques du foie de veau avec test ne sont visibles qu'accidentellement sur les surfaces corrodées et comme les espèces exiguës du calcaire à gryphées sont peu apparentes sur une roche moins altérable, nous ne pouvons assurer que les fossiles que nous avons fait figurer seulement dans une ou deux zones sont tous limités d'une manière aussi tranchée; nous sommes au contraire disposé à admettre, d'après la similitude de certaines formes, que beaucoup sont communs à l'infra-lias entier et que ceux que nous avons indiqués comme passant dans le calcaire à gryphées arquées ne sont pas les seuls; mais à défaut de preuves positives, nous avons dû ne désigner dans chaque zone que ceux que nous y avons reconnus d'une manière certaine.

Deuxième étage du groupe du lias.

LIAS INFÉRIEUR.

Au premier étage du groupe ou infra-lias décrit précédemment, le lias inférieur succède, séparé du foie de veau par un mince lit de marnes. Sa superposition est facile à constater en beaucoup d'endroits de l'Auxois où la dénudation met en évidence le point de passage; mais ce point est difficile à reconnaître, quand on se rapproche des montagnes jurassiques où la partie supérieure du deuxième étage seule est visible et disparaît bientôt sous le lias moyen, en remontant les pentes.

La présence en quantité considérable d'une coquille du genre *ostrea*, la gryphée arquée ; la teinte ordinairement bleu foncé des bancs, quelquefois noirâtre par imprégnation de matières organiques; l'uniformité minéralogique des assises déposées sans perturbation dans une mer peu agitée, suffisent pour faire reconnaître à première vue l'étage dont nous parlons (1). Il est à remarquer cependant que vers la base on rencontre quelquefois des bancs d'un blanc grisâtre et que vers le sommet les assises prennent assez fréquemment une couleur de rouille assez prononcée. Cette teinte rubigineuse est due au fer hydroxydé, produit de la décomposition de la pyrite qui abonde à ce niveau, quand la roche a été protégée de toute altération par recouvrement des strates du lias moyen.

Le lias inférieur est, dans l'Auxois, très-riche en corps organisés, sans doute, en raison de la nature côtière des sédiments; c'est aussi à cette disposition côtière qu'il faut attribuer la faible puissance du calcaire à gryphées qui ne dépasse pas dix mètres au voisinage du Morvan, tandis qu'en s'éloignant des roches cristallines, elle est beaucoup plus considérable.

La roche du calcaire à gryphées est assez dure, d'une cassure peu franche, à pâte compacte, dans laquelle la chaux carbonatée, plus abondante que dans la zone supérieure de l'infra-lias, est pourtant alliée à une quantité notable d'alu-

---

(1) Le calcaire à gryphées arquées est une des roches qui conserve le mieux un caractère minéralogique uniforme, à la surface du globe. Il est connu dans l'Auxois sous le nom de Pierre Noire.

mine (1); aussi la pierre est employée à la fabrication d'une chaux hydraulique beaucoup moins estimée que celle qui provient du foie de veau (2); par contre, elle est moins gelive que celui-ci et peut fournir des moëllons et des pierres de taille, d'une qualité assez médiocre. Les bancs les plus résistants se trouvent ordinairement à la base et surtout au milieu de l'étage.

Le lias inférieur est composé de bas en haut d'une suite d'assises d'aspect presque toujours uniforme, à surfaces tuberculeuses, ordinairement séparées par de minces lits de marnes comprimées entre les joints. C'est dans ces joints, marquant des temps d'arrêt dans la sédimentation, qu'on recueille le plus facilement les fossiles moins adhérents à la roche et en particulier des ammonites d'énormes dimensions.

Mais si l'étage est assez nettement délimité, il est assez difficile de le diviser exactement en zones; et la cause en est dans l'homogénéité minéralogique du dépôt, dans la différence d'arrangement et de puissance des bancs suivant les lieux, dans l'ablation par érosion sur beaucoup de points d'une

---

(1) Voici, d'après M. Evrard *(Bulletin de la Société des sciences historiques et naturelles de Semur*, année 1865, page 130), la composition des bancs inférieurs et moyens du calcaire à gryphées, pris à Beauregard et à Aisy-sous-Thil.

Matières insolubles.	4 991
Alumine.	4 375
Oxyde de fer, traces.	« » » »
Chaux	47 458
Magnésie.	0 109
Acide phosphorique.	0 259
Perte par calcination.	40 470
	97 662

(2) Mais elle convient mieux pour l'amendement des terres.

grande partie des assises et surtout dans la manière dont le calcaire à gryphées est exploité dans l'Auxois ; car les carrières ouvertes au hasard et selon les besoins du moment, jamais dans la totalité des bancs, sont refermées presqu'aussitôt dans l'intérêt de l'agriculture, ce qui ne permet pas de prendre des coupes d'ensemble.

Enfin, l'attribution des fossiles à une zone déterminée est assez souvent embarrasante, car dans un grand nombre de cas, il n'est possible de se les procurer, qu'en brisant la roche altérée par la gelée ; on est donc obligé de les chercher de préférence parmi les débris des vieux murs et les pierres des chemins, exposés depuis longtemps aux agents atmosphériques et dont le niveau stratigraphique dans l'étage est presque toujours ignoré.

Cependant ces difficultés n'empêchent pas de reconnaître que, parmi les nombreuses formes organiques contenues dans le calcaire à gryphées arquées, une notable quantité appartient spécialement soit à la base, soit au milieu, soit au sommet de l'étage ; c'est pourquoi nous le diviserons en trois zones que nous désignerons pas un fossile caractéristique, choisi dans le genre ammonite très-développé dans le lias.

3 — Zone supérieure ou Zone à *A. Birchii*, Sow.

2 — Zone moyenne ou Zone à *A. Bucklandi*, Sow.

1 — Zone inférieure ou Zone à *A. Scipionianus*, d'Orb.

En général, les bancs de la zone à *A. Scipionianus* sont les plus noueux et les plus irréguliers. Dans certains points (environs de Saint-Thibault et de Fontangy), la roche prend une teinte noirâtre à odeur fétide sous le choc du marteau.

Les bancs de la zone à *A. Bucklandi* plus puissants et mieux réglés fournissent la meilleure pierre de l'étage. On y trouve aussi des bancs noirs à aspect vaseux — (Vallée d'Époisses).

Les bancs de la zone à *A. Birchii* sont, dans la plupart des cas, pénétrés de fer oxydulé, et les fossiles sont recouverts comme d'une couche de rouille, ce qui permet de les enlever facilement de la roche altérée.

Près de Pouillenay, à la base de la carrière Lacordaire, creusée dans toute l'épaisseur du calcaire à ciment (lias moyen), on a entamé la zone à *A. Birchii* pour l'écoulement des eaux, et nous avons pu constater que le fer à l'état pyriteux abonde dans cette zone, en veines et en cristaux, et qu'il enveloppe les fossiles d'une couche brillante. Non loin de ce gisement, à la surface du sol, ou sous une faible couche d'alluvion ou de marnes du lias moyen, le fer ne se rencontre plus qu'à l'état oxydulé; aussi le considérons-nous, à ce niveau, comme le produit de la décomposition de la pyrite, sous l'influence des agents atmosphériques, et c'est ce qui explique pourquoi la roche est encore moins résistante à la gelée que dans les autres zones.

Nous avons remarqué aussi que le banc pyriteux situé sous la carrière Lacordaire, et conservé sans altération par la superposition des couches épaisses à ciment, avait une surface mamelonnée et comme moutonnée, indice d'un temps d'arrêt dans la sédimentation.

Ce temps d'arrêt est encore indiqué au-dessous de Chassey par des feuillets gréseux intercalés dans les bancs supérieurs du calcaire à gryphées et encore au nord du village de Charentois, près Semur, au-dessous du sentier qui longe la rivière, où l'assise de la zone à *Am. Birchii*, de couleur sombre, en contact avec les marnes blanchâtres du lias moyen, se montre criblée de trous de littrophages remplis par ces marnes.

La faune de la zone supérieure est remarquable par le grand nombre d'espèces qui lui appartiennent en propre. Quelques auteurs font de cette zone le commencement du lias moyen; mais nous préférons la laisser dans le lias inférieur, parce que sa composition minéralogique est la même que celle de deux zones sur laquelle elle repose, et surtout parce qu'elle renferme beaucoup plus de fossiles communs avec celles-ci, qu'avec la base du lias moyen (1).

La coupe suivante, prise au nord du village de Charentois, le long d'une brisure faillée qui sert de lit à l'Armançon, peut donner une idée générale de la manière dont se comporte le lias inférieur dans l'Auxois. C'est le seul endroit où il soit possible d'embrasser l'étage dans son ensemble.

Mais nous prévenons qu'elle ne concorde pas exactement avec les coupes partielles que nous avons relevées dans diverses carrières ; car si rien n'est plus uniforme que la composition minéralogique du lias inférieur et son aspect général, rien n'est moins régulier que la distribution et la puissance des assises.

I. — Coupe de Charentois.

Marnes blanches du lias moyen.

		Banc bleuâtre.	
	0m 45c		
	0 45	Idem.	
2m 15c	0 70	Idem.	3 — Zone à Am. Birchii.
	0 30	Idem.	
	0 25	Idem.	

(1) La zone supérieure a été aussi subdivisée en sous-zones caractérisées par des ammonites spéciaux ; c'est ainsi que M. Oppel (*Bulletin de la Société géologique*, 2e série, tome XV, page 658 et suivantes) y a distingué de bas en haut : la zone à *A. obtusus*, la zone à *A. oxynotus* et la zone à *A. raricostatus* ; mais dans l'Auxois, il n'est pas possible de séparer ces trois niveaux.

Les points où la zone supérieure est la mieux développée et la plus riche en fossiles sont situés aux environs de Saint-Thibault et à Dracy et Marcilly-lès-Vitteaux.

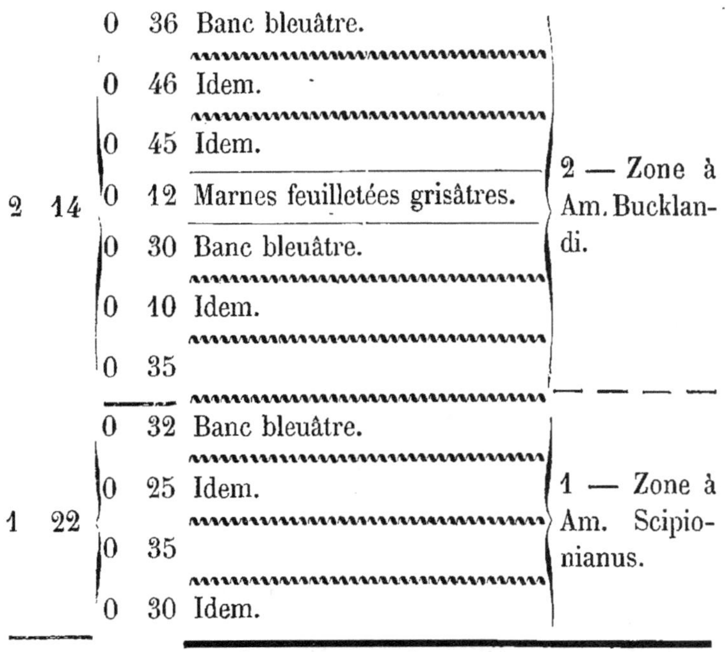

5ᵐ 51ᶜ   *Foie de veau* ou partie supérieure de l'infra-lias.

Les lignes tremblées représentent les feuillets de marne intercalés entre les bancs.

Nous présenterons encore une coupe partielle prise près le faubourg des Bordes, à Semur, dans une carrière exploitée autrefois par le sieur Seguin, mais aujourd'hui comblée. Dans cette coupe, la zone inférieure est entière, mais la deuxième est incomplète.

II.   *Alluvions ferrugineuses.*

0m 30c	Banc bleu foncé avec gryphées. Ammonites et cardinies.	
0 84	Banc bleuâtre très-riche en gryphées.	2 — Zone à Am. Bucklandi.
0 27	Bancs avec nombreuses gryphées.	
0 16	Banc bleuâtre peu fossilifère.	
0 16	Banc bleuâtre avec beaucoup d'ammonites.	
0 12	Banc bleuâtre moins fossilifère.	
0 09	Banc blanchâtre.	1 — Zone à Am. Scipionianus.
0 28	Banc bleuâtre.	
0 10	Lit de marnes grises.	
2 »	Bancs de moellons séparés par des marnes.	

Foie de veau supérieur.

Transformation en roche siliceuse du calcaire à gryphées arquées, dans certaines localités de l'Auxois.

Nous venons de décrire le calcaire à gryphées dans son état ordinaire; mais il se présente exceptionnellement à l'état siliceux sur certains points que nous avons déjà signalés à l'occasion des bancs modifiés de la zone à *Am. planorbis* de l'infra-lias.

Ces points sont situés :

Sur les bords du Serein, aux environs de Montigny-Saint-Barthélemy, Ruffey, Thostes, Villars, Courcelles-Frémoy, Montberthault, Vieux-Château, etc.;

Aux environs de Courcelotte;

Puis sur les rives du Cousin, de Sainte-Magnance, Cussy-les-Forges, Magny, à Avallon;

Entre le Cousin et la Cure, vers Menades et Grand'Islands, etc.,

Et sur la Cure, aux environs de Pierre-Pertuis, etc. (1)

Nous n'entrerons pas dans de grands détails sur le calcaire à gryphées silicifié qui ne diffère pas par la disposition de ses bancs du calcaire à gryphées ordinaire; nous mentionnerons seulement certaines particularités qui lui sont propres.

Dans les lieux que nous venons d'indiquer, que le calcaire à gryphées soit ou non siliceux, la zone inférieure et la zone moyenne existent seules; encore celle-ci est rarement complète; on pourrait en conclure que l'absence de la zone supérieure peut être attribuée au défaut de silicification qui l'a rendue moins résistante à l'érosion; cependant il est facile de reconnaître que la dénudation n'a pas épargné plus que les autres les roches siliceuses, d'ailleurs très-fissurées, car, au-dessus des mines de Thostes, on rencontre une grande quantité de cailloux roulés provenant du gisement siliceux et contenant les fossiles de l'étage. Ces cailloux s'étendent à la superficie du sol, le long du Serein, sur d'assez grands espaces. Nous avons pu constater leur existence au milieu des

---

(1) La transformation du calcaire à gryphées en silice ne se remarque pas seulement dans l'Auxois tel que nous l'avons délimité, mais existe encore dans le canton d'Arnay-le-Duc, d'Autun, etc.

alluvions jusqu'aux environs de Guillon. Il est vrai que nous n'avons jamais vu sur ces débris roulés de corps organisés appartenant à la zone à *A. Birchii*; mais il est probable que cette zone était aussi passée à l'état siliceux, puisqu'à Thostes nous avons recueilli quelques fragments erratiques du lias moyen qui la couronne, contenant les bélemnites de la base du 3e étage du lias converties en silex, avec la roche qui les contenait.

Le calcaire à gryphées siliceux, quelquefois blond, prend souvent une teinte noirâtre, et la barytine y abonde; de plus on remarque que les fossiles, et en particuler les gryphées arquées, n'ont souvent laissé que leur moule; le test a disparu remplacé par un vide, et ce vide est quelquefois tapissé de barytine ou de quartz cristallisé.

Quelques-uns des moules internes de gryphées sont d'une extrême légèreté et semblent calcinés; cependant ils paaraissent plutôt être passés à l'état de silex nectique (1).

La baryte sulfatée se montre surtout en grande abondance aux environs de Courcelles-Frémoy, où elle existe en amas et remplit les fentes de retrait de la roche. Il n'est pas rare de trouver, sur les parois de ces fentes, des surfaces tapissées de barytine, de fluorine et revêtue extérieurement de quartz cristallisé; et il est à remarquer qu'on ne rencontre jamais, dans le calcaire à gryphées silicifié, le quartz laiteux amorphe, si abondant dans les filons de granite.

Aux environs d'Avallon, la barytine, fort répandue dans les bancs siliceux du calcaire à gryphées, se retrouve encore, mais seulement à l'état de mouches assez rares, dans certaines assises voisines qui n'ont pas été converties en silice.

(1) Silex très-poreux, surnageant quelquefojs au-dessus de l'eau.

Existence sur le Morvan du calcaire à gryphées arquées.

Le calcaire à gryphées arquées dont les strates reposent partout à l'entour du Morvan et qui s'élève sur les pentes à des altitudes dépassant souvent 400 mètres, se rencontre encore bien plus haut sur les sommets du massif granitique.

Au-dessus d'un plateau de granite gris coupé par le Cousin, un peu au-dessous de sa source, suivant une ligne dirigée à peu près de l'O. à l'E., on remarque en effet des lambeaux d'une roche sédimentaire appartenant au lias inférieur, dont on peut voir, en certains endroits, la superposition à l'infra-lias siliceux et même au keuper non métamorphique.

Sur ce plateau, le calcaire à gryphées, entièrement silicifié, existe sur la rive gauche du Cousin (à droite de la route de Saint-Brisson à Quarré-les-Tombes), dans les champs de Bornon, altitude 596 mètres, où il est en blocs isolés; au sommet des Grandes-Fourches (675 mètres); au Gros et aux Amands (624 mètres); dans les Champs-de-la-Métairie-Rouge et sous le Chemin-du-Bois, où il est parfaitement stratifié; au bord d'une fontaine de la forêt de Saint-Brisson, lieu dit le Vernis-Gaulard; vers l'étang de la Chevrille et au Rondot, près de Saint-Aignan; et encore, rive droite du Cousin, aux Champs-du-Milieu ou de la Cordière, et à l'entrée du bois appelé Vente-à-l'Italienne (624 mètres) sur la hauteur qui domine le hameau des Loizons, où il ne présente plus que des amas disloqués, au-dessus de l'arkose non silicifiée et en place, à une faible distance de la lumachelle silicifiée en bancs; enfin dans la forêt de Brenil, où il n'est plus représenté que par des débris épars à la surface des alluvions.

L'érosion qui a fragmenté le dépôt n'a laissé en place que les deux zones inférieures; cependant la zone supérieure existait primitivement aux Loizons, car nous avons reconnu dans les blocs arrachés de leur base, l'*Ammonites Birchii*, qui caractérise cette zone.

Le calcaire silicifié dont nous parlons est très-fossilifère et il est facile d'y recueillir les espèces propres au lias inférieur.

Nous indiquerons ci-après les causes auxquelles il nous semble rationnel d'attribuer les modifications minéralogiques qui affectent, en certains lieux, les dépôts keupériens et les strates de l'infra-lias et du lias inférieur; mais auparavant nous donnerons la liste des fossiles du calcaire à gryphées arquées.

FOSSILES DU LIAS INFÉRIEUR.

Le signe — placé devant le nom d'espèce indiquera l'existence de celle-ci dans l'infra-lias. Placé après, il annoncera que l'espèce passe dans le lias moyen. De plus, les trois zones du lias inférieur portant de bas en haut les n°s 1, 2 et 3, un ou plusieurs de ces chiffres placés à la suite d'un fossile, feront connaître la zone ou les zones où l'on rencontre celui-ci. Quand il y aura doute sur la zone, nous le signalerons par le signe ?.

Vertébrés.

Reptiles.

— ? Ichthyosaurus communis ? *Conyb.*   1-2-3

Articulés.

Annélides.

Serpula vertebralis, *Goldf.*   2
Serpula, sp.   3

Mollusques.

Céphalopodes.

Belemnites acutus, *Mill.*   1-2-3 (1)
Belemnites sp., *(plus longue et moins large à la base du cône
    alvéolaire, presque cylindrique, la pointe exceptée.)* 3 — ?
Belemnites sp., *(le cône alvéolaire seulement, mais de grande
    taille.)*   3
Nautilus striatus, *Sow.*   1-2-3
Nautilus sp. *(avec tubercules réguliers).*   1 ? 2
Ammonites Scipionianus, *d'Orb.*   1
A.   Hehli, *Reynès.*   1 (2).
A.   Viticola, *Dumort.*   1
A.   Rouvillei, *Reynès.*   1
A.   Schlombachi, *Reynès.*   1
— A.   Charmassei, *d'Orb..*   1-2-3
— A.   Delmasi, *Reynès.*   1
A.   Scylla, *Reynès.*   1
A.   circumdatus, *Mart.*   1
A.   Collenoti (3), *Reynès.*   1

(1) Le genre *Bélemnites* fait sa première apparition dans le lias inférieur
et c'est par erreur qu'il a été signalé dans le foie de veau.

(2) Nous rappelons que les espèces déterminées par M. Reynès doivent
bientôt paraître dans une description des *Ammonites jurassiques*, publiée
par ce paléontologiste.

(3) L'*A. Collenoti* décrite par A. d'Orbigny et qu'il fait figurer dans son
étage Sinémurien, n'appartient pas au lias inférieur. Elle paraît être la

A.	rotiformis, *Sow*.	1
A.	rotator, *Reynès*.	1
A.	coronaries, *Quenst*. (A. rotiformis, *in Hauer*.)	1
A.	obesus, *Reynès*.	1-2
A.	bisulcatus, *Brug*.	2
A.	Vercingetorix, *Reynès*.	2
A.	Bucklandi, *Sow*.	2
A.	Sinemuriensis, *d'Orb*.	2
A.	striaries, *Quenst*.	2-3
A.	Mandubius, *Reynès*.	2
A.	Deffneri, *Opp*.	2
A.	D'all'Eræ, *Reynès*.	2
A.	(Crioceras?) Eyron, *Reynès*.	2
A.	Terquemi, *Reynès*.	
A.	Petri, *Reynès*.	2
A.	conybeari, *Sow*.	2
A.	Conybearoïdes, *Reynès*.	2
A.	aussoniensis, *Reynès*.	2
A.	gmiindensis, *Opp*.	2
A.	compressaries, *Reynès*.	
A.	Gaudryi, *Reynès*.	2
A.	Sauzeanus, *d'Orb*.	2
A.	subtaurus, *Reynès*.	
A.	geometricus, *Philips* (A. ceras, *Grebel*, A Kridion, *d'Orb*.)	2-3
A.	geometricus, *Opp*. (A. Kridion, *d'Orb*.)	2-3
A.	falcaries, *Quenst*. (A. geometricus, A. Kridion, *d'Orb*.	2-3
A.	ceratoïdes. *Quenst*.	2-3

Ces quatre derniers paraissent n'être que des variétés d'une même espèce.

même que l'*A. Thouarsensis*, d'Orb. du lias supérieur. L'*A*. Thouarsensis manque dans l'Auxois. A. d'Orbigny a été trompé par les carriers. L'*A*. *Collenoti* Reynès, qui figure au musée deSemur, a une autre forme.

A.	Birchii, *Sow.*	3
A.	obtusus, *Sow.*	3
A.	stellaris, *Sow.*	3
A.	Æduensis, *d'Orb.* (A. Zyphus, *Ziet.* A. Dudres-sieri, *d'Orb.* non æduensis, *Dumort.*)	
A.	Breoni, *Reynès*	3
A.	raricostatus, *Ziet.* (1)	3
A.	raresulcatus, *Quenst.*	3
A.	oxynotus, *Quenst.*	3
A.	lotharingus, *Reynès.*	3
A.	Boucaultianus, *d'Orb.*	2 ? 3
A.	Guibalianus, *d'Orb.*	3
A.	Nodotianus, *d'Orb.*	3
A.	debilitatus, *Reynès.*	3
A.	Bochardi, *Reynès.*	3
A.	Brookii ? *Sow.*	3
A.	Landrioti, *d'Orb.*	3

Et autres.

Gastéropodes.

— Littorina clathrata, *Desh.*   1
Bulla Flouesti, *Deslongch.*   1
Turritella Dunkeri, *Terq.*   1
Phasianella morencyana, *Piet.*   3
— Turbo decoratus, *Mart.*   1
— T.   Philemon, *d'Orb.*   1-2-3

Et autres.

— Pleurotomaria Martiniana, *d'Orb. in Mart.*   1
P.   hettangiensis, *Terq.*   1-2
P.   mosellana, *Terq.*   1-2
P.   Vanderbachii ? *Terq.*   1-2
P.   Marcousana, *d'Orb.*   1-2

(1) L'Am. raricostatus est considéré par certains auteurs comme faisant partie du lias moyen ; mais dans l'Auxois, il ne peut être séparé de la zone à A. Birchii ou A. oxynotus.

Pleurotomaria gigas, *Deslong.*　　2-3 ?

— Cerithium verrucosum, *Terq.*　　1

— C　　　　semele, *d'Orb.* in *Mart.*　　1

Helcion, *Sp.*　　3

Lamellibranches.

Pleuromya, *Sp.*　　2-3

Pholadomya Woltzii ? *Agass.*　　2

P. ventricosa, *d'Orb.*　　1-2

P. rhumbifera, *Agass.*　　2

P. Idea, *d'Orb.*　　2

　　Et autres.

— Goniomya sinemuriensis, *Opp.*　　1-2

Tancredia, *Sp.*　　1

Tancredia, *Sp.*　　1

Tancredia, *Sp.*　　1

Tancredia, *Sp.*　　3

Isodonta Engelardi, *Terq.*　　1

Panopæa striatula, *d'Orb.*　　1

P.　　　liasina, *d'Orb.*　　2

　　Et autres.

Thracia ? *Sp.*　　1

Lyonsa, *Sp.*　　2-3

Arcomya, *Sp.*　　2

Astarte, *Sp.*　　2

Astarte, *Sp.*　　3

— Cardinia　Listeri, *Sow.*　　1-2

— C.　　　hybrida, *Stuchb.*　　1-2

　　C.　　　eveni ? *Terq.*　　2

　　C.　　　angustata ? *Agass.*　　2

　　C.　　　lenceolata ? *Stuchb.*　　2

　　C.　　　copides ? *Terq.*　　2

　　C.　　　insignis, *Mart.*　　1-2 ?

　　C.　　　*Sp. — (grande et longue, voisine de la C. sca-*
　　　　　　　pha), Terq.

Mactromya, *Sp.*   3

Nucula, *Sp.*   1

Psammobia, *Sp.*

Pinna Hartmanni, *Ziet.*   1-2

P.   folium, *Philips.*   1-2

— ? Avicula Sideloci ? *Mart.*   1

—   A.   sinemuriensis. *d'Orb.* (Monotis inæquivalvis, Quenst).   2-3

    Avicula Sp.   2

— Mytilus Gueuxii, *d'Orb.*   1-2-3

Inoceramus Sp.   2

Lima gigantea, *Sow.*   1-2

L. Erosne, *d'Orb.*   2

L. punctata, *Sow.* (L. Echo, *d'Orb.*)   1-2 —

— L. hettangiensis (L. Eryx, *d'Orb.*

L. antiquata, *Sow.*   1-2 ?

    Et autres.

Pecten Helhii, *d'Orb.*   1-2-3

— ? P.   dispar ? *Terq.*   1-2-3

P. sabinus ?, *d'Orb.* (P. textorius *Schl.*)   1-2-3

    Et autres.

— ? Hinnites liasicus ? *Terq.*   1

Ostrea multicostata *Münst.*   1-2

Ostrea Sp. fort large   1-2

    Et autres.

Gryphæa arcuata, *Lmk.*   1-2-3

G.   Mac-Cullochii ? *Sow.*   2

G.   obliquata ? *Sow.*   3 (1).

---

(1) Des trois espèces de gryphées que nous indiquons, la détermination de la *gryphœa arcuata* seule est certaine, celle des deux autres formes nous paraît moins facile.

La *gryphœa arcuata*, très-abondante dans les deux premières zones, diminue sensiblement dans la troisième zone ; elle est reconnaissable à sa

Brachiopodes.

Spiriferina pinguis, *Ziet.*   1-2

forme étroite, à son crochet oblique, au sillon longitudinal du côté le plus large de la grande valve, très-prononcé, aux stries d'accroissement de la petite valve, assez espacées et irrégulièrement saillantes.

Dans la première zone, on rencontre aussi, mais rarement, une autre forme, au crochet très-oblique et étroit, avec élargissement prononcé des valves à l'opposé du crochet. Le sillon longitudinal de la grande valve est peu creusé et souvent un peu effacé; le crochet est quelquefois aplati, présentant une surface d'adhérence, et la petite valve est irrégulièrement striée. C'est cette espèce trouvée à Aisy-sous-Thil, dans la partie inférieure du calcaire à gryphées, que nous désignons avec doute sous le nom de *G. Mac-Cullochii*.

Dans la troisième zone ou supérieure, avec la gryphée arquée bien caractérisée, on recueille une gryphée qui présente les particularités suivantes :

Le sillon est peu marqué et quelquefois complétement effacé; le crochet moins allongé, sans traces d'adhérence. La forme générale est plus courte et plus large et les stries d'accroissement de la petite valve sont ordinairement fines et régulières; quelques spécimens ressemblent en petit à la *gryphœa gigantea* Sow. du lias moyen, variété dilatée, d'autres sont assez obliques. C'est cette gryphée que nous désignons par le nom de *gryphœa obliquata*? Peut-être est-elle la *gryphœa cymbium* Lmk, qu'il ne faut pas confondre avec la *Gryphœa gigantea* spéciale à la partie supérieure du lias moyen et à laquelle on a donné par erreur le nom de *G. cymbium*, ainsi que nous l'expliquerons plus loin.

Nous ferons remarquer que l'*O. obliquata*, assez répandue dans le lias moyen de certains pays, manque complétement au même niveau dans l'Auxois.

A Montebourg (Manche), nous avons vu, à côté de la gryphée arquée bien caractérisée, un banc où d'autres gryphées de la même taille avaient des traces d'adhérence et étaient un peu aplaties comme l'*O. irregularis*.

Nous avons également observé que parmi les jeunes gryphées arquées beaucoup ont encore la marque d'adhérence qui disparaît ordinairement dans les adultes.

En présence de ces faits et en comparant les gryphées de différentes régions, on arrive à se demander si les gryphées du lias ne seraient pas des modifications d'un même type, sous l'influence des milieux, type qui commence peut-être par l'*O. irregularis* de l'infra-lias et finit à la *Gryphœa gigantea*.

— ? Spiriferina Walcotii ? *Sow.*, grande espèce,   3
Rhynchonella variabilis, *d'Orb.*   2-3
Rhynchonella Sp. (plusieurs espèces)   2-3
— ? Terebratula perforata ? *Piett.*   2
    T. cor, *Lmk.*   3
    T. punctata, *Sow.* (T. sinemuriensis *Opp.*)   2-3 —
    T. indentata, *de Buch.*   3

Rayonnés.

Crinoïdes.

— Pentacrinus tuberculatus, *Mill.*   1-2

Echinides.

Echinus Sp. (Peut-être un cidaris)   1

Bryozoaires.

Neuropora mamillata, *de From.*   1

Coralliaires.

Montlivaltia sinemuriensis, *de From.*   1

Foraminifères.

— Involutina petrea, *Terq.*   2 ?
Dentalina vetusta, *d'Orb.*   2
Placopsilina spinigera, *Terq.*   2-3
Frundicularia pulchra, *Terq.*   3
F. excavata, *Terq.*   3
F. impressa, *Terq.*   3 —
Dentalina tecta, *Terq.*   3 —
D· Terquemi, *d'Orb.*   3 —
D. obscura, *Terq.*   3 —
D. matutina, *d'Orb.*   3 —
Cristellaria. antiquata, *d'Orb.*   3 —
Marginula interrupta, *Terq.*   2
M. inæquistriata. *Terq.*   3 —

M. prima, *d'Orb.*   3 —
M. æqualis, *Terq.*   3 —

Perforants microscopiques.

Talpina porrecta, *Terq.*
Vebina Breoni, *Terq.*
Fromentalia Michelini, *Terq.*

Végétaux.

Bois fossile indéterminé et souvent indéterminable.

Causes des modifications locales dans les sédiments du keuper, de l'infra-lias et du lias inférieur.

Nous avons attendu jusqu'à présent pour indiquer, comme nous l'avons annoncé précédemment, les causes probables des changements exceptionnels qu'on remarque dans la nature minéralogique des dépôts des deux étages précédents et du keuper, au voisinage de certaines parties du Morvan et même sur un des points culminants du massif; car nous ne pouvions faire connaître ces causes qu'après avoir parlé du dernier des étages soumis à l'influence locale des agents minéralisateurs, c'est-à-dire du lias inférieur; encore avons-nous rencontré des preuves (V. p. 232) que le lias moyen dont nous parlerons ci-après n'a pas échappé complétement, au moins vers sa base, à l'effet des mêmes agents.

Il nous suffira de revenir sur trois points déjà décrits de l'Auxois pour arriver à l'explication des phénomènes modificateurs dans tous les gisements où existent des roches anormales. Ces trois points sont :

1º Le plateau de Thostes et de Beauregard; (V. p. 166.)

2° La contrée s'étendant de Pont-d'Aisy aux étangs de Champ-Monin; (V. p. 191.)

3° Les environs d'Avallon et de Pierre-Pertuis; (V. p. 201.)

Plateau de Thostes et de Beauregard.

Parmi les phénomènes qui ont produit les gisements anormaux précédemment décrits, ceux dont le plateau de Thostes et de Beauregard a subi l'influence sont les plus difficiles à comprendre.

Nous commencerons par la partie orientale (mine de Beauregard), qui présente moins de complication, et dont l'examen nous permettra de mieux concevoir la raison des changements survenus dans la partie médiane et dans la partie occidentale. (Voir la coupe synoptique p. 190.)

La section de Beauregard, en effet, ne renferme pas de roches siliceuses, sauf un petit îlot situé près du bois d'Elnère. La lumachelle seule présente un caractère anormal, non dans la totalité de ses assises, mais au-dessus de la partie moyenne où elle devient calcaréo-ferrugineuse.

Chaque banc est ferrifère ou manganésifère dans des proportions différentes, gardant sa texture, sa teinte et sa consistance propre, indiquant une sédimentation successive des éléments constituants.

La pénétration du calcaire par les substances métalliques n'a pu s'effectuer qu'à l'époque même du dépôt de chaque banc, avant qu'il ne fut consolidé, puisque jamais elle ne se produit dans un autre sens que le sens horizontal des bancs eux-mêmes. Elle n'a donc pas eu lieu après coup par injection, comme l'ont pensé beaucoup de géologues, car, dans ce cas, elle se serait manifestée par une imprégnation dans tous les sens, formant des masses tuberculeuses ou filonniennes traversant plusieurs bancs à la fois et d'une teneur à peu près homogène en éléments métalliques; ce qui n'apparaît nulle part.

La présence en cristaux et en amas de la pyrite et de la galène au milieu des bancs, la cristallisation du fer oligiste dans certains fossiles, celle de la chaux carbonatée dans l'intérieur de beaucoup d'autres et dans les fissures de retrait, ne sont pas des preuves d'un métamorphisme survenu après la consolidation de chaque dépôt, mais un effet d'arrangement moléculaire par affinité des substances congénères, sous l'influence plus ou moins prolongée des forces électro-chimiques, ainsi qu'il arrive dans beaucoup de roches sédimentaires non métamorphiques : le lias moyen, par exemple, à la base duquel le fer et le soufre se combinant à la longue ont formé des veines et ont recouvert les surfaces de beaucoup de fossiles d'une couche pyriteuse imitant les effets de la galvanoplastie, en même temps qu'elles pénétraient plus ou moins profondément dans la cristallisation spathique qui remplace les corps organisés ou qui remplit les vides du calcaire marneux.

On peut objecter que l'abondance des fossiles dans les bancs ferrugineux de Beauregard paraît contredire cette origine sédimentaire des éléments métallifères, puisqu'il est démontré par l'expérience que les mollusques meurent dans les eaux chargées de fer oxydé et qu'il serait dès lors plus rationnel de considérer leur existence dans les assises de la zone à *Am. planorbis*, comme antérieure aux émissions minéralisatrices ; mais rien n'empêche d'admettre que ces animaux pouvaient très-bien s'établir sur les bancs déposés pendant les intermittences qui laissaient la mer pure d'apports métalliques ; intermittences d'assez longue durée, si l'on en juge par la lenteur ordinaire de la sédimentation ; puis qu'ils étaient tués instantanément quand les troubles ferrugineux se manifestaient. D'un autre côté, si l'on tient compte de ce fait que les débris organiques de la lumachelle sont trop nombreux pour avoir tous vécu sur la place qu'ils occupent et que, même dans les points où la zone à *Am. planorbis* est à l'état normal, ils ont dû être, comme nous l'avons dit précédemment, accumulés par la vague, il devient très-probable qu'ils ont été apportés par le flot pendant la sédimentation de la mine de Beauregard; d'autant plus que la destruction en masse, sur d'assez grands espaces, des mollusques, par l'effet de la dissolution ferrugineuse, était une cause des plus favorables à leur transport et à leur amoncellement dans les strates de la lumachelle métallifère.

Dans la partie médiane, la lumachelle ferrugineuse prend une forme terreuse; elle est surtout alumineuse vers le haut. D'après M. Évrard (1), sa teneur en calcaire, qui, dans la lumachelle de Beauregard, est de 30,25, est descendue à 3,33; sa teneur en silice, au contraire, s'est accrue de 2,49 à 13,25 et sa teneur en fer de 25 0/0 à 45, à 50 0/0; sa puissance est descendue de 1m80 à 60 centimètres. Cependant elle correspond parfaitement à la mine en roche de Beauregard et, comme elle, repose sur des assises normales, car, en se rapprochant de la partie orientale, les bancs de la mine en terre reprennent peu à peu leur caractère de mine en roche et se relient à ceux de Beauregard (2).

Le ramollissement et l'amoindrissement des bancs ferrugineux de Thostes a fait disparaître toutes traces de fossiles dans la mine en terre, tellement qu'on a pu la considérer comme représentant le foie de veau; mais le foie de veau véritable n'existe qu'au-dessus presque atrophié et complétement silicifié avec le calcaire à gryphées qui le recouvre.

C'est à la silification du foie de veau et du calcaire à gryphées sur la partie médiane que M. Évrard attribue les modifications survenues dans la lumachelle ferrugineuse qui a été pénétrée après coup. Il y a donc eu en ce point un véritable métamorphisme, au moins en ce qui concerne la mine de fer.

(1) *Le Plateau de Thostes*, p. 34.
2 Ibid. p. 39.

Nous partageons à cet égard l'opinion de M. Évrard et nous reviendrons un peu plus tard sur la manière dont s'est opéré ce métamorphisme.

Dans la partie occidentale, au-delà de la faille A, où tout est silicifié, depuis l'arkose keupérienne jusqu'au calcaire à gryphées arquées, on distingue facilement la zone ferrugineuse qui correspond à celle de Thostes et qui repose comme elle sur des bancs non ferrugineux; d'où nous concluons que les assises ferrugineuses se sont déposées primitivement sur le plateau de Thostes entier dans les mêmes conditions qu'à Beauregard. Les modifications par métamorphisme qu'elles ont éprouvées dans la partie médiane se sont effectuées en même temps et de la même manière dans la partie occidentale, par la silicification du foie de veau et du calcaire à gryphées, car en replaçant par la pensée la lèvre affaissée de la faille en contact avec la lèvre relevée, on remarque que le calcaire à gryphées siliceux ne formait qu'une seule nappe s'étendant de l'ouest à l'est et se terminant au point de séparation de la mine de Thostes avec celle de Beauregard, où il reprend l'état purement calcaire. Si la mine en terre n'a pas conservé de fossiles, tandis que la mine silicifiée de la partie occidentale en a gardé quelques traces et a été moins écrasée, c'est que le ramollissement a été arrêté par un second phénomène de métamorphisme opéré après la rupture qui a donné lieu à la faille A.

En effet, toute la partie occidentale a été de nouveau imprégnée de silice et les bancs inférieurs de la lumachelle et du keuper, peut-être les strates houillères elles-mêmes, qui avaient échappé jusque-là à la silicification, ont été converties en silex et en jaspe, et il est à remarquer que ce n'est pas par la fracture occasionnée par la faille A que s'est produite l'émission siliceuse dont tous les bancs subordonnés au calcaire à gryphées ont été pénétrés, mais au contraire que cette fracture a limité cette émission sans effet sur la partie médiane. Il y a donc eu, pour les assises ferrugineuses de la partie occidentale, double métamorphisme, la première fois par ramollissement, et la seconde par durcissement résultant d'une silicification plus intense et plus profonde.

Quant à la silicification du calcaire à gryphées, nous ne pensons pas qu'elle se soit produite pendant le dépôt des couches elles-mêmes qui devaient être d'abord à l'état calcaire, car elles sont fossilifères, et les mollusques n'auraient pu vivre dans un milieu silicifié ; mais la substitution de la silice au calcaire a dû s'effectuer avant la consolidation des strates du lias inférieur, et avant le dépôt du lias moyen, dont un lambeau existe sur le plateau de Thostes à l'état non siliceux, sauf peut-être quelques parties de la base en contact avec le calcaire à gryphées métamorphique. La nappe siliceuse principale allait de l'ouest à l'est ; elle s'est épuisée à la limite orientale de la mine de Thostes et le calcaire à gryphées est resté à l'état normal au-dessus de Beauregard, excepté aux environs du bois d'Elnère où existe accidentellement un petit îlot siliceux au voisinage d'une faille.

Il est présumable que la faille A se prolonge vers le sud, coupant la faille B indiquée par M. Évrard, et que d'autres failles secondaires existent encore, car le plateau de Thostes a été disloqué avec beaucoup d'autres points des bords du Serein ; mais ce que nous avons dit suffira pour faire comprendre que les causes modificatrices n'ont commencé à agir dans cette contrée qu'avec l'infra-lias ; qu'elles se sont continuées pendant la stratification de cet étage et pendant celle du lias inférieur et qu'elles n'ont cessé qu'à la base du lias moyen ; qu'il y a eu, dans certains cas, imprégnation contemporaine des dépôts sans métamorphisme véritable, et dans d'autres cas, imprégnation après coup sur divers points, notamment à l'ouest de la faille A, et par conséquent métamorphisme ; mais tout annonce que ce métamorphisme s'est produit à une époque très-voisine de celle de la sédimentation.

Contrée située de Pont-d'Aisy aux étangs de Champ-Monin (Voir page 191).

Les bancs inférieurs de la lumachelle de Montlay présentent, de même que ceux de Sainte-Magnance, une structure vacuolaire avec veines et cristaux de barytine, de fluorine, de galène, etc., ce qui doit les faire ranger parmi les sédiments anormaux; mais on ne peut voir, dans les modifications qu'ils ont éprouvées, un phénomène de métamorphisme, car ces modifications ne s'étendant pas dans un autre sens que celui de la stratification, doivent être considérées comme synchroniques du dépôt lui-même ou au moins comme ayant agi avant sa consolidation et antérieurement à la sédimentation des assises normales qui le recouvrent immédiatement.

La même observation s'applique aux assises qui terminent la zone et qui, à Montlay et dans les environs, sont pénétrées de fer hydroxydé et de manganèse, car les substances métalliques parfaitement stratifiées sont confinées dans un ou deux bancs au plus, sans pénétration dans les bancs subordonnés, comme dans les bancs supérieurs qui appartiennent au foie de veau.

Contrée située sur les bords du Cousin et de la Cure (Voir page 201).

La contemporanéité de l'imprégnation siliceuse avec le dépôt des roches du keuper, de l'infa-lias et du lias inférieur est encore manifeste au milieu de plusieurs gisements des environs d'Avallon. On en trouve la preuve dans l'alternance des roches silicifiées avec les roches arénacées normales dans un ravin près de Pont-Aubert (V. p. 205); dans l'alternance de la lumachelle siliceuse avec des lits de marne non silicifiés, aux Pannats et aux Courtois (V. p. 204); ce qui n'aurait pas eu lieu, comme l'a démontré **M. Moreau** (1), dans l'hypothèse d'une silicification après coup et en masse; d'où l'on peut conclure que l'apport siliceux s'est effectué par intermittence et pendant un temps assez long, depuis la sédimentation des strates aréna-cées du keuper jusqu'à celle du calcaire à gryphées inclusive-ment, aussi bien dans l'Avallonnais (V. p. 201) que sur les bords du Serein, de Montigny-Saint-Barthélemy à Vieux-Château (V. p. 166), jusqu'à Courcelotte (V. p. 201) et aux Amans (V. p. 233). Sur plusieurs points les strates arénacées ont même été épargnées, comme on peut le remarquer dans certaines parties des bords du Cousin, aux Chaumes, par exemple, et sur le Morvan, aux Loizons, où le keuper est resté à l'état normal, tandis que la lumachelle et le calcaire à gryphées ont été convertis en silice.

La présence du fer, du cuivre, du plomb, de la barytine, de la fluorine etc. dans les bancs siliceux provient de la sépa-ration moléculaire qui s'est produite postérieurement sous l'influence des forces électro-chimiques et, comme nous le verrons plus loin, de la chaleur.

Cependant la pénétration après coup que nous avons cons-tatée à Thostes, partie occidentale et médiane, s'est manifes-tée également dans beaucoup de points des bords du Cousin et de la Cure; mais ce fait de métamorphisme ne saurait être séparé de l'imprégnation contemporaine des dépôts et ils appartiennent l'un et l'autre à un même phénomène qui s'est reproduit périodiquement pendant la sédimentation du trias inférieur et du lias inférieur.

Il nous reste à faire connaître les agents auxquels doivent être attribuées les modifications que nous avons signalées, les circonstances qui leur ont donné naissance, leur nature et l'état dans lequel ils se sont produits.

(1) *Bulletin de la Société géologique*, 2ᵉ série tom. II, p 645.

Tous les géologues qui ont étudié les roches modifiées de l'Auxois sont d'accord sur ce point, qu'elles ont subi l'influence d'émissions minérales sorties par les fractures des terrains de cristallisation, et le plus grand nombre ont vu dans le fait d'alternance fréquente des assises de composition anormale avec d'autres assises à l'état normal et dans la régularité de stratification des dépôts modifiés, sans projection en dehors de l'horizontalité, une preuve que ces émissions sont contemporaines ou à peu près contemporaines de la sédimentation (1).

Cette opinion nous paraît la plus conforme aux faits observés et nous pensons que les fractures par lesquelles se sont répandues les éjections minérales ont eu pour cause, non pas le soulèvement du Morvan, qui n'a pas eu lieu à l'époque du keuper, comme l'a pensé M. Élie de Beaumont, mais bien l'affaissement continu du massif à partir de la même époque, affaissement qui a eu pour objet de faire avancer progressivement la mer sur l'Auxois jusque-là exondé et de reporter le rivage sur des points occupés maintenant par les sommités du Morvan (Pierre-Écrite, les Amans, etc), et couronnés par des lambeaux de keuper, d'infra-lias et de lias infé-

(1) On remarque sur plusieurs points, et en particulier sur la déclivité que suit le chemin de Ruffey, au pont de Beau-Serein, des roch s granitiques altérées et imprégnées de fer; cette imprégnation est le résultat des émissions effectuées par les fissures du granite, lesquelles se sont répandues en nappes stratifiées et ont formé les assises ferrugineuses de la zone à *A. Planorbis*. Il est plus difficile de retrouver les points d'éjections des matières siliceuses, cependant nous avons retrouvé près du château de Bourbilly, sur la cascade du Peu-Crot, et à une faible distance d'assises silicifiées du calcaire à gryphées, un rocher de granite profondément altéré, mais consolidé par la silice non filonienne, ce qui pourrait indiquer le voisinage d'une des bouches d'émissions.

rieur (1). Si c'est bien par des crevasses et même par des
failles que se sont épanchées les matières qui ont changé à
cette époque la nature des dépôts sédimentaires, ces crevasses
et ces failles se sont effacées en partie (2) et ont été remplacées par des failles probablement recurrentes, aujourd'hui
très-apparentes aux environs des gisements anormaux; mais
celles-ci, qu'on peut remarquer surtout aux environs
d'Avallon (faille de Saint-Père, faille de Pont-Aubert), sont le
résultat des mouvements multiples qui, longtemps après, ont
donné leur dernier relief, aussi bien au Morvan qu'aux montagnes jurassiques qui l'entourent, puisqu'elles affectent jusqu'aux assises du groupe oolithique inférieur qui couronnent
ces montagnes.

Les éjections dont nous parlons, si elles s'étaient produites par les ouvertures de ces failles postérieures, n'auraient pu
agir que sur des terrains consolidés et par conséquent auraient
donné lieu à un métamorphisme constant; elles auraient pénétré non suivant la stratification, mais dans tous les sens; elles
auraient surtout pris la forme de filons, de ramifications et de
masses tuberculeuses, ce qui n'existe pas dans le keuper,
l'infra-lias et le lias inférieur, où les matières rejetées sont
toujours disposées en nappes régulières.

Il est évident, d'après ce que nous avons exposé, que les

(1) M. Peltat a reconnu dans l'Autunois le même affaissement progressif, encore plus prononcé que dans l'Auxois, ayant amené également
de l'est à l'ouest la transgressivité des dépôts dont nous parlons. — La zone à
Av. Contorta, etc. *Bulletin de la Société géologique de France*, 2e série,
tome XXII, page 548.

(2) Cependant il existe encore un grand nombre de failles sur les bords
du Serein; nous en citerons entre autres une fort curieuse située au sud
de Villars et sur le flanc de l'éminence sur laquelle est bâti ce village.
Elle est reconnaissable à un lambeau de calcaire à gryphées silicifié de
quelques mètres carrés, tombé à cinq mètres environ de la rivière et
accolé à l'escarpement formé par les gneiss.

émissions minéralisatrices se sont manifestées par intermittence; que pendant qu'elles étaient ferrugineuses sur les bords du Serein, à l'époque du dépôt de la lumachelle, elles étaient siliceuses sur le Cousin et la Cure, où elles n'ont pas cessé de se produire avec le même caractère jusqu'à la fin de la sédimentation du calcaire à gryphées et que les éjections ferrugineuses elles-mêmes se sont répandues à différentes périodes, puisqu'elles occupent des niveaux divers à Aisy, sur le plateau de Thostes, à Montlay, et que sur d'autres points des pentes du Morvan, comme à Chalancey, Pereuil, Thury, Vellerot, Nolay et Mazenay, où on exploite le minerai des forges du Creusot, elles appartiennent non à la première zone de l'infra-lias, mais à la seconde, comme l'ont constaté MM. Évrard et Flouest (1) et encore M. Peltat (2); enfin qu'à l'époque où se déposait le calcaire à gryphées arquées, les émissions ferrugineuses avaient cessé, et les émissions siliceuses fonctionnaient seules.

Mais quelle était la nature de ces émissions ? Se sont-elles produites à l'état pâteux ou bien sont-elles sorties à l'état de sources chaudes et chargées de substances minérales ?

La question a été controversée (3); cependant il nous paraît impossible d'admettre l'état pâteux des substances qui ont donné naissance aux mines de fer; leur disposition en lits distincts parfaitement stratifiés, avec répartition inégale suivant les bancs, des éléments constituants démontre d'une manière indiscutable que c'est à l'état de dissolution que les émissions ferrugineuses se sont répandues.

(1) *Le Plateau de Thostes*, etc. page 29 et suivantes.

(2) La zone à *A. Contorta*, etc. ouvrage déjà cité. *Bulletin de la Société géologique de France*, 2e série, tome XXII, page 562.

(3) Voir les diverses opinions émises à la réunion extraordinaire de la Société géologique de France, à Avallon et à Semur, en 1845, 2e série, tome II, p. 640 et suivantes du Bulletin. — Voir encore un article de M. de Longuemar, 2e série, tome I, page 643.

Il nous semble aussi très-difficile d'attribuer l'origine des dépôts siliceux à l'état pâteux des matières éjectées, puisqu'elles n'affectent jamais la forme filonienne, mais au contraire, la disposition en nappes assez souvent alternántes avec des assises à l'état normal. Si, dans la partie occidentale du plateau de Thostes, elles ont soumis à une silicification exceptionnelle toute la masse de terrain située à l'ouest de la faille A, s'il y a eu métamorphisme complet, il est plus facile de le comprendre par imbibition que par empâtement, car l'empâtement moins pénétrant que la dissolution doit laisser intacts des noyaux qui n'ont jamais été rencontrés dans les exploitations.

Il en est de même de la partie médiane du plateau où la dénaturation de la mine en terre de Thostes primitivement calcaréo-ferrugineuse, comme à Beauregard, et ensuite privée de presque tout son calcaire par substitution de silice, s'explique beaucoup moins par l'éjection pâteuse que par l'imbibition au contact des strates du foie de veau et du calcaire à gryphées soumis à la silicification.

On trouve une nouvelle preuve de l'état liquide des émissions dont nous parlons dans le contraste que présentent les nappes horizontales dans les assises stratifiées, toujours à l'état corné, jamais à l'état de quartz, si ce n'est en petits cristaux tapissant les vides laissés par les fossiles et les fentes de retrait, avec les véritables filons de quartz laiteux non cristallisés et même quelquefois grenus, qui, sur les bords du Serein et dans l'Avallonnais, traversent le granite et les roches azoïques ; ces filons auxquels il paraît naturel d'attribuer une origine pâteuse par fusion ignée ne s'élèvent jamais dans les terrains sédimentaires, ainsi que l'a constaté M. Raulin (1). Ils paraissent appartenir à une période antérieure correspondant probablement aux émissions porphyriques et au plissement du terrain

____

(1) *Statistique géologique du département de l'Yonne,* p. 255.

houiller de Sincey, et n'avoir aucune relation avec les dépôts siliceux en nappes.

La pénétration à l'état pâteux ne pourrait pas plus rendre compte de là structure vacuolaire des bancs inférieurs de la lumachelle calcaire de Montlay et de Sainte-Magnance, puisqu'ils sont limités entre des bancs non modifiés. Les vides laissés par les fossiles et tapissés de cristaux, la dissémination dans la roche à l'état de veines et de mouches, de barytine, de fluorine, de galène, etc., s'explique beaucoup mieux par effet de dissolution que par empâtement; seulement, dans ce dernier cas, les substances dissoutes étaient peu abondantes et très-diluées.

Nous croyons donc avec MM. Leymerie et Raulin (1) et aussi avec M. Évrard (2) que des phénomènes analogues aux geysers d'Islande se produisaient par les crevasses du granite; que des sources minérales, à une température très-élevée, chargées tantôt de substances métalliques, tantôt de silice gélatineuse, tenant en outre en dissolution divers minéraux accessoires, s'échappaient par intermittence du sol et venaient s'épandre en nappes à la surface des dépôts pendant leur formation ou bien qu'elles imbibaient de leurs effluves et de leurs vapeurs les strates déjà formées, mais non encore solidifiées.

Lorsque ces sources étaient ferrugineuses, elles mélangeaient leurs produits au calcaire, mais lorsqu'elles étaient saturées de silice, le calcaire était dissous et éliminé par substitution. La température élevée des éjections aqueuses et leur refroidissement lent favorisaient la séparation des éléments (barytine, fluorine, galène, etc.) et facilitaient la cristallisation du fer oligiste.

(1) Réunion extraordinaire de la Société géologique à Avallon déjà citée. — *Statistique géologique du département de l'Yonne*, page 254

(2) *Le Plateau de Thostes et ses mines*, page 49.

Les roches anormales ne sont pas spéciales à l'Auxois et existent dans les mêmes étages au pied du Morvan et sur ses pentes, soit à l'état ferrugineux comme à Chalancey, Nolay. etc., soit à l'état siliceux, comme à Musigny, près d'Arnay-le-Duc, à Bard-le-Régulier, à Blanot (1) et dans l'Autunois (2).

Elles doivent, comme dans l'Auxois, leur origine à l'abaissement progressif du Morvan, depuis l'époque du trias, avec empiétement continu de l'est à l'ouest ; et il est à remarquer que dans l'Autunois l'imprégnation ferrugineuse et siliceuse a atteint, suivant M. Peltat, les assises rhétiennes qui, dans la contrée dont nous nous occupons spécialement, moins avancée vers l'occident, ont été préservées des émissions minéralisatrices.

Les terrains silicifiés de la base et des sommets du nord du Morvan devaient avoir un développement plus considérable, car il est facile de constater qu'ils ont été soumis comme les roches normales à une dénudation très-énergique. Cette dénudation n'a laissé évidemment que des lambeaux sur place, principalement sur les points culminants, comme aux Amans, avoisinant des masses disloquées (les Loizons) et de traînées (forêt de Brenil). Les traînées se voient encore le long des bords du Serein, de Thostes à Guillon, où la colline de Varenne en est formée. Elles s'étendent encore plus loin et on les remarque jusque sur les hauteurs de Seignelay, au nord d'Auxerre, non loin du confluent du Serein avec l'Yonne, à une altitude de 149 mètres et à environ 60 mètres au-dessus du niveau actuel de cette dernière rivière. D'après

(1) Martin. — *Paléontologie de l'infra-lias*, etc , p. 14

(2) Peltat. — *La zone à Av. Contorta* déjà citée, p. 551 et suivantes. On doit aussi considérer comme roche modifiée l'arkose keupérienne de Sainte-Sabine, durcie après coup par la silice et pénétrée de barytine, de fluorine, de galène, d'azurite, de pyrite de fer, etc.

M. Moreau (1), le docteur Ricordeau a reconnu des cailloux roulés siliceux, contenant des gryphées arquées sur ce point distant de 60 à 80 kilomètres, en ligne droite, des lambeaux restés en place.

Troisième étage du groupe du lias.

LIAS MOYEN.

La séparation du lias inférieur avec le lias moyen est marquée sur plusieurs points, au sommet du premier de ces étages, par des surfaces mamelonnées, par des nodules marneux enchassés, par des feuillets gréseux et par des perforations de lithophages, signe évident d'un temps d'arrêt dans la sédimentation ; cette séparation résulte encore de la différence tranchée entre la nature minéralogique des roches des deux étages, comme aussi entre leurs faunes qui se distinguent, sinon sous le rapport générique, au moins sous le rapport spécifique. En effet, très-peu d'espèces du lias inférieur passent dans le lias moyen.

Le troisième étage du lias se divise naturellement en trois masses sédimentaires ayant leurs caractères à part, qu'on trouve toujours superposées à la base des pentes des montagnes jurassiques opposées au Morvan, mais qui, à mesure qu'on s'éloigne vers le nord, l'est et le sud-est, plongent de plus en plus sous des assises moins anciennes.

Ces trois masses sédimentaires sont :

1° A la base, un calcaire très-marneux de teinte bleuâtre foncée ; blanchâtre ou jaunâtre par altération à la surface

(1) *Les vallées de l'Avallonnais. — Bulletin de la Société d'Études d'Avallon, 1864.* page 40.

des bancs, avec lits intercalés de marnes bleues feuilletées plus ou moins épais;

2o Vers le milieu, un puissant dépôt de marnes feuilletées jaunâtres et grisâtres, ordinairement micacées, terreuses au contact des agents atmosphériques et formant le sol arable d'une grande partie des coteaux;

3o Au sommet, une suite d'assises d'une roche calcaire brune et fréquemment ferrugineuse, séparées par des assises de marnes feuilletées jaunâtres.

I. — Le calcaire marneux de la base est généralement connu sous le nom de *calcaire à bélemnites*, en raison du nombre considérable des débris de ces mollusques céphalopodes qui pullulent dans ses bancs; mais cette dénomination peut amener une certaine confusion, car les bélemnites abondent encore dans les strates de la troisième masse sédimentaire du lias moyen et aussi dans le lias supérieur; nous préférons, pour être mieux compris, désigner par le nom de *calcaire à ciment de Venarey*, les assises inférieures du troisième étage du lias, car c'est dans la vallée des Laumes, au village de Venarey, qu'elles sont plus particulièrement exploitées pour la fabrication du ciment. Si nous ajoutons un nom de lieu pour préciser le niveau dont nous parlons, c'est pour distinguer le calcaire à ciment de Venarey, du calcaire à ciment de Pouilly, qu'on tire des assises calcaréo-marneuses de l'étage rhétien, et du calcaire à ciment de Vassy (près d'Avallon), que fournissent les bancs inférieurs du lias supérieur.

II. — Les marnes de la deuxième masse sédimentaire ont été appelées *marnes sans fossiles*, parce qu'elles avaient été considérées comme dépourvues de restes organiques; mais depuis que M. Terquem y a constaté la présence d'un petit nombre de foraminifères et que nous y avons trouvé nous-même quelques mollusques, cette dénomination n'est plus exacte et nous donnerons à cette puissante assise le nom de *marnes micacées*.

III. — Le nom de calcaire à *gryphées cymbium*, adopté généralement pour la troisième masse sédimentaire, doit être remplacé par celui de *calcaire à gryphæa gigantea*, car la *gryphæa cymbium*, Lmk, n'est qu'une des formes de la gryphée arquée du lias inférieur. Elle a été par erreur considérée comme étant la gryphée qu'on rencontre au sommet du lias moyen et celle-ci est incontestablement la gryphæa gigantea décrite par Sowerby (1).

Pour mieux faire comprendre la disposition des trois masses sédimentaires et leurs proportions, nous allons donner la coupe figurative du lias moyen.

Lias supérieur.

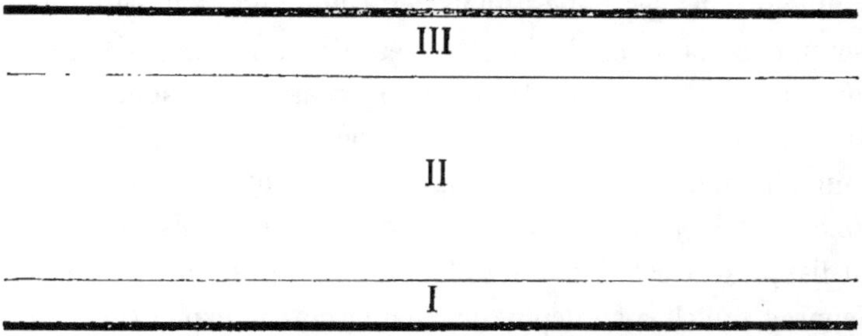

III

II

I

Lias inférieur.

I. — *Calcaire à ciment de Venarey*, moyenne... 10ᵐ

II. — *Marnes micacées*, id. 70

III. — *Calcaire à gryphæa gigantea* id. 15

95ᵐ

I. — Le calcaire à ciment de Venarey n'est pas exclusivement composé de bancs propres à la fabrication du ciment; indépendamment des assises feuilletées qui n'ont pas d'em-

(1) Cette erreur signalée par M. Dumortier a pour cause le défaut d'attention apporté à un erratum placé à la fin du tome IV de l'édition anglaise du *minéral chonchology*, où Sowerby annonce que la *gryphæa gigantea*, qu'il avait d'abord placée dans l'oolithe inférieure, accompagne le *Pelten æquivalvis* (fossile caractéristique du lias moyen).

Voir du reste la note à ce sujet placée au bas de la page 698 du tome xv du *Bulletin de la Société géologique de France*, 2ᵉ série, par MM. Thiollière et Hébert.

ploi, certains bancs trop calcaires donnent une excellente chaux hydraulique (Chassey, Pouillenay, etc.) qu'il ne faut pas confondre avec celle qu'on tire du foie de veau (zone à A. angulatus de l'infra-lias).

C'est surtout dans les exploitations de ciment disséminées dans la vallée des Laumes, sur les bords du canal, de Venarey à Pouillenay, rive gauche de la Brenne, puis en remontant le canal à Marigny-le-Cahouët, Braux, Pont-Royal et jusqu'à Pouilly qu'on peut étudier avec le plus de facilités le calcaire à ciment du lias moyen. Au nord de Venarey, il disparaît brusquement sous la plaine, probablement par l'effet d'une faille, et c'est sans doute aussi par l'effet d'une autre faille que, sur la rive droite de la Brenne, la partie inférieure du lias moyen est cachée à une certaine profondeur sous le sol de la vallée.

Les bancs calcaréo-marneux et les marnes intercalées entre ces bancs sont le plus ordinairement de couleur bleuâtre à pâte très-fine; cependant, dès que la roche repose à la surface du sol ou lorsqu'elle n'en est séparée que de quelques mètres, elle prend par altération un teinte blanchâtre ou jaunâtre.

Dans les assises les plus basses, beaucoup de fossiles sont revêtus d'une couche de pyrite de fer qui leur donne un aspect doré ou bronzé. La pyrite pénètre imparfaitement dans l'intérieur des fossiles qui sont fréquemment spathiques et il n'est pas rare de trouver le sulfure de fer en veines et même en rognons, avec ou sans cristallisation, dans les bancs eux-mêmes.

L'homogénéité et la finesse de la roche annoncent une sédimentation opérée dans des conditions de tranquillité et d'uniformité constante.

Cependant la puissance du calcaire à ciment, la disposition des bancs les uns par rapport aux autres, la proportion et le nombre des lits calcaréo-marneux ou simplement marneux, leur teneur en chaux, en silice et en alumine, sont extrêmement variables, et on remarque des différences non-seulement d'une carrière à l'autre, mais encore dans les divers points d'une même carrière. Ces différences sont d'autant plus prononcées qu'on se rapproche davantage de la côte morvandelle, dans la grande plaine de l'Auxois, par exemple, où les bancs sont moins développés que dans la vallée des Laumes.

Bien qu'il soit difficile de faire dans le calcaire à ciment des divisions bien tranchées, à cause de la similitude minéralogique des bancs, il est facile de reconnaître que certaines espèces fossiles sont spéciales à des niveaux à peu près constants.

C'est pourquoi nous le partagerons en quatre zones que nous désignerons par un fossile caractéristique, en allant de bas en haut.

1. Zone de l'*Am. Valdani*, d'Orb.
2. Zone de l'*Am. Venarensis*, Opp.
3. Zone de l'*Am. Henleyi*, Sow. (1)
4. Zone de l'*Am. Davœi*, d'Orb.

Parmi les coupes que nous avons relevées, différant dans les détails, mais non par l'ensemble, nous choisissons celle que nous avons prise à Pouillenay en 1861, dans la carrière Lacordaire, alors que la disposition de la tranchée et l'exploitation à flanc de coteau nous a permis de reconnaître réunie sur un seul point la série entière des assises, ce qui est rarement possible dans les exploitations du pays.

Terre végétale et alluvions argilo-ferrugineuses formées par les troubles d'un ancien cours d'eau, situé à 30ᵐ environ au-dessus du lit actuel de la Brenne, sur un replain

---

(1) Et non *A. planicosta* Sow. comme plusieurs géologues l'ont pensé. Ce n'est pas non plus l'*A. henleyi* figurée par d'Orbigny.

qui a pour origine l'ablation par érosion des marnes mica-
cées: puissance environ 3 mètres.

0ᵐ 28	Calcaire marneux, jaunâtre par altération.	*A. margaritatus.*
0 50	Marnes feuilletées	*Belemnites.*
0 30	Calcaire marneux	*A . Bechei, A. Davœi, etc.*
0 36	Marnes feuilletées.	*Belemnites, etc.*
0 24	Calcaire marneux.	*A. Henleyi, A. fimbriatus.*
0 80	Marnes feuilletées.	*Belemnites, etc.*
1 80	Calcaire marneux.	*A. Alisiensis (1), A. Venarensis.*
1 10	Marnes bleues.	*Belemnites, A. Centaurus.*
4 60	Calcaire marnenx, avec petits lits de marnes intercalées. Il repose, par un petit banc d'un mètre très-pyriteux, sur la surface mamelonnée du calcaire à gryphées arquées.	*A . Valdani.*

Lias inférieur.

Les bélemnites du calcaire à ciment sont très-nombreuses
à tous les niveaux, sans distinction d'espèces. Elles abondent
surtout dans les bancs marneux, quoique ceux-ci soient moins
riches en corps organisés que les bancs calcaréo-marneux; et

(2) L'*A. Alisiensis* Reynès, très-commune à ce niveau, a été confondue avec l'*A. Valdani,* mais elle en diffère par des côtes plus recourbées,
près de la carène, par des tubercules plus obtus sur le moule, l'externe
plus développé que l'interne, et aussi par la complication et l'enchevêtre-
ment des digitations, beaucoup plus simples dansi l'*A . Valdani* dont la
double pointe est toujours visible sur le moule.

pourtant c'est dans les bancs feuilletés qu'il est le plus facile de recueillir des débris paléontologiques, parce qu'ils ont la propriété de se disjoindre et de s'exfolier à l'air, après avoir été rejetés sur les cavaliers des carrières.

Il est à remarquer que, parmi les nombreux fossiles du calcaire à ciment, si l'on rencontre quelques huîtres, on ne trouve jamais de véritables gryphées, quoique, dans d'autres pays, ce soit le niveau de la *gryphœa obliquata*, Sow.

Le calcaire à ciment de Venarey renferme généralement l'élément calcaire en excès, car la roche se brise et se délite en restant quelque temps exposée aux agents atmosphériques; aussi les bancs qui sont les plus riches en fossiles à l'état spathique sont-ils les moins estimés par les industriels. Pour obtenir un ciment convenable et arriver à une moyenne satisfaisante, on est souvent obligé de mélanger dans les fours la pierre de plusieurs bancs qui renferment des proportions de chaux différentes.

Le calcaire de la partie inférieure du lias moyen extrait des puits du souterrain de Blaisy est marneux, comme celui de l'Auxois, mais pas au même degré. Il est plus grenu et plus pénétré de pyrite de fer.

II. — Les marnes micacées forment une masse homogène schisteuse, contenant çà et là des noyaux durcis calcaréo-marneux d'un volume assez considérable, mais sans suite et ne s'étendant jamais en assises régulières. Les ouvriers donnent à ces marnes le nom de *Baume*, qu'ils appliquent aussi par extension à tout l'étage.

Cette masse médiane présente à l'intérieur des montagnes une assez grande résistance, mais, au contact des agents athmosphériques et sous l'influence de la culture, elle se convertit rapidement en terre arable, et comme elle n'existe que sur les pentes des coteaux, la surface désagrégée glisse insensiblement lavée par les pluies et se renouvelle en même temps, ce qui détermine à la longue la diminution du pourtour des montagnes, sans jamais produire la stérilité.

L'absence ou l'extrême rareté des fossiles dans ce dépôt, qu'on ne peut diviser en zones, ne s'explique guère que par l'accumulation rapide des sédiments, ou par la température trop élevée des eaux pendant sa formation; il est donc présumable que les foraminifères et les rares mollusques de très-petite taille qu'on y recueille y ont été entraînés sans y avoir vécu.

Il est difficile d'explorer ce massif marneux ailleurs que dans les profondes ravines qui le coupent et sur les points où il est fouillé pour l'extraction de la terre à briques.

Dans beaucoup de contrées, la puissante assise marneuse dont nous parlons est très-réduite ou manque presque complétement. Elle semble donc être, dans l'Auxois, le résultat d'un phénomène local.

III. — Le calcaire à *gryphœa gigantea*, improprement appelé calcaire à *gryphœa cymbium*, et qu'on a aussi, nous ne savons pourquoi, appelé calcaire noduleux (1), est caractérisé par une coquille du genre huître très-abondante et présentant deux formes qui passent de l'une à l'autre, donnant lieu à une variété étroite et à une variété dilatée, cette dernière de beaucoup la plus répandue. Quelques-unes de ses gryphées ont encore gardé le point d'adhérence sur la grande valve, et le sillon qui borde le côté le plus large de celle-ci est plus ou moins prononcé et quelquefois complétement effacé.

La partie supérieure du lias moyen est composée, comme nous l'avons déjà dit, d'assises calcaires séparées par des assises de marnes feuilletées, les unes et les autres d'un mètre à deux mètres environ d'épaisseur.

---

(1) Les nodules se trouvent à différents niveaux : au sommet des marnes micacées, et, aux environs de Sombernon, dans le calc. à *gryphœa gigantea*, et même dans le lias supérieur à l'état de *septaria*.

Pour chaque nature de dépôt, on compte 5 à 8 assises, ce qui donne une puissance approximative de 15 à 20 mètres au sous-étage de la *gryphœa gigantea;* lequel, en raison de l'alternance des bancs pierreux plus solides avec les bancs alumineux moins résistants à l'entraînement, est toujours disposé en terrasses ou en escaliers aux deux tiers environ de la hauteur des coteaux, dans la partie médiane et orientale de l'Auxois.

Les bancs calcaires, où l'élément argileux est encore assez dominant et où il n'est pas rare de trouver le fer à l'état d'oolithe miliaire, sont d'une grande dureté, quand ils sont protégés par les terrains superposés, et présentent à vif une teinte bleuâtre; mais la partie exposée à l'air et qui vient affleurer sur les pentes se délite très-rapidement et devient brune ou grisâtre. Lorsque la roche est trop altérée, elle n'est indiquée sur le flanc des côteaux que par des bandes horizontales terreuses et saillantes; lorsqu'elle est plus résistante, elle forme à des niveaux successifs un petit escarpement ayant l'aspect d'un vieux mur de soutènement en ruine, car l'assise marneuse sur laquelle s'appuie chaque banc calcaire et celle qui le recouvre ont été détruites par les agents atmosphériques jusqu'au pied de chaque terrasse.

Il est difficile de constater ailleurs que dans les ravines et dans les tranchées creusées de mains d'homme le point exact où finit vers le haut la masse feuilletée des *marnes micacées* et où commence vers le bas la masse à *griphœa gigantea,* car les premiers bancs calcaires sont encore tellement marneux qu'ils ne font jamais saillie sur les déclivités.

Dans la terre plaine, la roche est d'une plus grande solidité et offre à peu près la dureté du calcaire à gryphées arquées du lias inférieur, auquel elle ressemble minéralogiquement.

Le calcaire à *griphœa gigantea* est un excellent horizon géologique qui marque la fin du lias moyen. Il est facile à reconnaître à distance au bourrelet qu'il forme dans les coteaux dont il modifie la pente, en opposant une barrière continue, mais souvent insuffisante, au glissement des marnes du lias supérieur qui le surmontent presque toujours (1).

Cependant la superposition du lias supérieur au calcaire à *griphœa gigantea* manque sur certains mamelons (Mont Cernon, près Marigny-le-Cahouët) et sur plusieurs caps avancés vers la plaine formant le prolongement des montagnes jurassiques (plateau de Villenotte, plateau de Chassey, etc.) ; ces mamelons et ces caps, couronnés par la gryphée géante, sont des témoins des dénudations qui ont donné au sol le relief qu'il présente aujourd'hui.

Le niveau du calcaire à gryphées géantes est généralement, dans l'Auxois, aux deux tiers environ de la hauteur des coteaux au-dessus de la plaine. Vers le nord et le nord-ouest, quand on s'éloigne de la côte morvandelle et de la plaine principale, ce niveau s'abaisse beaucoup et ne tarde pas à disparaître sous les montagnes qui plongent vers le bassin de Paris.

On le trouve même descendu jusqu'au pied des coteaux jurassiques, par l'effet de failles, de Sainte-Colombe à Angely dans la terre plaine et sous la montagne de Bard, dans la vallée d'Epoisses.

Les assises calcaires sont généralement très-fossilifères et beaucoup de mollusques y sont de grande taille, tandis que les assises marneuses ne contiennent pas de corps organisés, sauf de rares foraminifères. Ces marnes ne diffèrent pas des marnes de la masse intermédiaire, et il semblerait que le

(1) La pente des marnes du lias supérieur à partir du calcaire à entroques qui couronne les hauteurs, jusqu'au calcaire à *gryp. gigantea* est beaucoup moins prononcée que celle du talus qui descend de ce dernier niveau jusqu'à la base des collines. On peut le remarquer à Semur sur le coteau de Mont-le-Duc, où le niveau de la gryp. gigantea est marqué par la limite supérieure des vignes.

18

dépôt de ces dernières s'est continué par intermittence pendant la sédimentation de la masse supérieure, ce qui est indiqué par l'alternance des bancs alumineux avec les bancs calcaires.

On peut, suivant la répartition de certains fossiles, diviser le calcaire à *gryphæa gigantea* en trois zones désignées par des espèces caractéristiques en allant de bas en haut:

1º Zone de l'*Ammonites zetes*, d'Orb (1);

2º Zone du *Pecten æquivalvis*, Sow;

3º Zone de l'*Amm. acanthus*, d'Orb.

Un certain nombre d'espèces sont communes, aussi bien au *calcaire à ciment* qu'au calcaire à *gryphæa gigantea*; cependant beaucoup de formes spécifiques appartiennent spécialement à chacun de ces niveaux, et, à l'époque où s'est faite la sédimentation de la partie supérieure, une quantité notable d'animaux marins propres au calcaire à ciment s'étaient éteints, tandis que d'autres apparaissaient pour la première fois dans le calcaire à gryphées géantes.

Il est à remarquer que certaines espèces, très-communes dans l'Avallonnais, au milieu des strates à gryphées géantes manquent ou sont fort rares au même niveau, dans la partie N.-E., E. et S.-E. de l'Auxois; tels sont, parmi les céphalopodes. L'*Am. spinatus*, Brug. parmi les lamellibranches, la *lima punctata*, Sow.; parmi les brachiopodes, la *terebratula cornuta*, Sow.; la *T. Edwardsi*, Davids; la *T. quadrifida*, Lmk.; la *Rhynchonella acuta*, d'Orb., (*Tereb.* acuta, Sow.); la *Rhynch. Tetraedra*, Sow., qui ne commence à paraître vers l'ouest qu'à Tivauche et Moutiers-St-Jean, et la *spiriferina rostrata* (*spirifer rostratus*, Schlott.)

Nous avons dit que les espèces du lias inférieur passent

---

(1) C'est par erreur que A. d'Orbigny a placé l'*A. Zetes* dans le lias supérieur.

dans l'Auxois en nombre excessivement restreint dans le lias moyen; du lias moyen au lias supérieur le passage n'existe pas, à moins qu'on ne considère l'*Am. fimbriatus*, Sow. du calcaire à *gryp. gigantea*, comme le même que l'*A. cornucopiœ*, Joung, du lias supérieur; mais si, dans certains pays, ces deux fossiles se rapprochent tellement par leurs formes, qu'il est impossible de les distinguer, ils ne paraissent pas identiques dans l'Auxois

Certaines bélemnites du lias moyen paraissent aussi se continuer dans le lias supérieur (Vassy); mais comme dans les bélemnites il ne s'est conservé que le rostre, la similitude de formes ne suffit pas pour établir l'identité incontestable des espèces. (1).

(1) Alcide d'Orbigny, en étudiant les terrains de notre pays, avait été frappé du défaut de liaison paléontologique entre les étages sinémurien et liasien, entre les étages liasien et toarcien et même entre les étages toarcien et bajocien, et ses observations dans l'Auxois l'avaient confirmé dans sa théorie de brusques changements séparatifs des étages.

Une démarcation aussi tranchée, à l'entour de la partie nord du plateau central entre les étages, à partir du calcaire à gryphées arquées jusqu'au calcaire à entroques, semble être en contradiction avec ce que nous avons dit, en abordant la description de la formation secondaire, du passage qu'on remarque ordinairement des espèces d'un étage à un autre et du caractère artificiel de certaines coupures en géologie. Ce fait est d'autant plus singulier dans l'Auxois, qu'il n'y a aucune interruption dans les sédiments et qu'on n'y rencontre jamais de discordance dans la stratification.

Mais il est spécial à la contrée que nous décrivons et il est beaucoup moins marqué dans d'autres pays; il résulte probablement de phénomènes purement locaux, provenant de l'abaissement intermittent du Morvan.

Il pouvait se produire, en même temps que les oscillations, des émissions gazeuses ayant pour effet d'anéantir à un moment donné la faune qui ne se renouvelait que par immigration. C'est peut-être ce qui expliquerait pourquoi les marnes micacées du lias moyen et un grand nombre d'assises marneuses du lias supérieur, à peu près privées de fossiles, paraissent s'être déposées dans des conditions impropres à la vie des animaux marins.

L'étage liasien, en raison de sa composition marneuse, n'a pas résisté à la dénudation qui a creusé la plaine et les vallées secondaires; le calcaire à ciment, moins attaquable par l'érosion, se rencontre pourtant seul et exceptionnellement soudé au calcaire à gryphées arquées : dans la partie basse des environs de Semur, sur le chemin de Lantilly et au commencement de la descente qui conduit au pont du ru de Bougé, où il a été enclavé au-dessus du calcaire à gryphées arquées, par l'effet d'une faille; au nord-ouest du bois de Champeaux; à Genay et à Mènetreux-lès-Semur. On en trouve encore un lambeau à Beauregard, à l'ouest de ce village; et même sur des points assez rapprochés du Morvan, tels que : Sainte-Segros où M. Gueux en a reconnu un lambeau, à l'altitude de 380^m environ, dans le Champ-des-Vignes, près des débris de forges des temps gallo-romains, et Thoisy-la-Berchère, où il forme, conservé par une faille, le prolongement des dépôts de la montagne de Sussey.

Le lias moyen existe partout en regard du Morvan, et s'il manque sur les sommets granitiques, la disposition des montagnes jurassiques, malgré leur abaissement, indique qu'il devait s'étendre au moins sur les points encore occupés par l'infra-lias et le lias inférieur, c'est ce que nous nous proposons d'établir d'une manière plus complète quand nous nous occuperons de la géogénie de l'Auxois.

Il nous reste à désigner les fossiles que nous avons recueillis dans le lias moyen de l'Auxois.

Leurs noms figurent dans un tableau où chaque division de l'étage a sa colonne particulière. Le chiffre placé dans une colonne en regard d'une espèce, indique la zone où elle se rencontre.

Nous rappelons que la première division de l'étage, ou calcaire à ciment de Venarey a quatre zones :

4   Zone de l'*A. Davœi.*

3   Zone de l'*A. Henleyi,*

2   Zone de l'*A. Venarensis,*

1   Zone de l'*A. Valdani.*

Que la seconde division, ou marnes micacées, ne peut être subdivisée et ne forme par conséquent qu'une zone ;

Et que la troisième division, ou calcaire à *gryphœa gigantea*, a trois zones ;

3   Zone de l'*A. achantus.*

2   Zone du *Pecten œquivalvis.*

1   Zone de l'*A. Zetes.*

———

Nous ferons précéder, comme nous l'avons déjà fait pour les autres étages, du signe — les espèces qei existent déjà dans le lias inférieur et nous ferons suivre du même signe, le nom des fossiles qui pourraient être regardés comme passant dans le lias supérieur.

FOSSILES DU LIAS MOYEN.	DÉSIGNATION DES SOUS-ÉTAGES			LOCALITÉS en dehors desquelles le fossile désigné est rare ou manque.
	Calcaire à ciment.	Marnes micacées	Calc. à gryphæa gigantea.	
Vertébrés.				
Reptiles.				
Ossements de sauriens.	2			
Poissons.				
Dents d'hybodus.	2			
Articulés.				
Crustacés.				
Cyproïdes nombreux.	1,2,3,4			
Fragments indéterminables.	1,2			
Annelés.				
Serpula branoviensis, *Dumort.*			1,2	
Mollusques.				
Céphalopodes.				
Belemnites elongatus, *Miller.*	1,2,3,4		1,2,3	
B. paxillosus, *Schl.*—?	1,2,3,4			
? — B. niger ? *Lister.*	1,2,3,4			
B. brevirostris, *d'Orb.*	1,2,3,4			
B. clavatus, *Blainv.*	1,2,3,4		1,2	
B. Bruguierianus, *d'Or.*			1,2,3	
Et autres (1).				
Nautilus intermedius, *Sow.*	1,2,3,4		1,2	
Becs de nautiles de très-petite taille.	1,2,3			

(1) Il est difficile d'indiquer avec certitude les noms d'espèces des bélemnites, car les auteurs ne sont pas d'accord ; d'ailleurs il ne reste que les rostres souvent variables dans la même espèce ; nous croyons toutefois qu'il existe au moins six formes distinctes dans les bélemnites du lias moyen de l'Auxois.

FOSSILES DU LIAS MOYEN.	DÉSIGNATION DES SOUS-ÉTAGES.			LOCALITÉS en dehors desquelles le fossile désigné est rare ou manque.
	Calcaire à ciment.	Marnes micacées	Calc. à gryphæa gigantea.	
Ammonites Valdani, *d'Orb.*	1			
Am. Venarensis, *Opp.*	2			
Am. brevispina, *Sow.*	1			
Am. Alisiensis, *Reynès*(1)	2			
Am. Loscombi, *Sow.*	2,3			
Am. Linneanus, *d'Orb.*	2,3			
Am. Boblayei, *d'Orb.*	2			
Am. striatus, *Reinech.*	3			
Am. Bechei, *Sow.*	4			
Am. Davæi, *Sow.*	4			
Am. fimbriatus, *Monfort*	3,4		1	
Am. capricornus, *Schlot*	3,4			Blaisy.
Am. Buvigneri, *d'Orb.*(2)	?			
Am. Margaritatus, *Monfort* (3).	2,3,4		1	
Am. Henleyi, *Sow.* (4).	3			
Am. Regnardi? *d'Orb.*(5)	3			
Am. Latecosta, *Sow.* (A. hybrida, *d'Or.*(6)	3			Blaisy.

(1) Cette ammonite très-commune n'a été décrite que récemment par M. Reynès et doit figurer dans un ouvrage qui doit bientôt paraître.

(2) L'A. Buvigneri a été trouvée dans les extractions des puits de Blaisy, il est impossible d'indiquer la zone.

(3) La grande forme plate du sous-étage à gryp. géante, est l'A. amaltheus Schlott.

(4) L'Am. Henleyi de Sow, est l'A. planicosta de d'Orbigny, et non celle que ce dernier auteur a dessinée sous le nom d'A. Henleyi, laquelle n'est qu'une des variétés de l'A. Bechei.

(5) L'Am. que nous désignons sous le nom de Regnardi ressemble à celle décrite sous ce nom par d'Orbigny ; cependant il manque sur la partie externe des côtes des tubercules indiquées par cet auteur.

(6) Espèce très-voisine de l'A. Henleyi, Sow.

FOSSILES DU LIAS MOYEN.	DÉSIGNATION DES SOUS-ÉTAGES.			LOCALITÉS en dehors desquelles le fossile désigné est rare ou manque.
	Calcaire à ciment.	Marnes micacées	Calc. à gryphæa gigantea.	
Am. centaurus, *d'Orb.*	2,3			
Am. Acteon, *d'Orb.*	1			
Am. globosus, *Ziet.*	2,3			
Am. Jamesoni, *Sow.*	2,3			
Am. Jupiter, *d'Orb.* (A. polymorphus costatus, *Quenst,*)	2,3			
Am. spinatus, *Brug.*)			1,2	Avallonnais.
Am. normanianus? *d'Or.*			1,2	Pouillenay.
Am. zetes, *d'Orb.* (A. pohymorphus amaltheus, *Quen.*)			1	
Am. acanthus, *d'Orb.* (A. semicelatus? *Simpson.*)			3	
Et autres.				
Gastéropodes.				
Turritella sp.			1,2	
Tornatella sp.			1,2	
Trochus imbricatus, *Opp., in Quenst.*	3,4	/		
T. Ægion ? *d'Orb.*			2	
Turbo canalis, *Opp.*	2,3,4			
T. cyclostoma, *Ziet et Gold.*			1,2	
Phasianella Jason? *d'Orb.*			2	
Pleurotomaria anglica? *Defr.*	3,4		1,2	
P. expansa, *d'Orb.* (helicina solarioïdes, *Sow.*)	3,4		1,2	
P. princeps, *Dunk.*			1,2	
P. Amalthei, *Quenst.*			1,2	
Straparolus sp.	2,3			
Solarium sp.			1,2	
Scalaria liasica,, *Quenst.*	2,3,4			

FOSSILES DU LIAS MOYEN.	DÉSIGNATION DES SOUS-ÉTAGES.			LOCALITÉS en dehors desquelles le fossile désigné est rare ou manque.
	Calcaire à ciment.	Marnes micacées	Calc. à gryphæa gigantea.	
Cerithium sp.			1,2	
Et autres gastéropodes.				
Lamellibranches.				
Pholadomya ambigua, *Sow.*			1,2,3	
P. decorata, *Ziet.*			1,2,3	
Et autres.				
Homomya sp.			1,2,3	
Pleuromya unioïdes, *Rœmer.*			2,3	
Et autres.				
Lyonsia sp.			1,2,3	
Leda complanata, *Goldf., in* Quenst.	1,2	1		
Astarte amalthea, *Quenst.*			1,2	
Astarte sp.			1,2	
Cardinia sp.	2			Blaisy.
Cardinia sp.			1,2	
Lucina pimula, *d'Orb.*			2,3	
Cardium candatum, *Goldf.*	2,3			
Mactromya (unicardium) aspasia? *d'Orb.*			1,2,3	
Mactromya sp.			1,2,3	
Pinna sp. (plusieurs formes.)			1,2,3	
Nucula subovalis? *Goldf.*	2,3	1		
N. variabilis, *Quenst.*	2,3			
Nucula sp.			1,2	
Et autres.				
Arca sp.	2,3			
Cucullæa Munsteri, *Goldf.*	2,3			
Tancredia (hettangia) ovalis, *Terq.*	2,3			
Tancredia sp.			1,2	
Mytilus scalprum, *d'Orb.*			1,2	
Mytilus gregarius, *Goldf.*			1	Pouillenay.
Mytilus Pelops, *d'Orb.*			1,2	

FOSSILES DU LIAS MOYEN.	DÉSIGNATION DES SOUS-ÉTAGES.			LOCALITÉS en dehors desquelles le fossile désigné est rare ou manque.
	Calcaire à ciment.	Marnes micacées	Calc à gryphæa gigantea.	
Mytilus sp.	2,3			
— Lima punctata, *Sow*. (1).	4		1,2	
Lima sp.	4			
Lima acuticosta, *Goldf*.	4		2,3	
Lima inæquistriata, *Munst*.			2,3	
Lima Hermanni ? *Voltz*.			2,3	
Et autres limes.				
Avicula inæquivalvis, *Sow*.	4			
Av. substriata, *Ziet*.			1,2,3	
Avicula sp.		1		
Et autres.				
Inoceramus ventricosus, *d'Orb*.	3,4			
Et autres.				
Pecten velatus, *Goldf*.	2,3			
Pecten sp. (Plusieurs formes).	2,3,4			
P. disciformis, *Schübler* (2).			2	
P. æquivalvis, *Sow*.			2	
P. acuticostatus ? *Sow*.			1,2	
P. priscus, *Goldf*.			1,2	
P. strionatis, *Quent*.			2	
P. textorius? *Schlott. in Quenst*.			2	
Pecten sp.		1		
Et autres.				
Harpax (plicatula) spinosa, *Sow*.	4			
H. Parkinsoni, *Deslong*.			1,2,3	
H. placuna, *Deslong*.			1,2,3	
H. lamellosa ? *Deslong*.			1,2,3	
H. lævigata, *d'Orb*.			1,2,3	
H. calloptycus, *Deslong*.			1,2,3	
Et autres.				
Hinnites sp.			3	

(1) La lima punctata, assez commune dans le premier sous-étage, ne se trouve dans le troisième qu'aux environs d'Avallon.

(2) Pecten corneus, Goldf. P. liasinus, Ngt. (Le nom de Disciformis doit s'appliquer à un Pecten d'un autre étage.)

FOSSILES DU LIAS MOYEN.	DÉSIGNATION DES SOUS-ÉTAGES.			LOCALITÉS en dehors desquelles le fossile désigné est rare ou manque.
	Calcaire à ciment.	Marnes micacées	Calc. à gryphæa gigantea.	
Ostrea (esp. voisine de l'O. irregularis, *Munst.*)	3,4			
O. sportella, *Dumort.*			1,2,3	
Gryp. gigantea, *Sow.* (1)			1,2,3	
Brachiopodes.				
Terebratula numismalis, *Lmk.*	2,3,4			
T. subnumismalis, *Davids.*			1,2	
T. Darwini, *Deslongch.*	2,3		1,2	
— T. punctata, *Sow.*	3,4			
T, subpunctata, *Davids.*			1,2	
T. Waterhousi, *d'Orb.* (T. subdigona, *Opp.*)	1,2			
T. Edwardsi, *Davids.*			1,2	Montréal. Avallonnais.
T. Sartasensis, *d'Orb.*			1,2	
T. Jauberti, *Deslongch.*			1,2	
T. cornuta, *Sow.*			1,2	Avallonnais.
T. quadrifida, *Lmk.*			1,2	Id.
T, resupinata, *Sow.*			1,2	
Et autres.				
Rhynchonella variabilis ? *d'Orb.* (2).	1,2,3,4		1,2,3	
R. furcillata, *de Buch.*	3,4		1,2	
R. rimosa, *de Buch.*	3,4		1,2,3	
R. Thalia, *d'Orb.*	2,3,4			
R. acuta, *Sow.*			1,2	Avallonnais.
R. tetraedra, *Sow.*			1,2	
Et autres.				
Spiriferina verrucosa, *de Buch.* (S. rostrata, *Schlott.*) (3).	1,2		1,2	

(1) Et non gryphæa cymbium, Sow.

(2) Evidemment d'Orbigny a considéré comme étant de la même espèce, deux Rhynchonelles différentes, l'une du lias inférieur, l'autre du lias moyen, qu'il a désignées sous le nom de R. variabilis ; c'est pourquoi nous avons fait suivre du signe ?, celle désignée ci-dessus.

(3) Elle ne se trouve dans le troisième sous-étage que dans l'Avallonnais.

FOSSILES DU LIAS MOYEN.	DÉSIGNATION DES SOUS-ÉTAGES.			LOCALITÉS en dehors desquelles le fossile désigné est rare ou manque.
	Calcaire à ciment.	Marnes micacées	Calc à gryphæa gigantea.	
? — S. pinguis? *Ziet.*	3,4			
Et autres.				
Rayonnés.				
Echinides.				
Pseudodiadema minutum, *Cott.*	2,3			
Rabdocidaris Moraldina*st.*	2,3			
Cidaris criniferus, *Quens.*		1		
Pointe d'un grand cidari, *Cott.*			1	
Crinoïdes.				
Pentacrinus basaltiformis, *Mill.*	2,3,4			
P. subangularis, *Mill.*	2,3,4			
Pentacrinus sp.			1,2	
Et autres.				
Bryozoaïres.				
Espèce indéterminée.	3,4			
Foraminifères.				
Gromia liasina, *Terq.*	3			
Annulina metensis, *Terq.*	4	1		
Nodosaria nitida, *Terq.* —	2,3			
— N. Simoniana, *Terq.* —	1,2			
Glandulina oviformis, *Terq.*	3,4			
Dentalina colubrina, *Terq.*	3,4			
— D. vetusta, *d'Orb.*	1,2,3			
— D. Terquemi, *d'Orb.* —	1,,34			
D. cylindracæa, *Terq.*	1,3,4	1	3	
D. fragilis, *Terq.*	3,4			
— D. vetustissima, *d'Orb.*	3,4			
— D. obscura, *Terq.*	2,4			
D. Mauritii, *Terq.*	1			
D. anguis, *Terq.*	3,4			
D. baccata, *Terq.*	3			
D. glandulosa, *Terq.*	3,4			
D. torta, *Terq.* —	1,2,3			

FOSSILES DU LIAS MOYEN.	DÉSIGNATION DES SOUS-ÉTAGES.			LOCALITÉS en deho s desquelles le fossile désigné est rare ou manque.
	Calcaire à ciment.	Marnes micacées	Calc. à gryphæa gigantea.	
D. quadricostata, *Terq*.	2,3			
D. ornata, *Terq*.	1,2			
— D. compressa, *Terq*.	1			
— D. clavata, *Terq*.	1			
— D. matutina, *d'Orb*.	2,3			
— D. tecta, *Terq*.	1			
D. primæva, *d'Orb*.	1,2,3	1	3	
D. clavata, *Terq*.	1,2,3			
D. irregularis, *Terq*.	1			
— D. subnodosa, *Terq*.	1,2,3			
D. pseudomonile, *Terq*.	3			
D. subelegans, *Terq*.	3			
D. pentagona, *Terq*.	3			
D. utriculata, *Terq*.	1			
D. strangulata, *Terq*.	2,3			
Frondicularia bicostata, *Terq*.		1		
— F. impressa, *Terq*.	1,2,3			
— F. pulchra, *Terq*.	1,2,3,4			
F. nitida, *Terq*.	1,2,3			
F. Terquemi, *d'Orb*.	2,3,4			
Flabellina bicostata, *Terq*.	2,3			
F. Flouesti, *Terq*.	3			
Cristellaria vetusta, *d'Orb*.	1,2,3			
— C. antiquata, *d'Orb*.	1,2,3,4			
C. matutina, *d'Orb*.	4			
C. clavata, *Terq*.	3,4			
C. Collenoti, *Terq*.	3,4			
C. Breoni, *Terq*.	3,4			
C. Terquemi, *d'Orb*.	2,3	1		
— C. cordiformis, *Terq*.	2,3			
C. articulata, *Terq*.	1,4			
C. speciosa, *Terq*.	3,4			
C. Eugenii, *Terq*.	1,4			
C. splendens, *Terq*.	1,2,3			
C. turbiniformis, *Terq*.	?			

FOSSILES DU LIAS MOYEN.	DÉSIGNATION DES SOUS-ÉTAGES.			LOCALITÉS en dehors desquelles le fossile désigné est rare ou manque.
	Calcaire à ciment.	Marnes micacées	Calc. à gryphæa gigantea.	
C. excavata, *Terq.*	?			
C. cincta, *Terq.*	?			
C. obscura, *Terq.*	1,3,4			
C. tenera, *Terq.*	?			
C. intermedia, *Terq.*	2			
C. amæna, *Terq.*	2,3			
C. metensis, *Terq.*	2,3			
C. unimamillata, *Terq.*			3	
C. pulchra. *Terq.*	4			
Robulina acutiangulata, *Terq.*	?			
Marginulina burgundiæ, *Terq.*	1,2,3,4	1		
— M. prima, *d'Orb.*	1,2,3			
M. spinata, *Terq.*	2,3			
M. impressa, *Terq.*	?			
M. biplicata, *Terq.*	3,4			
M. torticostata, *Terq.*	?			
M. incurva, *Terq.*	2,3,4	1		
M. obesa, *Terq.*	4			
M. Flouesti, *Terq.* —	3,4			
M. undulata, *Terq.*	1	1		
M. conica, *Terq.*	1,2			
M. filiformis, *Terq.* —	3,4			
— M. pupa, *Terq.*	?			
— M. inæquistriata, *Terq.*	2,3,4			
— M. æqualis, *Terq.*	1			
M. variabilis, *Terq.*	1,4			
Involutina silicea, *Terq.* —	3,4	1	1,2,3	
Végétaux.				
Espèces indéterminables, quelquefois à l'état de lignite.	2,3,4		1,2,3	

Quatrième étage du groupe du lias.

LIAS SUPÉRIEUR.

Du dernier banc du calcaire à *gryphœa gigantea* qui termine le lias moyen, en montant jusqu'au pied des rochers qui forment le couronnement des montagnes jurassiques et par lesquelles commence à peu près l'oolithe inférieure, s'étend une nouvelle masse marneuse de teinte ordinairement bleuâtre ou grisâtre, souvent jaunâtre à la surface du sol par altération, constituant le lias supérieur.

Son inclinaison est généralement moins prononcée sur les pentes des coteaux de l'Auxois que la triple masse de l'étage précédent et cela tient à l'obstacle opposé, par le calcaire à *gryphœa gigantea*, à l'entraînement des bancs alumineux du quatrième étage.

Les marnes du lias supérieur sont encore plus argileuses et par conséquent moins résistantes que celles du lias moyen (1); de plus, il existe vers leur sommet un niveau d'eau très-important causé par l'infiltration des pluies à travers les fissures du calcaire à entroques qui les surmontent; de nombreuses sources arrêtées par l'imperméabilité des strates alumineuses du lias supérieur s'échappent du pied de la corniche rocheuse de l'oolithe inférieure et viennent délayer les terres des coteaux. Ces terres se durcissent sous l'action du soleil à une assez grande profondeur pendant l'été, et quand vient la saison pluvieuse, les eaux pénétrant entre la couche durcie et le soussol qu'elles détrempent, produisent des glissements périodiques plus ou moins considérables.

Le point de l'Auxois, où ces glissements sont le plus fréquents, est situé à 3 kilomètres environ de Semur, au-dessus de la ferme de Fontenay, sur la rive droite de l'Armançon,

____

(1) Elles fournissent une terre à briques d'excellente qualité.

en amont du pont de Chevigny, sous le bois Chanron. La rivière, en contournant la montagne, a fortement entamé le talus de la base et rendu la pente plus abrupte; d'un autre côté, la barrière formée par le calcaire à *gryphœa gigantea* très-marneux et très-décomposé à mi-côte en cet endroit, est insuffisante pour arrêter les marnes; aussi n'est-il pas rare de voir les vignes des sommets descendre les unes sur les autres à la fin de l'automne et au printemps.

Au mois de mai 1856, après une grande pluie, les terres coulèrent d'un seul coup sous le bois Chanron, jusqu'au calcaire à gryphées géantes qu'elles entraînèrent; puis le mouvement se continna dans le lias moyen avec un grande lenteur jusqu'au bas de la montagne pendant 8 à 10 jours. Les vignes furent brouillées et enchevêtrées, les arbres déracinés et le cours de l'Armançon fut obstrué par les terres emportées des coteaux par dessus les roches du lias inférieur qui formaient falaise sur le bord de la rivière (1).

Ces glissements, beaucoup plus prononcés à des époques anciennes, ont diminué la surface des plateaux, c'est pourquoi les bords de ces plateaux ont l'aspect de vieux remparts en ruines et les roches les plus rapprochées des vallées ont perdu leur aplomb et ont coulé plus ou moins sur les pentes; c'est encore ce qui explique l'existence des masses d'éboulis provenant du calcaire à entroques, s'étendant en beaucoup de points sur les marnes du lias supérieur qu'elles préservent de l'entraînement, surtout quand les débris pierreux sont sondés par un ciment résultant de la décomposition du calcaire par les eaux d'infiltration.

Ces éboulis, quand ils ne sont pas trop considérables, ont

(1) On peut remarquer encore de nombreux glissements, le long des coteaux : sur la ligne du chemin de fer, de Darcey à Verrey; à Sombernon, etc.

pour effet d'augmenter la fertilité des coteaux supérieurs, car les fragments tombés de l'oolithe inférieure, en se mêlant aux marnes qui les divisent, les rendent plus perméables à l'air et améliorent encore le sol par l'apport calcaire fourni par leur décomposition; aussi les vignes donnent-elles de meilleurs produits sur les surfaces couvertes d'une faible couche d'éboulis que sur les points où ces éboulis n'ont pu tenir.

Ordinairement les gros blocs du calcaire à entroques ne descendent pas au-delà du niveau de la *gryphœa gigantea;* mais il arrive sur certaines pentes que les parcelles tombées occupent toute la surface du coteau et que même des fragments énormes ne se sont arrêtés qu'au bas des pentes; ces blocs deviennent de jour en jour plus rares, car ils sont détruits par les agriculteurs.

Le peu de solidité des marnes du lias supérieur ne leur a pas permis de se conserver ailleurs que dans les points où ils sont protégés par les roches de l'oolithe inférieure, tandis que le lias moyen forme çà et là des caps couronnés par le calcaire à gryphées géantes et se retrouve encore dans la plaine sous la forme d'ilots isolés appartenant au calcaire à ciment de Venarey (1).

Si la nature argilo-calcaire des sédiments du quatrième étage, sans bancs puissants d'une résistance suffisante, l'a rendu, de tous les étages du lias, le plus attaquable par la dénudation, sa position élevée en regard du Morvan prouve

(1) Le lias supérieur se trouve exceptionnellement dans la plaine aux environs de Montbard où l'abaissement des étages l'a fait tomber à ce niveau ; mais il est encore protégé par les roches oolithiques. On le retrouve encore à la base des montagnes sur un point de l'Avallonnais, sous le village de Sainte-Colombe ; mais c'est par l'effet d'une faille dont nous avons déjà parlé et il est surmonté par le calcaire à entroques également tombé par l'effet de la même faille.

19

qu'il devait s'avancer comme le lias moyen, sur le massif granitique.

Le lias supérieur fournit le ciment romain le plus estimé de l'Auxois; la pierre est légèrement bitumineuse et ne se délite ni à l'air, ni à la gelée. Ce ciment est connu dans le commerce sous le nom de ciment de Vassy. Il contient, comme le ciment de Venarey, beaucoup de fer à l'état de sulfure et les fossiles y sont souvent revêtus d'une couche pyriteuse d'une nuance plus dorée que celle qu'on remarque sur les bancs inférieurs du lias moyen. C'est dans l'Avallonnais seulement que le ciment de Vassy est exploité, les couches qui le fournissent paraissent moins puissantes dans les autres parties de l'Auxois.

Ce que nous avons dit des variations dans la composition des différents gisements d'un même étage, pour les étages inférieurs, s'applique également au lias supérieur qui ne se présente pas dans tous les points de l'Auxois avec la même puissance dans les couches et avec la même nature minéralogique dans les détails, bien que l'ensemble paraisse sensiblement le même partout.

Il est difficile de trouver un gisement où toutes les assises puissent être étudiées de bas en haut, car les carrières à ciment n'entament que la base, et les exploitations de marnes pour les tuileries sont rares et seulement ouvertes vers la partie supérieure; la végétation, les éboulis du calcaire à entroques, la mollesse des marnes glissantes s'opposent presque toujours à l'exploration compléte des dépôts sédimentaires du lias supérisur sur la pente des coteaux; cependant il existe aux environs de Semur une contrée où il nous a été possible de lever la coupe entière de l'étage; c'est à la montée de la Chassagne, entre Villenotte et Pouillenay, le long d'un chemin fortement raviné conduisant à Mussy-la-Fosse.

Voici cette coupe qui nous servira de type et à laquelle nous comparerons les gisements partiels que nous avons pu observer dans d'autres lieux, pour faire connaître les différences de détail.

Coupe de la Chassagne.

Calcaire à entroques.
Marnes bleues schisteuses avec plaquettes et lentilles de grès micacé.

m	cm		Description	Zone
				Oolithe inférieure.
3ᵐ	50	V	Marnes jaunes à la surface, avec rares bélemnites, souvent bleuâtres au-dessous du niveau cultivé.	Zone à Am. mucronatus.
4	50	U	Marnes jaunes feuilletées avec rares fossiles, (*Belemnites acuarius*) bleuâtres ou grisâtres dans le sous-sol.	
4	»	T	Marnes feuilletées jaunâtres et grisâtres (*Pecten pumilus*, très-abondant.)	Zone à Turbo subduplicatus.
3	»	S	Marnes jaunâtres et grisâtres, (*Turbo subduplicatus*, *Pecten pumilus*, *Thecocyathus mactra*, *Nucula Hammeri*, *Leda rostralis*, belemnites tripartitus, B. acuarius.)	
0	50	R	Marnes grises, (*Lima toarcensis*, A. bifrons, A. complanatus.)	Zone à Amm. complanatus.
0	11	Q	Calc. à ciment, (*A. bifrons*, A. complanatus)	
0	90	P	Marnes sans fossiles.	
0	05	O	Calcaire à ciment. (*Pecten pumilus.*)	
0	80	N	Marnes sans fossiles.	
0	05	M	Calc. lumach. marneux, (fossiles indéterminables)	
1	50	L	Marnes sans fossiles, grisâtres.	
0	04	K	Calcaire à ciment. *Ammonites complanatus..*)	
0	60	J	Marnes sans fossiles.	Zone à Ammonites serpentinus.
0	0'	I	Calcaire à ciment	
0	18	H	Marnes sans fossiles, feuilletées.	
0	07	G	Calcaire à ciment (*Am. bifrons.*)	
2	50	F	Marnes feuilletées sans fossiles.	
0	10	E	Calcaire à ciment.	
0	20	D	Marnes sans fossiles	
0	12	C	Calcaire à ciment.	
2	50	B	Marnes très-feuilletées. (*Possidonomya Bronni*, Belem. acuarius.)	
0	10	A	Calc à cim (*Posidonomya Branni*, A. serpentinus)	

25ᵐ 39 *Lias moyen. — Zone à griphæa gigantea.*

Nous avons, en regard de la coupe précédente, indiqué quatre zones, allant de bas en haut :

1º Zone de l'*Ammonites serpentinus;*

2º Zone de l'*Ammonites complanatus;*

3º Zone du *Turbo subduplicatus;*

4º Zone de l'*Ammonites mucronatus* (1).

La première zone est formée par une suite d'assises très-schisteuses et souvent bitumineuses, quelquefois gréseuses, et c'est surtout à ce niveau qu'on rencontre les bancs de calcaire à ciment. On a appelé les marnes de cette zone : marnes à posidonomyes, parce que les *Posidonomya Bronni* et *Liasina* y sont abondantes; mais comme on trouve encore des posidonomyes dans la deuxième zone, nous aimons mieux la caractériser par l'*A. serpentinus* qui ne passe pas dans la zone suivante.

La zone à *A. serpentinus,* dans l'Avallonnais, où l'on exploite le ciment romain sur une grande échelle, à Vassy, Sainte-Colombe, Blacy, Thisy, etc., est plus développée que dans les autres parties de l'Auxois. Elle est aussi dans cette contrée très-bitumineuse et les marnes contiennent 12 0/0 de matière volatile, d'après les auteurs de la carte géologique de France. On y rencontre une assez grande quantité de plantes passées à l'état de lignite, surtout aux environs de Montréal, mais il est impossible de déterminer les espèces végétales qui ont pris la structure charbonneuse.

Les assises de la première zone sont très-fossilifères, surtout à Vassy; les débris organiques sont plus rares en se rapprochant du Serein. Il n'est pas rare de rencontrer des Sauriens dans les exploitations de l'Avallonnais.

---

(1) La quatrième zone paraît dépourvue de fossiles à la côte de la Chassagne, sauf quelques rares bélemnites; nous ne l'avons pas moins caractérisée par l'*Am. mucronatus* qui occupe ce niveau, d'après nos observations sur un autre point de l'Auxois (sous le bois Chanron).

Nous ne donnerons pas ici la coupe des exploitations de Vassy d'après MM. Dufrénoy et Elie de Beaumont, (1) car la mesure des assises et les détails paléontologiques ont été omis; il est difficile, en effet, de lever une coupe d'une certaine exactitude sans habiter le pays et suivre les travaux.

Mais nous ferons connaître celle que nous avons prise récemment à Thisy, dans la carrière Lombardot, dont la tranchée à flanc de coteau nous a permis de mesurer les couches et d'observer la plus grande partie des bancs, malheureusement très-peu riches en fossiles.

Thisy. — Carrière Lombardot. — Zone à A. serpentinus.

0ᵐ	10	Banc calcaréo-marneux à ciment.
0	20	Marnes schisteuses et bitumineuses en dalles.
0	10	Banc calcaréo-marneux à ciment.
5	80	Banc schisteux-bitumineux en dalles.
0	10	Banc calcaréo-marneux, truité, à ciment.
0	30	Banc schisteux-bitumineux en dalles.
0	35	Gros banc calcaréo-marneux à ciment.
0	50	Banc schisteux-bitumineux en dalles, se reliant au banc à ciment qui le surmonte.
0	20	Banc jaune à ciment.
0	30	Banc schisteux bitumineux en dalles.
0	10	Banc gris calcaréo-marneux à ciment.
0	25	Banc schisteux-bitumineux en dalles.
0	10	Banc noir calcaréo-marneux à ciment.

8ᵐ 40

(1) *Explication de la carte géologique,* 2ᵉ vol. p. 344.

Les bancs situés plus bas dépourvus de ciment ne sont pas exploités, ont une épaisseur d'environ 2 mètres et reposent sur le calcaire à *gryphæa gigantea*.

Nous ne pouvons affirmer que le banc supérieur est exactement le plus élevé de la zone, mais il est très-rapproché de la zone à *A. complanatus* dont nous avons trouvé les fossiles tombés au sommet de la carrière.

Nous n'indiquerons pas les fossiles à cause de leur rareté, car nous n'avons reconnu que quelques bélemnites et des formes écrasées de l'*A. serpentinus*.

A Sainte-Colombe, où l'exploitation de ciment n'entame qu'une partie de la base et qui ne diffère guère par l'aspect général de celle de Thisy, on a découvert dans les schistes bitumineux un certain nombre de poissons de la division des Ganoïdes, famille des Lépidostéïdes qu'on n'avait encore rencontrés qu'en Allemagne et en Angleterre. Ces poissons sont le *pthycholepis bollensis*, Agass., signalé par M. Cotteau (1) et une autre espèce qui n'est pas déterminée.

Nous devons ces deux espèces à l'obligeance de M. Breuillard, curé de Savigny, qui a bien voulu les recueillir pour le musée de Semur.

Nous possédons aussi une mâchoire de saurien, provenant des carrières de Sainte-Colombe, qui nous a été donnée par M. Collin, de Moutiers-Saint-Jean.

Il est à remarquer que dans les carrières de l'Avallonnais les bancs à ciment diffèrent peu d'aspect avec les schistes très-durs, au milieu desquels ils sont enclavés. Ils sont seulement plus grenus et non schisteux; leur teinte est d'un bleu sombre, légèrement enfumé, et ils se relient tellement aux schistes, qu'on est souvent obligé de rejeter les parties supérieures et

---

(1) *Bulletin de la Société des sciences historiques et naturelles de l'Yonne*, 3ᵉ trimestre 1865.

inférieures d'un banc et de n'employer que le centre pour obtenir un ciment de bonne qualité.

En se rapprochant de l'est, dans les cantons de Semur, Vitteaux et Flavigny, les bancs à *A. serpentinus* sont moins riches en ciment, moins bitumineux, et contiennent moins de fossiles.

Nous avons trouvé vers la base de la zone, à Chevigny, une roche en nodule renfermant un nombre considérable d'une petite avicule que nous croyons inédite.

Au-dessus de Venarey, M. Meurgey, qui exploite le calcaire à ciment de la partie inférieure du lias moyen, a tenté de se livrer à la fabrication du ciment de la zone à *A. serpentinus*, dit ciment de Vassy. Il fit ouvrir, il y a environ 10 ou 15 ans, une carrière au-dessus de la *gryphœa gigantea* et rencontra un ciment d'excellente qualité en tout semblable au ciment de Vassy; mais les découverts étaient trop considérables et la couche exploitée d'une puissance trop faible (10 à 12 centimètres au plus) pour donner un résultat fructueux. Il a renoncé à continuer les fouilles, qui nous ont permis de constater que les bancs schisteux sont plus secs et plus friables qu'aux environs d'Avallon, qu'ils se divisent facilement comme des ardoises, qu'ils sont d'une teinte grisâtre, et ne paraissent pas être imprégnés d'une proportion de bitume appréciable.

A Pouillenay, les mêmes bancs schisteux contiennent à la base des assises d'un calcaire gréseux cassant en cubes ou se divisant en lames, où l'on ne rencontre guère que des possidonomyes.

Une particularité spéciale à cette zone, au-delà de la Brenne, c'est qu'elle renferme vers sa base, parmi les bancs durs intercallés dans les marnes schisteuses, une assise très-cassante et sèche qui, par place, devient assez pénétrée de silice pour faire feu sous le choc du briquet, et qui renferme souvent des orbicules siliceuses.

Au-delà de Flavigny, à la pointe d'un cap formé par le confluent du ruisseau du Val-Samban avec l'Ozerain, sur le territoire d'Hauteroche, lieu dit Dos-de-l'Olive, au-dessus de la ferme du Château-des-Prés, un replain formé par l'érosion au-dessus du calcaire à *gryphœa gigantea* et raviné par les eaux pluviales met à découvert les schistes de la zone à *A. serpentinus*, sur une hauteur de 3 ou 4 mètres.

Parmi ces schistes, qui se divisent facilement en lames minces et cassantes, ressemblant à un carton grisâtre, et non bitumineuses, on rencontre des bancs calcaires fissiles non continus, formant des lentilles ou *miches*, comme en Normandie, quelquefois compactes et marbrées, quelquefois siliceuses, comme à Pouillenay.

Les miches qui n'ont pas un fossile pour noyau, comme aux environs de Caen, renferment çà et là une espèce de nucule non décrite et une *discina*, n. sp. (seul brachiopode, recueilli dans l'étage à l'entour du Morvan), un petit neritopsis? des cerithes, etc.

De plus, ces petits bancs intercallés passent quelquefois à une véritable lumachelle où pullulent une petite lucine ? indéterminée et l'*Am. holandrei.* d'Orb.

On y trouve aussi l'*A. heterophyllus*, l'*A. serpentinus*, et plus rarement l'*A. bifrons*.

Dans d'autres parties du territoire de Flavigny, on retrouve sur les coteaux des débris de même nature que ceux du gisement du Dos-de-l'Olive.

En s'éloignant du côté de Sombernon, les marnes de la première zone redeviennent plus bitumineuses.

La deuxième zone est plus généralement connue sous le nom de zone à *A. bifrons*; nous préférons la caractériser par l'*A. complanatus*, car l'*A. bifrons* se rencontre encore dans la première zone.

Elle est moins bitumineuse et plus alumineuse que la zone précédente. La compacité des marnes y est très-grande et on y trouve encore quelques petits bancs à ciment, surtout dans l'est de l'Auxois.

Les fossiles y sont assez répandus et quelques-uns y acquièrent une taille relativement assez grande.

La troisième zone, assez semblable à la deuxième, sous le rapport minéralogique, ne renferme pas de bancs calcaires; les fossiles y sont nombreux, de petite taille, mais peu variés. Quelques géologues l'ont caractérisée par le *pecten pumilus* qui y est très-abondant, mais ce fossile n'étant pas spécial à la troisième zone, nous choisissons, avec la plupart des géologues, pour dénommer la zone, le *turbo subduplicatus* qui ne se trouve ni au-dessus ni au-dessous de ce niveau.

On a considéré comme un des fossiles de la zone à turbo subduplicatus, un petit corps radié et comme pédiculé, qu'Alcide d'Orbigny avait placé parmi les amorphozoaires, sous le nom de *stellispongia fasciculata*; mais en le comparant avec des concrétions dont les formes sont moins régulières et qui ont la même disposition, on a reconnu que ce n'était qu'un septaria (1) séléniteux (2).

La quatrième zone est également composée de marnes compactes, où les fossiles sont excessivement rares dans l'Auxois; cependant, par suite d'éboulements de la côte de Fontenay, sous le bois Chanron, nous avons pu recueillir un certain nombre de mollusques, parmi lesquels l'*Amm. mucronatus*, qui nous servira à la caractériser (3).

(1) Rognon de calcaire argileux cloisonné.
(2) La sélénite est un sulfate de chaux lamellaire.
(3) Nous avons trouvé à ce niveau et sous le bois Chanron, sur des marnes bleuâtres durcies, une sorte de cristallisation assez curieuse et que nous signalons à l'attention des minéralogistes Elle forme à la surface des plaques marneuses, une croûte plane qui se divise sous le choc en petits cônes de carbonate de chaux, dont toutes les bases sont réunies et juxta-posées, tandis que tous les sommets des cônes tournés vers le centre de la plaque y sont enfoncés comme des clous dans une semelle.

En ne tenant compte que de la nature minéralogique des assises, il conviendrait d'ajouter au quatrième étage une cinquième zone de 1m50 à 2m environ d'épaisseur, encore formée de dépôts marneux et située entre la quatrième zone et les roches dures du calcaire à entroques.

Elle est composée de marnes bleues très-feuilletées et entremêlées de plaques et de lentilles d'un grès fin, fissile et micacé, et se termine par des feuillets schisteux et gréseux.

Mäis ses caractères paléontologiques nous obligent à la comprendre dans l'oolithe inférieure, car nous avons rencontré à Flavigny, au bas du jardin des Ursulines et sous des excavations naturelles ouvertes au sommet, des marnes, le *chondrites scoparius,* Thiollières, renfermé dans les feuillets marneux et gréseux et collé au plafond de la voûte rocheuse.

Ce fossile (zoophyte ou fucoïde) (1) qui dans beaucoup d'autres contrées de la France, en Saône-et-Loire et vers le midi, abonde dans des bancs durs calcaires d'un assez grand développement, a toujours été compris dans le groupe oolithique inférieur et se relie à la zone à *A. murchisoni.*

D'un autre côté, la présence à ce niveau de grès, dont les plaques sont quelquefois recouvertes, comme ceux de l'étage rhétien, de déjections d'annélides, est un indice d'un changement dans les conditions de la mer.

Par ces motifs, la zone des marnes bleues et des grès micacés figurera dans l'oolithe inférieure que nous décrirons ci-après (2).

(1) Il paraît être un fucoïde : *Zoophycos scoparius*, Heer.

(2) Nous n'avons pas reproduit les coupes données par les auteurs de la *Carte géologique de France*, dans le 2e volume de leur explication, celle de Sombernom, p. 356, de Remilly, p. 357, de Pouilly, p. 359, de Montbard, d'après Buffon, p. 354, celle de Vassy, p. 341; pas plus que celle de Blaisy (*Bulletin de la Société géologique de France*, tom VIII, 2e série, p. 570 ; parce qu'elles sont souvent incomplètes et que les divisions n'y sont pas suffisamment indiquées.

Les fossiles du lias supérieur paraissent tous, dans l'Auxois, appartenir exclusivement à cet étage, sauf quelques espèces douteuses qui pourraient être passées du lias moyen, tels qne l'*A. paxillosus*, Schlott; peut-être l'*A. fimbriatus*, Montfort, dont l'*A. cornucopiæ*, Young, ne seraît qu'une forme un peu plus renflée et quelques foraminifères.

On ne remarque aucun passage du lias supérieur à l'oolithe inférieure, mais il n'en est pas de même dans d'autres pays ou la faune liasique se relie par des gradations insensibles à la faune oolithique.

Nous avons déjà dit que cette séparation des étages, si marquée dans l'Auxois; malgré la concordance de stratification, nous semble avoir pour cause l'affaissement par intermittence du fond de la mer pendant la sédimentation, affaissement accompagné d'émissions boueuses et chaudes incompatibles avec la vie des êtres et faisant obstacle à leur succession continue.

Nous croyons qu'il convient d'attribuer à la même cause l'appauvrissement de la faune de la zone supérieure du quatrième étage du lias et l'existence dans les zones moyennes et inférieures de bancs nombreux, privés de restes organiques, séparant des bancs très-fossilifères. Nous avons déjà fait la même observation à propos du lias moyen.

Les marnes du lias supérieur contiennent souvent des nodules par concrétion; aussi trouve-t-on souvent dans tout l'étage des lentilles et des *septaria,* les uns à l'état purement calcaréo-marneux, d'autres à l'état calcaréo-gréseux.

Il n'est pas rare de rencontrer des efflorescences de chaux sulfatée au milieu des assises, probablement produites par la décomposition des sulfures de fer; aussi les eaux, fort abondantes et fort pures au sommet de l'étage, quoiqu'elles tiennent en dissolution la chaux carbonatée du calcaire à entroques, sont-elles de mauvaise qualité quand elles coulent par des suintements au milieu des marnes, au-dessous du grand niveau d'eau de la contrée.

Voici la liste des fossiles que nous avons recueillis dans le lias supérieur.

Les chiffres placés à la suite d'une espèce feront connaître les zones où elle se rencontre. Le signe — devant le nom des fossiles indiquera qu'il existait déjà dans l'étage précédent ; enfin la localité où une forme spécifique paraît spécialement cantonnée, sera désignée dans une colonne.

	Localités en dehors desquelles le fossile est rare ou manque.
Vertébrés.	
Reptiles.	
Ossements de sauriens. 1-2	Vassy, Ste-Colombe, Fontangy.
Ossements de sauriens de petite taille. 3	Flavigny.
Poissons.	
Phtycholepis bollensis, *Agass.* 1	Ste-Colombe.
Autre espèce à déterminer, 1	Id.
Mollusques.	
Céphalopodes.	
? — Belemnites paxillosus, *Schlott* 1	Avallonnais.
B. acuarius, *Ziet.* 1-2-3-4	
B. tripartitus, *Schlott.* 2-3	Massingy-l-Semur
B. Nodotianus, *d'Orb.* 3	
B. irregularis, *Schlott* 3	Sombernon, Flavigny, etc.
Nautilus truncatus, *Sow.* 1-2	
Ammonites serpentinus, *Schlott.* 1	
A. heteropyllus, *Sow.* 1	
A. bifrons, *Brug.* 1-2	
H. Desplacei, *d'Orb.* 1	Avallonnais.
A. annulatus, *Sow.* 1	Avallonnais, La Chassagne.
A. Holandrei, *d'Orb.* 1	Vassy, Hauteroche
A. complanatus, *Brug.* 2	
? — A. cornucopiæ, *Young* 2 (1)	

(1) L'A. *cornucopiæ* pourrait n'être qu'une forme plus renflée de l'A. fimbriatus du lias moyen.

			Localités en dehors desquelles le fossile est rare ou manque.
Ammonites erbaensis, *Hauer*.		2	La Chassagne.
A.	acanthopsis, *d'Orb*.	2	Id.
A.	crassus, *Philips*.	2	
A.	insignis, *Schübler*.	4	Grignon.
A.	lythensis, *Young*.	4	Chevigny.
A.	mucronatus, *d'Orb*.	4	Chevigny.
A.	variabilis, *d'Orb*.	3	Flavigny,
Apthycus, Sp.	1		Ste-Colombe.

Gastéropodes.

		Localités
Natica pelops, *d'Orb*.	2-3	
Neritopsis Philea, *d'Orb*.	2	
Neritopsis Sp. ?, (très-petite espèce à côtes régulières.)	1	Hauteroche, Flavigny.
Turbo capitaneus, *Münst*.	2	
T. subdiplicatus, *d'Orb*.	3	
T. (Purpurina) Patroclus, *d'rOb*.	3	
Pleurotomaria subdecorata, *Münst*	2	
P. decipiens, *Deslong*.	2	
Pleurotomaria Sp.	2	
Cerithium armatum. *Goldf*.	3	Flavigny.
Cerithium Sp.?	1	Hauteroche.

Lamellibranches.

		Localités
Leda rostralis, *d'Orb*.	3	
Astarte quadrata, *Sow*.	2	Pouillenay, etc.
A. subtetragona, *Münst*.	2	
A. Woltzii, *Goldf*.	2	
Trigonia Sp.	4	Chevigny.
Lucina Sp. ?	1	Hauteroche.
Lucina Sp. ?	2	
Lucina Sp. ?	4	Chevigny.

	Localités en dehors desquelles le fossile est rare ou manque.
Nucula Sp. ? 1	Hauteroche.
Nucula Hammeri, *Defr.* 3	
N. Jurensis ? *Quenst.* 3	
N. glabra, *Sow.* 3	
Cucullæa cancellata, *d'Omaluis.* 4	Chevigny.
Lima Sp. 1	Hauteroche.
Lima Sp. 2	
Lima Toarcensis, *Deslongch.* 2	
Lima Sp. 3	Montbard.
Avicula Sp. 1	Chevigny.
Gervillia Hartmanni, *Münst.* 2	St-Seine.
Posidonomya Bronni, *Voltz.* 1-2	
P. liasina, *Bronn.* 1-2	
Inoceramus amygdaloïdes, *Goldf.* 1-2	
Inoceramus Sp. 4	Chevigny.
I. ellipticus, *Kœmer,* 2	
I. dubius, *Sow.* 2	
Inoceramus Sp. 1	
Pecten pumilus, *Lmk.* 2-3	
Pecten Sp. 1	Flavigny.
Plicatula Neptuni, *d'Orb.* 3	
Plicatula n. Sp. 3	Flavigny.
Ostrea calceola ? *Goldf.* 2	

Brachiopodes.

Discina (Orbicula papyracea ? in *Quenst.*) 1	Hauteroche.
Discina Sp. 4	Chevigny.

Rayonnés.

Crinoïdes.

Pentacrinus Briareus, *Miller.* 1	La Chassagne,
P. Vulgaris, *Schlott.* 3	

Bryozoaires.

Forme non déterminée.   1

Coralliaires.

Thecocyathus mactra, *Edw et Haime.* 3

Foraminifères.

— Nodosaria nitida, *Terq.*
— N.   Simoniana, *Terq.*
— Dentalina Terquemi, *d'Orb.*
— D,   torta, *Terq.*
D.   formosa, *Terq.*
D.   utriculata, *Terq.*
Placopsilina serpentina, *Terq.*
P.   gracilis, *Terq.*
P.   producta, *Terq.*
Cristellaria Bochardi, *Terq.*
C.   fenestrata, *Terq.*
Marginulina Longuemari, *Terq.*
— M.   Flouesti, *Terq.*
M.   Çolliezi, *Terq.*
— M.   filiformis, *Terq.*
M.   Dumortieri, *Terq.*
— Involutina silicea, *Terq.*

Végétaux.

Espèces indéterminables, à l'état de
   lignite.

Localités en dehors desquelles le fossile est rare ou manque.

Ste-Colombe.

Deuxième groupe de la sous-formation jurassique.

GROUPE OOLITHIQUE INFERIEUR. (1)

Le groupe oolithique inférieur présente un contraste minéralogique frappant avec le premier groupe constitué par le lias.

Celui-ci est caractérisé surtout par la prédominance de l'élément marneux ou calcaréo-marneux de teinte généralement foncée.

Celui-là est formé d'une suite d'assises calcaires, dures, de couleur claire (grisâtres, jaunâtres et blanchâtres), où l'élément alumineux ne se rencontre que par exception.

Le lias occupe ordinairement, au voisinage du Morvan, le fond des vallées, où il est, la plupart du temps, recouvert d'alluvions d'une époque moins ancienne, et ses strates, du côté des hauteurs jurassiques, se superposent presque jusqu'aux sommets des côteaux.

Le groupe oolithique inférieur, au contraire, ne commence que vers les points culminants des pentes pour constituer les plateaux calcaires.

Cependant en descendant vers le N. E., principalement au delà de Montbard, où le lias s'enfonce d'avantage et disparaît progressivement en raison de l'inclinaison des masses stratifiées, les talus des côteaux sont constitués, vers leur partie supérieure et même au delà de St-Remy, de haut en bas, par les assises du deuxième groupe jurassique.

(1) Cette dénomination de groupes oolithiques donnée par les géologues anglais à trois grandes divisions des terrains jurassiques est consacrée par l'usage; mais elle manque d'exactitude, car la structure oolithique est loin d'être générale en France dans ces groupes et ne leur est pas même spéciale. Nous l'avons déjà constatée dans l'infra-lias (mines deThostes) et dans le lias moyen (calcaire à *gryphœa gigantea*).

Les roches de ce groupe présentent au premier aspect, dans leur ensemble, un caractère d'uniformité qui fatigue l'observateur ; après un examen plus attentif, on remarque des différences, non-seulement entre les étages et les zones, mais encore, ce qui complique l'étude, entre les assises d'un même niveau, à des distances souvent peu éloignées, aussi bien dans leur composition que dans leur développement en puissance.

D'après l'échelle que nous avons donnée suivant la nomenclature anglaise, le groupe oolithique inférieur est composé de cinq étages :

> Corn-brash.
> Forest-Marble.
> Grande oolithe.
> Fuller's earth.
> Oolithe inférieure.

Mais en tenant compte de l'importance d'un certain niveau stratigraphique dans le département de la Côte-d'Or, il convient d'ajouter un étage : le Bradford-Clay, auquel les géologues d'Outre-Manche n'ont assigné qu'un rang inférieur, et de reconstituer ainsi l'échelle du deuxième groupe.

GROUPE

Oolithique inférieur.

> 6 Corn-brash.
> 5 Forest-Marble.
> 4 Bradfort-Clay.
> 3 Grande oolithe.
> 2 Fuller's earth.
> 1 Oolithe inférieure.

Premier étage.

OOLITHE INFÉRIEURE.

L'oolithe inférieure ou partie de l'étage bajocien d'A. d'Orbigny, qui en a pris le type à Bayeux (Calvados) (1), forme en regard du Morvan, à peu près (2) le premier gradin des plateaux circonscrits par une falaise plus ou moins saillante, ayant l'aspect de fortifications ruinées, dont les assises ont perdu leur aplomb et encombrent de leurs débris la base de la falaise (3).

(1) Le calcaire de Bayeux, qui peut servir de type pour la côte Normande, représente mal les dépôts correspondants du centre et de l'est de la France. Il occupe à Bayeux le sommet de l'étage au-dessous du fuller's earth et participe, par ses caractères paléontologiques, de celui-ci et de l'oolithe inférieure. Dans la Côte-d'Or, le fuller's earth est un horizon à part.

(2) Nous disons à peu près, car, ainsi que nous le verrons plus loin, la première zone de l'étage est immédiatement au-dessous de ce gradin.

(3) Ces débris sont répandus confusément en fragments de volumes inégaux, depuis le sable grossier composé ordinairement en grande partie de parcelles de la zone supérieure (calcaire fissile), jusqu'à des quartiers de rochers de dimensions considérables provenant de toutes les zones de l'étage. On peut constater même, sur certains côteaux, que, par suite des nombreuses fissures dans l'épaisseur de la masse calcaire, des pans entiers de la corniche, disjoints par l'affaissement ou l'ablation des marnes qui les supportent, sont tombés d'un seul bloc et ont formé sur les pentes, des abruptes secondaires échelonnés, comme sur le revers nord de la montagne de Flavigny en regard d'Alise. Ces abruptes ont servi, sur ce dernier point, à César, de remparts naturels pour la protection de ses camps placés sur les promontoires du plateau de Flavigny, contre les attaques des assiégés; tandis qu'à l'entour du Mont-Auxois, les masses rocheuses arrêtées à differents niveaux sur les pentes garantissaient, comme défenses avancées, les Gaulois remfermés dans l'oppidum.

La puissance des éboulis des rochers est énorme en certains endroits, parmi lesquels nous citerons les masses tombées, sous le plateau entre Grésigny et Darcey et dans le vallon de Chemerey, au S. O. de Flavigny.

Ces éboulis descendent souvent très-bas sur les pentes. On les retrouve sur un monticule détaché (mamelon de de la Genevroix) situé à l'ouest de la montagne de Flavigny, dominant d'une quinzaine de mètres le côté oriental de la route de Pouillenay aux Laumes et de trente mètres environ le niveau de la Brenne et de l'Oserain. On peut même les remarquer en

Cet étage, comme ceux qui lui sont superposés, présente une certaine résistance aux agents naturels qui cependant en altèrent visiblement les surfaces; néanmoins les plateaux se maintiendraient sans changement marqué, pendant une série de siècles, si les assises du lias supérieur, sur lesquels ils reposent, ne cédaient pas continuellement sous le soc de la charrue et sous les dégradations atmosphériques, car les marnes s'exfolient sans cesse et sont converties en terres arables qui tendent toujours à descendre et sont entraînées au fond des vallées où les cours d'eau les reprennent et les transportent vers l'aval (1). La superficie des pentes se renouvelant ainsi continuellement malgré la protection des éboulis tombés de l'escarpement, il en résulte une destruction du rebord des plateaux, destruction très-lente de nos jours, mais qui a été considérable à une époque géologique antérieure sous l'action de forces dont nous aurons ultérieurement à nous occuper.

Les assises de l'oolithe inférieure sont, comme nous l'avons dit du groupe entier, loin d'être identiques en composition et en puissance d'un point à un autre souvent fort rapproché certains points jusque dans le fond des vallées, comme aux environs de la gare de Darcey.

En s'éloignant du Morvan, les blocs entraînés des assises de l'oolithe inférieure diminuent et même disparaissent, parce que le niveau de l'étage, placé plus bas sur les pentes et descendant jusqu'au fond des vallées, par l'effet du plongement des couches, ne forme plus falaise et que les marnes inférieures n'ont pu, par leur glissement, occasionner la chute des rochers. Nous verrons plus tard que les éboulis confus de l'oolithe inférieure sont dans ce cas remplacés par des débris plus fins provenant de la désagrégation d'étages plus élevés dans la série jurassique et que, moins résistantes aux agents naturels, les roches de ces étages, se divisant en parcelles ténues, ont donné lieu à l'accumulation d'énormes amas de sables à stratifications parallèles aux pentes.

(1) On a pu se rendre compte de cet entraînement, lorsqu'on a recherché récemment les fossés creusés par César à l'occasion du siége d'Alise et qu'on les a trouvés notablement diminués de hauteur.

et au même niveau stratigraphique. Cette différence dans la
structure des roches et dans leur épaisseur; l'existence de
bancs durcis et perforés à la surface par les lithophages; la
présence d'un banc madréporique à un certain niveau, précédé et suivi d'autres bancs sans traces immédiates de polypiers; la disposition oblique de plusieurs lits qui, outre
l'arrangement en stratification horizontale bien dessinée, présentent des joints de fausse stratification en sens opposé et
souvent en biseaux, comme on le remarque dans les couches
formées sous l'action d'un courant variable ; tout semble indiquer qu'à l'époque du dépôt oolithique inférieur, les eaux
avaient peu de profondeur, que la vague en agitait fréquemment les sédiments et que peut-être déjà elles étaient soumises
à l'ébranlement périodique des marées; enfin, que les oscillations répétées du sol avaient pour effet d'élever ou d'abaisser
par intermittence le fond de la mer et d'en modifier les surfaces. Du reste, les mêmes phénomènes s'observent dans tout
le groupe oolithique inférieur et même dans le groupe oolithique moyen du département de la Côte-d'Or.

La structure oolithique n'existe pas dans l'étage de l'oolithe
inférieure de l'Auxois.

Bien que des traces de fer hydroxydé se trouvent à tous les
niveaux, on ne peut constater, dans aucune assise de l'Auxois,
rien qui rappelle l'oolithe ferrugineuse; laquelle, dans beaucoup d'autres contrées de la France, existe vers la partie
inférieure de l'étage, constituée par des roches où l'élément
ferrugineux à l'état oolithique est très abondant.

On ne trouve pas non plus, dans le pays qui nous occupe,
de bancs remplis de rognons silicéo-calcaires empâtés dans
la roche, comme il arrive dans d'autres régions. Nous devons
pourtant signaler comme exception les sommets qui dominent
le haut Armançon, où nous avons remarqué sur un mamelon,
au-dessus de Gissey-la-Vieil, dans la deuxième zone de l'oolithe inférieure, un grand nombre de ces rognons appelés

Charveyrons dans le Lyonnais; ils sont de volumes variables, de formes irrégulièrement arrondies et de couleur jaunâtre à cassure sèche et un peu rugueuse.

Le premier étage du groupe peut être divisé en six zones que nous désignerons par un nom tiré d'un caractère paléontologique ou d'une structure lithologique particulière, en allant de bas en haut.

6 Zone du calcaire fissile ou à gervillies.

5 Zone du calcaire à polypiers.

4 Zone du calcaire à entroques (1).

3 Zone du calcaire Marbre.

2 Zone de l'*Ammonites murchisonæ*.

1 Zone du *Zoophycos scoparius*.

PREMIÈRE ZONE.

Ou zone du *Zoophycos scoparius*.

Nous avons dit précédemment que les roches du deuxième groupe jurassique sont presque exclusivement composées d'assises de couleur claire, rarement alumineuses. Cet état marneux exceptionnel se présente pourtant dans l'Auxois, dès la base du premier étage de ce groupe, et nous avons vu, en terminant la description du lias supérieur, qu'il existe, au sommet de celui-ci et par conséquent sous l'abrupte calcaire, une zone marno-schisteuse et même gréseuse de couleur bleuâtre que nous aurions comprise dans le premier groupe, si nous avions tenu compte seulement de la nature minéralogique des strates, mais que nous devons, en raison de la présence d'un fossile caractéristique, quoique rare et unique dans notre

____

(1) Ce nom de calcaire à entroques, à cause de l'abondance dans ses strates d'articles séparés d'encrines que les anciens géologues avaient appelées entroques, a été donné à toute la partie calcaire de l'étage, alors qu'on s'occupait peu de la division en zones; nous avons cru devoir l'appliquer spécialement à la zone où les débris de crinoïdes se trouvent accumulés en plus grand nombre.

pays, placer, à l'exemple de la plupart des géologues, au premier échelon du deuxième groupe; et ce, par comparaison avec des bancs situés au même niveau dans le midi de la France et ailleurs, lesquels renferment le même corps organique et présentent une structure calcaire en dalles (*calcaire à fucoïdes*).

En effet, dans la contrée qui nous occupe, vers la partie supérieure de ce dépôt de marnes et de grès à grains fins en lentilles, se divisant en lamelles et par cette raison appelés grès fissiles, on remarque les empreintes d'une algue que M. Thiollières a d'abord désignée sous le nom de *Chondrites scoparius*, mais que M. Heer de Zurich a reconnue comme appartenant à un autre genre et à laquelle il a donné le nom de *Zoophycos scoparius*.

La présence de ce fossile, celle de rudiments gréseux indiquant presque toujours un changement dans la sédimentation, les déjections d'annélides qu'on rencontre quelquefois à la surface des grès et qu'on observe ordinairement sur les sables des plages laissées à sec par le reflux, nous déterminent donc à séparer cette zone du lias et à la rapporter dans l'oolithe inférieure.

Les grès intercalés dans cette zone, qui n'a guère qu'une puissance de deux à trois mètres, sont parsemés de grains de mica très-fins et très-brillants, ce qui les a fait prendre au siècle dernier pour un minerai aurifère (1).

Non-seulement le *Zoophycos scoparius* est le seul fossile découvert dans la première zone de l'oolithe inférieure de l'Auxois, mais encore nous ne l'avons recueilli qu'en un point unique situé en face du côteau de Verpan, sous Flavigny, au-dessus des vignes, au fond des excavations régnant sous

(1) On appelle encore sur le territoire de Pouillenay, mine d'or, la contrée d'où l'on avait extrait, en 1733, ces grès dans un but d'exploitation. (*Description générale et particulière du duché de Bourgogne,* par Courtépée, 2ᵉ édition, t. III, page 578).

l'escarpement qui borne au midi le jardin du couvent des Ursulines, où les plaques schisteuses, qui portaient à leur surface inférieure les empreintes de cette algue, étaient collées au plafond formé par la première assise des rochers.

C'est au-dessus de la zone à *Zoophycos scoparius* qu'existe un des niveaux d'eau les plus importants de la contrée. Le plateau qui domine les marnes absorbe, par ses nombreuses fissures, l'eau des pluies dont l'écoulement vertical arrêté par l'imperméabilité des couches alumineuses sous-jacentes, se fait jour, sous forme de sources nombreuses et limpides, au-dessous de la corniche.

Ces sources qui rencontrent ordinairement à leur sortie l'obstacle des éboulis, filtrent au travers de cet amas ruiniforme et ne paraissent souvent qu'un peu plus bas ; elles sont chargées du calcaire dissous par l'acide carbonique qu'elles contiennent toujours en assez grande abondance ; ce qui donne lieu parfois, au contact de l'air, à des dépôts considérables de tuf, comme à Saffres, à Thorey-sous-Charny, etc.

Leur débit est en proportion de la surface de réception des pluies ; mais cette surface n'est pas toujours en raison du développement des plateaux qui sont coupés çà et là de brisures dont l'effet fréquent est de changer l'inclinaison des couches et de diviser la nappe aquifère, en l'obligeant à sourdre en filets divergents vers des points opposés du périmètre d'une même montagne.

A toute échancrure de la corniche rocheuse correspond un vallon à la naissance duquel existe une fontaine assez abondante ; mais on trouve en même temps d'autres sources d'une moindre importance qui ne s'échappent pas d'un angle rentrant de la falaise et dont l'écoulement n'a pas produit de dépression en rigoles sur les pentes des côteaux.

DEUXIÈME ZONE.
Ou zone de l'*Ammonites Murchisonæ*.

Cette zone, qui presque toujours est, de même que la précédente, masquée par les éboulis, consiste en roches ordinairement grisâtres, calcaires, très-dures, quelquefois colorées en bleu pas l'oxyde de manganèse et dont les bancs ne sont pas nettement séparés, se divisant sur certains points en dalles. On y trouve peu de fossiles, excepté vers la base où ils sont mal conservés. Ils consistent en nombreux moules de gastéropodes, comme à Mont-Dregey, près Semur ; en limes, peignes, oursins, etc., peu déterminables en général.

Parfois le premier banc a sa pâte remplie de globules calcaréo-gréseux à son contact avec les schistes à *Zouphycos scoparius*. (Flavigny, sous l'escarpement qui termine au midi le jardin des Ursulines.)

Un peu au-dessous du confluent de l'Armançon et de la Brenne, à Buffon, sur la rive gauche de la rivière et en face de l'écluse de l'ancienne forge où l'oolithe inférieure descend jusqu'au fond de la vallée, les premiers bancs de la zone sont de couleur claire, très-compactes et formés d'un calcaire argileux, qui, vers la base, par l'effet de la dissolution de l'un de ses éléments, n'a conservé que son alumine. Dans cette roche altérée et devenue légère, poreuse et jaunâtre, sans effervescence avec les acides, nous avons trouvé quelques rhynchonelles, quelques térébratules et de petits cidaris dont la taille était inférieure à celle d'une cerise.

La deuxième zone se termine quelquefois par une surface perforée par les lithophages.

Voici une des coupes que nous avons prise à la pointe nord de la montagne de Pouillenay, au-dessus d'une petite fontaine. C'est un des endroits où la deuxième zone est le mieux développée et où, par exception, elle peut être facilement relevée dans son entier. Elle ne représente qu'un des nombreux faciès du niveau à *Am. murchisonæ* dont la nature minéralogique et la puissance sont assez variables.

Troisième zone.

	3ᵐ 20 — Calcaire grisâtre en plaques avec perforations au contact de la troisième zone.	
	0ᵐ 35 — Calcaire grisâtre.	
	2ᵐ 35 — Calcaire jaunâtre.	
	1ᵐ 00 — Calcaire gris-rougeâtre.	
	1ᵐ 10 — Calcaire gris, avec *belemnites compressus ?*	
	8ᵐ 00	

Première zone à Zoophycos scoparius, sous la fontaine.

Les fossiles caractéristiques de la deuxième zone sont l'*Ammonites murchisonœ*, Sow. et le *Pecten personatus*, Goldf.; l'un et l'autre peu communs dans l'Auxois où cette zone est assez pauvre en débris organiques, d'ailleurs très-difficiles à extraire de la roche.

TROISIÈME ZONE.

Ou zone du Calcaire-Marbre.

L'importance de la troisième zone consiste moins dans son développement que dans la constance et l'aspect minéralogique particulier des roches qui la constituent, permettant d'établir une démarcation tranchée dans l'ensemble des assises de l'oolithe inférieure.

Ce nom de calcaire-marbre a été donné à un banc variant ordinairement entre 1 mètre 50 cent. et 2 mètres, à pâte fine, dure, colorée plus ou moins par le fer et prenant admirablement le poli; ce qui avait déterminé Buffon à l'exploiter, au siècle dernier, dans les environs de Montbard; aussi n'est-il pas rare de voir dans les maisons construites à cette époque de belles cheminées sculptées de marbre rose ou jaune-rosé, provenant de ce niveau (1).

(1) Cette industrie a été abandonnée à cause des nombreux vides que renferme cette pierre et qu'on était obligé de remplir avec du mastic. Ces

Le calcaire-marbre résiste bien à l'air; cependant un longue exposition aux agents atmosphériques le désagrège en petits cubes ou en fragments dont les surfaces sont quelquefois recouvertes de peignes, de limes, de brachiopodes, etc.

Une térébratule particulière à ce niveau, mais que nous croyons inédite, y est surtout abondante (1). On y trouve aussi dans certaines localités la *Terebratula perovalis*, Sow.

Un autre fossile très-répandu par places (surtout sur la montagne de Massingy-lès-Semur) pourrait également caractériser le calcaire marbre, si sa conservation meilleure permettait de le décrire. C'est un zoophyte branchu dont les organes intérieurs ont disparu, remplacés par une concrétion ferrugineuse amorphe. Il paraît avoir été d'une grande mollesse, car c'est à peine si on parvient à distinguer l'empreinte de rides concentriques laissée par la surface des rameaux de ce grand polype.

On rencontre dans la même roche d'autres traces de zoophytes indéterminables; mais ils ne sont pas abondants comme dans le calcaire à polypiers de la cinquième zone qu'on a quelquefois confondu avec le calcaire-marbre; le calcaire à polypiers se distingue au contraire par le grand nombre de genres et d'espèces de zoophytes qu'il renferme, par une moindre coloration et par le peu d'homogénéité de sa pâte.

La troisième zone est fréquemment séparée de la zone qui la précède par un niveau durci et perforé par les lithophages et quelquefois de la zone qui la suit *(forêt de Chaumour)*, par

vides provenaient en grande partie du retrait de la pâte, et leur coloration foncée était produite par de petits dépôts de fer hydroxydé souvent à l'état terreux.

(1) Espèce a valves élargies vers la partie médiane, la plus petite, très-légèrement bombée; crochet de la grande valve aigu et très-saillant, sans sinus médian ; front marqué seulement de deux plis peu accusés sur la petite valve, un peu déprimé sur la grande. Quelques individus ne présentent même ni plis ni dépression.

un petit lit marneux pétri de fossiles, tels que pointes de cidaris, articles de *pentacrimus bajocensis, pecten articulatus.* Ce petit lit se reproduit d'ailleurs à différents niveaux de la quatrième zone.

Elle est assez souvent masquée par les éboulis, mais ne manque presque jamais avec sa structure marbrée; toutefois on la trouve exceptionnellement constituée par un calcaire grisâtre qui ne permet guère de la différencier d'avec les autres roches de l'étage.

Sa puissance, à la pointe nord de la montagne de Pouillenay, où nous avons levé la coupe de la zone précédente, est seulement d'un mètre 60 cent.

Sur différents plateaux, le calcaire marbre n'est surmonté d'aucun autre dépôt, par l'effet de dénudations postérieures, comme sur les montagnes de Massingy-lès-Semur et Mussy-la-Fosse.

QUATRIÈME ZONE.

Ou zone du calcaire à Entroques.

La quatrième zone est ordinairement la plus puissante de l'étage; c'est, comme son nom l'indique, celle où l'on trouve en grande abondance des articles du genre *pentacrinus,* désignés autrefois sous l'appellation d'Entroques.

Le calcaire à entroques dont il ne faut pas étendre la dénomination à l'étage entier, comme on le fait encore souvent, est généralement de teinte gris-clair ou même parfois jaunâtre, à structure plus ou moins sèche et compacte, de même que la plupart des roches de l'oolithe inférieure, et n'a pas toujours la même épaisseur sur tous les points de l'Auxois. Il manque même en tout ou en partie sur certains plateaux d'où il a été enlevé par érosion.

Il prend par places, au-dessus de ses bancs les plus inférieurs, un aspect particulier, à Pouillenay et à Alise-St-Reine, par exemple, où il se montre tellement pétri de débris de crinoïdes et d'échinides que sa structure est granuleuse; comme si, sous l'action d'un courant, les restes innombrables du *pentacrinus bajocensis*, du *cidaris spinosus*, etc, à cassures spathiques et lamellaires et à facettes miroitantes, avaient été accumulés dans un estuaire, mêlés à quelques mollusques et reliés par un ciment tenu et calcaire très-résistant, quelquefois rougi par le fer hydroxydé; mais cette structure spéciale à certains gisements, qui a valu à la roche dont nous parlons, le nom peu scientifique de *Granite de Pouillenay*, adopté par les industriels du pays où il est exploité comme pierre d'appareil fort estimée, est en quelque sorte accidentelle, bien que les entroques se trouvent répandues en assez grande quantité dans presque tous les bancs de la zone, sauf dans certaines assises supérieures et inférieures.

Le premier banc de la zone, immédiatement au contact du calcaire-marbre, est en quelques endroits constitué par une roche très-dure, à faciès semi-gréseux, peu effervescente. Cette roche est plus ou moins ferrugineuse et fréquemment colorée en rouge sombre, comme à Pouillenay où elle semble avoir le caractère dolomitique presque sans traces de fossiles, *(carrière de la montagne)*.

On trouve aussi au même niveau stratigraphique, sur la partie sud-est du plateau dénudé de Montfaute, près Guillon, au-dessus des vignes, des fragments d'une roche roussâtre et même des blocs corrodés et troués qui font saillie au-dessus du calcaire-marbre et paraissent çà et là enclavés à la partie supérieure de ce calcaire.

Les blocs dont nous parlons paraissent à peu près de même nature que la roche de Pouillenay, avec cette particularité que la pierre cassée à vif est souvent jaune-clair, de structure gréseuse, effervescente ou non, suivant l'échantillon soumis à l'acide; qu'elle ne fait pas feu sous le choc du briquet et ne se colore pas par le frottement contre le fer.

Cette apparence gréseuse et la teinte rougeâtre de la roche

à la surface par l'effet de la suroxydation du fer contenu dans sa pâte, l'avait fait considérer comme un dépôt étranger à l'oolithe inférieure et d'une époque bien moins ancienne.

Nous nous sommes transporté sur les lieux à diverses reprises, afin de vérifier si cet accident minéralogique ne présentait pas quelqu'analogie avec certains grès ferrugineux d'origine crétacée dont nous aurons à parler plus loin, disséminés à la surface des plateaux jurassiques de l'Avallonnais et même sur quelques plateaux du Semurois. Ces examens répétés nous ont complétement convaincu que cette roche gréseuse ou semi-gréseuse appartient à l'oolithe inférieure et même qu'elle fait partie du banc inférieur du calcaire à entroques (quatrième zone). Voici les motifs de notre opinion :

1º La roche gréseuse est accompagnée de fragments d'un rouge vif, à pâte très-dure et très-ferrugineuse contenant des débris d'encrines, comme les autres bancs du calcaire à entroques, fragments qui ne sont pas spéciaux à la montagne de Montfaute, mais qu'on rencontre dans différents points au même niveau ;

2º Cette roche passe dans certaines parties à la roche rougeâtre des carrières de Pouillenay, qu'on ne peut séparer de l'oolithe inférieure, puisqu'ils sont engagés dans les bancs exploités ;

3º Elle se trouve au même niveau à l'est et à l'ouest du cap S. E. de la montagne de Montfaute, marquant la limite de l'érosion sur ce point ;

4º Enfin, et ceci est décisif, elle contient des fossiles de l'oolithe inférieure. Nous y avons reconnu en effet des empreintes de trigonies et de la *Lima proboscidea*, Sow ; des peignes présentant les formes et le faciès des peignes du même banc dans la roche normale et surtout de nombreux spécimens très-remarquables de la *Rhynchonella quadriplicata*, d'Orb. (*Tereb. quadriplicata*, Ziet).

Il est assez difficile de relever des coupes détaillées de la quatrième zone ou calcaire à Entroques. L'obstacle qu'on rencontre à distinguer les assises provient de la détérioration des surfaces abruptes des roches, sous l'influence des agents naturels qui leur donnent une teinte uniforme.

Cependant, nous avons pu prendre une coupe entière avec toutes ses divisions dans les carrières de Pouillenay, sur le versant occidental du vallon de la Lochère, rive droite du ruisseau et sur la pointe nord de la montagne, où les rochers ont été tranchés à vif et à pic par des exploitations séculaires.

Cinquième zone.

F — 1m 50 c.	Lit marneux jaunâtre, empâtant des fragments plus durs, avec *Pecten articulatus*, *Ostrea Marshii*, annélides, pointes de cidaris, bryozoaires, articles de *Pentacrinus bajocensis*. C'est un niveau remanié et de transion, car il contient un grand nombre de polypiers de la cinquième zone.
E — 7 60	Calcaire granuleux pétri d'entroques, à ciment rougeâtre. (Banc rouge des carriers, pierre d'appareil).
D — 0 25	Petit lit marneux, avec *Pecten articulatus*, pointes de cidaris, etc.
C — 8 50	Calcaire granuleux pétri d'entroques à ciment blanchâtre. (Banc blanc des carriers, pierre d'appareil).
B — 0 45	Banc grisâtre, gris compacte, sans fossiles, manquant quelquefois, mais existant à la pointe de la montagne.
A — 1 60	Banc rougeâtre, sub-gréseux et dolomitique.

19m 90 c.

Troisième zone, ou zone du calcaire-marbre.

Un peu plus loin, en longeant l'escarpement et en remontant le bord oriental du vallon, le banc rouge E et le banc F de la coupe précédente sont remplacés par une masse compacte, dure, renfermant des limes et d'autres fossiles assez rares. Cette masse, d'une puissance de 8 mètres environ, est surmontée du calcaire à polypiers de la cinquième zone.

Plus loin encore, au-dessus des vignes de Chassey, de nouvelles modifications se manifestent dans la partie supérieure de la zone et voici la coupe relevée au-dessus du banc C de la coupe précédente :

Cinquième zone.

4ᵐ 00	Banc fendillé en *lèves*, avec plaques de grès rares, intercalées et recouvertes d'empreintes d'annélides en doubles rubans qui rappellent celles qu'on remarque à Lédavrées et à Blaisy sur les grès de l'étage rhétien.
1 50	Couche marneuse avec rares polypiers, baguettes de cidaris, *Pecten articulatus*, *Ostrea Marshii*, assez rares, beaucoup de pholadomyes.
3 00	Couche mal liée, grisâtre et un peu marneuse.

Puis en se rapprochant du territoire de Marigny-le-Cahouët, les carrières se terminent et on ne rencontre plus qu'un calcaire grisâtre peu riche en crinoïdes et se divisant en dalles appelées lèves ou laves dans le pays.

Sur le revers oriental de la même montagne qui domine le cours de la Brenne, rive gauche, le calcaire à entroques granuleux disparaît bientôt après qu'on a dépassé la pointe de la montagne de Pouillenay. Il reprend alors, dans l'abrupt qui limite à l'ouest le bois de Villers, une structure serrée, à pâte fine et grisâtre.

En face et sur le revers occidental du vallon de la Brenne, rive droite, au-dessus des vignes de Collonges, les mêmes bancs grisâtres, très-durs et compactes, sans entroques reposent sur le calcaire-marbre.

Près de Fontaine-Rosée, au sommet de la côte que parcourt la route de Pouillenay à Flavigny, le même calcaire grisâtre, en bancs épais, se termine par des lits fendillés en *laves*, dont quelques uns sont très-riches en débris d'entroques, (Environs de la ferme d'En-Bussy).

Nous pourrions multiplier les descriptions; mais celles que nous venons de donner s'uffisent pour démontrer l'extrême variabilité, à distances même rapprochées, du calcaire à entroques, soit sous le rapport de la puissance de la zone, soit qu'on n'envisage que son aspect lithologique.

Cependant malgré les changements qu'on observe à chaque pas, il existe un moyen facile, sauf le cas de dénudations qui ne laissent que des lambeaux, de distinguer la quatrième zone de celle qui la précède et de celle qui la suit, car elle est comprise entre deux niveaux faciles à déterminer : celui du calcaire-marbre de la troisième zone, qui ne manque presque jamais avec son caractère minéralogique spécial, et celui du calcaire à polypiers de la cinquième zone, également reconnaissable à son faciès madréporique. Si ce dernier fait défaut par endroits, remplacé par un dépot non-corallifère, il ne forme pas moins le couronnement à peu près constant du calcaire à entroques.

La quatrième zone ne renferme pas de fossiles qui lui soient exclusivement propres; nous citerons pourtant le *Pentacrinus bajocensis*, d'Orb. et le *Cidaris Courteaudina*, Cotteau, comme étant là plus abondants que dans les autres zones.

CINQUIÈME ZONE

Ou calcaire à Polypiers.

La cinquième zone est constituée le plus souvent par une assise de 3 à 4 mètres, suivant les lieux.

La roche d'une texture peu homogène est composée de parties dures, spathiques, grisâtres ou dlanchâtres, correspondant à la charpente calcaire des nombreux zoophites qu'elle renferme, et d'autres parties, reliant entre eux les testiers de polypiers, parfois d'une structure moins résistante aux agents naturels et même çà et là terreuses.

Elle a, comme celle du calcaire-marbre de la troisième zone, une pâte ordinairement très-fine, mais avec interstices grossiers, et elle n'est pas, comme cette dernière, colorée par le fer.

Indépendamment des polypiers, la cinquième zone contient un assez grand nombre de mollusques, parmi lesquels dominent des limes, des peignes et des perforants.

Le calcaire à polypiers s'est déposé à une faible profondeur au-dessous des eaux marines, comme il arrive encore aujourd'hui à tous les bancs riches en zoophytes. Il devait former une surface hérisée de récifs, interrompue par des dépressions plus ou moins profondes et même parfois vaseuses dans lesquelles les polypiers ne pouvaient se développer; c'est ce qui explique certaines lacunes dans le niveau madréporique. Cependant quelques unes de ces dépressions se comblaient peu à peu par le mélange, dans une gangue marneuse, des débris de polypiers déjà formés sur les récifs et arrachés par la vague, avec d'autres roches et fossiles de la 4e zone, et ce dépôt de transition (V. le banc F de la première coupe du calcaire à entroques), servait à son tour de support à un banc de polypiers.

Il n'est pas rare de trouver le même polypier se reproduisant plusieurs fois par superposition, le plus ancien, massif et usé servant de point d'appui à un autre plus récent.

Malgré le nombre des espèces et des genres de polypiers, le remplissage des cloisons par le calcaire et la destruction des parties les plus délicates de ces productions animales, par les eaux atmosphériques chargées d'acide carbonique à leur contact avec l'humus, rendent la détermination spécifique et même générique des zoophytes de la cinquième zone assez difficile.

Cette altération du banc madréporique est surtout évidente, lorsqu'il fait saillie sur les plateaux dénudés; il se divise alors en blocs irréguliers à surfaces arrondies, corrodées par les agents naturels et percées de trous diversements ramifiés; ce qui n'est pas particulier au calcaire à polypiers, mais qu'on peut remarquer encore dans d'autres bancs superficiels du groupe oolithique inférieur.

Les fossiles caractéréstiques de ce niveau sont : *Clado-phyllia Babeana*, Edw. et Haime; *Confusastræa ornata*, de From.; *Goniocora prima*, de From. (*Calamophyllia prima*, d'Orb.); *Oroseris elegantula*, Edw. et Haime; *Tamnastræa crenulata*, Edw. et Haime.

SIXIÈME ZONE.

Zone du calcaire fissile ou zone à Gervillies.

La sixième ou dernière zone de l'oolthe inférieure diffère complétement d'aspect avec la zone précédente. On n'y trouve plus de traces de polypiers, comme si le niveau des récifs corallifères s'était affaissé pour recevoir ce nouveau dépôt.

Le calcaire fissile, comme son nom l'indique, se divise dans la stratification en lames rugueuses appelées *laves* dans le pays, où elles sont employées, comme pierres tégulaires, concurremment avec d'autres provenant de quelques bancs du calcaire à entroques, mais surtout avec celles qu'on extrait de la première zone de la grande oolithe; cependant, aux environs de Montbard, il forme des bancs assez épais pour fournir des pierres d'appareil (montée St-Michel).

La structure de ce dépôt de couleur gris-clair, formé d'une roche souvent sub-cristalline, sèche et cassante, semble un peu oolithique, mais seulement par places (plateau de Mincey, entre Flavigny et Pouillenay, au milieu des lavières qui regardent l'ouest, et aux environs de Montbard); et les oolithes ne sont le plus souvent visibles que lorsque la roche a été altérée à la surface par l'eau atmosphérique. Elle laisse apparaître alors de petits globules dont l'usure permet de reconnaître les enveloppes concentriques du noyau. C'est le seul niveau de l'étage où le caractère oolithique paraisse exister dans quelques bancs; encore est-il plus probable que ces globules sont de petits articles d'entroques dont l'usure a arrondi les angles et rendu visibles les lamelles qui affectent alors la forme d'enveloppes.

La puissance du calcaire fissile varié, suivant les lieux, de trois à six mètres. Cette zone est facile à distinguer par la position qu'elle occupe entre le calcaire à polypiers massif et nullement divisible en laves, et la première zone de l'étage du Fuller's earth, constitué par un calcaire grumuleux d'un aspect lithologique tout différent.

Le niveau du calcaire fissile est assez pauvre en fossiles et ceux qu'on y rencontre sont généralement difficiles à extraire.

Nous citerons cependant, le *Belemnites giganteus*, Schlott.; l'*Ammonites Bankii*, l'*Ammonites Brochii?*, Sow.; l'*Ammonites Humphriesianus*, Sow. (forme épaisse); le *Pecten laminatus*, Sow,; des échinides, etc.

Et encore une grande gervillie que nous croyons inédite et qui abonde à certains niveaux; un grand peigne qui n'a pas encore été décrit, que nous sachions, très-fréquent au voisinage de Montbard, dans une carrière située au lieu dit la Montée-St-Michel, mais rare partout ailleurs (1).

(1) L'une des valves est bombée, l'autre complétement plate. La première équilatérale couverte de côtes fines rayonnantes, souvent inégales en relif, très rapprochées et ornées au sommet, sur les échantillons bien conservés, de petits globules en saillie comme une rangée de perles. Ces côtes partent de la région cardinale et se prolongent jusqu'au bord opposé régulièrement arrondi et même s'étendent jusque sur les oreillettes. L'oreillette gauche beaucoup plus grande que la droite.

A la partie supérieure de la sixième zone et au contact avec la première zone de l'étage suivant, on remarque un niveau durci et perforé par les lithophages ou bien tapissé d'huitres et de serpules, signe d'un temps d'arrêt dans la sédimentation.

Nous avons déjà vu que l'érosion sur plusieurs caps n'a laissé que le calcaire à *gryphœa gigantea* du troisième étage du groupe du lias, (Villenotte, Chassey, bords septentrionaux de la Terre plaine); que le lias supérieur a partout été emporté dans les points où il avait cessé d'être protégé par l'oolithe inférieure. Celle-ci a été atteinte elle-même partout où elle a été mise à découvert par l'ablation des dépôts qui lui étaient superposés.

Cet effet se remarque surtout au sommet des plateaux qui bordent la grande plaine de l'Auxois, à l'opposé du Morvan et sur les hauteurs qui séparent la vallée de l'Armançon de celle de la Brenne.

Les uns n'ont conservés que les deux premières zones (montagne de Thil, Mont-Dregey); d'autres s'arrêtent à la troisième zone (montagnes de Massingy-lès-Semur et de Mussy-Venarey); d'autres finissent à la quatrième zone, souvent incomplète (montagne de Montfaute); quelquefois la cinquième a résisté (Sombernon); mais jamais la sixième n'existe que lorsque le plateau est dominé par le fuller's earth.

Pour mieux faire comprendre la succession des zones de l'oolithe inférieure et leurs divisions, nous allons donner une échelle générale de l'étage entier, telle que nous l'avons prise à Pouillenay dans les carrières de la montagne :

La valve plate est également costulée; la petite oreillette se reliant entièrement au corps de la coquille, la grande s'en séparant par une large ouverrure pour le passage du *byssus*; à partir de cette ouverture le côté gauche de la valve est fortement excavé, ce qui rend cette valve plate inéquilatérale.

Fuller's earth ou 2ᶜ étage du groupe oolithique inférieur.

OOLITHE INFÉRIEURE OU 1ᵉʳ ÉTAGE DU GROUPE OOLITHIQUE INFÉRIEUR.	**6** zone du calcaire fissile ou à Gervillies.	5ᵐ »»	Calcaire grisâtre se divisant en lames *(laves).* *Gervillies, grand peigne, ostrea marshii, A. Humphriesianus.*
	5 zone du calcaire à polypiers.	4ᵐ »»	Calcaire compacte marbré, souvent troué. Ligne de récifs madréphoriques. *Cladophyllia Labeana, Confusastræa ornata. Goniocora prima, Oroseris elegantula, Tamnastræa crenulata, etc.*
	4 zone du calcaire à Entroques.	20 »»	Calcaire grisâtre, rougeâtre ou blanchâtre, contenant par places une inombrable quantité de crinoïdes et de baguettes de cidaris. *Pentacrinus bajocensis, cidaris courteandina, cidaris spinosa, etc.* Calcaire roussâtre dolomitique et sub-gréseux à la base. 6 bancs au maximum souvent séparés par des lits de marnes très-fossilifères.
	3 Zone du calcaire marbre.	1ᵐ 60	Roche colorée par le fer, à pâte fine, marbre de Montbard. Terebratules nombreuses, grand polypier rameux.
	2 zone à Amm. Murchisonæ.	8ᵐ »»	Carlcaire grisâtre passant à des teintes rougeâtres, jeaunâtres et même bleuâtres, avec perforations fréquentes au sommet du dernier banc. *Ammonites Murchisonæ, Pecten personatus,* nombreux gastéropodes. Au moins 5 bancs.
	1 Zone à Zoophycos Scoparius.	3ᵐ »»	Marnes schisteuses bleues et brunes, quelquefois jaunâtres, avec lentilles de grès micacé, fissile. *Zoophycos scoparius.*

41ᵐ 60

Lias supérieur ou 4ᶜ étage du groupe du lias.

Il nous reste à donner la liste des fossiles recueillis dans les six zones de l'oolithe inférieure de l'Auxois. La détermination en est incomplète parcequ'il est difficile de les extraire de la roche et que la plupart, les gastéropoles surtout, n'ont pas conservé leurs tests.

Les chiffres placés à la suite d'une espèce désigneront la zone ou les zones où elle se rencontre. Le signe — placé à la suite d'un fossile indiquera son passage dans l'étage supérieur.

Vertébrés,

Poissons.

Une dent de la famille des squalidées?....　　3

Mollusques.

Céphalopodes.

Belemnites gigensis, *Opp*..............　2 3
B.　　　compressus,..............　　4 5
B.　　　giganteus, *Schlott*............　　　6 —
Nautilus, *sp*.................　2
Nautilus, *sp*.......................　　6
Ammonites Murchisonæ, *Sow*...........　2
A.　　Humphriesianus, *Sow*. (forme
　　　plate)..................　2
A.　　Humphriesianus, *id.* (forme
　　　épaisse)...............　　5 6
A.　　Bankii...............　　6
A.　　Brochii? *Sow*............　　6
A.　　Tessonianus, *d'Orb*........　　6
A.　　contractus, *Sow*. (A. Sauzei,
　　　d'Orb.)..............　　6
Ammonites, *sp*...............　　6

Gastéropodes.

Chemnitzia Sœmanni, *Opp*. (Phasianella
　cincta? Phillipps).................　2

Natica, *sp*...................... 2
Pleurotomaria, *sp*.................... 3
Purpurina, *sp*....... 2
Patella Tessoni, *Deslongc*............. 3
Et autres gastéropodes nombreux et indé-
   terminables 2 3 4 5

Lamellibranches.

Pholadomya, *sp*..................... 2
Pholadomya, *sp*..................... 2
Pholadomya, *sp*..................... 4
Pholadomya, *sp*..................... 4
Pholadomya, *sp*..................... 4
Pholadomya, *sp*..................... 4
Pholadomya, *sp*..................... 4
Pholadomya, *sp*..................... 4
P   fidicula, *Sow*............ 5
Ceromya, *sp*...................... 2
Trigonia striata, *Sow*.............. 2
T.   tuberculata ? *Agass*........... 2
T.   costata, *Sow*................ 3   —
T.   sinuata, *Agass*.............. 6
Trigonia, *sp*..................... 6
Trigonia, *sp*..................... 2
Lucina, *sp*......................, 6
Corbis, *sp*...................... 3
Pinna, *sp*...................... 2
Mytilus, *sp*..................... 3
Lima Berthaudi, *Ferry*............... 2 3
L.   proboscidea, *Sow*.............. 2 3 4 5 6 —
Lima, *sp*...................... 2
Et beaucoup d'autres limes............ 2 3 4 5 6
Possidonomya, *sp*.................. 2
Avicula,   *sp*................. 4
Avicula,   *sp*................. 2

Avicula, *sp*......................				6	
Gervillia, *sp*., grande et belle espèce..				6	
Pecten personatus, *Goldf*............	2				
P. articulatus, *Goldf*.............		3 4 5	—		
P. laminatus, *Sow* (P. Silennus ? d'*Orb*).		6 —			
Pecten, *sp*......................	3				
Pecten, *sp*......................	4				
Pecten, *sp*......................	4				
Pecten, *sp*......................	4				
Pecten, *sp*......................	4				
Pecten, *sp*......................	2				
Pecten, *sp*......................				6	
Pecten, *sp*. (grosse espèce)...........				6	
Pecten, *sp*.				6	
Plicatula, *sp*...................	4				
Ostrea Marshii, *Phillips*.............		3 4 5	—?		
Ostrea, *sp*.				6	

Brachiopodes.

Rhynchonella quadriplicata, d'*Orb*.......	2 3 4 5 6	
R. parvula, *Deslong*.........	3 4 5	
R. Theodori ? d'*Orb*.........	4	
Rhynchonella, *sp*.................	3	
Rhynchonella, *sp*.................	4	
Rhynchonella, *sp*.................	5	
Et autres Rhychonelles dans les 5 dernières zones		
Terebratula perovalis, *Sow*.............	3	
T. plicata, *Bukmann*...........	3	
T. Bukmanni, *Davids*.........	4	
Terebratula, *sp*.................	5	
Et autres des 5 dernières zones.		

Bryozoaires.

Spiropora bajocensis, d'*Orb*.............	4 5

Heteropora exiguis, de *From*.   5

Annelés.

Serpula, *sp*. 2

Serpula, *sp*. 4 5

Serpula, *sp*.   6

Et autres.

Rayonnés.

Echinides.

Clypeus patella, *Lmk*. 2   4   —?

Cidaris Courteaudina, *Cott*. 3 4 5

C.   spinosus in Quenst. 3 4 5 6

C.   histricoïdes in Quenst. 4 5

Cidaris, *sp*. 2

Stomechinus bigranularis. 4 5

Heterocidaris, *sp*.   5

Heterocidaris, *sp*.   6

Pentagonaster jurensis, *Goldf*.   5

Crinoïdes.

Pentacrinus bajocensis, d'*Orb*. 2 3 4 5 6

Zoophytes.

Cladophyllia Babeana? *Edw et Haime*. . . .   5

Goniocora prima, de *From*. (Calamophyllia

    prima, d'*Orb*.).   5

Oroseris elegantula, *Edw et Haime*.   5

Tamnastræa crenulata, *Edw et Haime*. . . .   5

Confusastræa ornata, de *From*.   5

Polypier rameux. 3

Polypier indéterminable. 2

    Id.   Id.   3

Végétaux.

Zoophycos scoparius, *Heer*. 1

Deuxième etage

Du groupe oolithique inférieur.

FULLER'S EARTH.

L'érosion, dont nous avons déjà parlé et dont nous tâcherons plus loin d'indiquer les causes, a partout exercé son action, aussi bien sur le Morvan que sur les terrains qui l'environnent; cependant par l'effet de l'inclinaison des couches vers le bassin de Paris, elle a épargné des étages ou des lambeaux d'étages protégés par leur abaissement et d'autant moins anciens que le niveau géologique s'élève en même temps que l'attitude diminue.

Aussi, aux confins de l'Auxois, vers le N. et le N.-O., où le premier étage du groupe oolithique inférieur (oolithe inférieure) descend quelquefois jusqu'au fond des vallées et même s'enfonce au-dessous du niveau des rivières (entre St-Remy et Aisy), le deuxième étage (fuller's earth) se rencontre souvent dès la base des coteaux surmonté du troisième étage (grande oolithe).

Mais en remontant vers le midi, où le sol se relève graduellement et où le premier étage forme la corniche des plateaux, ceux-ci, lorsqu'ils ne sont pas arasés par dénudation jusqu'au niveau de l'oolithe inférieure, sont dominés par des monticules arrondis par l'érosion et placés ordinairement en retrait par rapport à la corniche.

Ces monticules, que M. de Bonnard a signalés (1) et qu'il a décrit sous le nom de *Hauteaux*, suivant une expression adoptée dans certains pays de la Bourgogne pour désigner ces tertres superposés aux plateaux, sont formés, vers la base,

---

(1) Sur la constance des faits géognostiques qui accompagnent le gisement du terrain d'Arkose, à l'est du plateau central de la France. (Annales des mines, 2e série, T. IV, 1828).

par le fuller's earth et, vers le sommet, ordinairement par la première zone de la grande oolithe, quelquefois, mais très-rarement, par la seconde.

Les hauteaux, quand ils existent, ne tiennent pas généralement tout le sommet des montagnes du nord et de l'est de l'Auxois, en regard du Morvan et n'en occupent pas toujours exactement le centre. Ils s'avancent sur quelques points jusque sur la corniche de l'oolithe inférieure ; mais le plus souvent laissent, entre eux et cette corniche, une terrasse de dénudation inclinée du côté des vallées. (Flavigny, Vitteaux, Genay, Villaines-les-Prévostes, Fain-les-Moutier, etc.

Il résulte de la disposition en retrait de ces monticules que les différentes assises qui les constituent sont assez faciles à observer et que la succession des zones de l'oolithe inférieure sur lesquelles reposent les hauteaux, se présente dans tous ses détails.

Le fuller's earth, que A. d'Orbigny avait placé moitié dans l'étage bajocien (oolithe inférieure), moitié dans l'étage bathonien (grande oolithe), est considéré par quelques géologues comme la partie supérieure de l'oolithe inférieure.

Cependant. dans le département de la Côte-d'Or, le fulle'rs earth se relie plutôt à la grande oolithe qu'à l'oolithe inférieure, car il se sépare de ce dernier étage par sa faune, par sa pétrographie et par la marque d'un temps d'arrêt dans la sédimentation qu'ont laissée les mollusques perforants et adhérents au sommet du calcaire fissile précédemment décrit ; tandis qu'il est plus difficile de déterminer le point où commence la première zone de la grande oolithe.

Néanmoins, comme cette ligne séparative parait mieux tranchée dans d'autres pays, nous nous rangeons à l'opinion de la plupart des géologues qui font du fuller's earth un étage à part.

Le fuller's earth on Terre à Foulon des Anglais, comprend trois zones :

3 Zone du calcaire à *Pinna* ou blanc-jaunâtre inférieur ;
2 Zone des marnes à *Ostrea acuminata ;*
1 Zone du calcaire grumeleux

PREMIÈRE ZONE,

Ou zone du calcaire Grumeleux.

Immédiatement au-dessus du banc perforé ou couvert d'huitres et de serpules qui termine la sixième zone de l'étage précédent, apparait un banc roux-foncé, composé de parties mal liées et réunies comme en grumeaux. (oolithe cannabine de certains auteurs).

Ce dépôt un peu terreux et légèrement ferrugineux, renfermant quelques roches brunes plus solides, a une puissance de 2 à 3 mètres et contient un assez grand nombre de fossiles qui, en général sont d'une très-mauvaises conservation par suite de la structure peu cohérente de la pierre et passent en partie dans la deuxième zone.

Il est caractérisé dans l'Auxois par une abondance de Pholadomyes paraissant appartenir à deux espèces qu'on ne rencontre ailleurs que dans la deuxième et la troisième zone et même plus haut; ce sont : la *Pholadomya Vezelayi*, Lajoie et la *P. gibbosa*, Sow.

C'est à ce niveau que les hauteaux commencent à s'élever par une pente insensible qui ne tarde pas à se dessiner d'avantage dès la deuxième zone.

DEUXIÈME ZONE.

Ou zone à *Ostrea acuminata.*

La deuxième zone prend un caractère marneux très-prononcé dont la couleur jaunâtre passe quelque fois au brun clair. C'est un dépôt vaseux dont la puissance varie de 3 à 5 mètres.

Par son imperméabilité elle forme obstacle à l'infiltration

des eaux qui se font jour à la base des hauteaux, soit par de simple suintements, quand la surface de réception est très-limitée, soit par des sources d'un débit plus ou moins abondant, quand les hauteaux sont de quelqu'étendue, comme sur la partie orientale du plateau d'Alise et sur la montagne de Flavigny où les fontaines publiques de la ville ont été captées à ce niveau.

Les sources dont nous parlons deviennent considérables sur les points où, en s'éloignant du Morvan, le massif jurassique est moins découpé par les vallées et où les sommets ne sont plus couronnés par les hauteaux, mais se terminent par un plateau continu formé des strates de la grande oolithe, entière ou incomplète.

Ces grandes surfaces sèches et perméables absorbent les eaux pluviales qui descendent jusqu'aux marnes du fuller's earth sur les quelles elles s'accumulent en nappes irrégulièrement réparties suivant les accidents du massif. Celles-ci rencontrant difficilement des issues dans les contrées où les dépressions profondes sont rares, circulent à travers les dislocations du sol sur de grandes étendues et donnent naissance à des fontaines d'un puissant débit, appelées fréquemment *Douis, Douix* ou *Douées*, dénomination usitée dans beaucoup de pays de la France et qui parait d'origine celtique.

Telles sont les sources de la Seine, sur les territoires de Chanceaux et de St-Germain-la-Feuille; la belle fontaine de Lucenay-le-Duc, qui se perd dans une crevasse à une faible distance de sa sortie; la source qui tombe de la grotte de Darcey; celle du Rabutin à Bussy-le-Grand; celle de la fontaine de l'Orme à Touillon; etc. (1).

C'est, dans l'Auxois, le deuxième grand niveau d'eau; le pre-

____

(1) Les sources qui alimentent les fontaines publiques de Dijon et la Douix, à Châtillon-sur-Seine, coulent également sur la zone à O. acuminata.

mier existant, comme nous l'avons dit précédemment, à la base de l'oolithe inférieure (1).

La zone à *O. acuminata* est très-riche en corps organisés; cependant le nombre des genres et des espèces n'est pas en proportion avec la quantité des fossiles qui son répandus dans les marnes.

C'est vers la base que pullule l'huitre qui caractérise cette zone; mais elle n'est pas limitée au dépôt vaseux; on la rencontre encore, plus rarement il est vrai, dans la première et la troisième zone, et jusque dans la première zone de l'étage suivant.

Les Brachiopodes (Térébratules, Rhynchonelles, Hémithiris) sont aussi fort abondants dans les strates de la deuxième zone. On y trouve également l'*Ammonites Parkinsoni*, le *Belemnites bessinus*, le *Belemnites giganteus*, le *mytilus reniformis*, des Pholadomyes, une lime très répandue que nous croyons innommée et des Echinides.

Vers le haut de la zone, l'élément marneux se solidifie un peu et devient souvent grisâtre, contenant quelques bancs mal formés d'une roche calcaréo-marneuse, dans laquelle, au contact de la troisième zone, sont empâtées de grosses huitres irrégulières et plissées.

TROISIÈME ZONE.

Zone du calcaire à *Pinna* ou blanc-jaunâtre inférieur.

La troisième zone du fuller's earth et une grande partie de l'étage suivant ont été décrites par M. de Bonnard, comme

(1) Plusieurs sources de ces deux niveaux étaient l'objet d'un culte chez les Gallo-Romains : sources de la Seine ; source de Ste-Reine à Alise; source de Roche-d'Y, de Massingy-lès-Vitteaux, etc. (Voir au bulletin de la Société des sciences historiques et naturelles de Semur, année 1866, une notice de M. Armand Bruzard sur la source de Massingy-lès-Vitteaux).

formant un seul ensemble, sous le nom de *Calcaire blanc-jaunâtre* (1); mais les caractères paléantologiques du blanc-jaunâtre, mieux connus depuis, ont permis d'établir des distinctions qui avaient échappé à ce savant et de séparer le calcaire blanc-jaunâtre en trois parties.

La zone du calcaire à Pinna on blanc-jaunâtre inférieur, dont la puissance varie entre 12 et 15 mètres, est constituée vers la base par une roche compacte, gelive et fragile, à pâte extrêmement fine et un peu alumineuse, donnant par la cuisson une chaux hydraulique assez médiocre.

Cette roche, au contact des agents naturels, se délite en plaques d'épaisseurs irrégulières, d'une couleur blanchâtre, à la partie inférieure; mais vers la partie supérieure, où l'élé-medt alumineux diminue progressivement, elle devient jaunâtre, dure, à pâtre moins fine, se délite moins à l'air et ses caractères pétrographiques ne diffèrent pas de ceux de la base de la première zone de la grande oolithe.

La rareté des exploitations dans cette zone ne nous a pas permis d'en donner une coupe détaillée; nous avons seulement pu constater, dans des carrières ouvertes à des niveaux différents, une grande uniformité dans les lits qui se divisent régulièrement en assises horizontales, sans qu'il soit possible d'établir des distinctions lithologiques tranchées.

Nous ne connaissons que deux points : (partie orientale du plateau d'Alise et partie septentrionale du plateau de Flavigny), où la zone à *Pinna* termine à peu près le sommet d'un hauteau; ailleurs elle est généralement surmontée par la zone *Am. arbustigerus* de l'étage suivant.

La dernière zone du *fuller's earth* semble s'être déposée à une certaine profondeur au-dessous des eaux marines, si l'on en juge par la rareté des fossiles et par la finesse des sédiments de la base du dépôt.

(1) Sur la constance des faits geognostiques qui accompagnent le gisement des terrains d'arkose, etc , ouvrage déja cité.

On y remarque par places des bancs contenant des rognons ramifiés de nature siliceuse, à cassure jaunâtre, sèche et rugueuse. *(Montagnes de Flavigny, etc.)*

L'*Ammonites Parkinsoni* (1) se rencontre encore vers la base de la troisième zone caractérisé, surtout à sa partie médiane, par plusieurs espèces du genre *Pinna (Pinna ampla, P. cuneata*, etc.), toutes d'une assez grande taille, à tests ornementés de dessins concentriques.

Le *fuller's earth* de l'Auxois ne renferme pas de roches à structure oolithique.

Voici la coupe figurative de l'étage :

Grande oolithe.

FULLER'S EARTH				
3	CALCAIRE à PINNA ou Calc. blanc-jaunâtre inf^r	12 à 15^m	NOMBREUSES ESPÈCES du genre PINNA, *Pecten laminatus*, etc.
2	Marnes à Ostrea accuminata	3 à 5^m	Ostrea accuminata, beaucoup de brachiopodes. A. Parkinsoni, mytilus reniformis, echinides, etc.
1	Calcaire grumuleux	2 à 3^m	Pholadomya Vezelayi. P. gibbosa, etc.

Oolithe inférieure.

(1) C'est la présence à ce niveau de l'*A. Parkinsoni*, très-abondant dans la deuxième zone, qui nous a déterminé à laisser la troisième zone dans le fuller's earth ; sans quoi nous l'eussions comprise dans la grande oolithe. Du reste, nous l'avons déjà dit, les coupures par étages n'ont d'autre importance, dans la plupart des cas, que celle de fournir des points de repère pour l'étude. Elles n'existent pas dans la nature, *Natura non facit saltus.*

Nous donnons ci-après la liste des fossiles du *fuller's earth;* ils sont pour la plupart d'une détermination difficile.

Le nom d'une espèce sera suivi d'un chiffre qui désignera la zone où elle se rencontre.

Le signe — précédant une espèce, indiquera qu'elle se montre déjà dans l'étage sous-jacent; le même signe placé à la suite annoncera son passage dans la grande oolithe.

Vertébrés.

Sauriens.

Ichthyosaurus, *sp*		3

Mollusques.

Céphalopodes.

— Belemnites giganteus, *Schlott*	1	2	
B. bessinus, d'*Orb*		2	
B. unicanaliculatus, *Hartm*			3
Belem, *sp*		2	
Nautilus, *sp,*	1		
Nautilus, *sp*		2	
Ammonites discus, *Sow*		2	
A. Parkinsoni, *Sow*		2	3
A. Braikenridgii, *Sow*			3
A. Martinsi, d'*Orb*			3
Ammonites. *sp*	1		

Gastéropodes.

Nerinæa, *sp*		3
Natica, *sp*	2	
Turbo, *sp*	2	
Cirrus carinatus? *Sow*	2	
Pleurotomaria, *sp*	2	
Et autres gastéropodes	2	3

Lamellibranches.

Panopæa jurassi, d'*Orb*	2	
Et autres nombreuses panopées	2	3

Pholadomya bellona, d'*Orb*.................. 2
P.   Vezelayi, *Lajoie*.............. 1 2 3 —
P.   gibbosa, *Sow*.................. 1 2 3 —
P.   texta, *Agass*.................. 3
P.   Murchisoni, *Sow*.............. 1 2 3 —
Pholadomya, *sp*.................. 1
Goniomya *sp*.................. 1 2
G.   scalprum, *Agass*.............. 2
Thracia, *sp*.................. 2 3
Lyonsia, *sp*.................. 2
Ceromya abducta, ex d'*Orb. Ferry*.......... 2
Ceromya, *sp* 3
Opis,   *sp*.................. 2
Astarte compressa, *Sow*.................. 2
Astarte, *sp*.................. 2
— Trigonia costata, *Sow*.................. 2 3 —
Trigonia,   *sp*.................. 1
Trigonia,   *sp*.................. 2 3
Lucina,   *sp*.................. 2
Lucina,   *sp*.................. 2
Et autres lucines.................. 2
Cyprina,   *sp*.................. 2
Mactromya, *sp*.................. 3
Cucullæa,   *sp*.................. 2
Cucullæa,   *sp*.................. 2
Isocardia rostrata? *Sow*.................. 2
I.   bajocensis, d'*Orb*.................. 2
Nucula, *sp*.................. 2
Pinna ampla, *Sow* 3
P.   cuneata, *Phillips*.................. 3
Et autres.................. 3
Mytilus reniformis d'*Orb.* (Modiola renifomis
      Sow).................. 1 2
— Lima proboscidea, *Sow*.................. 1 2 3 —

L.   gibbosa,   *Sow*................ 2
Lima,   *sp*............................ 1
Et autres, dont une espèce très-répandue dans la deuxième zone, voisine de la *L. Punctata, Sow.*, du lias inférieur, mais moins finement costulée (1)........................ 1 2 3
Limæa duplicata, *Goldf*................... 2
L.   costata   *Goldf*................... 2
Avicula echinata, *Sow*.................. 2
A.   digitata, *Deslong*................. 2
Avicula, *sp*......................... 2
Avicula, *sp*......................... 2
Et autres avicules.
Gervillia Zieteni, d'*Orb*.................. 2 3
Gervillia, *sp*........................ 2
— Pecten articulatus, *Goldf*.............. 1
P.   comatus,   *Goldf*.............. 2
P.   hedonia, d'*Orb*................ 2
P.   laminatus, *Sow*.................. 2 3 —
Pecten,   *sp*..................... 2
Plicatula bajocensis, d'*Orb*............... 2
Plicatula, *sp*........................ 2
Ostrea acuminata, *Sow*................. 1 2 3 —
? — O. Marshii? *Sow*.................. 2
O.   subcrenata, d'*Orb*.............. 2 3
O.   tuberosa, *Goldf*.................. 2
O.   Soverbyii, *Morr.* et *Lycet*............ 2 3 —
O.   Gibriaci, *Mart*.................. 2
O.   obscura, *Sow.* (O. ampulla, d'*Arch.*)... 2 3 —
Ostrea, *sp*......................... 3
Et autres de la deuxième zone............. 2

(1) Les côtes ressemblent à celles de la *Lima valoniensis*, Defrance, de la zone à *Am. planorbis* de l'infra-lias.

Brachiopodes.

Rhynchonella obsoleta, *Sow*..............		2
R. concinna? *d'Orb*..............		2
R. angulata, *Sow*................		2
R. Babeana ? *Deslong*...........		2
R. varians, *Deslong*............		2
Rhynchonella, *sp*	1	2
Rhynchonella, *sp*......................		3
Et un grand nombre d'autres rhynchonelles...		2
Hemithiris spinosa, *d'Orb*..................		2
Hemithiris, *sp*		3
Terebratula emarginata, *Sow*..............		2
T. cadomencis? *Deslongch*........		2
T. maxillata? *Sow*..............		2
T. Ferryi, *Deslongch*.............		2
T. ornithocephala? *Sow*..........		2
T. Phillipsii? *Davidson*............		2
Terebratula, *sp*......................	1	2
Et un grand nombre d'autres térébratules.....		2

Bryozaïres.

Une espèce indéterminée..................	1	

Articulés.

Crustacés.

Une espèce indéterminée..................		2 3

Annelés.

Serpula *sp*......................	1	
Serpula, *sp*......................	1	
Serpula, *sp*......................		2
Serpula, *sp*......................		2

Rayonnés.

Echinides.

— ? Clypeus patella ?................... .		2
Clypeus Plattii, *Klein*...................		2
Clypeus, *sp*		2
Collyrites ringens, *Desmoulins*.............		2

Et autres échinides.   2

Crinoïdes.

Pentacrinus, *sp*.   2

Astropecten, *sp*.   2

Zoophytes.

Espèces indéterminées. **3**

Végétaux.

Espèce indéterminée.   3

Troisième étage du groupe oolithique inférieur.
GRANDE OOLITHE.

La grande oolithe (partie de l'étage Bathonien d'A., d'Or
bigny, qui en a pris le type à Bath, *Angleterre*) ne se présente
vers le sud et l'est de l'Auxois qu'en lambeaux isolés, formant
le couronnement des *hauteaux*, et constitués ordinairement
par la première zone, exceptionnellement par la deuxième,
et une faible partie de la troisième.

En descendant vers le nord, l'étage se complète, il est vrai,
mais seulement vers la limite extrême, et le plus souvent en
dehors de la circonscription que nous nous sommes proposé
de faire connaître.

Aussi n'en donnerons-nous qu'une description abrégée,
car la contrée ne renferme que des éléments insuffisants, consistant en lambeaux échappés à la dénudation, sur lesquels il
n'est possible de faire qu'une étude imparfaite.

La grande oolithe se divise en quatre zones :

    4. Zone du calcaire à cassure conchoïde ;

    3. Zone du calcaire blanc-jaunâtre supérieur ;

    2. Zone de l'oolithe blanche ou miliaire ;

    1. Zone du calcaire blanc-jaunâtre moyen, ou zone de
      l'*Am. arbustigerus* (1).

---

(1) Nous rappelons que le calc. blanc-jaunâtre inférieur forme la 3^e
zone de l'étage précédent.

Première zone.

CALCAIRE BLANC-JAUNATRE MOYEN, OU ZONE DE L'*Am.' Arbustigerus.*

Nous l'avons déjà dit, en décrivant l'étage précédent, il est difficile de séparer minéralogiquement la troisième zone du *fuller's earth* de la première zone de la grande oolithe, car la roche, d'abord blanchâtre et un peu marneuse dans les assises inférieures, à *Pinna*, passe vers le haut à une teinte jaunâtre et prend une structure plus calcaire qui se confond avec celle de la zone qui nous occupe. C'est donc par sa faune seule que celle-ci peut être distinguée, et cette faune est peu riche dans notre pays ; cependant si le point précis de séparation paraît incertain, la première zone du troisième étage du groupe oolithique inférieur n'en existe pas moins, puisqu'on rencontre ordinairement, au-dessus du banc à Pinna, l'*Ammonites arbustigerus* qui la caractérise.

Nous allons donner la coupe que nous avons relevée de cette zone entre la forêt de Flavigny et le bois de Chemerey, sur le hauteau le plus élevé de la contrée située au sud-est de l'Auxois.

2e zone de la grande oolithe.

10m	E	Roche jaunâtre en bancs épais, avec tendières, contenant parfois des veines dolomitiques rougeâtres et irrégulièrement reparties, non oolithique.
3m	D	Calcaire jaune clair, se délitant en laves ou pierres tégulaires, non oolithique.
18m	C	Calcaire blanchâtre avec oolithes fines et irrégulières.
4m	B	Banc jaunâtre à huîtres (*Ostrea* obscura Sow. O. acuminata Sow.), non oolithique.
10m	A	Calcaire jaunâtre en assises irrégulières, non oolithique.
45m		

(1re zone de la grande oolithe — OU CALCAIRE BLANC-JAUNATRE MOYEN.)

Zone supérieure du Fuller's earth.

Les bancs A ont à peu près partout le même faciès ; ils ne sont jamais oolithiques.

Le banc B n'existe pas toujours ; nous l'avons seulement rencontré sur la montagne de Flavigny, et sur celle de Pouillenay, où il se montre bien développé entre les fermes des Sept-Fontaines et de l'Orme-du-Veau. — L'*Ostrea obscura* y pullule. L'*O. acuminata* est plus rare.

A peu près au même niveau existe sur la montagne de Villaines-lès-Prévottes, un dépôt d'un à deux mètres pétri de fossiles où dominent les Lamellibranches *(cardium, lucina, pholadomya, pecten, trigonia, gervillia, mytilus, arcomya, ceromya, isocardia,* etc. On y trouve aussi des *Nérinées* et des *échinides.*

Le banc C n'est pas constant, ou plutôt il n'est pas toujours oolithique. Il est parfois perforé par les lithophages (Villaines).

Les assises D et E existent presque toujours avec les caractères indiqués dans la coupe sur la plupart des hauteaux.

L'*Am. arbustigerus* est généralement moins rare vers la base que vers le sommet de la zone.

La roche E, assez peu riche en fossiles, fournit une assez bonne pierre d'appareil. (Fossot, près Flavigny, Courceau, Saint-Germain-lès-Senailly, Crépand, Montbard, Mont-Saint-Jean, etc.).

Quelquefois cette pierre renferme des tendrières ; aussi la trouve-t-on çà et là, sur les points culminants des hauteaux, en blocs isolés, troués dans tous les sens, qu'on emploie au décors des jardins. (La Roche-Vanneau, Mont-Saint-Jean, etc.) Ces blocs doivent leurs formes irrégulières et leurs perforations à la destruction des tendrières et des parties dures elles-mêmes par l'eau chargée d'acide carbonique, et la roche paraît contenir une certaine portion de silice, si l'on en juge par la présence de la bruyère *(calluna vulgaris),* qui croît quelquefois dans le limon brun sur lequel elle repose, comme aux environs des carrières de Fossot et sur le sommet de la montagne de la Roche-Vanneau, à moins que la silice n'ait été apportée avec le limon lui-même, formé à une époque bien moins ancienne.

A l'air libre les blocs ne paraissent pas s'altérer; aussi croyons-nous que l'action dissolvante des eaux a produit son effet avant l'entière érosion des croupes des hauteaux, sous une couche peu épaisse de sédiments, car, au contact de l'atmosphère, l'eau perdant son acide carbonique cesse de corroder les roches.

Le niveau du calcaire blanc-jaunâtre moyen descend beaucoup plus bas vers le nord que vers le midi, et se trouve souvent engagé dans le massif des montagnes où il est plus difficile à explorer que sur les hauteaux. (Rive droite de la Brenne, au-dessous de Montbard.)

La puissance de cette zone est variable; mais nous ne l'estimons pas à moins de 40 à 50 mètres.

Deuxième zone,

OU ZONE DE L'OOLITHE MILIAIRE.

La zone à *Am. arbustigerus* est surmontée d'un banc de 2 à 3 mètres, d'une roche peu dure et gelive, ordinairement blanchâtre, et d'une structure finement oolithique. (Complétement blanche à l'air libre.)

Ce niveau, séparant le calcaire blanc-jaunâtre moyen du calcaire blanc-jaunâtre supérieur, devient un point de repère important entre des roches de compositions similaires et rompt la monotonie des assises de la grande oolithe.

La pierre, où l'élément calcaire se montre d'une grande pureté, est employée à faire une chaux blanche et grasse (chaux de Touillon), dont l'usage est moins fréquent depuis quelque temps, car on lui préfère les chaux hydrauliques du lias.

La zone de l'oolithe miliaire est dépourvue de fossiles sur

sur le hauteau de Fossot, près Flavigny, où elle est mise à découvert par l'exploitation de carrières pratiquées au sommet de la zone du calcaire blanc-jaunâtre moyen. Ils manquent également au même niveau sur la montagne de Villaines-les-Prévottes; mais, à Montbard, on y trouve quelques gastéropodes *(Pileolus vulgaris*, Sow.*)*, des cérithes, des pointes de cidaris, des bryozoaires, tous de très-petite taille et en nombre assez réduit.

Troisième zone,

OU ZONE DU CALCAIRE BLANC-JAUNATRE SUPÉRIEUR.

A la zone précédente succède une puissante masse de roches calcaires de structure variable, d'une teinte jaunâtre ou blanchâtre, tantôt dure et compacte, tantôt se délitant en plaques, quelquefois marneuses, rarement oolithiques, et généralemnnt très-pauvres en corps organisés.

Cette masse, qui n'a pas moins de 40 à 50 mètres de puissance, n'existe complète qu'aux environs de Montbard, rive droite de la Brenne, où elle est assez difficile à étudier, cachée qu'elle est, le plus souvent, sous les forêts et les broussailles qui recouvrent, presque partout, les sommets et les pentes.

Sur le hauteau de Fossot, près Flavigny, qui s'élève exceptionnellement à une plus grande hauteur que les hauteaux voisins, sur la montagne de Villaines-les-Prévottes et sur les autres plateaux qui séparent, vers le nord, le cours de l'Armançon de celui de la Brenne, il n'est resté que les premières assises de la base de la zone dont nous parlons.

Quatrième zone,

OU ZONE DU CALCAIRE A CASSURE CONCHOÏDE.

Ce dépôt, qui acquiert exceptionnellement une grande puissance aux environs de Dijon (50 mètres), est très-réduit en se rapprochant du Morvan, et n'a guère qu'une épaisseur de trois à cinq mètres.

Il semble n'avoir échappé à la dénudation que vers les limites septentrionales de l'Auxois. — Nous l'avons remarqué à l'entour du village de Cruchy, au nord de Saint-Remy, sur un petit îlot cultivé et isolé dans la masse des forêts qui s'étendent de Montbard à Châtillon-sur-Seine.

Il est constitué par un calcaire compacte à pâte fine, à cassure conchoïde, parfois légèrement coloré en rose, se délitant en petits fragments sous l'influence des agents naturels.

La zone n'est pas dépourvue de fossiles; mais les corps organisés sont en quelque sorte fondus dans cette roche parfaitement homogène, et ne ressortent incomplets que lorsque la pierre a été profondément altérée; aussi nous a-t-il été impossible d'en recueillir.

Nous avons pu constater que la surface supérieure du calcaire à cassure conchoïde est percée de nombreux trous de lithophages, ce qu'il est facile d'observer autour de l'abreuvoir de Cruchy, creusé au centre d'un glacis naturel corrodé et perforé, sur les bords duquel on remarque les marnes du Bradford-Clay, dont nous aurons à nous occuper ci-après; mais nous n'avons découvert nulle part les assises ferrugineuses qui, aux environs de Dijon, séparent la zone dont nous parlons de la zone précédente.

Voici la coupe figurative des zones de la grande oolithe :

Voir le tableau d'autre part.

Marnes du Bradford-Clay.

4	Zone du calcaire à cassure conchoïde.	3m »»
3	Zone du calcaire blanc-jaunâtre supérieur en bancs variables, rarement et incomplétement oolithiques.	50m »»
2	Zone de l'oolithe miliaire.	3m »»
1	Zone du calcaire blanc-jaunâtre moyen, en bancs variables et incomplétement oolithiques. *Am. arbustigerus.*	45m »»

3e *étage.* — GRANDE OOLITHE.

101m

Calcaire blanc-jaunâtre inf. (Partie sup^re du Fuller's earth).

Il nous reste à indiquer les fossiles recueillis dans la grande oolithe. Ils sont rares, et la plupart innommés ou difficiles à déterminer spécifiquement.

Nous ferons, comme pour les autres étages, précéder du signe — ceux qui existent déjà dans l'étage précédent, et suivre du même signe ceux qui passent dans l'étage suivant. Le chiffre placé à la suite d'une espèce indiquera la zone ou les zones où elle se rencontre.

Vertébrés.

Sauriens.

Ichthyosaurus ? *sp* 1

Mollusques.

Céphalopodes.

Nautilus, *sp* 1
Nautilus, *sp* 1
Ammonites arbustigerus, d'*Orb* 1

Gastéropodes.

Nerinæa, *sp* 1
Pileolus plicatus, *Sow* 2
P. vulgaris 3
Pleurotomaria, *sp* 1
Cerithium ? *sp* 1
Natica, *sp* 1
Patella, *sp* 3
Et autres gastéropodes 1 2

Lamellibranches.

Pholadomya lyrata. (Lutraria lyrata? *Sow*.) . . . 1
— P. Vezelayi, *Lajoie* 1
— P. gibbosa, d'*Orb* 1
P. Murchisoni, *Sow* 1 3
Pholadomya, *sp* 1
Et autres pholadomyes 1 3
Ceromya, *sp* 1

Arcomya,	*sp*	1			
Et autres		1			
Cypricardia bathonica, *d'Orb*			3		
— Trigonia costata, *Sow*		1			
Trigonia,	*sp*	1			
Et autres		1			
Lucina,	*sp*	1			
Lucina,	*sp*		3		
Mactromya, *sp.* (Lavignon)		1			
Cardium,	*sp*	1			
Et autres cardiums		1			
Isocardia tenera, *d'Orb*		1			
Arca,	*sp*		3		
Pinna, *sp*			3		
Pinna, *sp*				4	
Mytilus subgibbosus, *d'Orb*		1			
Mytilus, *sp*		1			
Et autres mytilus		1			
Lithodomus, *sp*			3		
— Lima proboscidea, *Sow*		1	3		—
Lima, *sp*		1			
Lima, *sp*			3		
Et autres		1	3		
Gervillia, *sp*		1			
— Pecten laminatus, *Sow*		1	3		
Pecten,	*sp*	1			
Et autres		1			
Hinnites, *sp.*		1			
— Ostrea obscura *Sow.* (O. ampulla, *d'Archiac.*)		1			
— O. acuminata, *Sow.*		1			
— O. Gibriaci? *Mart.*		1			
Ostrea,	*sp.*	1			
Et autres		1	2	3	

Perforants indéterminés.	1	3

Brachiopodes.

Rhynchonella, *sp*.	1	
Et autres.	1	3
Terebratula, *sp*.	1	
Et autres.	1	

Bryozoaires.

Espèces à déterminer.	2	3

Echinopermes.

Deux espèces à déterminer.	1	
Cidaris, pointes.		2

Zoophytes.

Espèces à déterminer.	1	2	3

Végétaux.

Débris indéterminés.	1

Quatrième étage du groupe oolithique inférieur.

BRADFORD-CLAY.

Le quatrième étage est ordinairement marneux vers la base et franchement calcaire vers la partie supérieure.

Il n'est représenté, dans les limites de la circonscription qui nous occupe, que par un lambeau que nous avons rencontré aux environs du village de Cruchy, canton de Montbard, presqu'à la limite de l'arrondissement de Semur.

Ce lambeau est formé de bas en haut :

1o Par des marnes terreuses et jaunâtres qui forment le bord occidental de la mare du village et reposent sur la surface perforée du calcaire à cassure conchoïde, terminant l'étage précédent. Elles paraissent n'avoir guère qu'un mètre de puissance.

La présence de deux fossiles caractéristiques du Bradford-Clay, au milieu de ces marnes : *Terebratula cardium*, Lmk, et *Apiocrinus Parkinsoni*, d'Orb., ne laissent aucun doute sur le rang à assigner à ce dépôt. Ils sont accompagnés de la *Terebratula obovata*, Sow, de *Rhynchonelles* et de *l'Ostrea costata*, Sow, qui n'appartiennent pas exclusivement à ce niveau ;

2º Par des calcaires blanchâtres, finement oolithiques, qui commencent par une assise compacte, d'un mètre environ d'épaisseur, surmontée d'autres assises fendillées ou pullulent des mollusques et des polypiers. Les gastéropodes y sont en dominance et parmi ceux-ci, les nérinées; mais les tests des fossiles sont tellement corrodés que toute détermination devient impossible.

C'est probablement à ce deuxième niveau que M. Bréon a rencontré en abondance, au-dessus de Montbard, dans la direction du nord, et à l'entrée de la forêt du Grand-Jailly *(maison Thoureau)*, la *Terebratula digona*, Sow.

Pour terminer le groupe oolithique inférieur, il nous resterait encore à parler de deux étages :

1. Le *Forest-marble*.

2. Le *Corn-Brash*.

Mais comme ils font complétement défaut dans l'Auxois, où la dénudation n'a rien laissé subsister au-dessus du Bradford-Clay, qui n'existe lui-même que par exception, nous devons nous arrêter ici dans la description ces terrains jurassiques (1).

---

(1) Néanmoins, pour ne pas laisser interrompue la série du groupe oolithique inférieur, nous la compléterons en reproduisant, d'après M. J. Martin *(De l'étage Bathonien et de ses subdivisions dans la Côte-*

Si nous voulions exposer la suite de la sous-formation jurassique, il faudrait nous reporter dans les arrondissements
de Châtillon-sur-Seine, d'Avallon et de Dijon, au-delà des
limites assignées à notre travail. Nous la trouverions complétement développée, s'inclinant de toutes parts, en raison de
son éloignement du Morvan et servant à son tour de support
à la sous-formation crétacée; celle-ci s'enfonçant elle-même
plus loin sous la formation tertiaire.

En commençant la description stratigraphique de l'Auxois,
nous avons signalé de grandes lacunes vers la base des dépôts
sédimentaires; mais une autre lacune non moins importante

d'Or. *Bulletin de la Soc. géol. de France*, 2ᵉ *série, t.* XVIII, *pages* 640
et suivantes), la disposition des strates qui, étudiés par ce géologue, aux
environs de Dijon et dans d'autres parties du département, paraissent,
suivant son opinion, être les équivalents du forest-marble et du corn-brash
des anglais.

Groupe oolithique moyen.

F. — Calcaire roux, spathique, très-fissile, finement oolithique et
pétri de fragments de crinoïdes, d'échinides et de bryozoaïres, qui lui donnent l'aspect du calcaire à entroques.

Le sommet de cette assise, qu'on appelle la dalle nacrée,
est toujours et partout criblé de trous de pholades.

E. — Calcaire roussâtre, mais à texture plus grossière, souvent en
rognons bréchiformes à la base, très-fossifère et reposant
sur le forest-marble, sans intercallation de marnes. Lorsque
ces marnes existent, elles sont jaunâtres, sableuses et remplies de pernes, de débris de bryozoaïres, qui existent
également dans la partie supérieure et calcaire de l'assise.

Les fossiles caractéristiques de cet étage, qui se distingue
par l'abondance extrême des bryozoaïres et des débris d'é-
chinides et de crinoïdes, sont : le *pentacrinus Buvignieri*,
d'Orb., et l'*heteropara conifera*, J. Haime.

Les strates du corn-brash ont une puissance d'environ
5 mètres.

6ᵉ étage. — CORN-BRASH.

existe dans notre pays, commençant au-dessus du Bradford-

5e étage. — FOREST-MARBLE.

D. — Roche roussâtre à grains serrés, quelquefois compacte, plus souvent oolithique, passant, par places, à une sorte de lumachelle pétrie de térébratules et autres bivalves. La partie supérieure de ce banc, qui constitue une ou plusieurs assises, est partout fortement colorée par le fer, corrodée et criblée de trous de lithophages.

C. — Feuillets calcaires à pâte fine et compacte, ordinairement blanchâtres, presque lithographiques, entremêlés de plaques à texture plus grossière et de couleur roussâtre, sorte de lumachelle où abondent les bryozoaïres, les brachiopodes et les huîtres. Ces feuillets sont quelquefois inclinés à l'horizon et discordent avec les assises qui les précèdent et les suivent dans la série.

B. — Calcaires grisâtres ou roussâtres, oolithiques, souvent mal liés, à stratification oblique et passant à la base à une roche grossière, en rognons où abondent les brachiopodes et les zoophytes.

A. — Marnes d'un gris cendré, remplies de térébratules avec intercalation de rognons calcaires à la partie supérieure.

Les fossiles les plus répandus dans le forest-marble sont, la *terebratula obovata*, Sow , et l'*isastræa limitata*, qui pourtant ne sont pas spéciales à cet étage.

Bradford-Clay.

Nous ne clorons pas la description du groupe oolithique inférieur sans présenter quelques observations sur les dénominations que nous avons adoptées.

Nous n'avons pas suivi la division en étages d'Alcide d'Orbigny, parce qu'elle est trop exclusivement basée sur des caractères paléontologiques et que, même au point de vue où il s'est placé, ses étages ne sont pas toujours séparés stratigraphiquement et paléontologiquement d'une manière satisfaisante.

Ce savant, qui a donné à la science, par une initiative qu'on ne saurait trop louer, une impulsion nouvelle, n'a pas d'ailleurs assez tenu compte de différences minéralogiques importantes, marquant des périodes distinctes dans la sédimentation.

C'est ainsi qu'il range dans son étage *carboniférien*, les dépôts de deux

Clay démantelé, pour finir à la fin de la période tertiaire, c'est-à-dire qu'elle est comprise entre le groupe oolithique inférieur, mêmei ncomplet, et la formation quaternaire. Nous essayerons d'en expliquer les causes, et l'on verra qu'elle n'a pas été toujours aussi considérable et que, en géologie, les

époques séparées : ceux du calcaire carbonifère, essentiellement marin, et les sédiments houillers qui, dans la France centrale, ont une origine purement terrestre et sont schisteux ou gréseux.

Qu'il comprend dans son étage *conchylien* les grès vosgiens et les grès bigarrés avec le muschelkalk marneux ou calcaire, bien que les conditions de dépôts ne soient pas les mêmes, le muschelkalk ayant seul le caractère de terrain marin.

Qu'il renferme dans son étage *sinémurien* l'infra-lias (ou étage hettangien) et le lias inférieur, qui diffèrent assez pour être séparés.

Qu'il n'a pas distingué les limites du fuller's earth dont les fossiles sont répartis par lui dans son étage bajocien et dans son étage bathonien.

Si nous avons donné la préférence à la nomenclature anglaise, ce n'est pas qu'elle soit irréprochable ; elle a surtout l'inconvénient de ne représenter que des équivalences entre les terrains anglais et français ; mais elle a le mérite de partager les différentes masses en groupes assez bien définis ; d'ailleurs, elle est plus généralement suivie par les géologues.

Nous devons pourtant reconnaître qu'il serait peut-être plus rationnel de faire du groupe oolithique inférieur une division mieux appropriée à notre pays.

Ce groupe ne contiendrait que deux étages :

L'oolithe inférieure à la base ;
L'étage bathonien au sommet.

En raison de l'extrême variabilité dans la composition et la puissance des roches d'un point à un autre et du nombre restreint des fossiles réellement caractéristiques d'un niveau déterminé, l'étage bathonien comprendrait le fuller's earth, la grande oolithe, le bradford-clay, le forest-marble et le corn-brash, qui n'auraient plus que le rang de sous-étages.

C'est ainsi que nous présenterons le groupe oolithique inférieur dans le tableau général des terrains que nous donnerons à la fin de notre travail sur l'Auxois.

caractères négatifs peuvent servir aussi bien que les caractères positifs à établir la géogénie d'une contrée (1).

(1) Pour donner au lecteur peu familiarisé avec la géologie, une idée du développement considérable des terrains qui séparent le groupe oolithique inférieur de la formation quaternaire, dont nous retrouvons les lambeaux dans l'Auxois, nous croyons utile de présenter l'échelle de ces terrains, en employant, tout à la fois, la nomenclature des géologues anglais et celle des géologues français.

Nous ajouterons sommairement quelques explications bien incomplètes, mais qui suffiront à faire comprendre la succession des dépôts dans la grande série des dépôts géologiques.

Nous indiquerons d'abord les terrains qui terminent la sous-formation jurassique qui n'est représentée dans l'Auxois que par le groupe du lias et le groupe oolithique inférieur.

Groupe oolithique moyen	Étage Calovien	— *Kelloway-roch*	minerai de fer.
	Étage Oxfordien	— *Oxford-clay*	
	Étage Corallien	— *Coral-rag*	
	Étage Séquanien		

Ce dernier étage, créé par démembrement de l'étage corallien, est surtout très-développé dans le Jura.

Groupe oolithique supérieur	Étage Kimméridien	— *Kimméridge-clay.*
	Étage Portlandien	— *Portland stone.*
	Couches de Purbeck. Dépôts terrestres et d'eau douce.	

SOUS-FORMATION CRÉTACÉE.

Étage Wealdien. Dépôts d'eau douce.

Groupe crétacé inférieur	Étage néocomien	
	Étage aptien	
	Étage Albien { sup^r ou Gaise / inf^r ou Gault. — Sables verts ou rougeâtres.	

Groupe crétacé moyen	Étage Cénomanien	— *Craie chloritée ou glauconieuse.*
	Étage Turonien	— *Craie tufan.*
Groupe crétacé supér.	Étage Sénonien	— *Craie blanche.*

FORMATION TERTIAIRE.

Groupe inférieur ou Eocène	Eocène inférieur.
	Eocène moyen.
	Eocène supérieur.

Avant d'aborder la quatrième partie de la description de l'Auxois, constatons :

Groupe moyen ou Miocène	}	Miocène inférieur. Miocène moyen. Miocène supérieur.
Groupe supérieur ou Pliocène	}	Pliocène inférieur. Pliocène moyen. Pliocène supérieur.

Les groupes oolithiques moyen et supérieur continuent le groupe oolithique inférieur par des modifications successives dans la nature des dépôts et surtout dans la faune et la flore. On n'y remarque donc rien de brusque dans les changements qui se manifestent de proche en proche avec des oscillations peu marquées et par un enfoncement généralement progressif du fond des mers.

La sous-formation crétacée qui a commencé, comme a fini la sous-formation jurassique, par des dépôts d'eau douce, indice d'exhaussements passagers et locaux, semble n'avoir été troublée d'une manière importante par aucun phénomène soudain; cependant, vers la fin, on remarque des modifications considérables dans la faune, qui s'enrichit de genres qui paraissent avoir des rapports avec ceux de la formation tertiaire, en même temps que s'éteignent la belle et grande famille des Ammonitidées, et celle des Belemnitidées, si abondantes et si bien développées dans la formation secondaire.

Vient ensuite, après de grands changements dans la distribution des terres et des mers, la formation tertiaire constituée en grande partie par des dépôts provenant des débris arrachés aux roches exondées et principalement aux strates remaniées de la craie.

La température est un peu moins élevée que précédemment, mais le climat est encore à peu près en France, celui de l'Egypte actuelle.

Au bord des mers, il se produit des alternances de terrains marins, de terrains d'eau douce et de terrains saumâtres, et ces alternances se répètent plusieurs fois; dans l'intérieur des continents, les dépôts sont le plus souvent lacustres.

Les conditions de la vie ont changé d'une manière notable.

Les oiseaux et les mammifères qui déjà ont fait accidentellement leur apparition, et dans des proportions très-restreintes, à des époques antérieures, prennent alors possession du globe sur une grande échelle, d'abord par des genres différents de ceux de l'époque actuelle; mais ces formes chan-

Que, si du côté oriental et septentrional du Morvan, on ne trouve pas, sur les points culminants du massif cristallin, de traces du groupe oolithique inférieur, l'altitude que conserve ce groupe, en regard des sommités morvandelles (500 mètres et plus, vers le S.-E., l'E. et le N.-E.) est telle, que les strates oolithiques prolongés iraient buter contre elles et atteindraient le niveau des granites gris (1) ;

Qu'à l'exception du terrain houiller qui est un dépôt terrestre et du keuper, qui semble s'être formé dans des lagunes saumâtres, tous les terrains sédimentaires de l'Auxois, que nous avons décrits précédemment, ont une origine exclusivement marine et que la température était fort élevée, si l'on en juge par les espèces fossiles recueillies dans les étages que nous avons passés en revue.

Et qu'à partir de l'étage keupérien inclusivement, tous les

gent de l'éocène au miocène et du miocène au pliocène, et quelques types de cette dernière période passent même dans la formation quaternaire.

Les reptiles gigantesques des terrains secondaires font place à d'autres espèces moins monstrueuses ; la mer et les eaux douces se peuplent de mollusques nouveaux, analogues à ceux qui vivent de nos jours, et leur nombre va croissant à mesure qu'on s'élève dans la série tertiaire. Il en est de même des autres embranchements zoologiques.

Parmi les végétaux viennent se mêler, en Europe, aux familles et aux genres déjà apparus dans les âges géologiques antérieurs, et dont un certain nombre d'espèces se sont éteintes sous l'influence des changements de milieu, des familles nouvelles parmi lesquelles dominent, surtout vers la fin, les plantes dicotylédones.

Enfin la formation quaternaire succède à son tour à la formation tertiaire, avec ses dépôts terrestres, marins et lacustres ; mais nous aurons à en parler ci-après d'une manière moins abrégée, puisqu'elle est représentée dans notre pays.

(1) Nous verrons plus loin que, du côté occidental du Morvan, le groupe oolithique inférieur non-seulement bute directement contre les granites, mais que même on en rencontre un lambeau sur les sommets porphyriques.

dépôts sédimentaires ne montrent dans leur superposition successive d'autre discordance que celle qui résulte de leur trangressivité. Cette régularité dans la disposition horizontale des strates formées pendant un affaissement continu, mais régulier, est un fa:t géologique assez rare. Ce caractère d'uniformité et de continuité rend plus simple et plus facile l'étude de la formation secondaire dans notre pays. Il est particulier aux terrains jurassiques qui avoisinent le plateau central.

Nous verrons comment ces terrains ont été émergés plus tard avec une inclinaison marquée du côté opposé au Morvan, surtout très-sensible vers le N.-O., dans la région dont nous nous occupons spécialement.

TROISIÈME PARTIE

—

GÉOGÉNIE

—

Pour suivre l'ordre établi précédemment, nous aurions dû placer la description des dépôts particuliers à la période géologique qui a précédé la période actuelle, avant l'exposition de la Géogénie et à la fin de la deuxième division de la seconde partie comprenant les terrains de sédiment; mais cette distribution, en apparence plus logique, eut nui à la clarté du sujet, car l'existence des alluvions anciennes, des dépôts erratiques et détritiques, est dans une telle corrélation avec les changements de relief du sol, avec les dénudations et les transports qui en ont été la conséquence, que nous nous sommes trouvé dans la nécessité de faire connaître d'abord les différents états par lesquels notre pays a passé avant de prendre sa configuration actuelle et de reporter à la fin de la troisième partie *(cinquième phase)* tout ce qui concerne les dépôts formés par l'effet des changements survenus, aux dépens des masses émergées.

Nous commencerons donc par l'étude des phénomènes géogéniques et, pour les rendre intelligibles, nous serons obligé de franchir, sur d'assez grands espaces, les limites de la circonscription où nous nous sommes à peu près renfermé jusqu'ici.

En premier lieu nous rechercherons, d'après les vestiges

qui nous restent, les conditions dans lesquelles le nord du plateau central s'est trouvé successivement placé, et les modifications qu'il a subies à différentes époques, car le Morvan a été, comme nous le verrons, le centre d'actions multiples qui seules peuvent expliquer l'orographie et la disposition stratigraphique d'une partie importante du centre de la France.

Nous avons vu qu'il est composé dans son ensemble de trois groupes de roches cristallines, qui se présentent ordinairement dans l'ordre suivant, en allant de la circonférence au centre : le granite rose, le granite gris, le porphyre quartzifère.

Cependant le granite rose manque quelquefois à la partie extérieure, comme aux environs d'Avallon, où le granite gris, traversé de filons porphyriques, s'avance jusqu'au lias.

Sur d'autres points le porphyre s'étend à une certaine distance du centre, formant, comme du côté d'Arnay-le-Duc, un cap triangulaire entouré d'une faible ceinture de granite.

Ou bien, comme aux environs de Saint-Honoré-les-Bains, il touche immédiatement aux roches secondaires, sans intercalation de granite.

Nous avons vu aussi que le massif cristallin renferme, sur ses bords, des lambeaux de roches azoïques, représentées par les gneiss et les micaschistes, et qu'il porte en outre çà et là d'autres lambeaux de terrains sédimentaires d'âges différents, les uns d'origine primaire, les autres d'origine secondaire, ces derniers en stratification non concordante avec les premiers (plateau de Thostes).

Le Morvan a donc eu plusieurs phases distinctes que nous allons tâcher de reconstituer.

PREMIÈRE PHASE.

STRATUM AZOÏQUE ET FORMATION DES TERRAINS PRIMAIRES.

A la place occupée aujourd'hui par le Morvan, et même

au-delà (1), le stratum primitif était formé de dépôts azoïques, recouvrant, d'une croûte à peu près continue, un substratum granitique, masse mouvante et encore soumise à une température extrêmement élevée, du sein de laquelle surgissaient, par les crevasses des gneiss et des micaschistes, quelques émissions porphyriques.

Pendant l'immense durée de la période primaire, la croûte azoïque, encore sous les eaux en beaucoup de points, recevait, dans ses dépressions, les dépôts marins de la formation paléozoïque, et dans ses parties exondées, les dépôts terrestres ou lacustres de la même formation ; et il est à remarquer qu'alors le centre du Morvan, constituant aujourd'hui les sommités de la chaîne, était beaucoup moins élevé que le bord occupé par l'Auxois, puisque, sur celui-ci, on ne trouve que de rares dépôts paléozoïques d'origine exclusivement terrestre (houille de Sincey-les-Rouvray), tandis que la partie médiane renferme des lambeaux des mêmes terrains, aussi bien d'origine pélagienne que d'origine terrestre et lacustre, dont l'étendue nous échappe après les mouvements et les dénudations qui se sont produits dans le massif cristallin.

A quels étages devons-nous reporter ces roches primaires que nous pouvons étudier sur le Morvan, mais qui seraient cachées à nos yeux, si elles n'avaient été mises à découvert par des phénomènes d'érosion dont nous aurons à nous occuper plus tard ?

Nous avons vu que le métamorphisme qu'elles ont subi dans beaucoup d'endroits et l'absence de fossiles rendent problématique l'existence, sur le nord du plateau central, des dépôts silurien et devonien ; mais il n'en est plus de même

______

(1) Le bombement granitique de Mémont qui renferme des gneiss devait faire partie de l'île morvandelle dont la surface s'est étendue et rétrécie à différentes fois, par l'effet d'oscillations ascendantes et descendantes ; cette île se reliait peut-être au massif des Vosges, au nord-est, en même temps qu'elle rejoignait le reste du plateau central vers le midi.

pour l'étage du calcaire carbonifère, d'origine marine, dont la présence à Cussy-en-Morvan est démontrée par des preuves paléontologiques concluantes (1); nous sommes, par conséquent, dans l'impossibilité d'affirmer qu'antérieurement à l'époque du dépôt du calcaire carbonifère, la mer ait pénétré sur le nord du plateau central, bien qu'il existe beaucoup de raisons de croire qu'il en a été ainsi.

L'étage houiller, d'origine terrestre, et le terrain permien, d'origine lacustre, y ont laissé, comme nous l'avons vu, des vestiges certains; dans l'Auxois : gisement houiller de Sincey-lès-Rouvray; sur le centre du Morvan : gisement houiller près de Menessaire (2); dans l'Autunois : bassins houillers recouverts de lambeaux permiens (3).

Tout porte donc à croire que, pendant cette première phase, le Morvan avait l'aspect d'une île basse déprimée vers son milieu et sur son bord méridional, et que cette île, ou réunion d'îlots, se reliait à d'autres terrains émergés, représentés aujourd'hui par la masse principale du plateau central.

DEUXIÈME PHASE.

DISLOCATION ET PLISSEMENTS DES GRANITES, DES GNEISS ET DES TERRAINS PRIMAIRES

Un changement se manifeste dans le relief de l'île mor-

(1) Voir à la page 153, une note rectificative de ce que nous avons dit, page 56, à propos de la place à assigner, dans l'échelle paléozoïque, au calcaire de Cussy. Il appartient réellement à l'étage du calcaire carbonifère; et la note première de la page 63 doit être non avenue.

(2) Ce gisement où l'on n'a pas découvert, que nous sachions, de débris organiques reconnaissables, est tellement rapproché du calcaire de Cussy, qu'il paraît impossible de le placer en dehors du terrain carbonifère, dont il serait l'étage supérieur.

(3) Pellat, *Bull. de la Société géol. de France*, 2e série, t. XXII, p. 546 et suivantes.

vandelle; les terrains paléozoïques marins et les terrains paléozoïques terrestres et lacustres avec les gneiss qui les supportent sont fortement disloqués.

Ce mouvement est accompagné d'une émission porphyrique considérable dont l'action s'est fait sentir surtout sur le granite central, lequel doit peut-être sa nature particulière de granite gris *(granite indépendant de M. Manès)* à l'influence du porphyre qui, en le surchauffant, l'aurait profondément modifié.

Le porphyre avait déjà fait son apparition durant la première phase, puisqu'on en trouve des traces dans le dépôt houiller de Sincey (1); mais alors il était loin d'avoir atteint le développement qu'il a pris dans la deuxième phase.

Brisant et déjetant les roches précédemment formées, il en a rempli les fractures de nombreux filons et s'est même épanché en masses rougeâtres à l'état pâteux, où le feldspath est allié à des cristaux d'orthose, d'albite et de quartz (2). Ses ramifications se sont étendues, en certains endroits, jusque dans les granites roses des bords du Morvan, en même temps que vers le N.-E. une émission de leptynites formait, entre Saulieu et Rouvray, une ligne de séparation entre les granites gris et les granites rouges.

La chaleur, développée par les porphyres, n'a pas dû seulement agir sur les granites gris, en les fracturant; elle en a encore ressoudé les parties peu homogènes et a produit ces

---

(1) Le lambeau houiller de Sincey-lès-Rouvray, redressé entre deux murs de porphyres, renferme des grès et des galets enclavés dans ces grès, qui proviennent de débris porphyriques remaniés, évidemment d'une époque antérieure.

(2) L'émission porphyrique a été accompagnée accessoirement d'autres produits éjectés, tels que le trapp *(environs d'Alligny, de Moux, etc. (Nièvre),* passant en quelques points *(La Charité, près Moux)* à la Minette, par adjonction du mica et élimination du pyroxène.

nappes de granite noir, à grains fins qui les pénètrent, par
endroits, ainsi que divers filons d'autres roches cristallines, à
éléments très-tenus.

Les gneiss et les micaschistes, non-seulement ont été brisés et disjoints, mais encore, en quelques points, refondus
incomplétement et durcis, comme à Chatellux, et même sont
devenus de véritables granites, conservant simplement (*environs d'Avallon*) une tendance à l'alignement et une disposition en assises.

Les terrains stratifiés de la formation paléozoïque n'ont pas
été plus épargnés par les dislocations et le métamorphisme.

Aussi certains d'entre eux ont pris la structure schisteuse
et sont devenus de véritables grauwackes noirâtres (Bourbon-
Lancy, Arnay-le-Duc), représentant peut-être le terrain silurien.

D'autres, également schisteux, passés à l'état de psammites
rougeâtres et formant, à l'angle dessiné par l'Arroux et la
Loire, une bande qui s'enfonce sous les terrains houillers,
paraissent être, d'après M. Rozet, un lambeau modifié du
vieux grès rouge. (Étage devonien.)

D'autres roches enfin, désignées sous le nom de porphyres
noirs, eurites, minettes, trapps, occupant le point culminant
du Morvan et une partie du versant sud, sont considérées
par M. de Charmasse (1), qui les a distinguées du porphyre
rouge, comme des terrains paléozoïques modifiés, en raison
des veinules de carbonate de chaux et des galets de diverses
sortes renfermés dans leur masse, et aussi parce qu'ils passent
quelquefois à des schistes alignés dans le même sens que les
grauwackes qui les confinent au sud et dont ils ne différeraient

---

(1) Voir à la page 53, les observations que nous avons faites sur ces
porphyres noirs, d'après un article de M. de Charmasse, inséré au
Bulletin de la Société géologique de France, t. ii, page 747.

que par un métamorphisme plus profond.

C'est encore à la même cause qu'il faut attribuer l'existence du marbre blanc de Champ-Robert. Il semble n'être, en effet, qu'un lambeau de calcaire carbonifère, soumis à une grande pression et à une température assez élevée pour que les éléments organiques qui en ternissaient la pâte aient été détruits (1).

La disposition en coin, entre deux murs de porphyre du calcaire noir et fétide de Cussy-en-Morvan (2), est également la conséquence du même phénomène de dislocation. Si ce gisement, conservant encore des fossiles qui doivent également le faire ranger dans le calcaire carbonifère, a moins souffert dans sa structure, il n'en a pas moins subi des frottements et des modifications au contact des roches encaissantes.

Enfin les dépôts houillers ont été aussi profondément disloqués et plissés, et c'est encore le voisinage des porphyres qui, probablement, a produit sur beaucoup de points la conversion de la houille en anthracite, à Sincey-lès-Rouvray particulièrement, ou le bassin primitif est comprimé entre deux épontes porphyriques rectilignes.

Si les ruptures et les actions métamorphiques que nous venons d'indiquer se sont surtout manifestées pendant la deuxième phase, nous devons reconnaître qu'elles ont été compliquées et augmentées pendant la troisième phase, dont nous parlerons bientôt, et qu'il est parfois difficile de faire la part de chaque phase dans les modifications survenues.

Nous croyons pourtant que c'est seulement à la deuxième phase qu'il faut attribuer les grandes éjections porphyriques, et que les émissions quartzeuses ou siliceuses sont plus particulières à la troisième.

(1) C'est donc à tort que nous avons placé le marbre de Champ-Robert dans l'étage silurien ou devonien, page 53.

(2) L'érosion a détruit le mur septentrional, sans quoi le vestige de Cussy, noyé dans le porphyre, resterait probablement inconnu.

TROISIÈME PHASE.

ABAISSEMENT DU MORVAN ET DÉPOT CONCOMITANT DES TERRAINS DE LA FORMATION SECONDAIRE.

Le mouvement de dislocation, d'épanchement et de pénétration porphyrique, survenu pendant la deuxième phase, a été suivi d'un abaissement lent et continu, qui a permis aux sédiments secondaires d'envahir par degrés l'île ou la presqu'île précédemment émergée (1), à mesure qu'elle s'enfonçait sous les eaux et de recouvrir, en stratification discordante, les lambeaux des terrains primaires disjoints, redressés ou modifiés, indice d'un changement considérable dans l'assiette du Morvan.

Cependant cet abaissement ne s'est pas produit simultanément sur tous les bords du massif. Il a commencé au sud et au sud-est de l'Autunois où se sont formés des sédiments terrestres ou lacustres qui manquent sur les autres points. Ces sédiments déposés dans les parties basses du littoral ont été assimilés, comme nous l'avons dit, par M. Coquand (2), aux grès vosgiens et aux grès bigarrés, premier étage de la sous-formation triasique.

Ils sont surmontés d'argiles calcarifères et de calcaires grisâtres à cassure conchoïde, de dolomies cendrées à grains très-serrés et caverneuses, alternantes, à plusieurs reprises, en assises privées de restes organiques et considérées comme représentant le muschelkalck, par le même géologue, qui a constaté une ressemblance frappante entre ce dépôt et un autre de même composition minéralogique et dans la même situation stratigraphique, au pied du Jura. Ce dernier, contenant les fossiles marins du muschelkalck et situé dans l'îlot

---

(1) Peut-être devrions-nous dire l'isthme qui reliait le plateau central aux Vosges.

(2) V. page 83 et suivantes.

granitique de la Serre, semblerait, suivant l'opinion de M. Coquand, plutôt se rattacher au plateau central qu'au Jura proprement dit (1).

Le keuper, qu'on remarque à peu près partout sur les bords du massif cristallin a ensuite superposé dans l'Autunois ses strates gréseuses, dolomitiques et marneuses, formées dans des lagunes saumâtres, aux premiers sédiments triasiques ; mais sur les autres rivages, dont l'abaissement a été plus tardif, il a simplement recouvert les roches cristallines et les vestiges azoïques et paléozoïques disloqués, dont il nivelait les surfaces par des couches d'autant moins puissantes qu'elles s'éloignaient davantage de la côte.

Puis par-dessus les grès et les marnes du keuper, l'étage rhétien venait clore la série triasique par des lits de grès et de calcaires. C'est l'époque bien constatée du premier empiétement de la mer sur le Morvan, pendant la période secondaire ; mais cet empiétement n'est que partiel ; il n'atteint pas le nord et le nord-est du massif, se montre peu développé au sud-est de l'Auxois, et ne prend quelque extension qu'au sud et au sud-est de l'Autunois, où il pénètre en stratification franchement transgressive, au-delà des autres étages du trias (2).

La mer jurassique, gagnant progressivement du terrain, s'avance à son tour en déposant les sédiments de l'infra-lias, du lias inférieur et du lias moyen, à de grandes distances dans l'intérieur du massif.

Si nous jugions seulement du degré d'immersion du Morvan,

(1) V. ibid. les diverses opinions émises, desquelles il résulterait que, dans l'Autunois, les dépôts du trias ne comprendraient, d'une manière certaine, que les grès bigarrés au-dessous du keuper.

(2) La zone à avicula contorta, et le bone bed (*étage rhétien*), au S.-E. d'Autun, etc., par M. Pellat, *Bulletin de la Société géologique de France*, 2e série, tome XXII, page 563.

pendant la troisième phase, par les lambeaux des terrains de la formation secondaire qui restent aujourd'hui sur ses sommets et sur ses pentes (1), l'abaissement du massif aurait été partiel et son recouvrement par les dépôts marins très-restreint, puisque, sur les points assez rares des plateaux granitiques où existent des roches stratifiées, on ne trouve aucun sédiment d'origine pélagienne postérieur au deuxième étage du lias, et que seulement vers le sud-ouest, sur les porphyres de Saint-Honoré-lès-Bains, nous avons observé un seul vestige du groupe oolithique inférieur, sur l'existence duquel nous reviendrons plus tard.

Mais nous démontrerons, en décrivant les phénomènes de la quatrième et de la cinquième phase, que, pendant la troisième, l'immersion a été complète et que le massif cristallin a porté la série jurassique entière, et même des sédiments de la sous-formation crétacée.

Pendant la période d'affaissement dont nous nous occupons, le nord du plateau central a encore éprouvé des dislocations suivies d'émissions différentes de celles de la deuxième phase, dont les filons et les épanchements étaient principalement porphyriques.

Il s'est bien produit d'abord quelques filons de quartz laiteux, qui pouvaient même avoir précédé la fin de la deuxième phase ou accompagné le commencement de la troisième. Ces matières quartzeuses, qui ne dépassent pas les granites et les gneiss (2), paraissent avoir pénétré les fissures des roches à l'état pâteux.

Mais le keuper, l'étage rhétien (3), l'infra-lias, le lias infé-

(1) Voir les descriptions que nous avons données de ces lambeaux, et particulièrement les détails fournis pages 83 et 85, 166 et suivantes, 196, 207, 208, 233 et 268.

(2) Voir page 253.

(3) L'étage rhétien n'est silicifié que dans l'Autunois. (Pellat, *Loc. citat.*)

rieur et la base du lias moyen portent, sur différents points (bords du Serein, Avallonnais, Autunois) des marques évidentes d'émissions hydrothermales chargées de fer, de silice et accessoirement de barytine, de fluorine de galène, de cuivre carbonaté, etc. (1), lesquelles ont eu pour effet de former, par places et par intermittences, des strates de composition anormale sans métamorphisme et des assises complétement métamorphisées. Ces émissions thermales semblent être contemporaines, ou à peu près contemporaines des dépôts qui en sont affectés, et nous en trouvons la preuve dans le fait d'alternance d'assises ferrugineuses ou silicifiées avec d'autres assises à l'état ordinaire, et en même temps dans la régularité de stratification des bancs modifiés, sans projection en dehors de l'horizontalité.

Il nous est impossible, en raison des dénudations postérieures, de savoir si les dépôts supérieurs au lias moyen ont été soumis aux mêmes phénomènes minéralisateurs, puisque, sur les points qui en portent l'empreinte, ces dépôts supérieurs ont disparu; nous sommes pourtant porté à croire qu'ils n'en ont pas été atteints, car s'ils avaient été durcis par la silicification, ils auraient résisté davantage à l'érosion et on en trouverait probablement quelques vestiges.

Les fractures par lesquelles se sont échappées les sources chargées de fer, de silice et d'autres minéraux, et que MM. Raulin et Leymerie comparent aux geysers d'Islande, ont dû se produire presque sans secousse; le recouvrement des strates secondaires les unes par les autres, non en discordance, mais seulement en transgressivité, indique, en effet, un affaissement régulier et continu, à peine troublé par de faibles oscillations.

(1) Voir, pour plus amples explications, notamment les pages 112, 166 et suivantes, 191 et suivantes, 196 et suivantes, 204 et suivantes, 207, 233 et particulièrement les pages 242 et suivantes.

Ces fractures se sont rouvertes sur certains points (bords du Cousin et de la Cure), pendant la période d'exhaussement qui caractérise la quatrième phase; mais il est à remarquer que cette récurrence (1) n'a plus été accompagnée d'éjections minéralisatrices.

QUATRIÈME PHASE.

DERNIÈRE ÉMERSION DU MORVAN ET DES CONTRÉES QUI L'ENVIRONNENT. — FORMATION DES GRANDDS FAILLES QUI ABAISSENT LES CONTOURS DU MASSIF.

Pour la dernière fois le nord du plateau central est exondé; mais alors il porte, comme nous le prouverons bientôt, une masse énorme de sédiments de la formation secondaire, dont il a reçu le dépôt pendant la période d'affaissement de la troisième phase.

L'émersion, dont la durée a pu être fort longue, s'étend au plateau central tout entier et aux terrains qui l'entourent sur des surfaces considérables.

Est-elle le résultat d'un plissement en saillie correspondant, par contre-coup, à une dépression éloignée?

Provient-elle simplement d'un abaissement général de la croûte terrestre vers le centre en voie de refroidissement, laissant, en relief, le Morvan plus consolidé et, à de moindres altitudes, les régions qui en forment aujourd'hui la ceinture?

Les deux hypothèses sont admissibles, cependant nous pré-

---

(1) Nous rappelons qu'on donne le nom de failles récurrentes à celles dont les parois ont été de nouveau mises en jeu par un mouvement postérieur du sol, soit dans un même sens, soit dans un sens inverse.

Cette note a pour objet de rectifier ce que nous avons dit des failles récurrentes, à la fin du premier renvoi de la page 161.

férons la dernière comme rendant mieux compte des faits que nous allons exposer.

Seulement, dans le premier cas, le centre surélevé se serait séparé, par des ruptures, dont nous parlerons ci-après, des contrées avoisinantes qu'il a laissées en contre-bas, et ces contrées, ayant suivi le mouvement dans de moindres proportions, à mesure qu'elles s'éloignaient du point de plus grand soulèvement, se seraient elles-mêmes rompues de proche en proche.

Dans le second cas, au contraire, beaucoup plus probable, les contrées limitrophes se sont séparées du centre resté relativement en place et se sont faillées en s'abaissant.

Avant d'aborder les détails, jetons un nouveau coup-d'œil d'ensemble sur le Morvan et sur les régions qui le circonscrivent, mais en nous plaçant à un point de vue différent de celui que nous avons indiqué précédemment (1).

Morvan.

Le centre du Morvan est traversé par une ligne de faîte, orientée O. 40° N., d'après M. Élie de Beaumont, dont les versants s'inclinent d'un côté vers le N.-E. et de l'autre côté vers le S.-O. Cette arrête, ou région anticlinale, de nature porphyrique, a encore aujourd'hui une altitude de 900 m., au point culminant de la chaîne (mont Prénelay, bois du Roi, montagne de la Gravelle).

Elle donne naissance à la plupart des cours d'eau qui vont les uns à la Seine, en déviant vers le N.-O., les autres à la Loire, en se dirigeant vers le S.-O.

Suivant M. Ebray (2), elle serait le prolongement, plus ou

(1) Voir page 23.

(2) *Considérations géologiques, sur la ligne de partage du bassin de la Seine et du bassin de la Loire*, Nevers, 1862.

moins direct, de l'axe de Mellerault, qui sépare le bassin de la Seine du bassin de la Loire.

Ce point de partage n'est pas unique, car on remarque plus au nord, de Montbroin à Saint-Brisson (624 à 675 m.), une protubérance de granite gris d'où découle le Tarnin, ou Ternin, affluent de la Loire par l'Arroux, et le Cousin, affluent de la Seine par la Cure et l'Yonne.

Cet accident orographique a pour effet de faire naître le Tarnin, tributaire de l'Océan, à un point beaucoup plus septentrional que celui où la Cure, tributaire de la Manche, sort, au-dessus de Gien, de la ligne de faîte principale.

La dépression profonde où coule le Tarnin, du nord au sud, à travers les porphyres rouges et noirs, avant de tomber dans l'Arroux, près d'Autun, semble être une ligne de rupture agrandie par les dénudations ; laquelle isole, vers l'est, le plateau de Pierre-Écrite (altitude 598 m.), dirigé, suivant M. de Beaumont, N. 15° O.

Le Morvan est limité à l'ouest et à l'est par de grandes failles dirigées S.-N. ; au nord par d'autres failles moins importantes dirigées environ O.-S.-O., N.-N.-E. par l'effet de l'inclinaison générale vers le bassin de Paris ; et, à différentes distances du massif, on trouve d'autres failles plus ou moins parallèles avec les premières.

Le massif porphyrique de Saint-Saulge, du côté de l'occident et le bombement granitique de Malain, à l'orient, semblent des lambeaux du Morvan primitif, détachés ou mis à jour par des failles dont ils occupent les lèvres relevées.

La pente générale des terrains limitrophes du Morvan va en augmentant à mesure qu'on s'en éloigne, et il est à remarquer qu'en même temps que l'altitude diminue, les strates qui forment les sommets sont de plus en plus récents.

Le point où l'inclinaison est surtout très-sensible se trouve du côté du bassin de Paris ; les rivières du nord du Morvan dévient toutes vers le N.-O. ; celles mêmes qui naissent en dehors du massif cristallin, à l'est et au nord-est, suivent la même direction, détournées par l'obstacle que leur oppose, au N.-E., le plateau de Langres, lequel s'appuyant à son tour sur les contreforts des Vosges a moins fléchi.

Au midi du plateau de Langres, le bassin de la Saône, dirigé du S.-O. au N.-E., s'abaisse brusquement, séparant le massif central des monts du Jura. Cet affaissement, paraissant avoir déterminé les nombreuses failles des hauteurs comprises entre la plaine séquanaise et le massif cristallin, a coïncidé, croyons-nous, avec la plus grande saillie du Morvan (1).

Au milieu des granites et des porphyres, les dislocations ne sont généralement appréciables que par des inégalités d'altitude dans des roches de composition minéralogique analogue ; encore n'est-on pas sûr que ces inégalités ne proviennent pas de la dénudation, et, en l'absence de dépôts sédimentaires, on ne saurait affirmer que l'on se trouve en face de véritables ruptures, et encore moins que ces ruptures soient des failles.

Il n'en est plus de même dès qu'on rencontre les terrains secondaires stratifiés ; on reconnaît alors, de la manière la plus certaine, l'existence de nombreuses fractures et l'on peut constater que toute fracture donne ordinairement naissance à une faille ; il devient même possible, par l'examen de l'inclinaison des couches et de la non-coïncidence des lèvres, de déterminer approximativement l'importance des dénivellations ; nous disons approximativement, car les dénudations considé-

(1) La présence de la craie dans la plaine de Dijon, reposant sur les étages jurassiques supérieurs, n'est pas pour nous une preuve que la grande dépression de la Saône s'est produite après le mouvement qui a mis ou laissé en saillie le nord du plateau central, mais, au contraire, une présomption de synchronisme, car le Morvan, comme nous le prouverons plus loin, a porté aussi sur ses sommets des sédiments crétacés. A la vérité, le bassin de la Saône a subi des modifications postérieures par dislocations et érosions, mais elles sont loin d'avoir pris les proportions de l'abaissement que nous signalons.

rables dont nous rechercherons les causes, en faisant connaître les phénomènes de la cinquième phase, ont enlevé des couches, des zones, des étages et même des groupes entiers.

Néanmoins, en comparant successivement les failles du bords du Morvan avec celles qui s'en éloignent davantage, on arrive à se rendre compte de la nature de presque tous les terrains de la formation secondaire qui existaient pendant la quatrième phase, sur le nord du plateau central, bien qu'aujourd'hui, après les dénudations, ces terrains ne soient plus représentés que par des lambeaux appartenant au trias, à l'infra-lias, au lias inférieur, et plus exceptionnellement à la base de la grande oolithe, ou au moins au fuller's earth.

Il nous reste maintenant à donner la description des failles principales, c'est-à-dire de celles qui entourent immédiatement le Morvan, et des plus importantes parmi les autres failles qui s'en éloignent davantage.

Failles de l'Ouest.

Nous commencerons par les failles occidentales et nous prendrons pour guide, dans la description de cette partie des bords du Morvan, M. Ebray, qui, le premier, a démontré, par la disposition des ruptures et par l'effet du relèvement des couches vers l'est (1), que le nord du plateau central a été recouvert de dépôts de la formation secondaire ; que si les

----

(1) *Etudes géologiques sur le département de la Nièvre*, 1858 à 1864 — *Sur la ligne de propagation de quelques fossiles et considérations géologiques sur la ligne de partage du bassin de la Seine et du bassin de la Loire*, Nevers, 1862.—*Sur la position des calcaires caverneux autour du plateau central*, Bulletin de la *Société géologique*, 2ᵉ série, tome **xx**. p. 181 et suivantes.—*Nullité du système de soulèvement du Sancerrois —Nullité du système du Morvan*, Bulletin de la *Société géol. de France*, 2ᵉ série, tome **xxiv**, pages 471 et 717. 1867. — *Nullité du système de soulèvement de la Côte-d'Or et considérations générales sur la limite de la période jurassique et de la période crétacée*. Bulletin de la *Société des Sciences industrielles de Lyon*, 1867.

sédiments du lias embrassent généralement les protubérances actuelles du massif cristallin, c'est par suite de l'abaissement, postérieur à leur dépôt, des plateaux qui avoisinent ce massif et de l'ablation par dénudation des strates supérieurs et non parce que ces sédiments se sont déposés en contre-bas du Morvan et après son soulèvement, suivant l'opinion émise par M. Elie de Beaumont (1).

Nous verrons que la théorie de M. Ebray s'applique également aux autres versants du Morvan.

Immédiatement à la base occidentale du massif, il existe une grande rupture dirigée N.-S., formée de deux lignes de failles aboutissant l'une à l'autre, entre Corbigny et Cervon.

Partant de Cervon, la ligne nord (faille de l'Yonne) passe par Fouques, Bois-Vignes, Vauban, Bazoche et Domecy-sur-Cure. A cet endroit elle se bifurque et envoie, jusque dans le centre du département de l'Yonne, deux ramifications, l'une par Pierre-Pertuis et Saint-Père, dans la direction de Vézelay, l'autre par Cure, dans la direction de Pont-Aubert (2).

Partant des environs de Corbigny, la ligne sud (faille de l'Aron) passe par Montreuillon, Moulins-Engilbert, Saint-Honoré-lès-Bains, Semelay, et se prolonge dans le département de Saône-et-Loire.

La lèvre ouest de cette grande faille se trouve exhaussée en face de la région anticlinale du Morvan, dont elle formerait le prolongement, quoiqu'à une altitude bien inférieure, de manière à servir de point de partage à deux ruisseaux, celui

(1) *Notice sur le système des montagnes*, page 382.

(2) Les failles de Pierre-Pertuis et de Pont-Aubert, coupent les terrains du lias, convertis en roches siliceuses ; mais ce n'est pas par les ruptures qui ont donné lieu à ces failles, que les émissions siliceuses se sont produites. Elles se sont effectuées, comme nous l'avons vu, et pour les motifs que nous avons donnés, en décrivant la fin de la troisième phase, pendant les premiers temps de cette troisième phase.

de la Colancelle, qui va à l'Yonne, et celui du Trait, qui va à la Loire.

Sur tout le trajet de cette rupture les terrains triasiques et jurassiques longent les granites et les porphyres du Morvan, et si le keuper et les quatre étages du lias sont, le plus souvent, les seuls qui touchent immédiatement aux roches cristallines, on voit aussi l'oolithe inférieure et la grande oolithe au contact, ou presqu'au contact de ces roches; ainsi, vers le nord, au Mont-Vigne, la grande oolithe s'élève aussi haut que le Morvan, duquel elle est séparée par une très-faible et très-étroite dépression, dont le fond est constitué par le lias supérieur butant immédiatement contre le granite.

A Bazoche, si le contact entre les roches cristallines et les terrains jurassiques se fait encore par le lias supérieur, celui-ci est dominé un peu à l'ouest, et à très-faible distance, par le calcaire à entroques et la base de la grande oolithe.

En remontant encore jusqu'à la bifurcation de la faille, entre Saint-Père et Pont-Aubert, c'est même le corallien qui, à Montjoy, est en regard de la pointe nord du Morvan.

Le long de la faille de l'Aron, le calcaire à entroques se montre également en face et tout près des roches cristallines; à Saint-Honoré, c'est le fuller's earth et la grande oolithe.

Sur la lèvre morvandelle, les roches granitiques et porphyriques sont, dans la plupart des cas, dépourvues de sédiments jurassiques; mais dans certains points on en trouve des lambeaux; ainsi, à l'est de Pont-Aubert, la lèvre orientale porte des dépôts appartenant à l'infra-lias et au lias inférieur. Il en est de même à Domecy-sur-Cure; à Cervon on rencontre encore le keuper surmouté de l'infra-lias; et au-dessus du Bazois, à Moulins-Engilbert, le calcaire à griphées arquées recouvre les plateaux porphyriques.

A Saint-Honoré, à l'est de la grande faille, sur la lèvre occidentale ou abaissée de laquelle est bâti l'établissement des bains, nous avons nous-même observé sur la lèvre orientale, au

N.-E. et à 200 mètres environ du Chalet-Charleuf, un lambeau calcaire de quelques mètres carrés, exploité comme carrière à chaux, qui nous a paru enclavé en forme de coin dans les roches cristallines et non loin des schistes métamorphiques d'origine paléozoïque. Nous y avons recueilli des fossiles caractéristiques du fuller's earth (1), qu'on retrouve dans la plaine, à l'ouest, à une altitude bien inférieure.

Évidemment les lèvres restées en place ou soulevées sont toutes du côté du Morvan; pour retrouver, sous les lèvres affaissées, les roches cristallines correspondantes à celles des sommets du massif, il faudrait descendre à une grande profondeur et si, par la pensée, on remet en contact le keuper et l'infra-lias de la plaine avec les mêmes étages de la lèvre orientale, l'oolithe inférieure, la grande oolithe et même l'étage corallien qu'on trouve sur la lèvre occidentale domineront le Morvan actuel.

Mais ce n'est pas tout, il existe encore d'autres failles plus à l'ouest, depuis celle que nous venons de décrire, jusqu'à celle de Sancerre, dans le département du Cher, à peu près parallèles à la précédente, les trois dernières prenant pourtant, en s'éloignant du Morvan, une légère inclinaison du S.-O. au N.-E.

C'est d'abord la faille du Beuvron, commençant dans le département de l'Yonne, au N.-O. de Clamecy, et formant vers Chevanne (Nièvre) deux ramifications dirigées vers le sud, qui enferment dans leurs branches le massif porphyrique de Saint-Saulge, lambeau détaché du Morvan.

Sur le trajet de cette faille, au-dessus de la bifurcation, on trouve encore l'étage corallien sur la lèvre orientale; mais

---

(1) *Amm. Martinsis*, d'Orb. — *Amm. garantianus*, d'Orb. — *Belemn unicanaliculatus*, Harthm. — *Ceromya abducta*, d'Orb. — *Terebratula Philipsii*, Davids. (Variété allongée particulière au fuller's earth de la Côte-d'Or et de Saône-et-Loire.) — *Collyrites ringens*, Desmoul, etc.

près du point de jonction des ramifications, on ne rencontre que la grande oolithe ou l'oolithe inférieure; un peu plus bas, vers le sud, près de Billy-Chevannes, l'étage callovien bute contre les porphyres dont le massif plus résistant à l'abaissement ou plus surélevé ne porte aujourd'hui que le trias ou l'infra-lias aux environs de Saint-Saulge.

C'est ensuite la faille de Menou ou de la Nièvre, portant sur sa lèvre abaissée les étages callovien, oxfordien et corallien.

Puis la faille de Sainte-Colombe, au-delà de laquelle les étages corallien, kimméridgien et portlandien, et encore les étages néocomien, albien et cénomanien, de la sous-formation crétacée, se redressent vers l'orient au contact d'une dernière faille, celle de Sancerre, portant elle-même l'étage sénonien sur sa lèvre orientale.

En examinant les coupes données par M. Ebray dans ses *Études géologiques du département de la Nièvre* et notamment celle de la planche XXII, passant par Sancerre, Châteauneuf, Champallement et Dun-sur-Grandry, on peut voir que presque tous les terrains, en s'éloignant du Morvan, plongent à l'ouest par l'effet de ruptures successives, et que si l'on raccordait les étages faillés, de proche en proche, en rétablissant ceux enlevés par dénudation, évalués par le même géologue, pour ce qui concerne seulement les étages jurassiques, à une puissance de 800 m., dans le département de la Nièvre (1), la sous-formation jurassique dominerait entièrement le nord du plateau central.

Il en serait de même de la sous-formation crétacée; et si l'on éprouvait quelque doute à admettre que la craie elle-même a pu s'étendre, de l'est à l'ouest, jusque sur le Mor-

______

(1) *Les affleurements des étages ne représentent pas les limites des anciennes mers.* Bull. de la *Société géol. de France*, 2ᵉ série, tome XVI, pages 47 et suivantes.

van pendant la troisième phase, ce doute disparaîtra quand nous ferons connaître plus tard, en parlant des phénomènes de la cinquième phase, l'existence, en regard du massif central, de certains débris de transport d'origine crétacée, et que nous démontrerons, par la position de ces débris, que leur point de provenance ne peut être placé en dehors du Morvan.

Failles de l'Est, du Nord-Est et du Nord.

Reportons-nous maintenant de l'autre côté du Morvan, vers l'orient, en regard de la plaine liasique de l'Auxois (1)· Nous voyons cette plaine coupée en deux parties, de l'est à l'ouest, par un massif isolé de montagnes dont les plateaux sont formés par l'oolithe inférieure, couronnée elle-même de lambeaux de fuller's earth et même de la zone à *Am. arbustigerus*, base de la grande oolithe.

Ce massif, ayant résisté en partie à la dénudation, est séparé, à l'orient, de la grande masse jurassique qui s'étend jusqu'à la plaine de la Saône par une dépression dont le point le plus élevé ne dépasse pas le lias supérieur, mais présente encore une assez grande altitude pour donner naissance à l'Armançon tributaire de l'Yonne et former le point de partage du canal de Bourgogne (souterrain de Pouilly).

A l'occident, il vient buter contre le bord oriental du Morvan, dont il n'est séparé que par une autre faible dépression liasique, en projetant de ce côté un chaînon (montagne de Sussey), d'où descendent, vers le nord, la rivière du Serein, et vers le midi, divers affluents de l'Arroux.

Cette dernière dépression est coupée par des ruptures parallèles, donnant lieu à autant de failles dont l'orientation moyenne est N.-S., comme celles de l'ouest du Morvan.

D'après la carte géologique du département de la Côte-

______

(1) Bassin d'Arnay-le-Duc et vallée de Missery.

d'Or, dressée par M. G. de Nerville, la plus orientale de ces failles descend vers le midi jusque dans le département de Saône-et-Loire, tandis que vers le nord elle ne s'avance que jusque vers Fontangy.

Commençons la description de cette faille séparative du Morvan et de l'Auxois, au point le plus méridional où le département de la Côte-d'Or pénètre dans la région morvandelle.

En cet endroit elle coupe un massif porphyrique s'avançant vers l'est au milieu des sédiments liasiques, et se terminant par des granites aux environs d'Arnay-le-Duc.

Au centre de ce massif secondaire, de nature cristalline, on remarque, sur la lèvre orientale, un îlot d'infra-lias et de lias inférieur, reposant sur les grès keupériens, et probablement sur les grès rhétiens, à une altitude moyenne de 410 à 420 mètres.

Puis sur la même lèvre affaissée, en un point de l'îlot très-voisin de la faille, se dresse la montagne conique et isolée de Bard-le-Régulier, 555 mètres, portant, par-dessus tous les étages du lias, un petit lambeau de calcaire à entroques.

Il y a donc entre la base de la montagne de Bard (420 mètres) et le sommet (555 mètres) une différence de 135 mètres (555 — 420).

Du côté du Morvan ou sur la lèvre occidentale, au milieu des roches cristallines, il existe plusieurs îlots de lias inférieur, d'infra-lias et d'arkose keupérienne.

D'abord en face de Bard, entre Poisot et la Tuilerie, un premier îlot à l'altitude de 492 mètres.

En comparant le niveau de la base de la montagne de Bard (420 mètres) avec le niveau correspondant de la lèvre relevée à la Tuilerie (492 mètres), on trouve que la dénivellation (492 — 420) est de 72 mètres.

Puis en restituant, au-dessus de la Tuilerie, les étages qui constituent le cône de Bard à partir de sa base, lesquels sont emportés par dénudation sur la lèvre occidentale, et en admettant provisoirement que la montagne de Bard n'ait subi elle-même aucune dénudation, l'altitude de la Tuilerie serait (492 + 135) de 627 mètres.

Un peu au N.-O., toujours à proximité de la faille, un second îlot à Brazey (lias inférieur) est à l'altitude de 484 mètres.

Une faille secondaire sépare les deux îlots précédents de deux autres îlots placés plus à l'ouest, et portant sur la lèvre relevée de cette faille secondaire :

A Blanot, le lias inférieur ou l'infra-lias à l'altitude de 527 mètres ;

Et, à la Chapelle, le même terrain à 529 mètres.

La dénivellation serait donc ici de 109 mètres (529 — 420) et l'altitude de l'îlot de la Chapelle atteindrait, par restitution d'une épaisseur équivalente au cône de Bard .(529 + 135), une altitude de 624 mètres.

En face de ces îlots enclavés dans le Morvan se développe, à l'est, la moitié méridionale de l'Auxois (1), dont le centre est à peu près à Arnay-le-Duc, jusqu'au massif montagneux de la Côte-d'Or, qui, lui-même s'étend jusqu'à la grande dépression de la Saône.

En suivant, vers le nord, la grande faille jusque vis-à-vis du massif jurassique, dont nous avons parlé précédemment, coupant en deux parties la plaine de l'Auxois et formant, à son contact avec le Morvan, le point de partage des eaux du Serein et de l'Arroux, nous voyons se détacher, vers l'ouest, le cap de Sussey, que nous avons déjà signalé, couronné par

---

(1) Il s'agit ici de l'Auxois pris dans toute son extension et comprenant la plaine d'Arnay-le-Duc, que nous n'avons pas fait figurer dans notre description de l'Auxois, limité dans notre première et notre deuxième partie, au Semurois et à l'Avallonnais.

l'oolithe inférieure, sur la lèvre orientale ou affaissée, à l'altitude de 524 mètres; mais cette altitude doit être augmentée, puisque sur le même massif et à faible distance, des lambeaux restés en place, appartenant au fuller's earth et même à la base de la grande oolithe, portent sur les points culminants les cotes 532 et 576.

Pour connnaître la puissance des couches comprises entre le lias inférieur et la base de la grande oolithe, nous comparerons l'altitude du premier de ces étages, marquée à 360 mètres sur la carte du dépôt de la guerre, rive droite du Serein, au bas du plateau et sur la lèvre affaissée, avec l'altitude maxima du sommet de la montagne de Mont-Saint-Jean (576 mètres) et nous trouverons pour différence (576 — 360) 216 mètres, chiffre dont nous nous servirons ci-après pour évaluer la puissance à restituer aux lambeaux liasiques situés sur la lèvre morvandelle, en admettant provisoirement que la dénudation n'a rien enlevé à la montagne de Mont-Saint-Jean.

Du côté du Morvan nous remarquons les îlots liasiques suivants, presqu'en face de Sussey :

Celui de Baroiller, 510 mètres ;·

Celui de la Guette dirigé du nord au sud, 496 mètres ;

Celui du Liernais, altitude 530 mètres, séparé par une faille secondaire du précédent et relié aux îlots de Saulieu, dont nous nous occuperons bientôt, par deux îlots d'infra-lias de même altitude, situés à Saint-Martin-de-la-Mer et Mâcon ;

Et celui de Pensières, plus à l'ouest encore, sur le plateau de Pierre-Ecrite, entre le Tarnin et l'Arroux, constitué par l'infra-lias, reposant à la cote de 598 mètres, sur les roches keupériennes que les auteurs de la carte géologique de France (1) ont seules reconnues sur ce plateau.

Les variations d'altitude entre ces différents îlots provien-

______

(1) *Explication de la carte géologique*, tome II, page 334.

nent de ruptures secondaires ; mais pour abréger, calculons seulement la dénivellation et l'altitude à restituer, sur le gisement d'infra-lias de Pensières qui est le plus élevé.

Nous avons vu que le niveau du lias inférieur, à la base de la montagne de Sussey et de Mont-Saint-Jean, sur la lèvre affaissée, est, sur les bords du Serein, de 360 mètres environ, et celui de Pensières de 598.

La dénivellation est donc (598 — 360) de 238 mètres. Si nous ajoutons à la cote de Pensières, ce qui manque pour arriver à la base de la grande oolithe seulement, nous obtiendrons (598 + 216) une altitude de 814 mètres au moins.

En dépassant le seuil de Sussey et en nous arrêtant en face de Thoisy-la-Berchère, nous remarquons sur le Serein, rive droite, le lias inférieur, surmonté en ordre normal de la série liasique et d'une grande partie du groupe oolithique inférieur, de bas en haut de la pente orientale, du côté de Marcilly-sous-Mont-Saint-Jean.

Sur la rive gauche et en remontant la pente opposée, du côté de Thoisy-la-Berchère, le lias inférieur est recouvert par la partie la plus basse du lias moyen ; mais, au-dessus, le lias inférieur reparaît encore avec un recouvrement de lias moyen ; puis on rencontre les grès rhétiens ou keupériens surmontés de la lumachelle de l'infra-lias ; enfin, au sommet de la pente, c'est le granite qui se montre portant encore sur la hauteur et à l'entour du village, des lambeaux de grès et de marnes irisées, dont les intervalles laissent à nu le granite coupé par un filon de porphyre (1).

Un peu au-delà, vers l'ouest, existe un autre lambeau appartenant à la lumachelle de l'infra-lias.

Il y a donc eu, sur la pente occidentale, une suite de ruptures faillées, à peu près toutes parallèles et orientées N.-S., qui se révèlent par la succession en apparence anormale des

(1) Cette coupe est assez intéressante pour que nous la donnions, en

sédiments et qui mettent en regard, avec une différence de 57 mètres d'altitude seulement, le plateau de Thoisy (granite, keuper, infra-lias, 465 mètres) et le plateau de Marcilly (fuller's earth et zone à A. arbustigerus, 522 mètres.)

La dénivellation est facile à mesurer ; elle est équivalente à la hauteur du côteau de Thoisy, des bords du Serein, 374

mettant en regard les deux côtés du vallon au fond duquel coule le Serein.

Côté de Thoisy, *rive gauche du Serein, à l'ouest.*	*Côté de Marcilly,* *rive droite du Serein, à l'est.*
ALTITUDE 465 M.	ALTITUDE 552 M.
	I Zone à A. arbustigerus, *(Lambeau).*
C Lumachelle de l'infra-lias.	
B Lambeaux de marnes irisées et de grès.	
A Granite avec filon de porphyre.	
Faille.	
C Lumachelle infra-liasique.	H Fuller's earth *(Lambeau).*
B Grès keupériens ou rhétiens.	G Oolithe inférieure.
Faille.	
E Lias moyen inférieur.	F Lias supérieur.
D Calcaire à gryphées arquées.	
Faille.	
E Lias moyen inférieur.	E Lias moyen.
D Calcaire à gryphées arquées.	D Calcaire à gryphées arquées.

Grande faille.

Niveau du Serein.

ALTITUDE 374 M.

Il est à remarquer que les trois failles du côteau de Thoisy sont parallèles à la grande faille située entre les deux pentes opposées, c'est-à-dire qu'elles sont dirigées N.-S.

mètres, au sommet, 465 mètres (465 — 374), soit 91 mètres au moins (1).

L'altitude à restituer au plateau de Thoisy sera la hauteur du côteau de Marcilly, des bords du Serein au plateau de ce nom, 522 — 374 = 148, et l'on aura 465 + 148, c'est-à-dire pour la hauteur du plateau occidental, avant la dénudation, 613 mètres, en admettant provisoirement que la dénudation n'a pas enlevé des terrains supérieurs au fuller's earth et à la base de la grande oolithe (2).

Un peu plus loin, en poursuivant vers le nord, où le Morvan commence à s'abaisser du côté de l'Auxois septentrional, nous rencontrons encore au milieu des granites et sur la lèvre morvandelle, une surface couverte d'infra-lias et de lias inférieur, à Villargoix, en face du plateau de Mont-Saint-Jean, à l'altitude de 409 mètres.

Et à Sainte-Segros, les mêmes sédiments surmontés de la partie inférieure du lias moyen, en face du même plateau et encore plus au nord, à l'altitude de 400 mètres.

Mais si nous pénétrons plus avant dans le Morvan, nous retrouvons le lias inférieur dans le sommet septentrional de l'îlot de la Guette, dont nous avons déjà parlé, altitude 490 mètres ; dans le bois du clos de l'Ermitage, 483 mètres ; puis, à environ 7 kilomètres plus à l'occident, dans le fau-

---

(1) Nous disons au moins, car pour établir un calcul exact, il faudrait descendre plus bas que l'altitude de 374 mètres pour partir de la lumachelle qui est au-dessous du niveau du Serein, puisque le plateau de Thoisy se termine par la lumachelle de l'infra-lias.

(2) L'altitude restituée sera plus grande encore si l'on se porte un peu au nord, où le plateau de Marcilly se prolonge du côté de Mont-Saint-Jean, car on rencontre là un hauteau formé par la partie inférieure de la grande oolithe, à 576 mètres. Le calcul serait alors 576 — 374 = 202, et l'altitude à reporter sur le plateau de Thoisy, serait 465 + 202 = 667 mètres.

bourg des Gravelles, au bas de la ville de Saulieu, l'infra-lias parfaitement caractérisé et exploité comme pierre à chaux, se montre à l'altitude de 500 mètres environ.

Arrêtons-nous d'abord à ce dernier point et à cette dernière cote; la dénivellation sera, d'après les calculs établis plus haut (1) (500 — 360) de 140 mètres;

Et l'altitude restituée (500 + 216) de 716 mètres.

Allons plus loin encore, au milieu du Morvan; à 12 kilomètres environ de Saulieu, sur le plateau de Saint-Brisson, nous voyons l'infra-lias et le lias inférieur silicifiés et superposés au keuper, aux Loizons, aux Amans, aux Champs-de-Bornon, aux Grandes-Fourches, etc.

L'altitude maxima atteint, aux Grandes-Fourches, la cote de 675 mètres.

La dénivellation sur ce point est très-importante; elle s'élève (675 — 360) à 315 mètres.

Et d'après le calcul que nous avons donné, les étages à restituer pour arriver seulement à la base de la grande oolithe ayant une puissance de 216 mètres, si nous ajoutons ce nombre à la cote des Grandes-Fourches, l'altitude sera sur ce point (675 + 216) de 891 mètres (2).

En continuant de longer le Morvan actuel, nous arrivons à son angle N.-E., émoussé et arrondi en face de la partie de la

(1) Voir page 375.

(2) On pourrait objecter que rien ne prouve que la grande oolithe, dont la base domine la lèvre affaissée de Mont-Saint-Jean, a pu s'étendre jusque sur le plateau de Saint-Brisson; mais en attendant que nous fournissions des preuves d'un recouvrement plus considérable, constatons que, puisque de chaque côté du Morvan, aussi bien à l'ouest qu'à l'est, sur les lèvres affaissées des failles les plus proches du massif cristallin, on rencontre la grande oolithe; il devient évident que si l'on replace par la pensée les terrains fracturés dans l'état où ils étaient antérieurement aux failles, la grande oolithe passera sur le plateau de Saint-Brisson.

seconde plaine de l'Auxois, comprise dans les cantons de Précy, Vitteaux et Semur, laquelle est inclinée vers le N.-O.

De ce côté, les sommets du massif cristallin s'abaissent dans la même direction jusqu'aux bords du Serein, de sorte que cette rivière peut être considérée, à peu près, comme limite entre le Morvan et l'Auxois.

En la côtoyant depuis Chausseroze jusqu'à son confluent avec l'Argentalé, qui vient du Morvan, nous trouvons, sur sa rive droite et sur une même ligne, à l'est de Fontangy et de Précy-sous-Thil, trois collines isolées formant le prolongement du massif jurassique qui sépare la plaine liasique d'Arnay-le-Duc de l'Auxois du N.-E.

Ces trois éminences couronnées par l'oolithe inférieure sont :

D'abord, au midi, le signal de Fontangy, à l'altitude de 325 mètres ;

Puis la montagne de Nan-sous-Thil, séparée de la précédente par une dépression que traverse une faille orientée S.-O., N.-E. (de Marcigny-sous-Thil à Chausseroze). Elle est à l'altitude de 472 mètres.

Et au nord-ouest le cône de Thil, qui s'élève à 476 mètres.

Ces trois points culminants gardant à leur sommet des témoins des dépôts oolithiques, qui, au moins, couvraient primitivement la plaine de l'Auxois, avant sa dénudation jusqu'au lias inférieur, et même, en certains endroits, jusqu'au granite, sont alignés du S.-E. au N.-O., et le tertre du Thil se trouve en regard du cône de Bard-lès-Époisses (altitude 389 mètres), détaché en forme de cap avancé, du grand massif oolithique qui forme au nord la ceinture de l'Auxois ; d'où l'on peut rationnellement conclure que les collines de Thil et de Bard ont été séparées par des phénomènes d'érosion.

De l'autre côté du Serein, rive gauche, entre le cours de cette rivière et celui de l'Argentalé, son affluent, on remarque, en face des trois montagnes précitées, au milieu des granites et des leptynites, plusieurs surfaces couvertes d'infra-lias et de lias inférieur, reposant sur le keuper :

A Montlay, altitude 400 mètres environ ;

A Juillenay, altitude 385 mètres ;

A Lacour d'Arcenay, altitude 395 mètres ;

Au Vernois (lias silicifié), altitude 430 mètres.

Sur la rive droite du Serein, le lias inférieur n'est guère qu'à une altitude de 340 mètres environ ; l'abaissement général est à peu près régulier, modifié seulement par quelques failles de peu d'importance ; il n'y a donc de la rive droite à la rive gauche du Serein qu'une différence de niveau de 50 à 60 mètres.

Mais, évidemment, le calcaire à entroques, qui forme le couronnement des trois tertres de Fontangy, Nan-sous-Thil et Thil s'étendrait, s'il n'avait été emporté par l'érosion, sur les points de la rive gauche que nous venons de citer et dont il est séparé par la faille orientale du Morvan ; il faut donc ajouter, pour restituer aux plateaux de Montlay, de Juillenay, de Lacour et du Vernois, dont l'altitude moyenne est de 400 mètres, la puissance des étages qui forment le cône de Thil au-dessus du lias inférieur, 476 — 340, c'est-à-dire 136 mètres, et l'on aurait 400 + 136, c'est-à-dire 536 mètres, en admettant que la dénudation n'a rien enlevé aux trois collines de la rive droite du Serein.

Plus loin nous trouvons les plateaux d'Aisy, 368 mètres ; de Dompierre-en-Morvan, 400 mètres ; de Genouilly, 368 mètres ; de Chamont, 372 mètres ; de Montigny-Saint-Barthelemy, 382 mètres, et de Thostes, 373 mètres, également recouverts de keuper, d'infra-lias, de lias inférieur et même (à Thostes) d'un lambeau de lias moyen.

Ils diffèrent peu d'altitude avec les plateaux qui portent à leurs surfaces les mêmes terrains, sur la rive droite du Serein, en raison de l'abaissement général vers le N.-O.

A partir de la jonction de l'Argentalé au Serein, point où cette dernière rivière s'infléchit brusquement vers le nord, séparant la vallée d'Époisses de la Terre-Plaine, nous cesserons de la prendre pour limite entre l'Auxois et le Morvan, et nous reporterons cette limite sur la Romanée, depuis Bussières jusqu'à sa jonction avec le Cousin, et sur le Cousin, depuis ce point jusqu'à Avallon, en face de la Terre-Plaine, qui forme le prolongement de l'Auxois dans le département de l'Yonne, et même jusqu'à Pont-Aubert, au contact de la faille occidentale dont nous avons parlé précédemment.

Sur la rive gauche du Cousin, on ne rencontre que de rares îlots d'infra-lias, au bois des Courtois, 333 mètres; aux Grandes-Châtelaines, 297 mètres; à la Corcelle, 272 mètres (altitude moyenne 300 mètres); tandis que sur la rive droite le lias, qui couvre de grandes surfaces, n'est guère à une altitude inférieure.

Ainsi, du côté du nord, dans l'Avallonnais, la pente est tellement adoucie et ménagée, que les niveaux de l'Auxois et de la partie basse du Morvan diffèrent à peine. Les granites plongent par une inclinaison assez régulière sous le keuper et le lias, ceux-ci disparaissant à leur tour sous la ceinture oolithique qui les circonscrit à l'opposé du Morvau.

Si l'inclinaison est plus marquée dans la plaine, sur la rive droite du Serein, elle n'est pas pour cela très-sensible.

Aussi en bornant l'examen du Morvan et sa relation avec l'Auxois, aux versants du nord et du nord-est, on pourrait croire avec M. Élie de Beaumont que le lias s'est déposé au pied de la chaîne morvandelle, après le soulèvement de celle-ci.

Cependant, même en restant dans ces limites incomplètes d'appréciation, l'hypothèse de M. de Beaumont se trouve infirmée par la présence du lias silicifié, sur le plateau de Saint-Brisson qui domine aussi bien l'Auxois du nord, que le Pays-Bas de la Nièvre, à l'ouest, et le massif de Mont-Saint-Jean, à l'est.

Comment admettre, en effet, que le dépôt du lias inférieur s'est effectué en contre-bas du Morvan, lorsqu'on rencontre à une altitude de 675 mètres (Grandes-Fourches), 360 mètres au moins au-dessus de la plaine de l'Avallonnais et du Semurois, des lambeaux de keuper, d'infra-lias et de lias inférienr restés en superposition normale?

De plus, il est évident que la plaine de l'Auxois est une plaine de dénudation et que si, par-dessus, nous restituons les sédiments supérieurs du lias, puis l'oolithe inférieure, ce dernier étage se reliera, du côté du nord-ouest, du nord et du nord-est, à la ceinture jurassique et, du côté du Morvan, se prolongera sur les pentes granitiques, à une hauteur telle, en raison de l'inclinaison des couches relevées vers le sud-est, qu'il atteindra au moins le pied du plateau de Saint-Brisson, où commence la pente accentuée du Morvan vers le N.-O.

Tout indique, sur ce dernier point, une énorme rupture faillée, sur la lèvre relevée de laquelle il n'est resté que des lambeaux du premier et du second étage du lias reposant sur le keuper, lesquels n'ont échappé à une dénudation complète que par la résistance qu'opposaient à l'érosion leurs roches silicifiées.

Il est même présumable que cette lèvre, relevée ou restée en place, portait encore les autres étages du lias et le groupe oolithique inférieur. Cette présomption se changera en certitude, quand nous aurons démontré plus loin que la dénudation ne s'est pas bornée au Morvan et à l'Auxois, mais qu'elle a produit du côté du nord, du nord-est et de l'est, dans les mêmes proportions que celles que nous avons indiquées, d'après M. Ébray, pour le versant de la Nièvre et du *Cher*, une ablation de terrains superposés aux sédiments oolithiques inférieurs, sur le massif formant la ceinture de l'Auxois, à l'opposé du Morvan; et il faudra bien reconnaître alors que ce dernier massif sédimentaire atteindrait, en se prolongeant du côté du massif cristallin, une altitude suffisante pour couvrir celui-ci tout entier, si nous replacions par la pensée les dépôts stratifiés dans l'état où ils étaient avant l'ouverture des failles et avant la dénudation.

En outre, il faut tenir compte des failles de l'Avallonnais et du Semurois, qui font baisser la ceinture dont nous venons de parler, et antérieurement à l'existence desquelles cette ceinture devait correspondre à un point du Morvan plus élevé qu'aujourd'hui.

A la vérité, ces failles sont moins considérables que celles de l'est et de l'ouest, et ne se trouvent pas placées comme elles, à la jonction du Morvan actuel avec l'Auxois, mais dans l'Auxois même, et surtout au pied des plateaux jurassiques, dont elles augmentent l'inclinaison vers le N.-O.

Nous allons indiquer les plus importantes parmi ces ruptures :

Dans l'Avallonnais, il existe, entre Avallon et Sermizelles, une suite de failles dirigées environ S.-O. N.-E., et dont la plus considérable, suivant M. Moreau, amène dans le replain des Arpanas le calcaire à gryphées géantes qui forme le plateau de Vassy, au niveau du calcaire à gryphées arquées des environs d'Étaules ; et, au pied de la colline de Montmorin, près Sainte-Colombe, à la base de la ceinture jurassique, une autre faille de même orientation, qui a pour effet de faire tomber, au niveau du Serein à Marsy, le calcaire à gryphées géantes, c'est-à-dire à 60 mètres environ au-dessous du point qu'il occupe à Provency (1).

Dans la vallée d'Époisses, on remarque une autre faille orientée O.-S.-O., N.-N.-E., partant du pied de la montagne de Bard, passant entre le bois de Vanal et Jeux, et aboutissant à l'Armançon, à peu près en face de Viserny.

---

(1) Ces failles sont décrites par M. Moreau dans sa *Notice sur les vallées de l'Avallonnais*. Bull. de la *Société d'études d'Avallon*, 1864, pages 35 et 36.

Sur la lèvre N.-O. ou affaissée, le lias moyen est au contact du lias inférieur de la lèvre relevée.

Un peu plus loin, en remontant l'Armançon, cette rivière suit une nouvelle faille qui longe la ceinture de montagnes de Genay à la ferme de Cary, près Semur; sa direction est environ S.-E. N.-O.

Elle est surtout très-accentuée à Charentois et au Pont de Chevigny, au-delà duquel et sur la lèvre affaissée on rencontre sur la route de Montbard, rive droite de l'Armançon, la partie inférieure du lias moyen, à la base de la montagne couronnée par le bois Chanron, tandis que du côté de Semur l'infra-lias est sur la lèvre relevée, à une altitude bien supérieure.

En comparant le niveau du granite, au faubourg de Paris, à l'entrée nord-est de la ville de Semur, avec le niveau du granite du pont de Chevigny et de Fontenay, sur la lèvre affaissée, on peut constater une dénivellation d'au moins 90 mètres.

Une autre fracture, dirigée également N.-O. S.-E., et longeant la ceinture des montagnes jurassiques, part du rû de Bougé, près Cary, coupe en un point rapproché de la dépression où coule ce ruisseau, le plateau des Bordes, traverse le chemin de Lantilly, se continue vers la ferme de Champlong et reparaît de l'autre côté du ruisseau de la Saussiotte, vers le bois de Juilly, mettant en contact le lias moyen sur la lèvre abaissée avec le calcaire à gryphées sur la lèvre relevée ou restée en place, au S.-O.

Nous citerons aussi une faille assez considérable à Flée, orientée O. E., dans l'intérieur de la plaine. Elle fait tomber dans le village de Flée le calcaire à gryphées arquées, tandis que du côté du nord, sur le plateau d'Allerey, au-dessus d'une côte granitique, le même étage se présente de nouveau à une altitude supérieure, d'environ 30 mètres, et il est à remarquer qu'ici la lèvre affaissée se trouve exceptionnellement du côté du midi.

Nous n'indiquerons pas toutes les failles de second ordre qui marquent les nombreuses dislocations du Semurois ; les dénivellations s'accusent partout et déterminent presque toujours un abaissement vers le N.-O. dans le sens du cours des rivières.

Elles ont eu pour effet de donner une prise énorme aux érosions qui ont creusé le bassin de l'Auxois.

Jusqu'ici, nous ne nous sommes occupé que des failles les plus rapprochées du Morvan actuel, et accessoirement nous avons signalé les ablations qui ont enlevé les étages inférieurs à la grande oolithe, aussi bien sur le massif cristallin que dans son voisinage immédiat.

Il nous reste à démontrer qu'en nous éloignant davantage il existe, comme M. Ébray l'a constaté à l'ouest, d'autres failles importantes, ayant eu pour effet de faire tomber les étages à l'opposé du nord du plateau central, et que la dénudation n'a pas plus épargné la chaîne qui sépare, à l'est et au nord-est, l'Auxois de la vallée de la Saône, que le massif qui le borne au nord dans la direction du bassin de Paris ; que par conséquent l'érosion a enlevé beaucoup d'étages supérieurs à la grande oolithe.

Il nous faut pour cela revenir d'abord dans la partie méridionale de la plaine d'Arnay-le-Duc, à l'endroit où elle se relie au bassin d'Autun qui la continue vers le sud ; ce bassin présente généralement une surface dénudée jusqu'aux sédiments de la formation primaire *(étages houillier et permien)*, enclavés dans les fractures du granite et du porphyre, surmontés seulement de quelques dépôts triasiques et plus rarement d'îlots des étages inférieurs du lias *(Gurgy)*.

La plaine d'Arnay-le-Duc à travers laquelle surgissent des pointements de porphyre et de granite détachés du Morvan et bordés de sédiments triasiques, et même de quelques vestiges de la formation primaire, mais où dominent l'infra-lias et le lias inférieur, est coupée comme l'Auxois, du N.-O. et du

N., par plusieurs failles, parmi lesquelles nous citerons, d'après la carte de M. Guillebot de Nerville, celle de Culêtre à Antigny, qui met en contact le lias supérieur, à l'est, avec le keuper, l'infra-lias et le lias inférieur, à l'ouest, et celle de Rouvres à Cussy-sur-Arroux, par Chazilly, l'une et l'autre orientée N. S.

Elle est évidemment, comme l'Auxois tout entier, creusée par une érosion énergique et bordée de la même manière que le Semurois et l'Avallonnais, d'une ceinture de montagnes jurassiques, qui s'élève à l'orient, en face du Morvan, s'étendant jusqu'à la grande plaine de la Saône entre Chagny et Dijon, où elle cesse brusquement, par des pentes couvertes des célèbres vignobles de la Côte, dont la base disparaît sous les terrains tertiaires et quaternaires, pour reparaître du côté du Jura.

L'enceinte des montagnes dont nous parlons, formant la partie méridionale de la chaîne de la Côte-d'Or, commence à l'ouest, en regard de la plaine qui la sépare du Morvan par par des pentes liasiques (lias moyen et supérieur) couronnées par l'oolithe inférieure et le fuller's earth ; mais ses plateaux dont l'altitude maxima ne dépasse pas 610 mètres (environs de Crépey), portent à leur surface, en avançant vers l'est, la grande oolithe, puis en descendant de l'autre côté des sommets, le bradfort-clay, le forest-marble, le corn-brash et même des lambeaux constitués par les assises rudimentaires de l'étage callovien, de l'oxford-clay et du coralrag ; plus bas encore apparaissent, par l'effet de ruptures considérables, les étages du kimmeridge-clay et du portland-stone.

Ce massif jurassique est coupé par des failles d'autant plus nombreuses que l'abaissement vers la vallée de la Saône est plus rapide. Elles sont marquées sur la carte géologique du département de la Côte-d'Or par M. Guillebot de Nerville, et ont été précédemment décrites en partie par M. Payen (1);

(1) *Journal d'Agriculture de la Côte-d'Or*, juillet, 1851, reproduisant

toutes sont orientées, comme la plaine de la Saône, dans une direction voisine du S.-O. N.-E., mais cependant avec des variations assez notables et formant des faisceaux distincts.

Nous signalerons les principales, en allant du sud au nord de la chaîne :

1° Celle du vallon de la Dheune, qui met sur le plateau qui domine le village de Santenay, la grande oolithe à 525 mètres (Tureau d'Essel), en regard des étages Kimméridgien et Portlandien, tombés presque à l'altitude de 212 mètres sur la rive droite de la vallée, creusée jusqu'au trias, à 13 kilomètres à peine, suivant M. J. Martin (1), de l'angle anticlinal qui sépare les environs de Remigny *(Portlandien)*, du versant de la Loire.

2° Celle de la Roche-Pot, qui a pour effet de placer la grande oolithe sur la lèvre relevée ou occidentale, et l'Oxfordclay et le Coral-rag, sur la lèvre affaissée ou orientale; ce qui met la grande oolithe des Chaumes d'Auvenay à 100 mètres plus haut que le corallien des environs de Saint-Romain.

D'autres failles présentant de semblables dénivellations se remarquent encore plus au nord ; telles sont celle de Fussey à Quémigny et celle qui longe la rivière d'Ouche, de Gissey à Pont-de-Pany.

Allons plus loin vers le nord de la chaîne; franchissonsen le point culminant dont l'altitude maxima ne dépasse guère 600 mètres (télégraphe de La Chaleur, 591 mètres, signal de Mâlain, 608 mètres), et qui sert de triple point de partage entre les cours d'eau qui vont, les uns à la Loire,

un travail paru dans la *Revue des deux Bourgognes*, 1838. Voir encore l'*Histoire des Progrès de la Géologie*, par M. d'Archiac, t. VI, p. 711.

(1) *Mers Jurassiques, — Observations au sujet de l'époque à laquelle les bassins de Paris et de la Méditerranée ont définitivement cessé de communiquer par le détroit séquanien;* par M. J. Martin. — Extrait des *Mémoires de l'Académie de Dijon*, 1856.

les autres à la Saône, les autres encore à la Seine; puis examinons la succession des étages de la même chaîne de la Côte-d'Or, à l'est du Semurois.

Nous trouvons d'abord, entre l'Auxois du N.-E. et le grand massif jurassique, quelques rameaux découpés par des vallons profonds, creusés dans le lias pour la plupart, et servant de lit à des rivières qui toutes s'infléchissent vers le N.-O., en présence de l'obstacle que leur oppose le plateau de Langres prenant son point d'appui sur les Vosges.

Sur ces ramifications formant transition entre l'Auxois proprement dit et les plateaux continus du massif oolithique et restant comme des témoins échappés en partie à la dénudation qui a creusé les vallons (vallons de la Brenne, de l'Ozerain, de l'Oze, etc., et même de la haute Seine), les sédiments les plus élevés ne dépassent pas l'oolithe inférieure, le fuller's earth et la base de la grande oolithe.

Mais, plus à l'est, le massif montagneux moins découpé par par l'érosion s'élargit en plateaux ondulés et disloqués par les failles; et ces plateaux, dont les points culminants sont constitués généralement par l'oolithe blanche, portent en outre, sur leurs versants orientaux, le bradford-clay, le forest-marble, le corn-brash, puis des lambeaux du groupe oolitique moyen, et plus bas, encore d'autres lambeaux appartenant au groupe oolithique supérieur.

Indiquons les plus importantes des ruptures de ces plateaux, c'est-à-dire celles qui ont produit les dénivellations les plus considérables. Elles sont toujours orientées plus ou moins parallèlement au bassin de la Saône, S.-O. N.-E.; nous disons plus ou moins car elles varient entre elles dans d'assez grandes proportions.

C'est d'abord au midi, dans le voisinage du point de partage de la chaîne, non loin du souterrain de Blaisy, où passe le chemin de fer de Paris à Lyon, la faille de Beaume-la-Roche à Remilly, qui a relevé, au milieu du massif jurassique, le keuper et le granite.

Du côté du bassin de Paris, les plateaux dominés par l'ooli-the inférieure et le fuller's earth sont à une altitude de 550 à 590 mètres; tandis que, sur la lèvre affaissée, du côté du du bassin de la Saône, on retrouve la grande oolithe complète surmontée d'îlots oxfordiens et coralliens, à l'altitude de 462 mètres, entre Prâlon et Mâlain et un peu au sud sur le monticule de Beaumotte, 375 mètres.

C'est encore la faille de Lantenay, mettant au contact la grande oolithe et l'oxford-clay, avec une dénivellation d'au moins 50 mètres, du côté du S.-E.

Un peu plus au nord, on trouve des îlots oxfordiens et coralliens, témoins restés de place en place, après l'érosion aux environs d'Etaules, du signal de Curtil et à la Jument de Moloy (1).

A un point encore plus septentrional, sur la partie du pla-teau de Langres, devant laquelle la plaine de Dijon s'arrête en se recourbant vers le N.-E., les mêmes îlots oxfordiens et coralliens se reproduisent en différents points, sur les pentes qui descendent au bassin de la Saône (2).

En approchant de la plaine, le groupe oolithique supérieur recouvre le groupe oolitique moyen, formant une bande con-tinue d'Asnières à Spoix, par Norges (3). Cette bande tombe par l'effet de ruptures et de la flexion de la chaîne, presque jusque dans la plaine de Dijon; et il est à remarquer que les étages kimméridgien et portlandien supportent des lambeaux

---

(1) Il est à remarquer que sur les versants qui regardent la vallée de la Saône, l'étage callovien ne forme qu'une assise rudimentaire sous l'ox-ford-clay, comme si une oscillation ascendante, à l'époque du dépôt, l'avait empêché de se développer. — J. Martin. — *Les mers Jurassiques*. — *Mémoires de l'Académie de Dijon*, 1866.

(2) J. Martin. — *Mers Jurassiques*.

(3) Ibid.

du Gault (craie albienne), comme aux environs de Norges; l'abaissement du massif fait même descendre la craie marneuse (étage cénomanien) aux environs de Tannay, de Magny et de Mirebeau, au milieu de la grande dépression qui sépare la Côte-d'Or du Jura (1).

Évidemment les étages oxfordien et corallien, en raccordant les points faillés et en replaçant les assises dans leur position antérieure à l'inclinaison s'étendraient jusque sur le Morvan par-dessus la dépression de l'Auxois.

Tout annonce qu'il en serait de même des étages kimméridgien et portlandien qui terminent les terrains jurassiques (2).

Quant aux terrains crétacés, s'il peut exister un doute sur leur extension jusque sur le Morvan, nous nous réservons de le faire disparaître, lorsque nous exposerons les phénomènes de la 5e phase.

Si toutes les failles de la chaîne séparative de l'Auxois de l'est avec la grande plaine de la Saône ont une direction S.-O. N.-E., différant de celles qui avoisinent immédiatement le Morvan, orientées N.-S., il faut en attribuer la cause à l'abaissement qui a donné la même orientation à cette plaine, abaissement influencé et contrarié par la résistance du massif des Vosges au N.-E.

---

(1) M. Tournouer a constaté qu'entre Dijon et Vesoul, le corallien, le kimméridgien, le portlandien et quelques lambeaux épargnés des terrains crétacés tombent à 300, 250 et jusqu'à 200 mètres, c'est-à-dire au niveau et même au-dessous du niveau des dépôts tertiaires qui les ont recouverts ou contournés. *Bulletin de la Société géologique de France*, 2e série, t. XXIII, p. 770.

(2) Il est à remarquer que tous ces terrains reposent les uns sur les autres en stratification concordante, dénivelés seulement par des dislocations ou paraissant l'être après les flexions, par suite des érosions postérieures.

Voyons maintenant comment se comporte l'enceinte montagneuse de l'Auxois au N. et au N.-O. du Semurois et de l'Avallonnais.

Elle commence, comme sur les points précédemment décrits, par des plateaux plus ou moins découpés au voisinage de la plaine liasique, portant à leur surface l'oolithe inférieure, les hauteaux du fuller's earth et de la partie inférieure de la grande oolithe et, à mesure qu'on s'éloigne, on rencontre des terrains relativement plus récents, restés de moins en moins attaqués par l'érosion.

Ainsi, au nord du Semurois, le groupe oolitique moyen n'apparaît que sur une bande en retrait, orientée N.-E. S.-O., présentant son plus grand écartement vis-à-vis du plateau de Langres et son plus grand rapprochement de l'Auxois vers le sud-ouest.

Cette bande s'étend de Montigny-sur-Aube à Laignes, en passant près de Châtillon-sur-Seine (1).

Le groupe oolithique supérieur, dont on observe quelques lambeaux dans le Châtillonnais, est juxtaposé plus ou nord à la bande précédente et se montre aux confins du département de la Côte-d'Or et dans la partie méridionale du département de l'Aube, où il est suivi de la formation crétacée tout entière, répartie de telle sorte que les étages les moins anciens sont les plus éloignés.

La même distribution des terrains se remarque au N.-O. de l'Avallonnais, d'après la carte de M. Raulin (2), où les groupes oolitiques moyen et supérieur se rapprochent encore d'avantage de l'Auxois. La bande qu'ils forment se raccordant à celle du Châtillonnais et constituée par les étages oxfordien,

(1) A Laignes, il existe une grande dépression formée plutôt par érosion que par le fait d'une faille. Nous aurons à en reparler plus tard.

(2) *Statistique géologique du département de l'Yonne.*

corallien et séquanien, se dirige de Laignes, par Ancy-le-Franc, Vermanton, Mailly-le-Château, jusqu'à Sampuits et se continue dans le département de la Nièvre, surmontée de quelques îlots du groupe oolithique supérieur.

La bande Kimméridgienne et Portlandienne s'étale un peu plus loin de Bragelogne (Aube) jusque dans la Nièvre, par Tonnerre, Coulanges-la-Vineuse, Sementron, Thury et Perreuse.

Puis en s'éloignant toujours vers le N.-O., la formation crétacée s'étend parallèlement.

Le néocomien et l'aptien se présentent les premiers de Flogny à Fontenoy, par Ligny et Auxerre.

Les grès ferrugineux du Gault (étage albien) de Saint-Florentin à Saint-Sauveur, par Seignelay, Appoigny et Toucy.

Et, en descendant encore vers le N.-O., la surface des plateaux se couvre successivement des autres étages crétacés, dans les parties déprimées desquels se sont déposés les terrains éocènes (partie inférieure de la formation tertiaire).

Des différentes descriptions que nous venons de donner, touchant l'allure des étages et des groupes à l'entour du nord du plateau central, il résulte :

1º Que les terrains sédimentaires sont placés en altitude décroissante, mais en succession progressive des plus récents sur les plus anciens, à mesure qu'on s'éloigne du Morvan, sans présenter de discordance dans leur stratification, sauf la transgressivité qu'on remarque seulement au commencement de la série secondaire, à proximité du massif cristallin, et celle qui, par l'effet d'oscillations passagères, s'est produite après l'époque où les assises rudimentaires de l'étage callovien se sont formées du côté de l'est;

2º Que si, au premier aspect, quand on borne seulement ses observations au nord-ouest, au nord, et au nord-est, on est porté à voir, comme l'a fait M. Élie de Beaumont, dans cet arrangement des strates jurassiques, l'effet de dépôts en retrait au pied du Morvan surélevé vers la fin du trias, cette hypothèse ne résiste pas à un examen sérieux, porté sur tous les points limitrophes des sommités morvandelles et sur ces sommités elles-mêmes; car elles ne sauraient rendre compte de la présence de lambeaux keupériens et liasiques stratifiés à de grandes hauteurs sur les plateaux granitiques et de la réapparition du keuper et du lias en contre-bas des mêmes plateaux; disposition qui s'explique au contraire parfaitement par les flexions et les failles;

3º Que certaines difficultés d'interprétation, provenant de la dénudation énorme qu'ont subie le nord du plateau central et les régions avoisinantes, disparaissent quand on restitue les terrains enlevés, en se guidant sur les témoins restés, et qu'on replace en même temps par la pensée les couches, les étages et les groupes, dans l'état où ils étaient avant les fractures et les flexions; on est alors convaincu, qu'avant ces accidents, les dépôts sédimentaires les plus éloignés et en même temps les moins anciens d'une altitude aujourd'hui fort abaissée, s'étendaient en recouvrant les plus anciens jusque sur le centre;

4º Que le Morvan et les hauteurs jurassiques qui l'entourent ne sont pas, comme on l'a pensé, le produit de deux soulèvements distincts et indépendants; mais qu'ils n'ont formé au contraire qu'un même massif, avant et même après les dislocations; que leur séparation purement apparente, déterminée surtout par le creusement des bassins de l'Auxois et du Bazois, a pour cause unique l'ablation considérable qui s'est opérée partout, mais principalement sur les points les plus élevés et en particulier sur le Morvan actuel, érodé généralement jusqu'aux roches cristallines, et primitivement surmonté de masses sédimentaires d'une grande puissance;

5º Qu'il s'est effectué dans l'ensemble du massif (Morvan et hauteurs jurassiques réunis) une double flexion vers le S.-O. et le N.-E., de chaque côté de la ligne anticlinale orientée O. 40° N. à E. 40° S.; que cette flexion a été accompagnée à l'O. et à l'E. du Morvan et sur sa limite actuelle avec le Pays-Bas de la Nièvre et l'Auxois, d'énormes fractures dirigées S. N.; puis d'autres fractures d'abord parallèles à celles-ci et ensuite divergentes du S. O. au N.-E.;

5° Que l'obstacle opposé, vers le N.-E., à la flexion, par le massif des Vosges précédemment ou concurremment émergé, paraît avoir eu pour effet :

De donner naissance au plateau de Langres qui s'appuie sur ce massif;

De produire une double déviation, en faisant à l'approche du plateau précité obliquer, vers le N.-E., le bassin de la Saône, ouvert depuis Lyon du sud au nord, et incliner, vers le N.-O., direction de toutes les rivières qui vont au bassin de Paris, la partie la plus septentrionale du massif du Morvan et des hauteurs sédimentaires qui le continuent;

D'imprimer par ce rejet aux montagnes qui séparent la plaine de la Saône des vallées orientales de l'Auxois, une direction E. 40° N. à O. 40° S.;

De faire prendre aux failles qui coupent ces montagnes et les font tomber vers la dépression de la Saône, une orientation moyenne du S.-O. au N.-E., mais sans déterminer un parallélisme exact entre toutes les ruptures;

Qu'en un mot, le même mouvement d'exhaussement ou simplement d'abaissement par contraction de la croûte terrestre sur le centre du globe en voie de refroidissement, a produit en même temps et dans un seul ensemble orographique, le Morvan, la chaîne de la Côte-d'Or, l'affaissement du bassin de la Saône et les nombreuses ruptures par nous signalées autour du massif cristallin qui, dans son état primitif, n'était pas limité au Morvan actuel;

6° Que l'époque où le Morvan et les régions qui l'entourent ont pris leur plus grand relief doit être, dès à présent, reportée au moins après les dépôts de la sous-formation jurassique.

Nous nous réservons de prouver plus tard qu'elle est même postérieure aux dépôts de la sous-formation crétacée, quand nous aurons démontré que certains blocs erratiques provenant de la craie sont descendus du Morvan sur les plateaux jurassiques placés en contre-bas, pendant le cours de la cinquième phase qu'il nous reste à faire connaître.

Nous reviendrons alors sur les dénudations que jusqu'ici nous nous sommes contenté d'indiquer pour mieux faire comprendre les phénomènes de la quatrième phase, car elles ne sont pas toutes contemporaines de cette phase.

CINQUIÈME PHASE.

PÉRIODES TERTIAIRE, QUATERNAIRE ET MODERNE.

DÉPOTS ALLUVIAUX. — ROCHES ERRATIQUES. — ROCHES DÉTRITIQUES.

CAVERNES. — TUFS. — TOURBES.

EMISSIONS SIDÉROLITHIQUES.

PALÉONTOLOGIE, DÉBRIS DE L'INDUSTRIE HUMAINE.

PREUVES DU COURONNEMENT DU MORVAN PAR LES SÉDIMENTS CRÉTACÉS.

ÉROSIONS, LEURS CAUSES ET ÉPOQUES OU ELLES SE SONT PRODUITES.

GLACIERS.

PUISSANCE APPROXIMATIVE DES DÉNUDATIONS.

Les dénudations que nous avons été obligé de signaler par anticipation, pour l'intelligence des phénomènes de la quatrième phase, appartiennent pour une grande part à la cinquième. Elles n'ont pas eu seulement pour effet d'enlever des masses considérables de terrains; elles ont aussi donné lieu à des dépôts particuliers dont l'examen nous permettra, nous l'espérons, de découvrir, avec plus ou moins de certitude, les agents du démantèlement de nos montagnes et du creusement de nos vallées.

Pour ne pas donner trop d'extension à cette partie de nos études géologiques, nous négligerons les dépôts du sud et du sud-ouest du Morvan ; ceux du bassin occidental (Bazois, plaine de Corbigny); ceux même du bassin méridional de l'Auxois (plaine d'Arnay-le-Duc); et encore ceux des plateaux jurassiques qui séparent ce dernier bassin de la grande plaine de la Saône, pour nous occuper seulement des dépôts situés dans l'Avallonnais et le Semurois et quelquefois au delà dans la direction du bassin de Paris ; ces derniers nous étant d'ailleurs mieux connus (1).

Ces dépôts, que nous allons faire connaître successivement, en donnant généralement la priorité à ceux qui couvrent le plus de surface, sans nous préoccuper d'abord de l'ordre dans lequel ils se sont effectués, se présentent sous des formes diverses.

Après le travail descriptif, nous rechercherons les conditions dans lesquelles ils se sont formés et leur origine ; nous distinguerons l'âge relatif de chaque genre de dépôt et nous essaierons de déterminer les époques, les causes et la puissance des dénudations.

I. — ALLUVIONS

Nous commencerons par ces surfaces limoneuses, sableuses ou caillouteuses désignées généralement sous le nom d'alluvions ou de *diluvium*, et nous les diviserons en alluvions des plateaux et en alluvions des vallées (2).

---

(1) D'après les quelques observations que nous avons faites sur les points dont nous nous abstenons de parler, les dépôts qui s'y rencontrent ne nous semblent pas différer de ceux que nous allons décrire spécialement et paraissent provenir des mêmes phénomènes, bien que la plupart aient une autre direction.

(2) Dans beaucoup de cas, cette dénomination d'alluvions est impropre ; car tous les dépôts limoneux n'ont pas le caractère alluvial, comme nous l'expliquerons plus tard, et souvent ils ne sont qu'un terreau formé sur place, ainsi qu'on peut le remarquer sur certaines surfaces des plateaux oolithiques.

A. — ALLUVIONS DES PLATEAUX.

Nous nous occuperons d'abord des alluvions des sommets et des versants du Morvan; puis nous examinerons celles qui recouvrent certaines parties des montagnes jurassiques, placées en regard, de l'autre côté des vallées de l'Auxois.

Sommets du Morvan.

Sur les croupes cristallines du Morvan, on rencontre çà et là des dépôts limoneux jaunâtres ou faiblement rougeâtres, silicéo-argileux et ordinairement peu ferrugineux (1), qu'il ne faut pas confondre avec les surfaces simplement arénacées produites par la désagrégation des roches cristallines avec adjonction d'humus; celles-ci très-pénétrables par les eaux, celles-là au contraire imperméables par l'effet de l'empâtement argileux et d'un tassement considérable.

Ces alluvions sont constituées par un limon maigre, avec grains de quartz et de feldspath, non effervescent au contact des acides.

Nous citerons comme exemple :

1º Les alluvions qu'on remarque entre Quarré-les-Tombes et Dun-les-Places, aux environs de la Forêt-le-Duc (450 à 500 m. d'altitude). Elles semblent formées des détritus remaniés du granite gris, lequel jaunit par altération. Ce sont des nappes d'origine boueuses, peu perméables, de 1 à 4 mètres d'épaisseur, connues dans le pays sous le nom d'aubues ou d'herbues et contenant de petits fragments de granite.

2º Celles qui s'étendent au-dessus de Saulieu, sur le plateau de Montbroin (altitude 597 m.). Ce plateau, légèrement incliné vers l'orient, le nord et l'occident, a pour limites les

---

(1) Ils ne sont pas dépourvus de fer, puisqu'ils rougissent fortement au feu ; mais la proportion de fer hydroxydé qu'ils renferment est très-faible. Nous les considérons comme non ferrugineux, par comparaison avec d'autres dont nous aurons à parler ci-après

pentes d'où descendent les affluents de l'Argentalé et du Serein, vers l'E. et le N.-E., et celles au pied desquelles passe le Cousin vers l'occident.

Les alluvions de Montbroin consistent en une terre jaunâtre avec veinules blanchâtres de feldspath altéré, contenant de rares débris granitiques dont les dimensions ordinaires ne dépassent pas celle du gravier; cependant, dans certaines parties de la forêt de Brenil, qui couvre le N.-E. du plateau, on trouve dans le limon des fragments épars du calcaire à gryphées arquées silicifié, arrondis par altération ou frottement, entraînés des hauteurs qui dominent le village des Loizons et probablement de tout le grand plateau de Saint-Brisson, où ce calcaire en place atteint aux Grandes-Fourches l'altitude de 675 m. Le volume de ces fragments varie entre celui du poing et celui de la tête d'un homme et même dépasse ces proportions (1).

Le limon dont nous parlons et qu'il n'est pas possible de confondre avec les marnes keupériennes sableuses du plateau de Pierre-Écrite, où elles sont surmontées d'un lambeau d'infra-lias, est formé aux dépens de roches cristallines triturées, car il donne, après avoir été lavé, un résidu d'une grande finesse, qui, examiné à la loupe, présente l'aspect d'un sablon composé de fragments anguleux comme ceux du verre pilé, appartenant au quartz et principalement au feldspath. Ce feldspath, d'un rose vif, paraît provenir des porphyres, peut-être des leptynites.

L'alluvion de Montbroin, qui repose sur le granite gris arénacé, avec une puissance de 2 à 3 mètres, est extrêmement maigre. Elle est néanmoins tellement tassée qu'elle forme une couche imperméable; aussi le plateau est-il recouvert de

(1) On remarque même à l'est du village des Loizons, sur le bord de la forêt, au lieu dit Vente-à-l'Italienne, des amas de roches de toutes dimensions (lias inférieur silicifié), complétement anguleuses, arrachées de leur gisement.

marécages tourbeux et d'étangs qui dominent la ville de Saulieu. C'est surtout à l'ouest, du côté d'Eschamps, que la tourbe est le plus développée.

La couche d'alluvion s'atténue en approchant des pentes et disparaît bientôt quand la déclivité devient prononcée; mais elle reparaît plus bas sur un replain, à Villeneuve (plat pays de Saulieu), par exemple, à l'altitude de 530 m. environ.

A peu près à la même hauteur, au-dessus des carrières à chaux hydraulique du faubourg des Gravelles, près Saulieu, où existe un fragment d'infra-lias déjà cité, resté comme témoin d'un dépôt jurassique plus considérable, à quelques pas du dépôt jaunâtre dont nous venons de parler et à côté de la route rectifiée de Saulieu à Semur, un limon d'une nature particulière a comblé et nivelé une dépression inclinée vers l'est, au fond de laquelle sont établies les carrières à chaux.

Ce limon, plus alumineux que celui de Montbroin, est constitué par une terre forte, très-voisine de celle qu'on remarque le plus souvent dans le fond du bassin de l'Auxois et dont nous aurons à nous occuper ci-après.

Sa partie superficielle qu'on exploite pour la fabrication de la brique est jaunâtre par altération, au contact de l'air; mais au-dessous de 40 à 50 centimètres, le limon prend une teinte brune très-prononcée due à une certaine proportion de fer hydroxydé et surtout à de grandes quantités de matière organique, car l'eau dans laquelle on délaie cette terre brunit au lieu de jaunir, comme c'est le cas le plus ordinaire pour les alluvions brunes et plus ferrugineuses du bassin de l'Auxois.

Le résidu que donne cette alluvion, après le lavage, est composé d'éléments granitiques pulvérulents, en très-faible quantité, et de quelques grains de fer hydroxydé plus rares encore.

Sa puissance est d'environ 4 mètres au-dessus des carrières. Elle s'atténue et disparaît aussitôt que la pente se dessine du côté de l'est.

Le limon des carrières paraît s'être produit dans la dépression même où on le trouve, au fond d'un lac encombré de matières végétales et aux dépens des roches liasiques dissoutes et épuisées, mélangées à des détritus granitiques.

Nous citerons encore à l'extrémité du plateau cristallin, près de Thoisy-la-Berchère, un placard d'aubues (alluvions jaunes) qui forme le sol d'une grande partie de la forêt de Thoisy (480 m. environ d'altitude).

Nous n'entrerons pas dans plus de détails sur les alluvions morvandelles qui, en beaucoup de points, forment un manteau superficiel reposant sur des roches plus anciennes. Elles diffèrent peu entre elles par l'aspect et la composition et sont toutes constituées d'éléments empruntés presque entièrement aux roches cristallines.

On les rencontre étalées à des niveaux variables, aussi bien sur les plateaux que sur les replains disposés le long des pentes qui descendent jusque dans la dépression de l'Auxois et assez souvent au fond de cette dépression elle-même.

. Elles paraissent manquer ou sont beaucoup plus rares sur les sommets coniques de la contrée porphyrique.

Plateaux jurassiques.

Reportons-nous maintenant au-delà du plateau inférieur ou plaine de l'Auxois, creusée principalement dans le lias et dont nous nous occuperons bientôt, plaine qui sépare les sommités du Morvan des plateaux formés par les trois groupes oolithiques, et voyons la nature des alluvions sur ces derniers plateaux.

Leur surface est, par endroits, recouverte d'un limon, le plus souvent d'une teinte rouge foncé, plus épais dans les parties déprimées, soit qu'il s'y soit déposé primitivement, soit qu'un lavage postérieur l'y ait entraîné des points plus en relief. On le rencontre même, mais avec une puissance amoindrie, jusqu'au sommet des hauteaux d'une certaine étendue, dont la forme en cône tronqué est peu propre à conserver des dépôts de cette nature. Il s'est infiltré dans les fissures des roches et on n'ouvre pas de carrières sans en trouver les joints fracturés remplis d'une terre rouge à éléments extrêmement fins. (1).

Ce manteau limoneux ne couvre pas la totalité des plateaux, mais laisse presqu'à nu beaucoup de points rasés jusqu'à la roche vive qui s'est délitée sous l'influence des agents atmosphériques.

En s'éloignant dans le Châtillonnais, aux environs de Laignes par exemple, le limon forme, au voisinage des marnes oxfordiennes, à la surface des plateaux, des placards d'une certaine étendue d'un rouge plus clair, auxquels on donne le nom d'herbue. Il renferme de très-rares fragments roulés de quartz rose de la grosseur d'une noisette. Ces galets irrégulièrement globuleux qui paraissent appartenir aux sables et grès albiens sont presque tous brisés sur un point et la surface cassée n'a subi aucun frottement (2).

(1) On remarque quelquefois dans les fissures les plus profondes des carrières que le limon est jaunâtre ou verdâtre et très-gras, plus fortement offervescent que le limon rouge, comme si, formé d'éléments particuliers, il avait pénétré dans les interstices des roches avant ce dernier. (Montagne de Flavigny, carrière de Fontaine-Rosée).

(2) Nous devons, à propos du limon rouge ou rougeâtre selon les lieux dans le Châtillonnais, signaler un phénomène propre à certaines localités des environs de Laignes ; c'est que, sous le dépôt alluvial, qu'il repose sur la grande oolithe ou sur les dernières assises de l'oxford-clay, le sommet de la roche en place qu'il recouvre est fortement disloqué, à l'épaisseur de 1 à 3 mètres, comme s'il avait été soulevé à plusieurs reprises par une gelée intense, puis dégelé à plusieurs fois ; de telle sorte que les bancs sont tordus, brisés et un peu mêlés sans pour cela que la stratification soit détruite complétement.

Ce phénomène est particulier au Châtillonnais et nous ne l'avons jamais constaté sur les plateaux jurassiques plus rapprochés du Morvan.

Il est à remarquer que le limon des plateaux jurassiques est à peine effervescent et quelquefois ne donne aucun signe d'effervescence, ce qui indique que le calcaire a été épuisé et que l'élément alumineux est en dominance. (1).

Quoique la pâte en soit très-fine et donne à peine un résidu après avoir été lavée, il renferme souvent des fragments de la roche sous-jacente et sur certains points il est mêlé à un sablon calcaire anguleux plus ou moins stratifié, provenant des roches de la localité même, qui a tout l'aspect des arènes détritiques dont nous parlerons plus loin.

La puissance de cette nappe limoneuse est généralement assez faible, excepté dans certaines parties disposées en cuvettes. Aussi n'est-elle pas toujours susceptible de culture et ne fournit-elle sur le rebord des montagnes et sur beaucoup de sommets qu'un gazon court et épais utilisé pour le paturage des moutons. C'est alors un véritable terreau rougeâtre formé sur place aux dépens de la roche dissoute sous l'influence de l'acide carbonique des eaux pluviales et de la végétation.

Quand la roche sous-jacente présente une certaine résistance aux agents atmosphériques, comme le calcaire marbre, le calcaire à polypiers de l'oolithe inférieure et le calcaire blanc jaunâtre moyen et supérieur de la grande oolithe, il n'est pas rare de la voir saillir à la surface du limon gazonné, et même de rencontrer des blocs épars de cette roche, le tout fortement déchiqueté, arrondi ou troué. Cet effet de corrosion sur des blocs qui, en raison de leurs formes pittoresques, sont employés au décors des jardins, date d'une époque fort ancienne et ne se produit plus aujourd'hui, car leur surface est tapissée d'un lichen bleuâtre, d'une grande finesse et très-

(1) Ce qui prouve cet épuisement de l'élément calcaire, c'est que le limon engagé profondément dans les fissures des carrières est bien plus effervescent que celui de la surface.

tenace, qui ne pourrait se développer sur une pierre en voie d'altération.

Au contraire quand la roche se désagrège facilement, comme certains bancs de l'oolithe inférieure, de la grande oolithe et même des groupes oolithiques moyen et supérieur, la charrue, en pénétrant dans le sous-sol, a mêlé aux débris de celui-ci le limon superficiel qui n'est plus reconnaissable qu'à la teinte rougeâtre de la terre arable, de nature sèche et pierreuse.

La finesse du limon des plateaux est telle que les eaux pluviales peuvent facilement le déplacer; aussi n'est-il pas rare de le voir sur les pentes détritiques empâter la superficie des roches et des sables d'éboulis. D'ailleurs, il se forme encore journellement sur les surfaces gazonnées des éboulis.

Exceptionnellement, le terreau rouge devient siliceux, ce qui est indiqué par la présence de la bruyère (*calluna vulgaris*). Cette plante, qui ne peut se développer sans silice, couvre en quelques points la nappe limoneuse de ses touffes rabougries, comme on peut le remarquer sur le hauteau de Fossot et sur celui de la Roche-Vanneau, près Flavigny, où le limon porte pourtant à sa superficie une énorme quantité de blocs troués du calcaire de la zone à A, *arbustigerus*, et ne montre après lévigation aucune parcelle de silice appréciable à la loupe (1).

On remarque encore la bruyère sur le limon rouge au nord de Montbard dans les bois communaux du Petit-Jailly, sur la gauche de la route de Montbard à Châtillon-sur-Seine; et aux environs de Laignes, au lieu dit le Pâtis-des-Brosses, dont le

(1) On peut expliquer la nature siliceuse de ce limon par ce fait que le calcaire a été complétement lessivé et qu'il n'est resté que l'alumine et la silice combinées à la roche calcaire.

sous-sol appartient à la grande oolithe (1).

Au contact des terrains calloviens et oxfordiens, il existe une autre sorte de limon. Il est formé de nappes d'argile d'un brun rougeâtre, sans stratification, ayant une épaisseur moyenne de 2 à 3 mètres, renfermant des lits à peu près horizonteaux de limonite oolithique assez pure. Les fossiles un peu frustes qu'on trouve dans ce dépôt sont les mêmes que ceux d'une couche en place d'une dizaine de mètres de puissance, composée d'argiles et de marnes noirâtres, formant la zone inférieure du terrain oxfordien, connu dans le Châtillonnais sous le nom de mine grise ou en roche.

Le dépôt dont nous parlons, appelé mine rouge, n'est qu'un produit remanié de la zone à mine grise et porté ordinairement à peu de distance de son lieu de provenance.

Il est toujours recouvert d'un limon rouge épais, souvent de deux mètres et plus (2). Il participe donc de la nature des alluvions (3), et ne doit pas être confondu avec des dépôts de fer pisolithique qui existent également sur les plateaux et dont nous aurons à parler plus tard.

B. — ALLUVIONS DES VALLÉES.

Nous les diviserons en alluvions des vallées du Morvan, en alluvions de la plaine de l'Auxois et en alluvions des vallées jurassiques.

Vallées du Morvan.

Les vallons du Morvan sont extrêmement tortueux et géné-

---

(1) Nous aurons plus tard à parler d'autres points des plateaux jurassiques où s'étale la bruyère, mais là nous verrons que les débris siliceux abondent et nous aurons à expliquer la cause de leur présence.

(2) Belgrand, *Bulletin de la Société géologique*, 2e série, t. XXI, p. 161.

(3) Raulin, *Statistique géologique du département de l'Yonne*, p. 310 et suivantes.

Baudouin, *Bulletin de la Société géologique*, 2e série, t. VIII, p. 595.

ralément très-étroits. Au milieu de la contrée porphyrique, ils contournent des éminences coniques. Ils sont tous arrosés par des cours d'eau de peu d'importance, sauf le Cousin, la Cure et l'Yonne qui sont de véritables rivières.

On ne rencontre dans ces vallons, presque toujours trop resserrés pour avoir conservé des restes d'alluvions anciennes, que des débris détritiques des roches du pays même, mêlés quelquefois à une terre noire chargée d'humus et passant à la tourbe dans les endroits marécageux qui sont assez abondants, mais rarement d'une grande étendue.

Les cailloux ne sont roulés que dans le lit ou sur les bords même des cours d'eau.

. Dans les parties granitiques, les vallons quelquefois plus larges sont constitués par les mêmes éléments et dans les mêmes conditions, avec cette différence que les débris granitiques remplacent presque toujours complétement les débris porphyriques.

Souvent ces vallons sont remplis par endroits, sur les pentes et au bord des ruisseaux et des rivières, de blocs arrondis de granite gris affectant la forme de blocs erratiques. Nous les avons déjà décrits (1) et nous avons expliqué comment ils proviennent de la désagrégation des massifs de roches, laissant isolées les parties plus résistantes à la destruction et à l'entraînement. Quelques-uns ont glissé sur les pentes et au fond des vallons après la dégradation et l'enlèvement par les eaux de la partie arénacée qui les supportait.

Néanmoins, si le phénomène glaciaire s'est manifesté sur le Morvan et sur les contrées qui l'environnent, comme nous l'établirons plus tard, beaucoup de ces blocs ont dû être dé-

____

(1) Voir *ante* la page 35, pour l'explication de la formation de ces blocs.

placés et emportés par les glaces à des distances plus ou moins
éloignées de leur gisement.

Si les débris ayant le caractère d'alluvions anciennes sont
rares dans les vallons dont nous parlons, il existe pourtant, à
la limite du Morvan et encore dans la contrée morvandelle, un
point qui a conservé des restes importants d'un transport de
sables et de blocs. L'action torrentielle est manifeste, et nous
aurons à voir plus tard s'il ne faut pas faire intervenir encore
un autre agent pour expliquer cet entassement remarquable,
diversement interprêté par les géologues qui s'en sont occupés (1).

Vallon de Pont-Aubert. — Presque sur le trajet de la route
d'Avallon à Vézelay, au-dessus du village de Pont-Aubert, le
long d'une faille précédemment décrite, vers le sommet de la
pente qui domine ce village à l'orient et à 56 m. environ au-
dessus du lit du Cousin, rive droite, on remarque près d'Orbigny, reposant sur le granite ou sur des nappes siliceuses, une
masse considérable de sables accumulés et exploités dans deux
carrières. Ces sables, tous granitiques et non roulés, ont une
stratification irrégulière et contournée; ils renferment à différents niveaux, tantôt en lignes plus ou moins horizontales,
tantôt isolés dans la masse, des blocs de granite et de quartz
d'un volume variable, les uns sinon roulés, au moins arrondis et polis aux angles, les autres beaucoup moins nombreux,
complétement anguleux.

La première de ces carrières, placée le plus haut, a une pro-

(1) Réunion extraordinaire de la Société géologique à Avallon, 1845.
Bulletin, 2e série, t. ii, p. 623. — Belgrand. Même *Bulletin,* 2e série
t. xxi, p. 163. — Cotteau (opinion de M. Prestwich). Rapport sur une
excursion géologique dans les terrains tertiaires et quaternaires de l'Yonne
et de la Côte-d'Or. *Bulletin de la Société des sciences historiques et naturelles de l'Yonne,* 1er semestre, 1866. — J. Martin, *Trois journées
d'excursion dans les environs de Semur et d'Avallon,* etc. *Bulletin de la
Société géologique,* 2e série, t. xxvii, p. 236.

fondeur de 5 à 6 mètres; celle du bas, un peu moins creusée, a le même aspect ; cependant les blocs disséminés dans les sables sont plus rares et d'un volume généralement plus petit que dans la carrière précédente.

L'ensemble du dépôt a une puissance d'environ 25 mètres avec une pente prononcée vers le nord dans la direction du Cousin.

En face et sur la rive gauche de cette rivière, au-delà de Pont-Aubert, les mêmes sables se présentent avec le même caractère et la même inclinaison vers le nord.

Au-dessous des sables d'Orbigny ressort à nu un massif granitique de 20 mètres d'élévation, couronné par une petite corniche de roche siliceuse extravasée à l'époque ou immédiatement après l'époque du dépôt de l'infra-lias et du lias, silicifiés dans les environs, ainsi que nous l'avons dit précédemment.

Puis une nouvelle accumulation de sables granitiques avec de rares grains de limonite se reproduit jusqu'au fond du vallon et sur les deux rives du Cousin. Ces sables contiennent, à différents niveaux, de nombreux blocs, souvent de dimensions considérables, presque tous polis par le frottement, quelques-uns anguleux, en majeure partie de granite gris, mais parmi lesquels on rencontre çà et là des gneiss, des pegmatites, des roches siliceuses de provenance liasique et keupérienne, des arkoses triasiques, sans aucune trace de calcaire. Ils sont disposés, sinon sans ordre, au moins en stratification confuse. Raviné par la rivière, ce dépôt a encombré le lit du Cousin de ses gros blocs arrondis.

Cet amas inférieur est parallèle au dépôt supérieur et comme lui s'abaisse vers le nord, de manière à descendre vers Valloux jusqu'au niveau actuel des grandes eaux.

Notons en passant que si les blocs sont dépourvus de stries, nous en avons remarqué un portant les traces d'un poli moutonné très-prononcé. Ce bloc sert de base au contrefort oriental du chœur de l'église de Pont-Aubert (1).

Immédiatement en aval du village de Pont-Aubert, au-dessous du cap qui sépare la vallée du Cousin du vallon d'Island, cette vallée s'élargit et le Cousin coule dans les terrains sédimentaires de l'époque jurassique, dénivelés par l'effet de la faille précitée.

D'autres dépôts granitiques, avec blocs et sables, existent encore dans les vallées jurassiques en s'éloignant du Morvan ; nous les décrirons plus loin.

Bassin de l'Auxois.

La plaine de l'Auxois renferme une grande quantité d'alluvions, qui, dans la majeure partie des lieux plains, masque le sol ancien appartenant généralement au lias et à l'infralias, exceptionnellement au keuper et au granite.

Elles sont de deux sortes :

Les alluvions limoneuses, de beaucoup les plus nombreuses, et les alluvions caillouteuses, assez rares.

Alluvions limoneuses. — Elles se présentent sous deux formes : celle de limon ferrugineux, et celle d'*aubue* ou d'*herbue*, passant quelquefois de l'une à l'autre par des dégradations de teinte, quelquefois aussi, mais plus rarement sans transition.

Alluvions ferrugineuses ou mâchefer. — Le limon ferrugineux est fortement coloré en brun par le fer hydroxydé et contient une grande quantité de grains de limonite. En beaucoup de points, la surface cultivée se décolore sous l'effet d'une sorte de lessivage produit par les eaux atmosphériques et prend une teinte jaune-rougeâtre, tandis que le sous-sol, épargné par la charrue, généralement très-dur et comme imperméable, est plus foncé avec veinules noires et concrétions de

(1) Voir la description et le dessin du dépôt de Pont-Aubert dans l'article de M. Martin déjà cité : *Trois journées d'excursion*, etc.

fer hydroxydé. Les ouvriers, dans ces conditions, l'appellent *mâchefer*, nom sous lequel nous désignerons, pour éviter des périphrases, les alluvions ferrugineuses du bassin de l'Auxois.

Dans d'autres points, notamment dans la partie orientale de la vallée d'Epoisses et dans la Terre-Plaine, la décoloration de la surface n'est pas aussi marquée, et cette surface reste brune, cas auquel les grains de fer sont d'une abondance extrême.

On remarque principalement cette alluvion noirâtre aussi bien à la surface qu'au-dessous, sur les pentes, où elle semble être le produit du mâchefer remanié par les eaux et de la décomposition de la partie supérieure du calcaire à gryphées arquées très-ferrugineux. La terre est alors presque noire, d'une grande légèreté relative, par conséquent moins chargée d'alumine que le mâchefer proprement dit, dont les eaux de lavage sont jaunes, tandis qu'elles restent brunes quand on soumet le limon brun à la lévigation.

Les grains de fer, qui varient de la grosseur d'un grain de chenevis à celle d'une noisette et qui, dans le limon remanié, sont souvent aussi ténus que les grains de la poudre de chasse, ont ordinairement leurs angles émoussés, mais on en trouve aussi d'anguleux. Ils semblent être le résidu des parties concrétionnées, lavées par les eaux; on en trouve la preuve dans ce fait que les parties cultivées de mâchefer, devenues moins foncées, contiennent plus de granules ferrugineux que le sous-sol où le fer se présente en veinules inégalement résistantes au lavage.

En outre des grains de fer, le mâchefer renferme une quantité plus ou moins considérable de débris granitiques, rarement roulés, à l'état de sablon et, exceptionnellement, présentant des dimensions plus grandes. On y trouve aussi quelques fragments de grès keupérien et rhétien.

Aubues ou herbues. — Quand le fer hydroxydé diminue sensiblement, les alluvions passent à l'aubue de teinte jaunâ-

tre et même blanchâtre, souvent se rapprochant de celles du
Morvan et quelquefois identiques à ces dernières (1). Dans
ce cas, le sous-sol ne diffère pas de couleur avec la partie cultivée, les grains de fer sont rares, mais les sablons granitiques
sont plus abondants que dans le mâchefer.

La puissance des alluvions de mâchefer et d'aubue, variable suivant les lieux, ne dépasse pas généralement 3 à 4 mètres à son maximum.

Elles disparaissent à peu près sur les bords de la plaine de
l'Auxois, dès que la pente des côteaux qui en forme l'enceinte commence à se dessiner ; ces coteaux ne présentent
plus alors, du côté du Morvan que des surfaces granitiques ou
plus rarement des lambeaux de keuper, d'infra-lias et même
çà et là de lias inférieur dont les replains seuls conservent
quelques nappes alluviales, ordinairement à l'état d'aubue.
Du côté opposé au Morvan, les alluvions cessent complétement, sauf très-rares exceptions, dès la base des pentes
qui sont constituées par les marnes du lias moyen et supérieur, plus ou moins modifiées par la culture et mélangées
des débris détritiques du calcaire à gryphées géantes et de
l'oolithe inférieure, descendus des sommets. Il arrive même
que ces débris liasiques et oolithiques des coteaux ont été entraînés jusque dans la plaine au niveau des alluvions, au pied
des montagnes dans les vallées étroites. (Vallée de la Brenne,
de l'Oze et de l'Ozerain.)

Les alluvions du bassin de l'Auxois se montrent à des niveaux différents, pourvu qu'ils soient en replain et diminuent
ou disparaissent sur les pentes rapides. Ce sont les terres
fortes de l'Auxois. Elles correspondent au limon désigné sous
le nom de *Lœss* ou de *lehm* par les géologues allemands et
anglais.

---

(1) Pour juger de la couleur d'une terre, il faut l'examiner à l'état sec,
car les nuances se foncent beaucoup quand elle est humide.

Plus compactes généralement que les alluvions des sommets et des pentes du Morvan, elles ne sont pas plus qu'elles effervescentes avec les acides ; aussi gagneraient-elles beaucoup à être amendées par le chaulage, surtout lorsqu'elles affectent la nature de l'aubue. Cependant une faible partie de ces alluvions est exceptionnellement effervescente; nous voulons parler de celles qui couvrent d'une couche peu épaisse le calcaire à gryphées arquées dont les débris sont ramenés à la surface par la charrue; aussi, dans ce cas seulement, le résidu donne-t-il quelques parcelles calcaires mêlées aux grains de fer et de granite (Collonges, près Mènetreux-lès-Semur, au-dessus du ru de Cernant) (1).

Les alluvions jaunes et blanchâtres ou aubues dominent dans le voisinage du granite et des grès; nous citerons comme

---

(1) Les alluvions de l'Auxois paraissent contenir une certaine proportion de phosphate de chaux, ainsi qu'il résulterait d'une analyse de Berthier, rapportée par Beudant *(Minéralogie, famille des phosphorides,* édition de 1830).

Voici cette analyse opérée sur des argiles accompagnées du minerai de fer en grains, recueillies à Saint-Thibault par M. de Bonnard, *Notice géognostique sur quelques parties de la Bourgogne.* — (Extrait des *Annales des mines,* 1re série, t x, p. 43 et 44. — *Annales des mines,* p. 235 et suivantes.

(Ce phosphate de chaux, qu'on a considéré comme jurassique, doit, suivant notre opinion, être rangé dans le limon quaternaire formé par dissolution de l'assise supérieure du calcaire à gryphées arquées)

Phosphate de chaux............0,74
Carbonate de chaux............0,10
Argile et oxyde de fer..........0,16
—————
1,00

On voit que le carbonate de chaux est peu abondant. Le phosphate trouvé à Saint-Thibault par M. de Bonnard est blanc, grisâtre et jaunâtre, veiné, tacheté et pointillé de brun, léger, tendre, à cassure terreuse.

La présence du phosphore est accusée aussi dans les grains de fer, comme nous le verrons bientôt.

exemple la contrée qui s'étend des bords du Serein, de Bourbilly à Cernois, par Chassenay et Vic-de-Chassenay ; les replains qui bordent la même rivière de Bourbilly à Précy-sous-Thil ; les environs de Roilly et de Montigny-sur-Armançon.

Elles prennent surtout la couleur blanchâtre, avec nombreux débris granitiques vers Bourbilly et aux environs du bois Saint-Loup, sur le côté gauche de la route de Semur à Epoisses.

Une variété, jaunâtre et très-maigre, avec veinules de fer hydroxydé, donne au lavage un résidu de parcelles très-ténues et roulées, jaunes et siliceuses, visibles seulement à la loupe (promenade du Quinconce, à Semur).

En général, les aubues sont caractérisées par la présence de certaines plantes qui recherchent les terrains siliceux ; tels sont celles des bois de Longenièvre, près Semur, et des landes qui l'environnent, où croît le genet (*Genista scoparia*) et la bruyère (*Calluna vulgaris*), les alluvions jaunes de Montigny-sur-Armançon, où abonde le bouleau (*Betula alba*).

En se rapprochant de la ceinture oolithique qui contourne le bassin de l'Auxois, à l'opposé du Morvan, les alluvions sont généralement moins maigres et plus fertiles, probablement parce qu'elles se sont enrichies des débris provenant des coteaux liasiques ; cependant elles sont aussi peu effervescentes que les alluvions de la plaine.

L'absence de chaux dans le limon s'explique par l'élimination de l'élément calcaire, sous l'influence des eaux pluviales et autres qui contiennent toujours une certaine quantité d'acide carbonique. Le carbonate de chaux, se combinant avec cet acide, passe à l'état de bicarbonate, et il est facilement dissous et entraîné dans le sous-sol par une sorte de lessivage.

Ce phénomène de dissolution se remarque sur toutes les roches calcaires et surtout sur les éléments calcaires situés à une faible profondeur dans le sol. Il a été constaté par MM. Delesse, Gruner, Fournet et Hébert (1).

La présence du fer en assez grande abondance au sein des alluvions de l'Auxois s'explique par ce fait que toutes les roches de la contrée, indépendamment des mines de Thostes et de Beauregard, contiennent de notables proportions de ce corps à l'état d'hydroxyde et même de pyrite.

D'après M. Belgrand, le fer en grains du limon de l'Auxois est phosphoreux (2); ce qui semble indiquer un dépôt marécageux ou lacustre. En effet, il résulte des recherches de M. Daubrée (3) que le fer phosphoreux domine dans les marais et les lacs, par combinaison du peroxyde de fer avec l'acide phosphorique, par suite de la décomposition des corps organisés.

Une autre probabilité que le limon s'est déposé ou s'est formé lentemeut sur des surfaces où l'eau stagnait au moins périodiquement, et qu'il provient pour partie de la vase produite sur place, c'est qu'il y a presque toujours un rapport entre l'alluvion et le sol qu'elle recouvre ou qu'elle avoisine; les plus maigres se trouvant presque toujours sur

(1) Note de M. Delesse sur la carte agronomique des environs de Paris et Observations à la fin de cette note. — *Bulletin de la Société géologique,* 2e série, t. **xx**, p 292 et suivantes.

Voir encore l'explication donnée par M. Belgrand, d'après M. Delanoue, relativement à la réaction du carbonate de chaux sur le fer, réaction donnant lieu à un sel de chaux soluble et mettant en liberté l'oxyde de fer, matière colorante de la plupart des alluvions. — *Bulletin de la Société géologique,* 2e série, t. **xxvii**, p. 574.

(2) M. Belgrand, dans une note sur les terrains quaternaires du bassin de la Seine, — *Bulletin de la Société géologique,* 2e série, t. **xxi**, p. 164, — dit que le fer en grains dè l'Auxois n'a pu être employé dans les hauts fourneaux de Montzeron, parce qu'il était trop phosphoreux.

(3) Observations sur le minerai de fer qui se produit journellement dans les marais et dans les lacs. — *Bulletin de la Société géologique,* 2e série, t. **iii**, p. 149.

les granites (1) ou à proximité ; les plus grasses et les plus fertiles, non loin des coteaux liasiques ; les plus ferrugineuses sur les mines de fer de l'infra-lias, comme aux environs de Thostes et de Beauregard ; cependant il y a des exceptions, surtout sur le trajet des courants indiqués par les dépressions et les alluvions caillouteuses.

Le sol entier du bassin principal de l'Auxois n'est pas recouvert d'alluvions, car il a été raviné en beaucoup de points et découpé par de nombreuses rigoles, au fond desquelles existent des cours d'eau et même de simples tranchées naturelles d'écoulement souvent à sec ; ce qui fait que le limon occupe principalement les croupes des mamelons compris entre les dépressions et que les pentes, quand elles sont un peu prononcées, montrent ordinairement à nu les strates du lias inférieur, de l'infra-lias, du kcuper et même le granite qui qui se trouve presque toujours sur les bords et au fond des grandes dépressions ; et il est à remarquer que les mamelons couronnés par le limon sont à des hauteurs différentes, comme par l'effet d'un ravinement successif.

Les alluvions que nous venons d'énumérer sont toutes dénuées de débris reconnaissables de corps organisés qui pourraient indiquer approximativement l'époque du dépôt.

Alluvions caillouteuses et sableuses. — C'est surtout sur les bords des rivières actuelles, mais à une altitude d'environ 20 à 30 mètres au-dessus de leur niveau que l'on remarque dans la plaine de l'Auxois septentrional des traînées de sable et de cailloux, ceux-ci variant de la grosseur d'un œuf à celle d'une grosse borne. Ils sont généralement sans stratification

---

(1) En 1870 et 1871, lors de la construction du viaduc du chemin de fer sur l'Armançon, à Semur, les ouvriers, pour obtenir du sable, lavaient l'arène produite par le granite décomposé, et le résidu vaseux encombrait la rivière presqu'à sec pendant l'été. Nous avons remarqué que ce résidu ressemblait exactement à l'aubue de certaines parties de l'Auxois et des sommets du Morvan ; seuls les grains de fer faisaient défaut.

et quelquefois en stratification confuse, les uns roulés, les autres à angles seulement émoussés, d'autres enfin plus rares parfaitement anguleux. Il y a là évidemment les traces d'un transport torrentiel; mais en les comparant avec d'autres débris de transport d'origine glaciaire peu éloignés (vallée d'Epoisses), nous aurons à examiner si un autre agent n'a pas concouru à leur formation.

Bords du Cousin. — Nous citerons les cailloux roulés de nature siliceuse, dans une alluvion très-jaune et très-maigre à la Croix-Sirot, près d'Avallon, à moins de 3 kilomètres du gisement de Pont-Aubert précédemment décrit.

Bords du Serein. — A Toutry, sur la rive droite de la rivière, à 50 ou 60 m. du pont, à l'entrée méridionale du village, il existe une sorte de conglomérat de cailloux et de blocs mêlés confusément à du gravier, la plupart polis aux angles seulement, quelques-uns roulés, d'autres anguleux, presque tous de granite gris et de quartz, renfermant çà et là quelques fragments de calcaires à gryphées ou d'infra-lias silicifiés, de gneiss et de grès keupériens. Ils se continuent dans le village et s'étendent dans le sous-sol des champs avoisinants du côté de l'est. Dans la rue qui longe le bord oriental de la rivière, on voit une grande quantité de bornes et de grosses pierres extraites presque sur place de ce conglomérat caillouteux et il est à remarquer que le granite en place de Toutry est rougeâtre et d'une moindre résistance que les débris granitiques de couleur foncée du dépôt, lesquels sont de même nature que ceux du Morvan.

En descendant la rivière, on trouve encore à une certaine distance de son lit actuel, au bas du village de Vignes, et encore sur la rive droite, reposant sur le calcaire à gryphées arquées, une carrière de sable mêlé de blocs nombreux des mêmes roches que celles du conglomérat de Toutry. Nous y avons même remarqué un fragment du grès houiller de Sincey ou de Courcelles-Frémoy.

Les alluvions limoneuses qui recouvrent le lias inférieur et même la base du lias moyen, jusqu'au pied de la côte de Montfaute, entre Vignes et cette côte, montrent les mêmes débris d'un volume moindre; ils sont même réduits à l'état de gros gravier au-dessous des vignes de Montfaute.

Enfin on découvre dans ce limon de rares fragments roulés d'une roche que nous aurons à faire connaître plus amplement, appartenant au grès albien (terrain crétacé) que nous verrons former des amas sur les montagnes. On peut y observer aussi quelques débris anguleux d'une autre roche siliceuse que nous croyons provenir de chailles de la grande oolithe ou de l'étage oxfordien.

De l'autre côté de la rivière, rive gauche, la colline de Varenne (1), au-dessus de Courterolle, est couverte d'une alluvion caillouteuse formée de fragments anguleux ou à demi roulés de granite et de quartz, parmi lesquels on distingue de nombreux débris du calcaire à gryphées silicifié, provenant sans doute des environs de Courcelles-Frémoy et de Thostes, situés à 9 à 10 kilomètres en amont.

Sur le prolongement de cette colline, dans la contrée dite le Tronçois, on extrait, pour le macadam des routes, des cailloux siliceux, généralement rougeâtres, formant des dépôts isolés au milieu des alluvions limoneuses. Ces dépôts, dont les éléments proviennent des roches métamorphiques du lias et de roches granitiques, s'étendent de Trévilly jusqu'au tiers de la butte de Monthelon, d'après M. Moreau (2).

(1) Voir la note de M. Belgrand déjà citée, *Bulletin de la Société géologique*, 2ᵉ série, t. XXI, p. 148.

(2) *Vallées de l'Avallonnais, Bulletin de la Société d'études d'Avallon*, 1864. — P. 39.

Nous verrons plus tard qu'à une faible distance des gisements de Toutry, Vignes, Varenne, etc., il existe des blocs erratiques (vallée d'Époisses) qui sont incontestablement d'origine glaciaire.

Un peu plus loin, la plaine se resserre au bas de Montréal et devient une vallée étroite donnant passage au Serein, à travers le massif des montagnes jurassiques. Nous y constaterons encore la présence d'autres dépôts sableux et caillouteux, quand nous parlerons des vallées creusées dans la ceinture jurassique de l'Auxois.

Bords de l'Armançon. — Dans la plaine de Genay, contrée située au nord du hameau du Clou, rive gauche de la rivière, lieu dit Beaucaveau, au point où le plateau inférieur de l'Auxois se termine et non loin de la gorge où l'Armançon s'engage, entre Athie et Senailly, pour aller rejoindre la Brenne à Buffon, on remarque dans l'espace triangulaire compris entre la rivière et un ruisseau venant du S.-O., un lambeau de la partie inférieure du lias moyen, formant arrête. Sur le sommet et sur les bords de cette petite éminence, allongée du sud au nord, il existe une couche épaisse d'alluvions dans laquelle le sable granitique est tellement abondant par places que la charrue semble mordre dans une arène granitique décomposée.

Cette alluvion, chargée de grains de fer, est en outre recouverte, sur un assez grand espace au sommet de l'arrête citée plus haut et aux environs, de nombreux débris épars, à angles émoussés, quelquefois anguleux, de granite, de leptynite, de quartz rougeâtre et blanchâtre, de grès kéupériens et rhétiens et plus rarement de calcaire à gryphées silicifié, tous variant de la grosseur d'un œuf à celle de la tête d'un homme et quelquefois beaucoup plus grands (2).

On y rencontre aussi des fragments toujours anguleux de la roche roussâtre et siliceuse que nous avons déjà signalée à Vignes, sur les bords du Serein, fragments que nous considé-

---

(1) Et pourtant les gros blocs sont enlevés fréquemment par les laboureurs.

rons comme des chailles de la grande oolithe ou de l'oxford-clay (1).

Notons que, dans cette contrée de Beaucaveau, il existe un énorme bloc de granite rose dressé à l'époque préhistorique et appelé Pierre-de-Sainte-Christine ou Grand'Borne. Ce bloc de 3 m. 27 c. de hauteur, de 1 m. 10 c. de largeur et de 0 m. 70 c. d'épaisseur, est d'une dimension telle qu'il n'a pu facilement être apporté en cet endroit par les hommes. Il est probable qu'il a été placé debout, pour servir de borne territoriale ou pour tout autre usage, à l'endroit où il se trouvait. Il serait impossible d'admettre, dans ce cas, qu'il aurait été transporté en ce lieu, au milieu des alluvions reposant sur le calcaire à gryphées arquées, par l'effet des forces torrentielles seules, et, dans cette hypothèse, il faudrait expliquer sa présence par l'effet d'un autre agent naturel (2).

Indépendamment de ces dépôts cailouteux sur le Serein et l'Armançon, il existe encore, dans le bassin de l'Auxois, d'autres traînées de ces mêmes cailloux situés plus en amont.

On les rencontre principalement :

(1) Ces chailles sont dépourvues de fossiles dans l'Auxois ; cependant, M. Jules Martin a trouvé aux environs d'Argenteuil (Yonne), sur les plateaux qui dominent l'Armançon, au-dessus de l'oxford-clay en place, certaines chailles de transport qui pouvaient provenir du Morvan et qui renfermaient des fossiles de l'oolithe inférieure.

Dans la vallée de Dijon, il a également découvert de nombreux amas de silex roussâtres contenant de rares fossiles de l'oxford-clay.

Il est à considérer que dans les terrains des trois groupes oolithiques restant après la dénudation, dans la Côte-d'Or, on ne retrouve pas de chailles siliceuses ; néanmoins, rien ne s'oppose à ce que les terrains démentelés du Morvan en aient contenu, et si les chailles oxfordiennes de la plaine de Dijon peuvent venir des Vosges ou du plateau de Langres, il est impossible de considérer celles de l'Auxois comme apportées d'ailleurs que du Morvan ou des hauteurs jurassiques environnantes.

(2) Voir un article sur cette pierre, par M. Arm. Bruzard, dans le Bulletin de la Société des sciences historiques et naturelles de Semur, 1865, p. 76.

1º A Thostes, où le toit des galeries de la mine rouge, formé de calcaire silicifié en place, est en outre revêtu d'une masse de débris roulés de la même roche, enveloppés d'une alluvion rouge-foncé produite aux dépens des terrains ferrugineux du pays;

2º Aux environs de Cernois, où la surface des alluvions contient des fragments siliceux et granitiques;

3º Sur le plateau situé entre Pont et Semur, surtout dans la partie qui domine la ville au sud, située entre la Chaume aux Aulnes et les Véronnes, dans une petite contrée de vignes inclinée au nord, où l'on remarque également à la surface du sol des roches quartzeuses et granitiques, plus ou moins émoussées aux angles, avec nombreux fragments anguleux de la roche roussâtre et siliceuse sans fossiles que nous avons considérée comme provenant de chailles;

4º Aux environs de Flée, où existe un mamelon couvert de débris semblables à ceux que nous venons d'indiquer;

5º En un point de quelques mètres carrés sur la rive droite de l'Armançon, entre Charentois, près Semur, et la côte de Fontenay, à gauche et presque sur le trajet d'un sentier, parallèle à la rivière, pratiqué sur la corniche d'un escarpement de roches appartenant au calcaire à gryphées arquées et à la jonction du lias inférieur et du lias moyen; ce point, où l'on voit les restes d'un conglomérat de cailloux granitiques et quartzeux agglutinés par un ciment calcaire très-dur, semble être un témoin d'un plus grand dépôt. Il domine la rivière actuelle de 20 à 30 mètres.

Ainsi, depuis le dépôt de cet amas caillouteux, le ravinement se serait produit à travers le lias inférieur, l'infra-lias, le keuper, jusqu'au granite profondément entamé aujourd'hui par la rivière.

Et il est à remarquer qu'en face, l'ancienne rive (rive gauche) a été emportée sur un grand espace, probablement à cause du coude que fait brusquement, un peu plus bas, l'Armançon arrêté sur sa droite par les coteaux liasiques; car l'obstacle opposé par les montagnes a dû forcer les crues torrentielles d'un autre âge à porter leur action érosive sur la rive gauche du cours d'eau.

Nous citerons encore, aux environs de Semur :

La côte de vignes qui regarde le Bourg-Voisin, où l'on trouve des débris granitiques, keupériens et rhétiens à la surface du limon;

Le plateau des Anlerys, entre Semur, Cary, Charentois et la route de Montbard, où les grès keupériens et rhétiens abondent à la superficie d'alluvions superposées au granite, mêlés à des débris quartzeux et granitiques.

Les environs du bois de Longenièvre, où le grès rhétien n'est plus en place et couvre le sol de ses fragments, etc., etc.

ALLUVIONS DES VALLÉES OUVERTES DANS LE MASSIF DES ÉTAGES OOLITHIQUES, AU-DELA DE L'AUXOIS, MAIS A PROXIMITÉ.

De l'autre côté du bassin de l'Auxois, formant un plateau ondulé et surbaissé entre le Morvan et les plateaux jurassiques, le lit des rivières se rétrécit, comme nous l'avons dit, du côté opposé au Morvan; et, sur leur parcours, nous trouvons encore dans certains endroits ou plus élevés ou plus bas, mais à l'abri des courants, des alluvions qui continuent celles dont nous venons de parler, les unes limoneuses, les autres sableuses ou cailouteuses avec blocs. Nous allons les décrire successivement en partant de l'ouest.

Bords de la Cure. — A Saint-Père, derrière un cap, en face du Gué pavé (1), il existe un grand amas de sables granitiques, avec blocs à la surface mesurant au moins un mè-

(1) *Vallées de l'Avallonnais* (note de M. Moreau déjà citée, page 39).

tre cube, et reposant sur le lias à une grande hauteur au-dessus du niveau de la rivière (1).

On retrouve à Voutenay et à Saint-Moré, sur le chemin qui conduit à la voie romaine, derrière la colline du tunnel et derrière celle des grottes, un dépôt semblable, mais beaucoup moins élevé au-dessus du lit de la Cure (2).

A Vermanton, le fait se complique. Dans une cour d'auberge, à droite en entrant dans le village, on trouve un immense dépôt de sable granitique séparé par une ligne verticale de sable et de détritus calcaire ; comme si la vallée de la Cure, devenue calcaire au pied du Morvan, et celle du Cousin presque complétement granitique avaient donné passage à deux rivières animées de la même force, lesquelles auraient juxtaposé, sans les mêler, les matériaux qu'elles entraînaient (3), quoique de Blannay, point de jonction de la Cure et du Cousin, à Vermanton, il y ait, à vol d'oiseau et, par conséquent, sans tenir compte des nombreux méandres de la Cure, une distance de 16 kilomètres. Ce sable accumulé à Vermanton est au moins à 30 mètres au-dessus de la rivière.

Dans les grottes d'Arcy-sur-Cure, on voit encore agglutinés aux parois, une grande quantité de cailloux granitiques roulés semblables à ceux que la Cure charrie encore aujourd'hui, au pied et à l'ouest des grottes, comme si, à une certaine époque, cette rivière avait pénétré dans les cavités de la montagne jurassique (4).

Bords du Cousin. — Le dépôt que nous avons indiqué à Orbigny et Pont-Aubert se poursuit dans la vallée du Vault,

---

(1) Ce dépôt a une grande analogie avec celui de Pont-Aubert, précédemment décrit.

(2) *Vallées de l'Avallonnais*, page 39. — *Statistique géologique de l'Yonne*, par MM. Raulin et Leymerie, page 158.

(3) *Vallées de l'Avallonnais*, page 39.

(4) *Vallées de l'Avallonnais*, page 39.

et s'étend jusqu'à Valloux où les sables et cailloux descendent presqu'au niveau des hautes eaux (1).

Bords du Sercin. — Au-dessous du bassin de l'Auxois, on remarque sur le bord oriental de la rivière, et à une altitude que n'atteignent plus les grandes eaux, des sables granitiques sur les strates liasiques de la base des coteaux. Ils sont à l'Isle à 20 mètres au-dessus du niveau de la rivière; on les rencontre même jusqu'à Grimault (2).

Bords de l'Armançon. — Nous avons trouvé les sables granitiques sur les bords de cette rivière jusqu'à sa jonction avec la Brenne, au-dessous de la ferme de Saint-Heberge, et il n'est pas rare de rencontrer des sablons de même nature à Nuits-sous-Ravières, et même jusqu'à Ancy-le-Franc, dans le limon des vallées, à 20 à 30 mètres au-dessus du lit de l'Armançon.

Dans toutes les vallées que nous venons de décrire, le lit actuel des rivières contient, à une assez grande distance du Morvan, des cailloux roulés granitiques, bien que les cours d'eau coulent sur les terrains jurassiques.

ALLUVIONS DES VALLÉES SITUÉES A L'EST DU BASSIN DE L'AUXOIS. — BORDS DE LA BRENNE, DE L'OZERAIN, DE L'OZE, ETC.

Alluvions limoneuses. — Dans les vallées situées à l'est de la grande plaine de l'Auxois, découpant le massif jurassique depuis la base de la grande oolithe jusqu'au lias inclusivement, et prenant naissance un peu au-dessous du point de partage des eaux qui vont soit à la haute Seine, soit à la Saône, l'élément granitique fait partout défaut au milieu des alluvions; cependant plusieurs coupures dans

(1) *Vallées de l'Avallonnais,* page 39.— *Statistique du département de l'Yonne,* page 567.

(2) Belgrand, *Bulletin de la Société géologique,* 2e série, t. XXI, page 168.

le chaînon séparatif de la vallée de l'Armançon et de celle
de la Brenne indiquent que cette dernière a communiqué,
avant les derniers creusements, avec la plaine de l'Auxois,
ainsi que nous le démontrerons plus tard; mais les roches
apportées alors du Morvan ont été entraînées depuis; aussi ne
reste-t-il dans les dépôts alluviaux des vallées de la Brenne,
de l'Ozerain et de l'Oze, que les éléments de la contrée (1).

Généralement resserrées entre des coteaux de fortes pentes,
ces vallées sont recouvertes d'un limon formé aux dépens de
marnes liasiques des coteaux; aussi donne-t-il quelques signes d'effervescence au contact des acides.

Alluvions caillouteuses. — A la base du limon et jusqu'à
une asez grande distance de la rivière, le sous-sol de la vallée
des Laumes est formé d'un dépôt de galets à ciment terreux
et sableux appartenant aux roches de l'oolithe inférieure et
exceptionnellement à celles des assises à gryphées géantes
du lias moyen et à celles du calcaire à gryphées arquées du
lias inférieur, qui existent dans la contrée.

Cette agglomération de galets est surtout développée à la
jonction de l'Oze et de l'Ozerain avec la Brenne.

Les alluvions limoneuses et caillouteuses dont nous venons
de parler s'étendent jusqu'au confluent de la Brenne et
de l'Armançon; elles se modifient alors au contact des roches
de la grande oolithe et sont moins argileuses et plus colorées
en rouge, parce qu'elles ne sont plus formées aux dépens des
marnes liasiques, mais des détritus des roches oolitiques mélangés au limon des sommets et des coteaux jurassiques,

(1) Il existe seulement sur la rive gauche de la Brenne, à l'entrée de
la vallée des Laumes, vers Pouillenay, quelques alluvions d'aubue, mais
sans débris granitiques, contenant uniquement de rares fragments triasiques et des grains de fer, lesquelles paraissent avoir pénétré dans la
vallée des Laumes par le vallon de la Lochère communiquant par Mari-
gny avec le bassin de l'Auxois.

entraîné par les eaux. Cependant les éléments d'amont s'y trouvent encore en faibles proportions, puisqu'on y rencontre, comme nous l'avons déjà dit, des sablons granitiques.

Il est difficile de distinguer les alluvions récentes des alluvions anciennes immédiatement au bord des rivières, qui souvent changent de lit et rongent leurs bords, parce qu'alors il s'est produit des remaniements et des mélanges ; néanmoins, sur les rives de la Brenne, un peu en aval de Pouillenay, à l'endroit où la rivière entame ses bords un peu escarpés, nous avons reconnu, au milieu des sables et des galets des berges, des paquets de marnes liasiques, témoins de masses entraînées à une époque ancienne ; car aujourd'hui où la vallée est d'une énorme largeur par rapport au débit de la rivière, de pareils arrachements ne pourraient plus s'effectuer.

On remarque également ces mêmes paquets de marnes, aux Laumes dans une fouille creusée par M. Fénéon, au milieu d'une alluvion limoneuse jaunâtre qui avoisine la Brenne ; ce qui assigne à ce limon une date fort reculée, pendant laquelle les agents d'érosion étaient doués d'une plus grande énergie que de nos jours.

Alluvions des hauts niveaux. — Indépendamment des alluvions du fond de la vallée des Laumes, nous avons reconnu l'existence d'un ancien niveau, au moins à 200 mètres du lit actuel de la Brenne, lors des fouilles pratiquées pour ouvrir la carrière à ciment de M. Lacordaire, à la limite du territoire de Pouillenay confinant avec celui de Mussy-la-Fosse.

A la base de la carrière, on rencontrait un dépôt limoneux mêlé de sable et de cailloux (cailloux roulés de l'oolithe inférieure), renfermant des ossements de grande taille, mais généralement trop mal conservés pour être déterminés. Nous croyons pourtant qu'ils doivent être rapportés au genre bœuf, au genre cerf et au genre cheval.

A une dizaine de mètres au-dessus de cette première fouille, les travaux de la carrière ont encore mis en évidence dans le découvert, à l'endroit où la pente s'adoucit, une coupe de trois mètres environ d'alluvions ferrugineuses. Elles contenaient, au contact du lias moyen (calcaire à ciment), quelques cailloux roulés avec débris d'ossements de chevaux et en outre des silex taillés de différentes provenances, la plupart d'origine crétacée.

Un peu plus haut encore, au-delà du chemin de Pouillenay, à Venarey, au moins à vingt mètres au-dessus du lit actuel de la Brenne, les mêmes alluvions, de même puissance, renfermaient encore, à la base du découvert, des galets plus rares et un certain nombre de silex dont le plus grand nombre portaient des traces évidentes de taille intentionnelle. Parmi ces débris de l'industrie humaine recouverts d'au moins trois mètres de limon, on a même rencontré une petite rondelle de terre cuite percée d'un trou vers le centre (1); le tout accomgné d'ossements de chevaux.

Nous signalerons encore un autre haut niveau d'alluvions caillouteuses à peu près en face et sur la rive droite de la Brenne, au lieu dit la Genevroix, près du sommet de la pente nord d'un mamelon, bordé à l'ouest par la route de Vitteaux aux Laumes, à l'est par une dépression à sec qui le sépare de la hauteur de Mincey (montagne de Flavigny), au nord par la route de Pouillenay à Darcey. Ce mamelon, dominant de quarante mètres environ l'Ozerain qui le longe au nord et à une distance approximative de cinq à six cents mètres, en amont de son confluent avec la Brenne, porte à la partie convexe et un peu déclive du cap qu'il forme, une zone de cailloux roulés qu'entame la charrue et, parmi ces galets, appartenant aux roches de l'oolithe inférieure, nous en avons remarqué un de grès lamelleux, ayant tout l'aspect du grès rhétien.

Il est à remarquer que ce promontoire isolé sur trois faces

(1) Ces objets figurent au musée de Semur.

paraît tout entier formé d'une masse peu homogène où il est impossible de discerner une stratification quelconque et dont le peu de fertilité contraste avec celle des côteaux voisins; et qu'il porte encore à son sommet, à demi enfouis, d'énormes blocs altérés des calcaires de l'oolithe inférieure.

Ces blocs, et très-probablement le mamelon entier, ont été entraînés par glissement des sommets voisins; mais ce glissement est antérieur au creusement de la dépression située à l'est, dépression qui sépare le tertre de la Genevroix du plateau de Mincey où ces blocs sont en place et d'où ils paraissent provenir.

Aussi, nous réservons-nous de revenir plus loin sur les causes du glissement dont nous parlons.

DÉBRIS ENTRAINÉS DU MORVAN JUSQUE DANS LES VALLÉES ÉLOIGNÉES QUI SE DIRIGENT VERS LE BASSIN DE PARIS, A TRAVERS LES GROUPES OOLITHIQUES MOYEN ET SUPÉRIEUR ET LES TERRAINS CRÉTACÉS.

Pour compléter la description des alluvions et des terrains de transport des vallées ouvertes dans le massif jurassique et crétacé, nous constaterons que, en s'éloignant d'avantage du Morvan, vers la bassin de Paris, les alluvions participent généralement de la nature des terrains constituant les hauteurs qui bordent les rivières; cependant il arrive souvent que ces terrains de transport dépassent leur lieu de provenance et sont portés à une certaine distance en aval. Cela est surtout très-marqué pour les grèves ou sables et cailloux roulés, des groupes oolithiques inférieur, moyen et supérieur et des différents étages crétacés.

Nous n'entrerons dans aucun détail à ce sujet; mais en ce qui concerne les roches provenant du Morvan et de l'Auxois, entraînées à de grandes distances, nous emprunterons à MM. Raulin et Leymerie, ainsi qu'à MM. Moreau et de Roys, quelques indications intéressantes.

Vallée de l'Yonne. — On rencontre à Auxerre, dans les grèves des bords de la rivière, des granites et des porphyres.

Au sommet et sur les flancs du Thureau-Saint-Georges, aux environs de la même ville, à une altitude assez grande au-dessus de l'Yonne, existe un conglomérat de cailloux de gneiss, de quartz et de calcaire compacte, souvent agrégés par un ciment ferrugineux.

Un peu plus bas, à Gurgy, dans le bassin de Joigny, la partie inférieure des sables roulés est de nature granitique avec de nombreux blocs de granite, tandis que la partie supérieure de la grève est calcaire. Le docteur Ricordeau y a même trouvé, ainsi qu'à Chemilly, des débris du lias.

Au sud-est d'Appoigny et près de Joigny, les débris granitiques avec blocs forment encore le cinquième de la masse des grèves.

Au-delà de Montereau, les roches cristalines du Morvan se montrent à une hauteur assez grande sur les côtes en pente douce (1).

A trois kilomètres de Montereau, sur la route de Voulx, existe un mamelon dont le fond est à huit mètres au-dessus du niveau de la rivière, composé en entier de galets provenant des roches granitiques du Morvan et des calcaires jurassiques de la Bourgogne (2).

Vallée du Serein. — A Beaumont et à Seignelay, près du confluent du Serein et de l'Yonne, des cailloux porphyriques ont été recueillis par le docteur Ricordeau (3).

Et sur les hauteurs de Seignelay, à cent quarante-neuf mètres d'altitude et à soixante mètres au-dessus de la rivière,

(1) *Statistique géologique du département de l'Yonne,* p 568, 570 et 571.

(2) Marquis de Roys. — *Bulletin de la Société géologique de France,* 3e série, t xxiv, p. 842

(3) *Statistique de l'Yonne,* p. 567.

la présence du calcaire à gryphées arquées silicifié a été constatée par le même géologue, d'après M. Moreau (1).

Vallée de l'Armançon. — Quelques débris de granite gris
ont été reconnus à Tanlay, un peu en amont de Tonnerre (2).

Environs de Paris. — Enfin, nous ajouterons que, lors de
la réunion extraordinaire de la Société géologique, à Paris, en
août 1867 (3), nous avons pu constater nous-même, au sein
des sables et cailloux roulés des anciens lits de la Seine, presque tous d'origine crétacée, la présence de quelques galets
porphyriques et gratiniques identiques aux roches en place
du Morvan.

De plus, M. Roujou a reconnu sur les plateaux qui environnent Paris une boue triturée d'origine morvandelle (4).

II. ROCHES ERRATIQUES.

Immédiatement après les alluvions, nous plaçons les roches
erratiques, car les unes et les autres sont dans un tel rapport que leur séparation est souvent difficile, surtout quand
elles existent du fond des vallées; d'ailleurs, qu'elles soient le
produit de forces torrentielles, de glaces flottantes ou de glaciers, l'action aqueuse est toujours la cause commune de
leur présence aux lieux où on les rencontre.

Nous commencerons par les plateaux, ainsi que nous
l'avons fait précédemment pour les alluvions, et nous donnerons en premier lieu la description des débris trouvés sur le
Morvan; ensuite nous ferons connaître ceux qui reposent sur

(1) *Les Vallées de l'Avallonnais.* — *Bulletin de la Société d'études
d'Avallon,* p. 40.

(2) *Statistique géologique de l'Yonne,* p. 566.

(3) *Bulletin de la Société géologique,* 2ᵉ série, t. **XXIV**, p. 808.

(4) Congrès d'anthropologie à Bologne (1ᵉʳ décembre 1871), d'après
le compte-rendu de M Cazalis de Fondouce, *Revue scientifique,* du 2 décembre 1871, P. 533.

les plateaux jurassiques; puis nous parlerons des blocs erratiques des vallées.

A. BLOCS ERRATIQUES DES PLATEAUX.

Sommets du Morvan.

Nous signalerons seulement sur le Morvan les débris que nous avons indiqués avec doute comme alluviaux et que nous indiquons encore avec doute comme erratiques (1).

Ce sont :

Cailloux de la forêt de Brenil. — Les cailloux du lias silicifié de la forêt de Brenil et les amas de roches anguleuses de même nature de la Vente-à-l'Italienne (v. p. 399).

Blocs entassés et épars. — Et peut-être certains des blocs granitiques entassés sur les sommets et les parties déclives, dont nous avons déjà parlé, à propos des alluvions des vallées du Morvan (v. p. 406).

Ces blocs d'assez grande dimension, et quelquefois énormes, se rencontrent souvent réunis en amas ou isolés. Ils sont généralement privés de leurs angles. On les prendrait, à première vue, pour des blocs apportés d une grande distance, car ils diffèrent par leur couleur brun foncé du terrain jaunâtre arénacé sur lequel ils reposent.

Cependant nous n'osons affirmer qu'ils viennent de loin, car ils peuvent n'être que les restes plus résistants à la désagrégation du granite gris généralement très-altérable et s'égrenant sous l'influence des agents naturels; la terre jaunâtre qui les supporte n'étant que le produit de la réduction en arène de ce même granite gris, ayant subi par décomposition une décoloration marquée.

---

(1) Le doute que nous émettons ici, où il s'agit seulement d'une exposition descriptive, s'atténuera beaucoup quand, remontant aux causes, nous mettrons ces débris en regard d'autres dont l'origine sera démontrée.

Ces blocs, qu'on rencontre sur certains points des plateaux granitiques, se trouvent en plus grand nombre sur les pentes et sur les bords des cours d'eau où quelques-uns sont tombés après l'entraînement des terres par les eaux.

En admettant leur mode de formation par simple désagrégation, si le Morvan a été soumis à l'action glaciaire, comme nous aurons à en décider plus tard, ils ont dû en subir l'influence dans une certaine mesure.

Pierres-à-Bassin. — Ceci nous amène encore à parler des pierres-à-bassin qu'on remarque en certains points du Morvan, parmi les blocs de granite gris, reposant sur les sommets ou dans les dépressions.

Ces blocs, souvent d'un volume considérable, portent à leur surface, quelquefois sur leurs côtés, un ou plusieurs trous circulaires ou ovales, à fond concave et généralement peu profonds.

Ces sortes de cavités se rencontrent dans différents pays et sur des roches dures de toute nature. Elles ont exercé la sagacité des archéologues qui se sont occupés spécialement des âges préhistoriques. Quelques-uns les ont considérées comme des espèces de mortiers où les premiers hommes broyaient leurs aliments.

Les géologues n'ont guère été plus heureux dans leurs explications. L'opinion la plus répandue est que ces excavations ont été produites par le tournoiement des eaux torrentielles avec sables et galets, comme on le remarque dans certaines grottes; mais les cavités du granite du Morvan diffèrent des *pot-holes* ou trous creusés par les torrents, en ce qu'elles n'ont pas comme ceux-ci la forme en entonnoir.

Il n'est guère possible d'y voir l'effet d'une altération par décomposition dans la roche moins homogène par places, celle-ci ne présentant dans le Morvan aucune tendrière, aucune partie dont le grain varie en composition et en dureté.

De plus, il est à remarquer que les excavations en

chaudières dont nous parlons ne se trouvent pas indifférem-
ment sur tous les plateaux, mais seulement dans certains
endroits et dans certaines directions.

Nous sommes porté à croire que ces creusements ont été
produits par les gaz condensés dans les eaux froides, lesquels
agissaient plus particulièrement par corrosion sur les surfaces
des roches soumises au contact des bulles gazeuses empri-
sonnées sous les glaces (1).

Généralement les parois des cavités ne sont pas polies;
mais elles ont pu être rugueuses dès l'origine, ou être devenues rugueuses par l'effet postérieur des agents atmosphériques (2).

L'endroit du Morvan, où les pierres-à-bassin sont le plus
nombreuses, est situé aux environs de la forêt de Saint-Léger-
de-Fourcheret, sur le ruisseau de Vermidard, près du village
de Bon-Ru.

On en trouve aussi sur un plateau qui domine le monas-
tère de la Pierre-qui-Vire, sur les bords du ruisseau le Trin-
clin et aux environs de la Roche-en-Brenil.

Plateaux jurassiques.

Blocs de Grosmont et de Roumont. — Nous commence-

(1) L'acide carbonique, se combinant avec les alcalis des feldspath,
forme des carbonates de soude et de potasse très-solubles dans les eaux.

(2) Nous citerons cependant un trou profond d'environ 40 à 50 centimètres et d'un diamètre de 30 à 35, percé dans un des nombreux rochers
qui encombrent une dépression, immédiatement sur les bords du ruisseau de Gallafre, près Pont-d'Aisy. Ce trou est parfaitement circulaire et
ses parois sont presque polies. Il est le seul de la contrée, et les habitants
le désignent sous le nom de Cuvier-de-la-Fée.

Il nous semble avoir été creusé intentionnellement à une époque et pour
un usage inconnus.

rons par les blocs de Grosmont, *altitude 360 mètres*, et de Roumont, *altitude 302 mètres*, à l'ouest d'Avallon et au nord-est de Vézelay, et nous emprunterons à M. J. Martin la description qu'il en a donnée, après l'excursion que nous avons faite ensemble, avec plusieurs autres géologues, sur les lieux, le 22 juillet 1869 (1).

« Un peu après avoir quitté la route de Vézelay pour nous diriger à travers champs, nous avons rencontré, épars sur le sol, des cailloux de silex et des grès ferrugineux (2)...

« ....Ces débris sont accompagnés de chailles siliceuses que certains vestiges organiques nous portent à croire oxfordiennes et des fragments de grès grisâtre, comme ceux dont nous aurons occasion de parler plus loin (3). Ces cailloux erratiques deviennent rares en approchant de la butte de Grosmont et disparaissent complétement avant d'en atteindre le sommet, lequel est pelé, sans aucune trace de terre végétale et exclusivement formé des calcaires inférieurs de l'oolithe blanche qui sont comme raclés et mis à nu.

« En descendaut l'autre versant, celui qui fait face à Vézelay, le regard est tout d'abord saisi par un vaste tapis de bruyères, étalé en patte d'oie sur le penchant occidental de la montagne. Pour l'œil tant soit peu exercé, cette apparition en plein pays calcaire est toute une révélation ; un dépôt siliceux doit ici recouvrir la pente, cela est de toute évidence.

« En effet, dès qu'on aborde ces bruyères, les calcaires de

(1) *Les glaciers du Morvan, trois journées d'excursion,* etc. Bulletin de la Société géologique, 2e série, t. **XXVII**, p. 243 et suivantes.

On peut consulter encore le même Bulletin, 2e série, t. **II**, p. 686, et la *Statistique géologique du département de l'Yonne,* par MM. Raulin et Leymerie, p. 553. Voir, du reste, le 1er renvoi de la page 443.

(2) Silex de la craie blanche et grès albiens.

(3) Ces grès grisâtres et grossiers non ferrugineux sont encore albiens.

de la grande oolithe disparaissent sous une sorte d'argile de couleur ocreuse, à travers laquelle pointent à la file d'énormes blocs d'un grès roux quartzeux, à grains fins, très-résistants et dans la masse desquels sont parfois enchassés de petits galets de quartz variant de la grosseur d'un pois à celle d'une amande (1).

« Ces blocs alignés un à un dans une direction O.-N.-O., partent d'un point peu distant du sommet de la montagne et se poursuivent presque jusqu'au bas, à une soixantaine de mètres au delà de la limite inférieure des bruyères. Ils ne sont plus aujourd'hui qu'au nombre de treize, mais il y en a eu autrefois une vingtaine au moins et l'on voit encore la place qu'ils occupaient aux excavations pratiquées pour les extraire du sol dans lequel ils étaient en partie engagés (2).

« Les propriétés réfractaires de ces grès les ont fait rechercher pour divers usages ; on dit même qu'à une certaine époque ils ont été essayés comme minerai, à raison du fer qu'ils contiennent. Aucun des blocs restants n'est roulé ; ils ont seulement les angles émoussés, fait qui résulte des agents atmosphériques. Aucun non plus ne peut être considéré

(1) Au bas de la page 686 du *Bulletin de la Société géologique*, 2ᵉ série, t. II. Réunion extraordinaire à Avallon, on lit la note suivante à propos des blocs de Grosmont :

« Le massif de collines où se trouvent ces blocs est isolé de tout le
« pays environnant par les vallées de la Cure et du Cousin, qui le bordent
« l'une à l'E , l'autre à l'O , et vont se terminer au N. en se joignant l'une
« à l'autre. La différence de niveau entre le fond de ces vallées et le
« sommet des collines où se trouvent les blocs est de 200 mètres ; l'ouver-
« ture des vallées de 3 à 4 kilomètres. Du côté du midi, le massif pré-
« sente un escarpement qui regarde le granite.

(2) Pour bien se rendre compte de leur disposition, consulter le diagramme donné par M. J. Martin, p. 245 du t. XXVII du *Bulletin de la Société géologique*. Ce diagramme indique que la traînée erratique a une longueur d'environ 238 mètres.

comme en place, car ils sont échoués sur une pente rapide et chacun d'eux se présente sous des angles d'inclinaison différents par rapport à son assise de stratification........

« Les neuf derniers de ces blocs reposent directement sur les calcaires marneux de la zone à *A. arbustigerus*, sans y être accompagnés d'aucun débris erratique (1). Quant aux autres, ils sont en partie engagés dans l'argile sablonneuse, dont nous avons parlé tout à l'heure.

« Ce dépôt, d'un rouge ocreux, zoné et panaché de jaune et de blanc, avec silex, concrétions ferrugineuses et galets de quartz, était considéré en 1845 (2), par M. Virlet d'Aoust, comme identique de composition avec les masses de grès qu'il supporte, grès qui, dans la pensée de ce géologue, n'étaient que le résultat d'une agglutination sur place.

« Sans nier les rapports intimes qui existent, au point de vue minéralogique, entre les matières argilo-sableuses et les grès dont il s'agit, nous nous refusons absolument à admettre ce mode de formation, par la raison que les premières sont criblées de menus fragments de silex, tous anguleux, tandis que les seconds n'en contiennent pas la moindre parcelle.

« Ces silex, ainsi fragmentés, nous ont paru d'une nature identique avec ceux qui accompagnent les cailloux de grès

(1) Un de ces blocs mesure en longueur 4 mètres, largeur 3 mètres, hauteur 1 mètre 30 cent. == 15 mètres 60 cent.

Nous croyons que ces 9 derniers blocs reposaient primitivement comme les autres sur l'oolithe blanche, mais que, par suite de la désagrégation des roches marneuses qui la supportaient, le rebord septentrional de la montagne a été usé ; que les blocs sont tombés sur ce calcaire marneux ; que les sables et autres débris qui les accompagnaient ont été dispersés et entraînés et qu'ils sont restés par suite de la résistance que leur masse opposait aux agents atmosphériques.

(2) Réunion extraordinaire de la Société géologique à Avallon. Bulletin, 2e série, t. 11, p. 687.

ferrugineux à la montagne de Genay, près Semur (1), et les mêmes aussi que ceux dont nous aurons à parler ci-après et qui sont d'origine sénonienne (2); nous en avons positivement acquis la preuve.

« Quant aux masses gréseuses, les membres de la réunion géologique, en 1845, sauf M. Virlet, dont nous venons de rappeler l'opinion, pour la combattre, ont été unanimes à les considérer comme des produits néocomiens, soit en place, soit remaniés. Cette assimilation, que repousserait aujourd'hui la science, était permise alors que les grès ferrugineux de la Puisaye, avec lesquels ceux-ci offrent la plus complète ressemblance, étaient regardés comme néocomiens (3). Les blocs erratiques de Grosmont sont en effet la représentation la plus saisissante qu'il soit possible d'imaginer des grès qui constituent le puissant horizon ferrugineux que caractérisent les *Ammonites tardefurcatus* et *mamillaris*, dans les arrondissements de Joigny, d'Auxerre et de Clamecy. Pour nous, qui avons été à même d'en recueillir ici des échantillons et de les comparer aux grès albiens de ces provenances et même à ceux de l'arrondissement de Dijon, nous déclarons que cette assimilation ne saurait faire l'ombre d'un doute.

« Voilà donc un dépôt qui contient à la fois et les restes du gault et les débris de la craie blanche........

« Si de la butte de Grosmont on passe à celle de Roumont, que l'on voit au nord, à 600 mètres de distance à vol d'oiseau, on rencontre, avant d'atteindre le sommet, au sud de la croix, une sorte de placard formé encore de matières argilo-

---

(1) Voir un peu plus loin la description des blocs erratiques de la montagne de Genay.

(2) Silex de la craie blanche.

(3) Voir les observations de M. Cotteau sur le Mémoire de M. Robineau-Desvoidy, *Bulletin de la Société des sciences historiques et naturelles de l'Yonne,* v^e vol. p. 320 — 1851.

sableuses, brunes, à éléments siliceux, dans lesquelles abondent les galets de quartz et les fragments de grès quartzeux. Ce gisement, étroitement limité au versant S.-E., repose, comme le dépôt similaire de Grosmont, sur les calcaires marneux de la zone à *A. arbustigerus*. Il est, comme lui, composé de matériaux évidemment albiens; seulement on n'y voit pas de gros blocs, et les cailloux de grès, d'un grain plus grossier et d'une teinte grisâtre, y sont souvent roulés et à l'état de galets........ Mais où le contraste est frappant, c'est sur le versant opposé du même monticule au N.-N.-O. de la croix. Là, plus rien qui ressemble à ces produits d'origine albienne, ni à l'état solide, ni à l'état meuble. Et pourquoi une énorme quantité de matériaux........ recouvre partout la pente rapide, depuis la naissance de la déclivité jusqu'à sa base, et de nombreux blocs, dont le volume varie de 1/2 à un mètre cube, pointent à travers les bruyères dont la réapparition traduit encore un dépôt silicieux; mais ce dépôt est une argile d'un blanc-jaunâtre, contenant en abondance de petits fragments anguleux de silex, sans aucune trace de grès.

« Les blocs non roulés appartiennent à une sorte de poudingues formés de cailloux anguleux de silex pyromaque, embrassés dans une pâte siliceuse extrêmement solide et dont la cassure est souvent vitreuse, comme ceux des débris qu'elle cimente.

« Cette roche, au dire de M. Moreau, est absolument de même nature que celle des blocs erratiques de Magny, près Châtel-Censoir. Elle paraît, en outre, avoir la plus grande analogie avec les poudingues tertiaires de l'argile à silex de la forêt d'Othe et des environs de Villeneuve-sur-Yonne.

« Or, les blocs de Magny ont fourni, on se le rappelle, un moule bien conservé du *Discoïdea conica*, Agass. (1); et

(1) *Bulletin de la Société géologique*, 2e série, t. II, p. 692.

ceux-ci de Roumont, un bon exemplaire de l'*Ostrea carinata,* que M. Moreau a mis sous nos yeux. Voilà donc un certificat d'origine certaine et qui ne permet pas d'assigner à ces roches un point de départ plus ancien que la craie blanche. »

Blocs de Magny. — Ces blocs, dont il vient d'être parlé, situés sur la rive gauche de l'Yonne, au nord de Châtel-Censoir, ont été visités par les membres de la Société géologique, réunis extraordinairement à Avallon, en 1845, et voici la description faite à cette époque (1).

« La Société traversant la rivière de l'Yonne et gravissant la montagne opposée située au dessus du hameau de Magny, visitait une traînée de blocs erratiques qui s'étend sur les roches dénudées du coral-rag, à 100 mètres environ au-dessus de la rivière. Ces blocs, qui atteignent plusieurs mètres cubes de volume, sont, pour la plupart, des poudingues composés de silex unis par un ciment de grès quartzeux. Les silex appartiennent sans aucun doute au terrain crétacé. Un des membres en a détaché un fragment d'un oursin de la craie, le *Discoïdea conica,* d'Agassiz, qui assignait ainsi à ces blocs une origine certaine...... »

M. Virlet d'Aoust, à l'occasion des blocs erratiques observés près de Châtel-Censoir, sur la montagne de Magny, ajoute que : « la direction des blocs est : O.-N.-O. à E.-S.-E; qu'ils forment une traînée remarquable et présentent tous les caractères d'une moraine latérale, sans cependant admettre pour cela qu'ils aient pour origine ce mode de dépôt. Il ne croit pas qu'on puisse se prononcer sur cette simple observation locale......... »

A propos des mêmes blocs, MM. Raulin et Leymerie (2)

(1) *Bulletin de la Société géologique,* 2ᵉ série, t. ii, p. 692 et 695.

(2) *Statistique géologique du département de l'Yonne,* p. 549 et suivantes.

qui ont considéré une suite de dépôts isolés de même nature comme tertiaires et formés en partie aux dépens de la craie, en y comprenant ceux de Magny et de Grosmont, parlent ainsi de ceux de la forêt de Frétoy, confinant à Magny.

« *Forêt de Frétoy.* — Le sol y est fréquemment formé par des argiles sableuses rouges, plus ou moins épaisses, renfermant des nodules ferrugineux et exploitées même pour quelques tuileries, comme à Festigny : çà et là il y a des blocs de grès ferrugineux, souvent plus gros que la tête et quelquefois d'un mètre cube. Ces derniers ne sont nulle part aussi remarquables que sur un petit tertre situé hors de la forêt, à l'O. du hameau de Magny, à 210 mètres d'altitude et à 75 mètres au-dessus de l'Yonne ; sur une longueur de 200 mètres et une largeur de 60 mètres existe, de l'E.-S.-E. à l'O.-N.-O., une suite de blocs arrondis, assez rarement anguleux, au nombre d'environ 120, et dont le volume d'une vingtaine, au moins, atteint 1 à 2 mètres cubes et même d'avantage ; ce sont des grès fins ou grossiers, blancs, jaunes ou rouges, quelquefois lustrés, passant à un poudingue-brèche par l'addition de petits cailloux de quartz, de la grosseur d'un pois et même un peu plus et surtout de cailloux siliceux et de silex jaunes......... »

Continuons à citer MM. Raulin et Leymerie pour ces petits dépôts isolés qui présentent la plus grande analogie avec ceux de Grosmont et de Roumont et paraissent formés dans les mêmes circonstances et par les mêmes causes ; dépôts que ces géologues considèrent comme tertiaires, mais qui, selon notre opinion et pour les motifs que nous indiquerons, sont d'une époque que nous croyons postérieure.

« *Plateau entre Merry-sur-Yonne et Vermanton* (1). —

(1) *Statistique géologique du département de l'Yonne*, déjà citée, p. 551.

Il y a plusieurs dépôts *tertiaires* isolés qui occupent les points culminants de 200 à 250 mètres d'altitude et qui pourraient bien appartenir à une même formation. Le principal est celui de la Croix-Ramonée, qui alimente plusieurs tuileries. Un terrier situé au S.-E. du hameau laisse voir :

« Argile jaune-rougeàtre avec cailloux et grains de quartz et de silex...................................... 1ᵐ 05ᶜ

« Argile rose, blanche et jaune exploitée.... 3 »

« A environ 10 mètres plus bas, sur la pente d'Avillon, il y a d'autres fosses dont la principale donne la coupe suivante :

« Sable argileux, jaune, grossier, avec nombreux cailloux siliceux blonds, identiques à ceux de la craie.. 1ᵐ »

« Sable argileux, jaune, grossier, sans cailloux, formant une couche discontinue......... 0 70ᶜ

« Argile blanche, parfois grisâtre et jaunâtre, micacée avec grains de quartz........... 3 »

« Le sol est formé par des sables argileux grossiers, jaune-brunâtre, rempli des cailloux précédents mêlés à quelques fragments de grès ferrugineux.

« Le dépôt d'Avillon présente à sa surface des argiles sableuses avec de nombreux silex, des cailloux de quartz de la grosseur d'une noix, de rares blocs de grès blanc de dimensions moyennes et quelques pisolithes ferrugineuses.

« De Mailly-la-Ville à Vermanton, le plateau présente trois dépôts plus petits et moins intéressants que les précédents. On ne voit, sur un mètre d'épaisseur dans les fossés, que des sables grossiers, jaune-brunâtre ou rouges superficiels, présentant quelques blocs de grès ferrugineux également à gros grains de quartz. D'anciennes fosses, de 3 à 4 mètres de profondeur, au bord du bois du gouvernement, présentent les mêmes sables, mais renfermant des rognons de grès ferrugineux avec un sable identique, meuble à l'intérieur.

« *Canton de Vézelay* (1). — La portion de la terrasse formée par la grande oolithe, qui se trouve comprise entre la Cure et l'Yonne, est en grande partie occupée par des forêts; sur un grand nombre de points de celles-ci, le sol présente des dépôts *bien certainement de l'époque tertiaire:* ils n'ont pas été indiqués sur la carte par la couleur affectée à ceux-ci, parce qu'ils n'ont qu'une puissance qui n'est généralement pas de beaucoup supérieure à celle de la terre végétale. Habituellement c'est un sable argileux, jaune ou rouge, dans lequel se trouve une grande quantité de silex rubannés; ils sont, non plus en rognons ou cailloux roulés, comme ceux qui proviennent de la craie, mais en fragments anguleux occasionnés par le brisement des lits de 5 à 10 centimètres d'épaisseur qui existent dans les parties supérieures de la grande oolithe.

« Sur quelques points, le dépôt acquiert une plus grande épaisseur et prend des caractères assez semblables à ceux du dépôt de la Croix-Ramonée. Ainsi, aux Quatre-Vents, au S.-E. de Châtel-Censoir, il y a une tuilerie près de laquelle on tire, dans des poches de 3 à 4 mètres de profondeur, des argiles sableuses, jaune-rougeâtre; au-dessous, il y a quelquefois des sables argileux à gros grains et à stratification oblique; la partie superficielle, sur un mètre d'épaisseur, renferme les silex dont nous venons de parler et présente çà et là, à sa surface, des blocs de *grès ferrugineux* parfois de deux décimètres de diamètre. La coline de Montfoix, à l'est de Foissy-lès-Vézelay, présente aussi de petites poches d'argile pure, jaune, rouge et blanche, au-dessous des argiles sableuses rouges qui forment le plateau et qui sont remplies de morceaux de silex jaunes; il y a aussi des fragments de *fer hydroxydé brun.*

(1) *Statistique géologique,* etc., p. 552.

« Dans la partie moins boisée du plateau qui s'étend vers Saint-Moré, il y deux dépressions qui paraissent autant de petits bassins *de l'époque tertiaire*. Le premier, dans lequel se trouve au sud le village de Montillot, s'étend d'environ 3 kilomètres au nord; il est limité principalement par Rochignard, la colline de Bois-d'Arcy et la Côterette; la tuilerie de Montillot emploie des argiles jaunes tachées de blanc et de rouge, avec quelques gros grains de quartz, qui sont tirées sur une épaisseur de 2 mètres au N.-E. du village et dans lesquels il y a, çà et là, des nids de sable grossier rouge; le tout est recouvert par un sable argileux jaune-rougeâtre, souvent blanchâtre à la surface, un peu remanié, qui renferme de nombreux grains de quartz et des silex semblables aux précédents; c'est lui qui s'aperçoit dans toute la partie plane. Le second bassin, séparé par Rochignard, est limité principalement, par les collines de Bois-d'Arcy (1), des bois com-

(1) Il est à remarquer que dans cette contrée du Bois-d'Arcy, un énorme creusement s'est produit, indiquant un passage aujourd'hui à sec, d'un grand cours d'eau, ou d'un glacier, et que c'est sur ses bords que se trouvent les dépôts isolés de Montillot et ceux entre Rochignard et Bois-d'Arcy, etc., dans les deux bassins décrits par MM. Raulin et Leymerie.

Voici ce que nous lisons dans la notice de M. Moreau sur les *Vallées de l'Avallonnais*. — Bulletin de la Société d'études d'Avallon, page 34. — 1864.

« On voit très-bien du haut de notre Grand-Cours et dans la direction
« du N.-O., un abaissement très-prononcé dans les collines qui nous
« entourent. Il passe par-dessus Blannay, Bois-d'Arcy et arrive à Mailly-
« le-Château, près des Roches du Saussois. Il est tellement prononcé
« qu'on a pensé à y placer un chemin de fer. Ne serait-ce pas le premier
« lit des eaux de la Cure après sa jonction avec le Cousin? Sans attacher
« trop d'importance à cette remarque, je ferai observer cependant que la
« rupture de l'enceinte a lieu en cet endroit et que la Cure et le Cousin se
« réunissent à Blannay beaucoup plus bas que ce premier lit, mais pré-
« cisément au-dessous. »

munaux de Voutenay, du bois Fichon et de Mondry ; son fond est occupé par des sables argileux jaune-rougeâtre, renfermant des grains de quartz de la grosseur d'un pois et même d'avantage, et aussi de nombreux silex blonds non roulés et des fragments de grès grossier ferrugineux. Le bois de la Mardelle présente également d'épaisses argiles sableuses, jaune-fauve, renfermant une grande quantité de silex....... (1).

« Sur la rive droite de la Cure, au N.-O. d'Annay-la-Côte, dans la dépression à l'O. de Montoison, il y a des terres rougeâtres renfermant des nodules ferrugineux et des blocs de grès, soit rouge, soit ferrugineux, qui ont parfois 0 mètre 3 cent. de diamètre ; d'autres se montrent encore au-dessus du Champ-du-Feu.

« Enfin, sur le plateau entre Précy-le-Sec et Coutarnoux, il y a sur plusieurs points, dans les bois, des fragments assez nombreux de grès rouge plus ou moins ferrugineux. »

Environs d'Etais. — Un peu au N.-O. de Clamecy, MM. Raulin et Leymerie (2) signalent encore des dépôts semblables aux environs du village d'Etais superposés à l'oxford-clay et au coral-rag, sur le revers septentrional de la montagne des Allouettes et entre Sainpuits et les Barres (Yonne) (3).

(1) MM. Raulin et Leymerie décrivent à la suite le dépôt de Grosmont, dont nous avons précédemment parlé, et dans les termes suivants :

« Le petit plateau mamelonné, situé entre la Cure et le Cousin, présente,
« surtout au Grosmont, du côté du nord, des débris appartenant au ter-
« rain *tertiaire,* mais plus isolés ; dans une dépression entre deux émi-
« nences calcaires, il y a, à la surface d'argiles et de sables rouges avec
« des silex, de gros blocs de 7 à 8 mètres cubes d'un grès fin rougeâtre,
« dans lequel se trouvent des grains de quartz de la grosseur d'un pois ;
« Il y a aussi des hématites compactes et géodiques. »

(2) *Statistique géologique de l'Yonne,* p. 549, 550.

(3) Il faut sans doute rapporter aux mêmes vestiges erratiques le dépôt argilo sableux jaune-rougeâtre avec cailloux de quartz et silex jaunes

Environs de Montvigne. — Nous citerons encore une localité où les mêmes dépôts de roches d'origine crétacée se trouvent presqu'au contact du Morvan. M. Moreau nous a affirmé qu'ils existaient sur un plateau couronné par les marnes du fuller's earth ou par la base de la grande oolithe au bois de Montvigne, commune de Bazoche (Nièvre). Or, en consultant la coupe donnée par M. Ebray (3), on voit que ce plateau, d'une altitude de 428 mètres, est situé sur la lèvre occidentale ou affaissée de la grande faille de l'ouest du Morvan et que le granite de la lèvre relevée et fortement dénudée ne porte plus que la cote de 420 mètres. Sur le trajet même de la faille, il y a une dépression entamant le côté oriental du plateau jurassique jusqu'au lias supérieur, de telle sorte que l'étage toarcien est en contact immédiat avec les roches cristallines.

Ces débris crétacés sont nombreux et couvrent une surface assez importante, mais on n'y trouve pas de blocs d'une aussi grande dimension qu'à Grosmont et à Magny.

Plateaux de Genay et Viserny, au nord-ouest de Semur. — Enfin, si nous nous reportons sur les plateaux jurassiques qui regardent le Morvan, au N.-O. de Semur, nous y rencontrons encore les mêmes vestiges, mais moins développés.

Sur le versant occidental du plateau de la montagne de Genay, versant incliné en pente douce, depuis les assises dénudées des calcaires de la zone à *A. Arbustigerus* (base de la grande oolithe), formant hauteau au sommet de la monta-

de la grosseur du poing, considéré comme diluvien par MM. Raulin et Leymerie *(Statistique géologique,* p. 569), et situé au S.-E. d'Andries. M. Belgrand l'a également cité au sommet des plateaux à 60 mètres au-dessus de la rivière, et il le regarde comme tertiaire. — *Bulletin de la Société géologique,* 2e série, t. xxi, p. 170.

(1) *Etudes géologiques du département de la Nièvre,* planche ix, figure 19.

gne, jusqu'à l'abrupt constitué, comme sur la plupart des plateaux de l'Auxois par les roches de l'oolithe inférieure, on remarque un dépôt superficiel en traînée, dirigé O.-N.-O., partant
de la base du hauteau et s'arrêtant au bord des rochers qui
dominent la vallée de l'Armançon, rive droite, en face du
vallon de Beaucaveau, rive gauche, dont nous avons parlé
précédemment, non loin du point où la plaine de l'Auxois se
resserre pour former la gorge qui se termine à Buffon.

Cette traînée, dont l'altitude est d'environ 420 mètres, se
compose encore des éléments déjà décrits dans l'Avallonnais,
c'est-à-dire d'une assez grande quantité de cailloux rougeâtres
et épars des grès ferrugineux et des hématites de l'étage
albien. Ils sont généralement émoussés aux angles et comme
demi roulés, et le sol est parsemé en outre de galets de quartz
rosé en forme d'amandes, depuis la grosseur d'un grain de
blé jusqu'à celle d'un œuf de poule. Ces galets se trouvent
plus abondants et plus fins vers le sommet que vers la base
du dépôt où dominent les gros cailloux. M. Martin (1) pense
que, s'ils ne sont pas le résultat de la désagrégation des mêmes
grès du gault qui en sont quelquefois criblés, ils proviennent
des sables du même étage.

Mêlés à ces cailloux gréseux passant du volume du poing
à celui de la tête d'un homme, on rencontre un grand nombre de nodules irréguliers de mêmes dimensions appartenant
aux silex de la craie blanche.

M. Bréon a rencontré un dépôt semblable un peu plus au
nord, dans une dépression séparant la montagne de Viserny
de celle d'Athie et à une altitude à peu près égale. Il est
placé dans les mêmes conditions et avec une orientation un
peu plus occidentale.

(1) *Les glaciers du Morvan*, p. 233.

B. — ROCHES ERRATIQUES DES VALLÉES.

Vallées du Morvan.

Les vallées du Morvan, dans la contrée granitique, contiennent le long des cours d'eau et sur les pentes qui les bordent, des roches éparses ou entassées de granite, les mêmes que celles que nous avons indiquées dans les alluvions des vallées (p. 405), et sur les plateaux du Morvan (p. 430), et que nous considérons comme participant dans une certaine mesure au phénomène erratique (1).

Dans ces vallées, on remarque aussi par place des pierres-à-bassin (v. p. 431).

Bassin de l'Auxois.

Indépendamment des dépôts cailouteux en traînées, existant dans les vallées de l'Auxois et même dans les vallées du massif jurassique, que nous avons placés parmi les dépôts alluviaux, mais qui ne sont pas sans rapport avec les débris erratiques (v. p. 415 et 416), il existe de véritables blocs ayant le caractère franchement erratique.

Blocs d'Epoisses. — Ils sont situés à proximité des bords du Serein, non loin des traînées de Toutry, de Vignes et de la colline de Varenne (v. p. 416 et suivantes). Nous allons reproduire la description que nous en avons faite à la Société géologique de France (2).

« A l'extrémité occidentale de la vallée d'Epoisses, près du point où le cours du Serein sépare cette vallée de la Terre-

---

(1) Nous en dirons autant des blocs du vallon de Pont-Aubert (v. p. 26 et suivantes).

(2) Blocs erratiques d'origine glaciaire au pied du Morvan. — *Bulletin de la Société géologique*, 2e série, t. XXVI, p. 173 — 1868.

Voir encore la note de M. J. Martin, intitulée : *Les Glaciers du Morvan, trois journées d'excursion*, etc., même Bulletin, 2e Série, t. XXVII, p. 233.

Plaine, il existe en contre-bas et au **N.-N.-O.** du Morvan, une traînée de blocs granitiques.

« Ces blocs sont disposés sur une ligne dirigée environ N.-N.-O., à environ 2 kilomètres 1/2 du Serein (1), à un kilomètre à peu près de la route de Semur à Avallon, au N.-O. d'un four à chaux placé sur le bord septentrional de cette route, entre Époisses et Toutry et presque sur le trajet du chemin de fer projeté entre les deux villes précitées. Ils sont situés à l'altitude de 250 mètres environ.

« Ils n'appartiennent pas au granite rose, qui forme les escarpements par où passe le Serein et qui constitue la base du Morvan, mais au granite gris des plateaux supérieurs (2) et ils reposent sur le calcaire à gryphées arquées, sans inter-calation des alluvions argilo-ferrugineuses avec grains de fer et petits fragments de granite roulé et anguleux qui recou-vrent presque toutes les autres parties de la plaine.

« Ils sont connus dans le pays sous le nom de Perrons-aux-Souffleux et occupent la contrée appelée les Petits-Alleux. On les trouve alignés sur le bord d'une légère dépression, dirigée parallèlement à la traînée erratique et aboutissant presqu'à angle droit à un ruisseau qui coule de l'ancien étang d'Époisses au Serein, à peu près de l'E. à l'O.

« La traînée se compose de 6 blocs :

« Quatre au midi juxta posés (A, B, C, D) de granite gri-sâtre, deux gros et deux moyens.

« Un autre (E) à 6 mètres 40 cent. des précédents, prove-nant également des sommets du Morvan, mais qui ne sort

____

(1) En réalité, la distance du Serein n'est guère que de 1500 mètres.

(2) Cependant, s'ils sont semblables aux granites des sommets, ils peu-vent venir d'une moindre distance, car dans cette partie des pentes morvandelles, les granites gris s'avancent plus vers l'Auxois que du côté de Semur.

pas du même gisement que les autres. C'est un granite violacé, de structure porphyroïde.

« Et un dernier blocs (F) de même nature que les quatre premiers, à 19 mètres du bloc E.

« Voici leurs dimensions :

A, longueur 2m 80c., largeur 0m 70c., épaisseur 0m 75c.

B,	—	2	90	—	1	10	—	0	76
C,	—	1	65	—	0	50	—	0	90
D,	—	0	50	—	0	45	—	0	50
E,	—	2	90	—	0	90	—	0	70

F, environ 1 mètre cube.

« Tous ces blocs ont perdu leurs angles et présentent des surfaces arrondies, plus ou moins rugueuses, suivant la dureté de la roche. La surface du bloc E, composé de granite porphyroïde, moins résistant, s'égrène au moindre choc.

« Cependant, par exception, le bloc B a sa partie inférieure presque plane, au point de donner au toucher la sensation qu'on éprouve en passant la main sur une surface savonnée. La conservation du poli s'explique, croyons-nous, par ce fait que le bloc B étant enfoncé obliquement dans le sol, une partie de sa face inférieure ne touche pas la terre et se trouve en même temps protégée contre les agents atmosphériques qui n'ont pu attaquer que la surface supérieure. »

M. J. Martin, qui a visité les mêmes blocs ou plutôt ce qui en restait (1) avec M. Benoît et d'autres géologues, en juillet

(1) Nous avons visité la traînée d'Epoisses en 1867, époque à laquelle nous avons pris les notes qui ont servi à la description qui précède. En repassant sur le même point, en 1868, nous avons trouvé les blocs C, D détruits, le bloc E en partie ébréché et le bloc F disparu. Les débris ont été portés un peu plus bas, à la jonction de la dépression avec le ruisseau. Heureusement que le bloc A et le bloc B, poli sur une de ses faces, sont encore intacts.

1869, ajoute (1) à la description du bloc B :

« Non-seulement ce bloc a le poli moutonné des blocs glaciaires, mais nous avons tous été à même de reconnaître que la surface frottée, qui est couverte de sillons longitudinaux et rectilignes, a conservé des bords parfaitement anguleux. » (2).

Les blocs de la traînée aux Souffleux ont été probablement plus nombreux, car nous avons observé, à l'entour, des fragments granitiques à angles vifs provenant sans doute d'autres roches erratiques brisées par les agriculteurs. On nous a même assuré, qu'il y a 20 ou 30 ans, une autre pierre granitique de grande dimension, située à environ 25 mètres au N.-E. du bloc F, avait été brisée et enlevée comme formant obstacle aux labours.

Il est regrettable que ces vestiges erratiques tendent à disparaître, étant nuisibles aux travaux des champs dans une contrée fertile, car ils sont d'un grand intérêt pour fixer l'histoire géologique de notre pays.

Tout porte à croire qu'ils occupaient de plus grandes surfaces autrefois dans le bassin de l'Auxois. On nous en a signalé un grand nombre qui ont été enlevés à un ou deux kilomètres en amont, dans la contrée qui porte encore le nom significatif de Couture-des-Pierres-Longues, située sur la rive droite du Serein, en face de l'usine de Montzeron et portant seulement aujourd'hui à sa superficie une nappe d'alluvions ferrugineuses, avec sous-sol de calcaire à gryphées arquées. Ces roches également granitiques étaient éparses sur le ter-

(1) *Les Glaciers du Morvan*, p. 234.

(2) La surface du bloc B ne peut avoir été polie par les eaux, car elle est plane sur une longueur de 2 mètres 90 cent. et une largeur de 1 mètre 10 cent. Le frottement torrentiel n'aurait pas manqué d'en émousser les bords. Si les autres parties exposées à l'air sont arrondies, c'est qu'elles ont été désagrégées et usées par les agents atmosphériques.

rain à une altitude un peu plus grande que les Perrons-aux-Souffleux.

On remarque, dans le village de Toutry, beaucoup de pierres granitiques de grandes dimensions ramassées des champs environnants. Elles étaient dispersées tantôt sur les terrains granitiques, tantôt sur le calcaire à gryphées arquées. Elles portent presque toutes des stries profondes qui les sillonnent en divers sens. Ces stries, qu'il ne faut pas confondre avec les stries glaciaires, ont été produites par le tranchant de la charrue à l'époque des labours et il existe encore çà et là, dans la campagne, des blocs isolés, non encore enlevés, qui portent les traces anciennes et nouvelles de ces entailles du soc dans son mouvement d'aller et retour.

Nous en avons également rencontré aux environs de Semur, au milieu des champs, au bord des chemins et dans les lieux où le sol est de peu de valeur ou mal cultivé. Nous signalerons un bloc de granite aux Folies-Gontard, à l'ouest de la ville, et un autre bloc d'arkose keupérienne de grandes dimensions, près de Vic-de-Chassenay, à droite du chemin de Semur, en face des premières maisons, du côté oriental du village.

Nous rappellerons aussi que la Grand'Borne ou Pierre-de-Sainte-Christine, dont nous avons parlé p. 419, pourrait être également un bloc erratique mis debout par les hommes de la période préhistorique.

Un autre fait important est encore à noter, c'est l'existence, sur les pentes qui descendent au Serein, du pont de Beau-Serein à Bourbilly au-dessous du bois du Vic, rive droite, d'énormes blocs de calcaire à gryphées silicifié, arrachés de de leur gisement.

Nous devons encore parler d'un autre vestige qui n'est pas sans rapport avec l'action erratique et que nous regrettons de n'avoir pu constater que rarement et assez imparfaitement.

Sur certains points de la plaine de l'Auxois où l'alluvion a une épaisseur assez marquée (2 à 3 mètres), on trouve, sous cette alluvion, le calcaire à gryphées, non-seulement privé de sa partie supérieure et quelquefois moyenne, mais encore présentant une surface frottée, usée comme un vieux pavé.

Nous espérons vérifier ce fait d'une manière plus complète quand ou ouvrira les tranchées de la voie ferrée de Semur à Avallon. Cette vérification est ordinairement difficile, car il est rare qu'on enlève de grandes surfaces de la nappe limoneuse et que les fouilles descendent jusqu'à sa base; mais nous signalons l'importance de cette recherche, toutes les fois qu'il sera possible de le faire, sous un dépôt assez puissant d'alluvions, soit dans la plaine, soit sur les plateaux (1).

Vallées jurassiques et crétacées en dehors de l'Auxois, dans la direction du bassin de Paris :

On ne rencontre pas dans ces vallées de débris ayant toujours le caractère erratique certain; cependant les blocs et cailloux appartenant au granite et au lias silicifié, que nous avons indiqués, p. 427 et suivantes, comme existant aussi bien au fond des plaines qu'à une assez grande hauteur au-dessus

---

(1) Nous devons à l'obligeance de MM. Falsan et Chantre d'avoir visité avec eux un plateau des bords du Rhône, dans le département de l'Isère, commune de Parmilleux, près Pressieux, où les habitants, pour battre leurs grains, enlèvent sur un certain espace la boue glaciaire et mettent à nu la roche, très-dure en cet endroit, de la grande oolithe.

La surface de ces aires en plein air est polie et couverte de nombreuses stries et de cannelures. Les vieilles aires perdent peu-à-peu les traces du burin glaciaire, mais les nouvelles les conservent intactes.

Dans les parties où la boue glaciaire, remplie elle-même des cailloux roulés et striés des Alpes, est mince ou absente et ne protége plus les strates oolithiques, celles-ci sont exfoliées par les agents atmosphériques.

Les alluvions qui souvent peuvent être considérées comme des boues glaciaires ou comme le détritus de celles-ci, remanié par les eaux, doivent, en certains lieux, avoir joué le même rôle protecteur.

du niveau des cours d'eau actuels, ont un certain rapport avec les roches erratiques que nous venons de décrire et peuvent être considérées au moins comme des roches erratiques remaniées par les eaux (1).

III. ROCHES DÉTRITIQUES.

A l'extrémité inclinée de quelques plateaux, mais surtout sur les pentes des côteaux, on remarque, par endroits, une quantité considérable de matériaux détritiques de dimensions diverses, suivant la nature des roches aux dépens desquels ils se sont formés.

Roches détritiques du Morvan.

Sur les pentes morvandelles, les détritus des roches porphyriques, granitiques et gneissiques, non agrégés par un ciment, ont ordinairement peu d'épaisseur. Leur nature meuble ne leur a pas permis de se fixer en masse sur les côteaux : aussi généralement sont-ils descendus jusqu'au bas des pentes et ont été entraînés en grande partie par les cours d'eau. Ceux qui se forment encore aujourd'hui sur les déclivités cultivées suivent la même loi d'entraînement (2).

Cependant, dans certaines vallées, on peut constater quand on fait des travaux d'art, des tranchées de chemin de fer, par exemple, comme sur les rives de l'Arroux à l'aval d'Autun, que les bords du vallon sont encombrés d'amas rocheux et caillouteux non roulés paraissant quelquefois arrondis par altération et mêlés aux arènes des pentes ; les

(1) Nous faisons la même observation pour les vestiges que nous avons indiqués au-delà, mais à proximité de l'Auxois, p. 421.

(2) Nous avons remarqué quelques dépôts détritiques en placards imparfaitement stratifiés et à ciment terreux aux environs de Saint-Honoré, à l'O. du Morvan. Ils sont constitués par les débris porphyriques et gneissiques des sommets et sont restés sur les pentes.

blocs énormes entassés sans ordre dans ces dépôts ne sont pas sans analogie avec des produits morainiques.

Roches détritiques de l'Auxois.

Sur les pentes jurassiques de l'Auxois, les amas détritiques sont très-importants; mais ils diffèrent suivant la nature des côteaux et la structure des roches qui constituent les plateaux d'où ils proviennent.

En effet, quand on se rapproche des sources des rivières de l'Auxois, dans les cantons de Sombernon, Pouilly, Vitteaux, Précy-sous-Thil et Semur; dans la plus grande partie du canton de Flavigny et dans beaucoup de points au midi du canton de Montbard et de la Terre-Plaine, les terrains en place des côteaux sont formés par les marnes du lias et le bord des plateaux est couronné par les strates de l'oolithe inférieure.

Tandis que dans la partie septentrionale du canton de Montbard, sur certains points de la partie orientale du canton de Flavigny et dans la partie de l'arrondissement d'Avallon, dont les pentes regardent principalement le nord, ou s'éloignent du Morvan, l'altitude des sommets allant en décroissant, et le lias s'enfonçant de plus en plus et même disparaissant au fond des vallées, les côteaux sont formés par le fuller's earth ou par la base de la grande oolithe; en même temps que les plateaux appartiennent encore aux roches bathoniennes.

Il y a donc une distinction à établir entre les dépôts détritiques qui se sont formés dans l'une ou l'autre de ces conditions, et nous les diviserons en dépôts sur les pentes marneuses et en dépôts sur les pentes rocheuses.

Dépôts sur les pentes marneuses. — Immédiatement au-dessous des roches de l'oolithe inférieure, sous la corniche qui borde presque invariablement le sommet des côteaux liasiques, il existe une masse considérable de débris de toutes dimensions, depuis celle du sable grossier jusqu'à celle de blocs énormes. On remarque même en certains points des pans entiers de rochers qui sont descendus avec des inclinaisons diverses, tantôt presque dans leur position primitive, tantôt couchés sur leurs tranches et même complétement renversés ou retournés; le tout entassé sans ordre, toujours avec des formes anguleuses, sans la moindre trace de frottement, présentant l'aspect d'une immense ruine. La corniche elle-même a perdu son aplomb en beaucoup d'endroits.

Les matériaux qui composent ces amas appartiennent tous aux différentes zones de l'oolithe inférieure, moins toutefois à la première, de nature marneuse; et lors même que les hauteaux du faller's earth et de la zone à *A. arbustigerus* s'avancent très-près, mais un peu en retrait des bords de la plate-forme un peu inclinée qui se termine brusquement au-dessus des vallées, il est impossible de trouver, dans l'agglomération détritique, aucun fragment du calcaire blanc-jaunâtre des hauteaux, ce qui prouve que les éboulis ne se sont produits qu'après l'érosion de ces hauteaux.

Ces amas de roches bouleversées forment ordinairement une ceinture presque continue de 40 à 50 mètres de largeur au pied de la corniche démantelée de l'oolithe inférieure; cependant il n'est pas rare de les voir s'étendre beaucoup plus bas et de rencontrer de grands blocs descendus jusque sur le bourrelet de la gryphée géante, isolément et même jusqu'au fond des vallées (1). Quant aux fragments plus petits, on les trouve partout disséminés sur les pentes dont ils forment quelquefois le revêtement superficiel, diminuant de haut en bas, rarement couvrant d'une manière complète le

____

(1) Beaucoup ces blocs tombés à la partie inférieure des côteaux et des vallées ont été détruits et le sont encore journellement, comme nuisibles à l'exploitation des champs.

sol ancien, dont la nature marneuse et glissante les empêche de se fixer uniformément sur les talus.

A la surface de la ceinture ruiniforme, les débris sont souvent cimentés par le carbonate de chaux dissous par les eaux atmosphériques ou par celles qui filtrent des marnes; ce qui leur donne le caractère de brèches; cependant les masses pierreuses ne sont pas toujours fixées par un ciment et se montrent, en beaucoup de places, complétement libres et roulantes, surtout au sommet des tas et sous la corniche, où la désagrégation des roches a amené et amène encore continuellement, mais dans des proportions très-restreintes aujourd'hui, de nouveaux éléments. Au contraire, vers la base, au contact des marnes, elles sont toujours empâtées par un ciment jaunâtre ou blanchâtre. Ce n'est qu'en approchant de la surface et sous le gazon, que le terreau agglutinant devient rougeâtre, paraissant n'être que le résultat d'une dissolution sur place, ou que le produit de l'entraînement par les eaux du limon des plateaux.

A l'aspect de cet entassement, il est facile de comprendre que les eaux ont exercé une action indirecte sur sa formation et que c'est seulement en délayant les marnes et en les précipitant par glissement, qu'elles ont amené la chute des immenses blocs de l'oolithe inférieure fissurée sur tous les plateaux.

En effet, les assises argilo-marneuses de la zone à *zoophycos scoparius* (*Cancellophycus scoparius*, Saporta) (1re zone de l'oolithe inférieure) et celles du lias supérieur reçoivent continuellement les infiltrations des eaux des plateaux, à travers les fentes des calcaires, et, comme nous l'avons déjà dit, c'est le principal niveau d'eau de l'Auxois. Il s'est donc produit des glissements dans ces marnes fortement alumineuses, aussitôt que le creusement des vallées a commencé (1).

(1) Le glissement a été très-marqué sur le revers Nord de la mon-

Ces glissements s'expliquent d'autant mieux par le passé, où ils ont été considérables, qu'ils se produisent encore de temps en temps par les mêmes effets, malgré le revêtement cimenté qui protége les marnes (1).

Ces blocs et ces pierres, avec leurs angles intacts, confusément accumulés, présentent donc le caractère de véritables éboulis. Toutefois, parmi les amas détritiques, on trouve quelques sablières formées d'une arène grossière à petits fragments non roulés, avec quelques traces de stratification un peu confuse et inclinée dans le sens de la pente. Ces arènes, solidifiées par un ciment terreux et jaunâtre ou rougeâtre, paraissent être le produit d'un triage opéré lentement par les eaux pluviales qui n'ont entraîné que les parties ténues des éboulis.

Les sablières ne se trouvent que par place dans l'amas ruiniforme de l'oolithe inférieure. Elles sont rares sur certains côteaux, assez développées sur d'autres. Nous les avons observées à Pouillenay, au-dessous des carrières, vers la pointe nord de la montagne, à Genay, à Mènetreux-le-Pitois, etc.; mais elles sont loin d'avoir la régularité, la finesse et l'arrangement stratiforme accusé de celles dont nous allons nous occuper.

Dépôt sur les pentes rocheuses. — Sur les versants des montagne de Flavigny, où les roches renversées en face d'Alise forment plusieurs terrasses, et dans le côteau de la Genevroix, situé au nord-ouest de la même montagne, côteau séparé, par affaissement, du plateau supérieur appelé Mincey, à l'angle formé par l'Ozerain et la Brenne, portant à son sommet des blocs énormes de l'oolithe inférieure et des débris du même étage mêlés aux masses marneuses tombées des côteaux supérieurs.

(1) V. *ante*, à la fin de la description du lias supérieur, ce que nous avons dit de ces glissements, notamment de celui de 1856, sous le bois Chanron.

tagnes jurassiques de la partie septentrionale du canton de Montbard, de la partie N.-E. du canton de Flavigny et dans celle de l'arrondissement d'Avallon dont les pentes s'éloignent du Morvan, les côteaux sont constitués, comme nous l'avons dit, par des roches oolithiques. Leur couronnement n'est plus formé par une corniche, mais par des plateaux arrondis dont les assises appartiennent à la grande oolithe (zones de l'*A. arbustigerus*, de l'oolithe miliaire ou du calcaire blanc jaunâtre supérieur), suivant le plongement plus ou moins prononcé des étages vers le N.-O.

Les grands glissements des marnes et les éboulements considérables de l'oolithe inférieure diminuent progressivement ou cessent complétement ; mais les roches des sommets, moins résistantes aux agents atmosphériques, se délitent en petits fragments, souvent sous forme de plaquettes, toujours anguleux et de dimensions très-réduites, lesquels recouvrent, par places, de leurs amas sableux les talus des côteaux et même ceux des nombreuses combes ouvertes dans le massif de la grande oolithe.

Dans certains points, ces débris sont roulants, comme sous le bois de Grange, dans la gorge de Blaisy, près Saint-Remy ; mais le plus souvent ils forment d'énormes placards de sables, à stratification parallèle à la pente généralement assez rapide, que les habitants appellent arènes. Les strates ou lits inclinés d'environ 45 degrés sont d'épaisseurs inégales, sans pourtant dépasser ordinairement celle de 20 centimètres ; et les sablons plus ou moins ténus, plus ou moins solidifiés par un ciment calcaire ou terreux, et même paraissant quelquefois privés de ciment, sont triés de telle sorte que, dans chaque lit, ils sont à peu près de volume égal, et il est rare que ce volume soit supérieur à celui d'une noix.

Ces petits lits superposés et très-nettement délimités sont parallèles entre eux.

A la surface de ces masses sableuses qui descendent souvent jusqu'au bas des vallées et qui commencent avec la déclivité ou quelquefois à un niveau inférieur à celui où la pente prend naissance, l'arrangement stratiforme n'est pas apparent, car cette surface est dégradée et couverte en partie de végétation; ce qui prouve que le phénomène d'entraînement ne se produit plus de nos jours que d'une manière inappréciable; mais lorsque les amas arénacés sont traversés par des tranchées, comme sous le bois Chaumour (1) ou exploitées comme à Aisy-sous-Rougemont et dans la combe de Rougemont, les lits stratifiés se dessinent avec une régularité remarquable. Quoiqu'ils soient à peine séparés par une mince couche de ciment, la masse entamée présente assez de solidité pour que les tranchées qui la coupent restent à pic, sans se désagréger sensiblement.

Le ciment qui relie les arènes est formé de sablon pulvérulent et de carbonate de chaux dissous par infiltration. Il est de couleur jaunâtre avec veines blanchâtres concrétionnées. Quelques lits ou parties de lit sont plus résistantes que la masse, qui cède assez facilement sous la pioche des terrassiers, et le ciment plus abondant en forme par endroits de véritables conglomérats.

Ces dépôts stratifiés sur les pentes rocheuses existent sur un nombre de points considérables, non-seulement dans les vallées de la Brenne et de l'Armançon, en aval de Montbard

______

(1) Sous le bois de Chaumour, au-dessous de Montbard, la tranchée ouverte pour le passage du chemin de fer de Paris à Lyon nous a permis de constater que les marnes du lias supérieur existant encore à la base du vallon ont glissé et fait tomber d'énormes blocs de l'oolithe inférieure, mis à découvert par les fouilles; mais comme la zone de l'*A. arbustigerus* forme le couronnement du cô'eau, elle a produit en se délitant un amas considérable de sable stratifié qui recouvre les éboulis. Le gisement de Chaumour participe donc de deux genres de dépôts : éboulis et sablières ; mais les sablières ont recouvert complétement les éboulis.

et dans les combes oolithiques, aujourd'hui presque toutes desséchées, qui s'abouchent avec les vallées principales (1), mais encore dans les vallons de la Seine supérieure, de Chanceaux à Châtillon-sur-Seine et au-delà.

M. Raulin, qui considère aussi ces sables comme détritiques, les signale sur les côteaux dominés par la grande oolithe dans la vallée du Serein, à Massangis, et dans celle de la Cure, à Saint-Moré et à Sermizelles (2).

On trouve des débris arénacés sur les plateaux eux-mêmes, en différents points, aux approches des vallées. Ils remplissent quelques dépressions ou les fissures des rochers. Ils sont ordinairement plus fortement agglutinés que les sables des pentes et forment souvent des conglomérats très-solides dont le ciment est rougeâtre, coloré par le limon des plateaux.

Nous avons remarqué ces dépôts sur le cap qui regarde le S.-O., entre Grésigny et Darcey, dominé par la zone *A. arbustigerus*, base de la grande oolithe, et il est à remarquer que les sables proviennent de cette zone, tandis qu'à l'extrémité du cap formé par les couches de l'oolithe inférieure, les amas détritiques appartiennent aux éboulis des pentes marneuses, c'est-à-dire sont formées aux dépens de l'oolithe inférieure.

On le trouve encore entre Viserny, Montfort et Saint-Germain-lès-Senailly, au sommet d'une dépression qui descend

---

(1) Nous citerons, vers Montbard, le creux de la Foudre ; la Combe des Recrues, route de la Mairie, à l'entrée du bois ; la combe des Douies ; la combe de la Loire, et plus bas la combe de Rougemont, etc. ; vers Flavigny, la combe située au-dessus du côteau de Verpant ; celle située au bas du faubourg Saint-Jacques, au lieu dit la Coquande, dont les sables descendus de la zone à *A. arbustigerus* reposent sur le fuller's-earth, et dominent l'abrupt formé par l'oolithe inférieure, au-dessus du val des Tanneries.

(2) *Statistique géologique de l'Yonne*, p. 578.

vers Senailly, dépression dont les pentes sont garnies de sablières stratifiées ; mais il est à remarquer que, à la naissance de la déclivité, et même un peu plus haut, le conglomérat détritique a été brisé en fragments assez volumineux et jonche de ses blocs épars la croupe de la montagne.

Evidemment, cette brèche des sommets appartient à un dépôt plus ancien que les arènes des pentes, et la fragmentation de celui de Senailly coïncide avec le premier creusement des vallées actuelles, ou lui est même antérieur.

Cette roche bréchiforme est assez répandue aux environs de Montbard, où elle est recherchée pour la construction des fours comme plus résistante que la pierre ordinaire.

Le phénomène qui a donné lieu aux arènes stratifiées des pentes a été général et a laissé des marques évidentes sur toutes les déclivités couronnées par des roches se délitant facilement en menus fragments. MM. Raulin et Leymerie (1) ont constaté la présence des mêmes arènes sur les côteaux dominés par l'étage oxfordien en beaucoup de points, mais surtout sur ceux situés sur le versant des plateaux coralliens, à Vouligny, près Tonnerre, et encore sur les pentes des calcaires portlandiens, aux environs d'Auxerre, et même dans la craie sur la pente méridionale de Saint-Florentin.

On les remarque dans la vallée de la Saône, et dans le département de l'Ain, où elles prennent le nom de Groises, et dans une grande partie de la France. Jamais ces dépôts sableux sur les pentes ne contiennent de debris roulés, en même temps que les éléments qui les constituent se trouvent toujours en place au sommet des côteaux. Seulement les croupes des montagnes sont actuellement arrondies et souvent recouvertes d'humus ou gazonnées ; elles ne fournissent guère de sablons, ou, si elles en fournissent, ils sont à l'état

____

(1) *Loco citato*, p. 579

roulant. Cependant, sur quelques points assez rares, le phénomène se continue, et de petits lits superposés se forment encore, comme l'a remarqué M. J. Martin (1). Il est donc probable que ces croupes, à une époque relativement ancienne, se dressaient en abrupt au-dessus des vallées, et que l'abrupt s'est arrondi par désagrégation sous l'influence de causes qui n'existent plus, mais dont l'énergie a été considérable (2).

La disposition stratifiée est constante dans les arènes des pentes ; cependant cette stratification est plus ou moins régulière selon la nature des débris ; plus ils sont grossiers, moins les strates sont nettement marqués, quoique toujours reconnaissables.

L'inclinaison des lits d'arène parallèle aux pentes indique que les vallées étaient déjà creusées quand le placard sableux s'est déposé sur les flancs des côteaux ; car s'il avait couvert de ses débris les déclivités, à mesure du creusement, on verrait les lits les plus anciens, c'est-à-dire les plus profonds, descendre moins bas sur les pentes que ceux de la surface, tandis qu'à Aisy et à Rougemont, au moyen de tranchées creusées dans la masse sur une grande épaisseur, il est facile de constater qu'elles ont toutes la même base (3).

Ce n'est pas, comme on l'a dit (4), sur les versants d'un même côté des vallées que se sont produites les arènes des

(1) *Bull. de la Société géol.*, 2ᵉ série, t. xxvii, p. 226 et 227.

(2) Les vallées devaient avoir primitivement leurs bords moins inclinés et presqu'à pic, c'est en formant leurs talus que les abrupts, en se dégradant, ont produit des sablières.

(3) A Aisy, nous avons compté plus de 100 lits dans la partie exploitée.

(4) Leymerie, *Statistique géologique de l'Aube*, d'après M. Belgrand ; *Bull. de la Société géol.*, 2ᵉ série, t. xxi, p. 166.

pentes ; on les trouve à toutes les orientations (1).

Leur mode de formation peut être expliqué de la manière suivante :

Les débris détritiques de volume inégal se sont détachés sous l'influence des agents atmosphériques (gelée et dégel, neige, pluie, sécheresse) des abrupts qui dominaient alors les vallées et qui, en s'usant à la longue, se sont arrondis en croupes que nous voyons aujourd'hui.

Ces débris, pénétrés par les eaux pluviales, altérés et faiblement dissous, étaient entraînés sur le plan incliné des versants et, glissant presqu'à l'état pâteux, se plaquaient aux surfaces rocheuses, au moyen du carbonate de chaux en dissolution.

Les plus gros fragments restaient au pied de l'abrupt, ou trop lourds pour se fixer sur les déclivités, ils roulaient jusqu'au bas de la pente, les menus fragments seuls étant retenus à la surface.

Le dépôt ne pouvait s'effectuer que par un temps humide et s'interrompait pendant la sécheresse. Un lit formé séchait et se solidifiait jusqu'au moment où une nouvelle phase humide amenait un autre lit.

Si tous les lits stratifiés n'ont pas la même épaisseur; si le sablon agglutiné diffère, quant au volume, d'un lit à un autre, cela dépend de la quantité d'eau tombée. Quand cette eau pouvait mettre en mouvement le gros sable, le lit formé se

(1) Dans les vallées qui avoisinent les sources de la Seine, dans les vallées de la Brenne et de l'Armançon, de Montbard à Aisy, c'est ordinairement sur la rive gauche regardant le Nord qu'on trouve ces dépôts ; mais à Châtillon, les orientations sont variées, et si, à Aisy, les sablières sont encore sur la rive gauche de l'Armançon, avec l'aspect au Nord, on les voit, à quelques kilomètres en aval, sur la rive droite, à Perrigny, de chaque côté d'une combe et au débouché de celle-ci, avec l'aspect à l'ouest.

composait d'éléments plus grossiers ; quand elle était **moins**
abondante, elle ne charriait que des éléments plus fins et le
triage s'opérait ainsi naturellement, les particules terreuses et
le sable trop menu étant plus ou moins entraînés par les eaux
d'égoutture.

Si les éboulis des côteaux marneux recouverts par les assises
de l'oolithe inférieure ne manquent presque jamais, au moins
sur la partie supérieure des pentes, les arènes stratifiées, au
contraire, qui se sont produites sur les déclivités rocheuses,
ne se trouvent que par endroits isolés, séparées souvent par
des lacunes considérables. Cependant la désagrégation des
roches friables est un fait général ; pourquoi les sablières ne
forment-elles pas un placard continu ?

C'est qu'en parcourant les vallées, telles qu'elles existent
aujourd'hui, on voit qu'elles sont, dans la plupart des cas,
beaucoup trop larges pour le passage des cours d'eau actuels ;
que les combes qui débouchent dans ces vallées sont aujour-
d'hui presque toutes desséchées et que leur creusement s'est
effectué sous l'action des torrents d'une autre époque. Il
devient évident que les rivières et les ruisseaux des temps
relativement anciens avaient un débit considérable, exagéré
par des crues intermittentes, remplissant souvent les vallées
entières à une grande hauteur, quelquefois se portant impé-
tueusement d'une rive à l'autre. Cela est démontré par les
énormes amas d'alluvions qu'on rencontre à une assez grande
distance des bords actuels, à un niveau que n'atteignent
jamais les cours d'eau quand ils existent encore.

Or, ces cours d'eau devaient attaquer fréquemment la base
des sablières, qui n'offraient pas assez de consistance pour
se maintenir en l'air sans s'écrouler, quand leur point d'appui était sapé (1).

(1) Peut-être aussi que les lacunes dans les sablières peuvent s'expliquer encore par ce fait que tous les côteaux n'étaient pas assez humides

Elles ne doivent donc plus se rencontrer que dans les rares endroits épargnés par le courant à la base desquels les alluvions entraînées par les eaux venaient quelquefois se déposer également en dehors du courant. Aussi les sablières manquent-elles ordinairement sur le côté concave des vallées, côté contre lequel le courant venait battre et qu'il entamait. Elles sont moins rares du côté opposé et existent surtout à l'abri des caps et sur le côté de ces caps qui regarde l'aval.

C'est ce qu'a démontré M. Belgrand (1); mais où ce géologue nous paraît être dans l'erreur, c'est lorsqu'il attribue les dépôts stratifiés des arènes à une action diluvienne. Il suffit pour démontrer l'origine détritique de ces accumulations de rappeler : 1° Qu'elles sont toujours formées aux dépens des roches même qui dominent encore les vallées ; 2° qu'elles ne contiennent aucun fragment roulé ; 3° et qu'elles sont stratifiées.

Mais nous fournirons encore d'autres preuves.

Si leur entassement provenait d'une cause diluvienne, les masses sableuses contiendraient d'autres éléments. On devrait y trouver aux environs de Montbard des débris granitiques du Morvan, situé à moins de 30 kilomètres (2), et dont on rencontre de nombreux galets, au milieu des alluvions fluviatiles dans tout le département de l'Yonne, et même jusqu'à Paris. On devrait également trouver des arènes mélangées d'éléments calcaires sur les pentes morvandelles, en regard à l'ouest et à l'est des plateaux jurassiques, principalement dans la val-

pour retenir par des suintements périodiques les dépôts arénacés, ou que d'autres au contraire étaient trop lavés par les eaux pour les fixer.

(1) *Bull. de la Société géologique*, 2° série, t. xxi, p. 165.

(2) Et même plus près, si on les cherche aux environs de Mont-Saint-Jean, immédiatement en face et à l'est du Morvan.

lée du Serein, de Thoisy à Lamotte-Ternant, ce qui n'arrive jamais.

Leur disposition en lits superposés indique d'ailleurs, non pas un phénomène violent et passager, mais au contraire une succession de temps considérable, pendant laquelle le dépôt s'est formé par intermittence et dans un climat froid et humide.

Enfin, il est impossible de comprendre par un effet diluvien le placage de particules sableuses avec stratifications inclinées le long d'une pente extrêmement rapide (1).

Ajoutons que quelques ossements épars trouvés dans les arènes sont toujours vers la base, qu'ils ne sont jamais roulés, que les squelettes ne sont pas entiers, qu'on n'y trouve pas même réunis ceux d'un membre ou d'une partie de membre et qu'il semble qu'ils ont glissé avec le sable, comme on le voit encore pour les débris de carcasses d'animaux d'espèces actuelles roulant sur les pentes (2). Ces animaux, dans l'Auxois, appartiennent tous aux genres bœuf, au genre cheval, au genre cerf, au blaireau, etc. Jamais, que nous sachions, on n'y a rencontré l'ours, l'éléphant ou même le renne, ce qui est un indice de la fixation des arènes après le creusement complet des vallées; cependant, M. Benoit a recueilli dans le département de l'Ain, au milieu des groises, nom

(1) Dans l'hypothèse d'un diluvium, on comprendrait à la rigueur un dépôt stratifié sur des pentes très-adoucies, mais alors il faudrait, ce qui n'est pas, que les lits ou strates fussent, à mesure du creusement des vallées, en retrait les uns des autres vers le haut, et en avance les uns des autres vers le bas, et que les éléments constituants fussent de provenances diverses et au moins en partie roulés.

(2) Les habitants du pays ont l'habitude d'enterrer leurs animaux morts dans l'arène, et il n'est pas rare d'y trouver d'anciennes sépultures. Il faut donc reconnaître si le sol n'a pas été remanié et si les lits sont bien en place pour avoir la preuve d'un enfouissement naturel.

donné aux arènes détritiques de ce pays, une mâchelière d'*Elephas primigenius* (1).

D'après ce que nous avons exposé, il est évident que c'est au même phénomène détritique qu'il faut attribuer aussi bien les dépôts, sur les pentes marneuses, des éboulis de l'oolithe inférieure, que les dépôts tapissant les pentes rocheuses d'arènes ou gravelières, formées aux dépens des roches de la grande oolithe. La différence provient seulement de la nature du sol des déclivités et des éléments entraînés.

IV. — CAVERNES.

Tous les terrains ont éprouvé de profondes dislocations par l'effet des mouvements qui se sont produits, à différentes époques, dans l'écorce du globe.

Ces dislocations, dans les granites et les porphyres, n'ont donné lieu qu'à des fissures restées rectilignes et laissant entre elles peu de vides.

Dans les terrains marneux moins consistants, il y a toujours eu tassement sans lacunes.

Mais, dans les calcaires durs d'une certaine puissance, les roches, en se disjoignant, par le retrait de la pâte au moment de la dessication, surtout sous l'action des brisures profondes résultant du tassement ou des oscillations de la masse, ont laissé, dans l'épaisseur des bancs, des ouvertures d'une longueur souvent considérable, lesquelles, corrodées par des émissions d'eaux acides et tapissées par les dépôts calcaires de ces mêmes eaux, forment çà et là de longs boyaux tortueux avec élargissements et étranglements successifs, quelquefois ramifiés, qui servent ou ont servi de canaux souterrains. Ces longs couloirs ont été quelquefois agrandis par les eaux torrentielles ou rétrécis par l'encroûtement des parois, lorsque

____

(1) *Bull. de la Société géol.*, 2e série, t. XXII, page 303.

l'écoulement aqueux moins abondant ne se manifestait plus que par suintement lent et régulier. Le sommet des fissures a disparu, la plupart du temps, sous des couches de stalactites (1) et ces cavités prennent le nom de grottes ou cavernes.

Beaucoup restent inconnues, parce que les orifices en sont masqués par les terrains détritiques, jusqu'à ce qu'elles soient mises à découvert par des glissements, par les travaux des carrières ou autres causes accidentelles.

Les grottes ont, à diverses époques, servi de refuge aux animaux rongeurs et aux carnassiers qui emportaient leurs proies dans ces repaires souterrains. L'homme lui-même, contemporain, dans certains cas, des espèces aujourd'hui perdues ou émigrées, y a cherché, surtout pendant les âges préhistoriques, un abri ou un lieu de sépulture.

Les eaux ont aussi entraîné dans les grottes des débris d'animaux qui y ont pénétré par les crevasses ou les gouffres (2) qui aboutissaient à ces excavations; aussi les cavernes présentent-elles généralement un grand intérêt pour l'étude des temps préhistoriques et surtout de la période quater-

---

(1) On appelle stalactites les concrétions en forme de gouttières qui descendent de la voûte des grottes, et stalagmites, celles qui se produisent sur le plancher de ces mêmes grottes, par le carbonate dissous dans l'eau tombée. La stalactite se dirige par conséquent de haut en bas, et la stalagmite de bas en haut. Quelquefois elles se rejoignent et forment piliers.

(2) On donne le nom de gouffres à des sortes de puits naturels creusés en cônes renversés qui existent sur quelques points de la surface des plateaux, et dans lesquels les eaux pluviales vont se perdre.

Ces trous en entonnoirs correspondent toujours à des fractures intérieures et aboutissent aux cavités des montagnes.

Par ces ouvertures descendent, le limon, les pierres, etc. Beaucoup de ces gouffres sont comblés, mais l'eau filtre toujours à travers les débris qui les obstruent; d'autres restent encore béants. Ils sont assez rares sur les plateaux jurassiques qui avoisinent le Morvan.

naire, à la condition toutefois de procéder avec méthode à leur exploration (1).

(1) On trouve ordinairement au fond des cavernes un terreau presque toujours rougeâtre, quand il a pénétré par les fissures des plateaux, quelquefois rougeâtre ou jaunâtre, quand il a été apporté par les ouvertures latérales, exceptionnellement noirâtre, quand il a été engraissé par des matières animales en décomposition ou par des restes de foyers.

Ce limon, par sa couleur, sa composition, son mode de stratification horizontal ou en biseau, varie quelquefois d'une couche à l'autre, ce qui doit toujours être l'objet d'un examen rigoureux. Les couches d'âges divers, remplissant parfois des poches profondes, depuis l'époque quaternaire jusqu'à l'époque moderne, renferment des debris différents.

On trouve aussi, dans certaines grottes, le terreau séparé par un ou plusieurs planchers de stalagmites, ce qui indique un temps considérable entre chaque dépôt. Il faut tenir compte de cette circonstance, quand elle se présente, et toujours sonder la grotte jusqu'à la roche vive.

Si les fouilles sont faites de telle sorte qu'il y ait confusion dans le déblai, il arrivera qu'on pourra rencontrer les restes de l'époque glaciaire mêlés à des vestiges récents. Ce défaut de méthode a fait perdre à un grand nombre d'explorations la plus grande partie de leur intérêt.

Donc il est nécessaire de dresser une coupe des fouilles et d'en numéroter les assises, en donnant le même numéro d'ordre aux objets trouvés dans chaque assise.

Les objets à rechercher sont de diverses sortes. Il faut recueillir :

1° Tous les ossements; voir s'ils sont entiers ou s'ils ont été brisés pour en retirer la moëlle; s'ils ont été rongés par les carnassiers, s'ils ont subi l'action du feu ou bien s'ils portent des rayures ou stries produites par des outils en silex pour en détacher les tendons. Récolter surtout les os humains; déterminer, s'il est possible, s'ils ont été jetés au tas ou inhumés; faire constater si les squelettes ou leurs débris présentent des différences avec les ossements de l'homme moderne, car il y a eu, parmi les habitants de notre pays, des races successives caractérisées par certaines variations ostéologiques. Ne pas se contenter de prendre seulement la tête, comme on le fait trop souvent.

2° Ramasser les coquilles terrestres, fluviatiles et même marines. Elles pourraient avoir servi d'aliments, d'ornements ou d'instruments et avoir été apportées par les hommes. D'autres, simplement entraînées par les

Les cavités des roches calcaires méritent surtout d'être explorées, car outre qu'elles sont plus spacieuses et ordinairement plus sèches, l'incrustation par le carbonate de chaux et la privation d'air ont mieux conservé les restes des animaux enfouis dans leurs anfractuosités.

Il ne faudrait pas croire pourtant que les grottes les plus grandes sont les plus riches en débris à recueillir, car l'homme

eaux dans la grotte, soit par les ouvertures supérieures, soit par les ouvertures latérales, n'en servent pas moins à faire connaître l'époque où elles ont vécu, suivant le lit qu'elles occupent et les autres débris qui leur sont associés.

3° Mettre de côté tous les instruments, ustensiles et armes, tels que silex, taillés ou non, haches en pierre polie, pointes de flèches, os appointis en poinçons, en poignards ou traits de javelots; les pyrites (sulfure de fer ou de cuivre), dont se servaient les premiers hommes pour produire le feu par percussion contre les silex ou le quartz; les fragments en pierre dure (granite, grès, silex, quartz, etc.) portant des traces d'usure, considérés comme ayant fait l'office de marteaux; les pierres de fronde, les *nucleus* ou restants de silex dont on a enlevé les éclats pour en faire des instruments; les polissoirs en grès ou en lydienne; les poteries en terre cuite plus ou moins grossière; les traces de foyers (cendres et charbons); les objets d'ornement tels que coquilles et dents percées pour colliers et bracelets, les cristaux de quartz; les dessins d'animaux ou d'hommes gravés au trait sur les os ou les pierres.

Il est nécessaire de constater avec soin si le dépôt qu'on rencontre est sableux, argileux ou caillouteux; si les débris rocheux appartiennent au sol même de la caverne, ou s'ils ont été apportés d'une distance plus ou moins éloignée, roulés ou non, ce qui peut être, suivant les circonstances, le fait de l'homme ou des eaux.

Enfin, il faut noter le moindre détail et dresser un plan de la grotte et des fouilles, si l'on veut faire une exploration utile à la science.

Nous indiquons le mode de procéder dans les recherches à opérer dans les cavernes, en nous plaçant surtout au point de vue géologique ou paléontologique; il faudra le suivre encore, qu'il s'agisse d'un examen purement archéologique, sans quoi il sera, comme il arrive trop fréquemment, incomplet et même infructueux ou erroné.

et les animaux ne recherchaient pas les grandes profondeurs trop sombres et trop humides; c'est plutôt à l'entrée, surtout, lorsqu'elle est largement ouverte, qu'on peut espérer une exploration fructueuse; cependant il y a des exceptions, car des ouvertures aujourd'hui obstruées pouvaient rendre plus facile l'accès de certaines parties des cavernes qui paraissent placées loin des orifices connus.

Dans les montagnes jurassiques de l'Auxois, où il n'existe plus guère sur les bords que l'oolithe inférieure et quelques lambeaux du fuller's earth et de la grande oolithe, les grottes sont rares, bien que les fissures soient nombreuses; cela tient probablement à la faible épaisseur du massif calcaire et à la dénudation qui a détruit les grands canaux des sources anciennes et peut-être aussi à la grande masse d'éboulis qui en cachent les entrées.

Elles sont rares encore en descendant vers le nord, où les masses rocheuses sont plus puissantes; et elles peuvent être également masquées par les dépôts détritiques. Il est très-probable que les grandes fontaines appelées Douies, qu'on rencontre au N. et au N.-E. de l'Auxois, suivent souterrainement de grandes fractures qui, ouvertes, présenteraient l'aspect de véritables grottes. Il en est de même des points où se perdent brusquement les sources, comme aux environs de Lavilleneuve-lès-Convers et à Lucenay-le-Duc, car ces sortes de gouffres ne sont que l'ouverture supérieure des fractures qui se ramifient au sein des massifs oolithiques.

Nous citerons cependant :

1º La grotte de Darcey, située au N.-E. du village de ce nom, dans le canton de Flavigny et vers la partie supérieure d'une gorge marneuse; dont le fond est fermé par les rochers de l'oolithe inférieure, à la base d'un vaste plateau couronné par la zone à *A. arbustigerus.*

Son entrée très-étroite, à trois ou quatre mètres au-dessus du fond de la gorge, se continue par un couloir étroit et tortueux, où les traces de dislocation sont évidentes, jusqu'à une sorte de salle qui se termine par un profond réservoir d'eau appelé le lac.

Ce réservoir alimente une belle source qui s'échappe du pied des rochers au-dessous de l'ouverture de la grotte ; cependant, après les grandes pluies, l'eau est projetée avec force par cette ouverture elle-même, en même temps que, des nombreuses fissures du rocher, s'élancent des jets d'eau dirigés en sens divers.

La grotte de Darcey n'offre aucun intérêt sous le rapport paléontologique. Elle est tellement humide, même par les temps les plus secs, qu'elle n'a jamais pu être habitée. Tout au plus pourrait-on y trouver des débris fossiles entraînés par les crevasses des sommets ; encore ont-ils dû être balayés par les eaux à l'époque des crues.

Elle est tapissée d'incrustations calcaires couvrant à peine les fractures du rocher, et ses parois sont continuellement mouillées et salies par le limon rouge des plateaux entraîné par les eaux d'infiltration.

2° La grotte de Chazelle-l'Echo, située dans une échancrure du plateau de Charny, au fond d'une grande fissure tapissée de stalactites, élargie et modifiée par les travaux des carrières. Son exploration, qui n'a jamais été faite scientifiquement, présenterait probablement de l'intérêt (1).

(1) M. Jean-Marie Gueux, qui nous l'a signalée, a trouvé près de l'entrée de cette cavité une hache polie

MM. Raulin et Leymerie, *Statistique géologique de l'Yonne*, p. 572, signalent encore quelques grottes au-delà du périmètre de nos recherches, dans la vallée de l'Armançon, au Lary blanc, au nord de Cry ; dans la vallée du Screin, à Grimaut ; dans la vallée de la Cure, à Vezelay, la belle et vaste grotte d'Arcy-sur-Cure, remarquable par les traces des courants qui l'ont traversée, traces marquées par de nombreux galets granitiques fixés aux parois sur les stalagmites et paraissant provenir de la Cure, et la petite grotte des Fées, d'une faible profondeur, où l'on a trouvé des vestiges importants de la période quaternaire.

V. — DÉPOTS DE TUF.

Les eaux qui descendent des sommets, surtout de ceux constitués par l'oolithe inférieure, en dissolvant les roches calcaires par l'acide carbonique qu'elles contiennent en grande abondance, ont produit principalement au voisinage des sources les plus importantes des amas de tuf quelquefois considérables.

Nous citerons : Le dépôt de Saffres, près Vitteaux, dont l'exploitation semble être abandonnée ; pourtant le tuf de Saffres est d'une extrême légèreté et néanmoins résistant et inattaquable à la gelée ; il se divise aisément à la scie ;

Celui de Thorey-sous-Charny, au-dessous des belles fontaines qui tombent du côteau ; moins agrégé que celui de Saffres, il est exploité comme mortier dans les constructions ;

Et celui qu'on emploie au même usage au bas de la source de Massingy-les-Vitteaux.

Ces dépôts de tuf, plus ou moins étendus au voisinage de certaines sources, se forment encore journellement et le calcaire dissous est tellement abondant parfois que, dans différentes parties de la vallée supérieure de la Brenne, il encroûte les racines des arbres qui plongent dans le lit des rivières et des ruisseaux.

Ils ont commencé à une époque fort ancienne, et il serait désirable qu'on pût indiquer les différentes périodes pendant lesquelles ils se sont produits, par la distinction des fossiles. Malheureusement le tuf est tellement poreux que les corps organisés y sont rapidement détruits. Ce n'est guère que vers la partie supérieure nouvellement déposée qu'on rencontre des empreintes de feuilles récemment tombées, empreintes très-nettement dessinées avec leurs nervures, mais qui disparaissent bientôt oblitérées par de nouveaux apports incrustants. (Val des **Tanneries**, à **Flavigny**.)

VI. — DÉPOTS DE TOURBE.

Les tourbières n'offrent guère quelque développement, dans la région qui fait l'objet principal de nos études, que sur la partie morvandelle.

M. Belgrand (1) a expliqué comment les tourbes ne peuvent se produire que dans des eaux non vaseuses, peu profondes et animées d'une faible vitesse. Ces conditions ne se rencontrent guère en effet que dans les terrains de cristallisation du Morvan où les eaux conservent leur limpidité; aussi, dans cette contrée, toutes les parties basses où l'écoulement se fait lentement sont converties en marécages, et chaque marécage est un dépôt de tourbe.

Néanmoins, si les tourbières sont fréquentes dans le Morvan, elles sont généralement peu étendues en surface; un seul point excepté qui a été converti en un vaste réservoir pour faciliter la navigation de l'Yonne : c'était autrefois le marais des Setons, aux environs de Montsauche, traversé par la Cure.

Dans l'Auxois, on ne rencontre jamais de tourbières, car les eaux y sont toujours limoneuses et en outre ont, par suite de l'imperméabilité des côteaux, un régime torrentiel qui s'oppose à la formation de la tourbe.

Sur les plateaux jurassiques, elles sont assez rares, car si les eaux y sont généralement pures de vase, elles sont trop chargées de carbonate de chaux, et le tuf est un obstacle à la formation de la tourbe (2).

Nous en avons pourtant remarqué quelques dépôts : aux environs de Lavilleneuve-lès-Convers, à la sortie d'une source des assises du fuller's earth, et près de Laignes dans les ma-

---

(1) *Bull. de la Société géol.*, 2e série, t XXVI; ;. 879 et suivantes.

(2) On sait que la tourbe est formée par le feutrage et le tassement des tiges et des racines de certains végétaux appelés sphaignes.

rais de Griselles et de Villedieu, sur le cours de la Laignes et d'un de ses affluents; et il est à remarquer que la tourbe recouvre, dans ces derniers marais, la vase argilo-calcaire fournie par les marnes oxfordiennes.

La vallée de la Laignes, aujourd'hui arrosée par la rivière de ce nom, servait de lit primitivement à un cours d'eau beaucoup plus considérable (1). Le sol a été profondément raviné depuis, et le monticule oxfordien de Griselles indique encore, par sa position en forme de cap arrondi au milieu du marais, la hauteur ancienne des eaux qui l'ont érodé.

Ces eaux, en se retirant progressivement et réduites au seul apport de la rivière et des ruisseaux dont elle reçoit le tribut, ont coulé sur un lit trop large et à faible pente. Il s'est d'abord produit des marécages à fond vaseux, à la superficie desquels les eaux limpides de la Laignes ont permis ensuite à la tourbe de se développer.

La tourbe du Morvan n'étant pas exploitée, on n'y a pas découvert, que nous sachions, de débris fossiles autres que des troncs d'arbres plus ou moins conservés (2).

Dans les marais des environs de Laignes, on trouve un grand nombre de coquilles fluviatiles et terrestres dans la partie vaseuse; mais elles paraissent appartenir aux espèces actuelles.

Il serait à désirer cependant qu'on en fît une détermination sérieuse, afin de constater si, parmi elles, il n'en existe-

(1) J. Baudouin : *Description de l'arrondissement de Châtillon-sur-Seine*, au point de vue de la constitution physique, 1re partie, 1844, p. 29.

(2) M. Belgrand : *Bulletin de la Société géol.*, précédemment cité, pense que la tourbe n'a pu se former qu'après l'époque glaciaire et les grandes crues qui l'ont accompagnée ou suivie. Elle se serait donc produite pendant la période moderne.

rait pas quelques-unes d'espèces actuellement éteintes dans la contrée.

Dans le marais de Villedieu, qui fait suite au marais de Griselles, on remarque une certaine quantité de grands chênes qui font saillie au milieu des tourbières, et qui ont dû s'y échouer à l'état de radeaux à une époque qu'il est difficile de préciser, mais qui pourtaut paraît fort ancienne.

VII. — Dépots sidérolithiques ou fer pisiforme.

Au siècle dernier, Buffon fit rechercher le minerai de fer des environs de Montbard pour l'alimentation de ses forges. Il en découvrit quelques amas dans les fissures des rochers situés dans la zone à *A. arbustigerus*, au sommet des plateaux.

Nous avons exploré les restes de ses exploitations que nous avons trouvées, au sommet des montagnes qui dominent le cours de la Brenne ou de ses affluents : sur le côteau de Villers, au sud de Montbard; derrière la forêt de Montfort; et au bois de Grange, près Saint-Remy.

Le minerai remplissait des crevasses, aujourd'hui fort étroites, parce qu'il n'en reste que la partie inférieure; mais antérieurement à la dénudation, elles devaient présenter une plus large ouverture arasée depuis. Cependant, ces fissures sont encore profondes, d'après Courtépée, qui prétend que les fouilles de Buffon descendaient jusqu'à 80 pieds (1).

Le minerai de fer plaqué aux parois des crevasses est composé d'un agglomérat de grains de fer hydroxydé ordinairement ronds, variant de la grosseur du mil à celle du chènevis, plus rarement à celle d'un pois, reliés par un ciment rouge très-riche en fer. Cette gangue, paraissant magnésienne

(1) *Description de la Bourgogne*, nouvelle édition, 1848, t. III, p. 556

en divers points, est ordinairement très-effervescente avec les acides.

Au contact des parois des fissures, il s'est formé de nombreux cristaux d'aragonite jaunâtre et même rougeâtre à la surface.

Nous avons rencontré le même dépôt aux environs de Laignes, où il avait été récemment recherché pour les forges du pays, lesquelles exploitent plus particulièrement le fer oxfordien alluvial dont nous avons parlé précédemment. Il se trouve sur un plateau qui se termine par les strates de l'oxfordien supérieur, situé entre le Val-Trinsey et la Combe-aux-Gambins, territoire de Gigny (Yonne), où il renferme des cristaux d'aragonite; et un peu plus au sud, vers le haut du côteau qui descend vers la Combe-aux-Gambins, on le remarque encore dans l'oxfordien moyen avec gangue boueuse très-dure.

MM. Raulin et Leymerie (1) le signalent encore entre l'Armançon et le Serein dans les cantons de Tonnerre et d'Ancy-le-Franc, entre Irouère et Sambourg, au bois du Nid-des-Corneilles, dans une dépression corallienne; entre ce bois et la fosse du Boulois; devant la grange de Sambourg; près de Chamerot; dans le bois de l'Affichot.

Puis sur les plateaux à l'est de l'Armançon, sur la commune de Stigny, dans le bois de Jully; à Gland; à Cruzy et enfin vers Gigny, au lieu que nous avons indiqué plus haut.

Ce fer pisolithique, formé de grains à enveloppes concentriques, a été produit par des sources ferrugineuses et magnésiennes qui ont laissé des dépôts puissants dans beaucoup de contrées. Il est antérieur aux dernières dénudations et contemporain de la formation tertiaire qu'il pénètre aux environs de Dijon et sur le bord occidental du Morvan. Il est complétement privé de débris organiques.

____

(1) *Statistique géologique du département de l'Yonne*, p. 554.

PALÉONTOLOGIE DES DÉPOTS PRÉCÉDEMMENT DÉCRITS.

Nous considérons comme restes paléontologiques aussi bien les débris d'animaux que ceux laissés par l'homme pendant les temps quaternaires, qu'il s'agisse de ses ossements ou des vestiges de son industrie (1).

(1) Les archéologues appellent préhistoriques les époques où l'homme a vécu primitivement, sans qu'aucune tradition constate sa présence ou sans que les documents écrits, trop vagues ou trop obscurs, puissent servir à son histoire. Aussi, c'est par l'observation directe des vestiges qu'il a laissés, que les anthropologistes et les ethnologistes cherchent à découvrir ce qui concerne l'humanité dans ces temps reculés. Les résultats obtenus ont déjà jeté un grand jour sur les particularités de conformation, sur les mœurs, les usages des peuplades préhistoriques qu'on soupçonnait à peine, il y a moins de 20 ans.

Longtemps, certains préjugés se sont opposés à ce genre de recherches, malgré quelques découvertes importantes. Ils ont enfin cédé devant la persévérance de savants plus hardis, et tout un monde inconnu a surgi des fouilles opérées dans le sol superficiel, dans les retraites des cavernes, au fond des lacs et des marais, sous les dolmens, dans les tumulus, etc.

On a divisé les époques préhistoriques en trois grands âges :

Age de la pierre, pendant laquelle les métaux étaient inconnus ;

Age du bronze (a) ;

Age du fer.

Mais le premier âge, celui de la pierre, a été subdivisé en trois périodes :

1° Période de la pierre taillée à grands éclats avec haches en silex en forme de coin, ayant leur taillant au petit bout, silex pour ustensiles purement éclatés ou grossièrement taillés ;

2° Période intermédiaire, avec silex taillés moins grossièrement, avec haches en silex elliptiques, pointes de flèches rudimentaires ;

3° Période de la pierre polie. avec taille perfectionnée des silex ; haches en coins avec taillant au gros bout, polies au grès, après avoir été ébauchées par éclats, non plus en silex, trop faciles à ébrécher, mais en sili-

(a) V. un article de M. Albert Bruzard sur *l'Age de Bronze dans l'arrondissement de Semur.* — Bull. de la Société des sciences historiques et naturelles de Semur, année 1867, p 20.

Ils sont nuls ou rares dans la plupart des dépôts dont nous venons de parler; cependant ceux que nous avons découverts et que nous allons indiquer nous serviront à fixer l'époque de formation de certains de ces dépôts.

Alluvions. — Dans le limon des plateaux jurassiques, les cates alumineux, à cassure résinoïde ou céroïde (serpentine, ophite, pétrosilex, etc); pointes de flèches en silex finement taillées, souvent barbelées avec l'appendice pour les fixer à la tige; poignards en silex taillés à très-petits éclats; os appointis en poignards et en poinçons.

Les silex taillés pour les menus usages sont communs à ces trois périodes et même se trouvent encore que'quefois jusque dans les sépultures des premiers temps de l'âge du fer.

C'est donc surtout par la forme des haches qu'on distingue les différentes périodes.

La géologie, ou plutôt la paléontologie, revendique dans son domaine seulement les deux premières périodes de l'âge de la pierre, parce que, pendant leur durée, les animaux depuis détruits : *Ursus spelœus, Elephas primigenius, Rhinoceros tichorhinus, Hyena spelœa,* etc. (*b*) ou émigrés : *Cervus tarandus* (renne), *Bos moschatus,* etc , qui vivaient dans l'Europe et dans une partie de l'Asie, se trouvent associés à l'homme ; aussi lui-même, dans ces conditions, rentre-t-il dans la même série paléontologique, appartenant à une époque différant notablement par son climat et sa configuration de l'époque moderne et qu'on désigne sous le nom de quaternaire.

Plus tard, lors de la période de la pierre polie, les grands pachydermes, les grands carnassiers et plusieurs des ruminants primitifs avaient disparu par extinction ou émigration vers le Nord, et la faune n'était plus représentée que par des espèces domestiques ou sauvages pour la plupart identiques aux espèces actuellement vivantes ou en différant peu.

Peut-être l'homme a-t-il vécu avant les temps quaternaires ; mais on n'a pas encore réussi avec la même certitude à constater son existence antérieure. Toutefois il semblerait résulter des recherches de M. J. Desnoyers de l'Institut (*Comptes-rendus de l'Académie des sciences,* t. LVI,

(*b*) Et même plusieurs espèces du genre *Bos* et le genre *Equus* qui ont disparu, renouvelés depuis en partie en Europe, par les peuples migrateurs de l'Asie.

vestiges paléontologiques n'existent que sur les bords de ces plateaux et dans les fissures comblées par ce limon et par des fragments rocheux. Dans ces conditions, ils appartiennent aux dépôts détritiques et nous n'en parlerons que plus loin.

On trouve fréquemment, à la surface des plateaux, des silex ouvrés reposant sur ce même limon rouge; mais ils ne sont pas contemporains du dépôt limoneux qui n'en renferme aucun dans sa masse. Ils sont généralement de la période de la pierre taillée; quelques-uns seulement sont de la période de la pierre polie.

Dans le limon des vallées, nous n'avons rencontré des fossiles enfouis sous l'alluvion que dans deux points :

1° A la base d'un haut niveau déjà décrit (carrière Lacordaire), territoire de Pouillenay (v. p. 425), les ouvriers ont découvert au point le plus bas, mais au moins à 12 mètres au-dessus de la Brenne, au milieu d'une couche de galets appartenant à l'oolithe inférieure, de nombreux ossements dont quelques-uns nous ont été apportés, et qui nous ont

séance du 8 juin 1863), de celles de l'abbé Bourgeois (*Compte-rendu du Congrès d'Anthropologie et d'Archéologie préhistoriques*, août 1867) que les vestiges de l'industrie humaine se rencontreraient jusque dans les strates du terrain pliocène et même dans ceux du terrain miocène de la formation tertiaire; mais tant que des découvertes plus probantes ne seront pas venues confirmer ces premières données, il n'est guère possible de se prononcer d'une manière définitive.

Les ossements humains sont rares partout. Ils ont été détruits par le temps ou bien enfouis dans des retraites sépulcrales difficiles à découvrir. Nous n'en avons pas trouvé dans l'Auxois qui puissent être rapportés d'une manière certaine à l'époque quaternaire (période de la pierre taillée) ; mais il n'en est pas de même des armes et autres instruments de cet âge, ainsi que de certains vestiges (charbon, brisure intentionnelle des os à moëlle) qui décèlent la présence incontestable de l'homme associé à des animaux quaternaires sur un point de la région dont nous nous occupons.

paru indéterminables pour la plupart, mais de grande taille, Nous avons pourtant reconnu parmi eux un os du pied d'un grand cerf.

Un peu plus haut, nous avons remarqué des ossements de chevaux et des silex taillés, avec galets moins nombreux.

Plus haut encore, vers le sommet de la carrière, et à environ 20 à 30 mèt. au-dessus de la rivière, nous avons trouvé les mêmes ossements, un fragment d'andouiller du bois d'un cerf et des silex taillés, avec galets plus rares. Nous avons même rencontré à ce dernier niveau une petite rondelle de terre cuite.

Dans ces trois endroits, les silex étaient de provenances diverses ; mais quelques-uns étaient évidemment crétacés *(silex pyromaque)*. Tous reposaient immédiatement sur le calcaire à ciment du lias moyen érodé par les eaux, et l'alluvion qui les recouvrait avait une puissance moyenne de trois mètres. Les ossements n'étaient pas fracturés intentionnellement.

2° Aux environs des Laumes, aux abords de la rivière, les travaux du chemin de fer ont mis à nu des ossements de bœuf, de cheval et de cerf. Nous n'avons pas assisté aux fouilles, et nous ignorons si les os trouvés étaient accompagnés de silex ouvrés (1).

Mais si généralement les alluvions de mâchefer ne contiennent pas de débris fossiles dans leur intérieur, il n'en est pas de même à leur surface, où les restes de l'industrie humaine se trouvent çà et là disséminés et appartiennent aux différentes périodes de la pierre.

C'est ainsi qu'aux environs de Montigny-sur-Armançon, de Fléc et de Thostes, on a recueilli avec de nombreux silex écla-

---

(1) Nous citerons, d'après MM. Rauiin et Leymerie, dans les alluvions de la Cure, à Saint-Moré, la découverte d'ossements d'éléphant à 9 mètres de profondeur. — *Statistique géologique de l'Yonne,* p. 568.

tés et retaillés, des haches à grands éclats (collection Mailly), ce qui indique une forme quaternaire, associée ailleurs aux restes de l'*Elephas primigenius* (Menchecourt, Somme).

Que, à Courcelles-les-Semur, et surtout sur le territoire de Cernois, au sommet de plusieurs mamelons recouverts d'alluvions jaunâtres, puis à Menétoy et Bourbilly, existent de nombreux foyers plus ou moins circulaires dont la charrue entame les charbons et les cendres.

Les fouilles de ces foyers fournissent rarement des os et des silex; cependant, dans la partie nord du pays, sur la rive gauche du ruisseau, on a rencontré dans les cendres quelques silex ayant subi l'action du feu, quelques os calcinés indéterminables et même des fragments d'une poterie grossière, mal cuite et micacée (1); mais à l'entour des places à foyers, les instruments en pierre sont nombreux (2).

Ils offrent presque tous la forme propre à la période de la pierre polie, surtout du côté de Bourbilly et de Courcelle-les-Semur, et nous n'en parlerions pas dans un travail géologique, si l'on n'avait découvert aussi, parmi eux, une très-belle hache taillée à grands éclats de la forme la plus ancienne, près de la Fontaine-Sauve, au S.-E. de Cernois; ce qui donne à penser que peut-être les hommes de l'âge quaternaire ont d'abord habité ce mamelon, avant d'être suivis des populations de la période de la pierre polie (3).

(1) Le mica était pétri avec l'argile pour la dégraisser, ce qui empêchait le fendillement par retrait.

(2) Ils ont été réunis par M. H. Marlot, de Cernois, qui le premier a signalé l'existence des foyers et qui a fait don au musée de Semur d'une grande partie du fruit de ses recherches.

(3) Cependant il a pu arriver que cette hache à grands éclats a été recueillie dans les environs par les hommes de la pierre polie et transportée par eux, au milieu de leurs foyers.

A propos des vestiges de Cernois, nous mentionnerons la découverte

Eboulis sur les pentes marneuses. — Nous c'terons d'abord les vestiges d'une station humaine où se trouvent réunis tous les éléments qui caractérisent la période quaternaire.

Brèche de Genay. — Cette station est située au milieu des terrains détritiques qui couvrent la pente méridionale de la montagne de Genay, en regard de la grande plaine de l'Auxois, au-dessous de l'abrupt formé par les rochers de l'oolithe inférieure et au-dessus d'une source connue sous le nom de Fontaine Saint-Côme, dont les eaux ont été récemment captées et conduites au village de Genay.

La surface du terrain gazonnée est hérissée de rochers et le sol ne diffère des autres parties éboulées des bords de la montagne que par le nombre considérable d'ossements qu'il renferme; lesquels sont brisés et empâtés avec des fragments

par M. Albert Bruzard (V le Bull. de la Société des sciences historiques et naturelles de Semur, 1868, p. 38) d'un tumulus situé dans le bois Saint-Loup, territoire de Genay. Il a été exploré, et, à la base, on a trouvé un squelette humain et des instruments en silex taillés et en os appointis, avec poterie grossière. Bien qu'aucun des silex n'ait le caractère spécial à la pierre polie, nous pensons néanmoins avec M. Hamy (Voir le même Bulletin, page 49) que les restes découverts sont au moins de cette période, s'ils ne sont pas postérieurs, ce qui résulte de la dolichocéphalie de la tête et aussi du mode de sépulture. On sait d'ailleurs que l'âge des tumulus et des dolmens est postérieur à la période de la pierre taillée.

Nous ne parlerons aussi que pour mémoire des vases en terre cuite avec ornements en chevrons qui figurent au musée de Semur, trouvés avec un bracelet en fil d'or à Semur dans les fouilles de l'hospice en l'année 1843 (V. le Bull. de la Société des sciences historiques et naturelles de Semur, 1864, p. 21). Ils sont probablement de la même époque qu'une hache polie découverte par M. Armand Bruzard, près de la porte d'entrée de sa maison, à 80 m. environ du point précité, dans un terreau noirâtre avec ossements indéterminables et tessons de poterie grossière, non façonnée au tour.

de roches de toutes dimensions dans un ciment rouge d'une grande dureté, paraissant descendu du plateau.

Cette surface, dont l'étendue véritable, en remontant la pente, reste encore inconnue, a, vers sa base, de 40 à 50 m. de large, et la brèche osseuse n'a été mise en évidence sur ce point que par le glissement d'un énorme rocher sur lequel elle s'appuyait, avant d'être consolidée par le ciment (1).

Les ossements recueillis dans ce gisement, qui est à plus de 100 mètres au-dessus du niveau de l'Armançon et à une altitude de 360 mètres environ, sont très-nombreux et appartiennent, suivant les déterminations de M. Lartet, principalelement au genre *Equus* et à différentes espèces du genre *Bos*, tels que l'aurochs *(Bison europæus)*, peut-être le *Bos primigenius*, et encore au grand cerf d'Irlande *(Cervus megaccros)*, au renne *(Cervus tarandus)*, au cerf *(C. elaphus)*, au loup, à l'hyène *(Hyena spelæa)*, au sanglier, au mammouth *(Elephas primigenius)*, ce dernier assez abondant ; tous recueillis aussi bien à la base qu'au sommet du conglomérat (2).

Les dents et les os des articulations des pieds sont intacts ; mais tous ceux qui contenaient de la moëlle sont brisés dans le sens de leur longueur ou en travers, comme on le remarque

---

(1) Nous avons déjà décrit la brèche osseuse de Genay, dans le Bulletin de la Société des sciences historiques et naturelles de Semur, 1864 ; mais de nouvelles découvertes, faites en 1868, nous obligent à apporter de nouveaux documents et à modifier en quelques points notre première description.

(2) Il est à remarquer qu'on trouve réunis dans la brèche de Genay, l'*Elephas primigenius* et l'*Hyena spelæa* des premiers temps quaternaires avec le renne, qui, dans plusieurs pays, paraît être venu plus tard, vers le milieu ou la fin de l'époque quaternaire. Cependant la brèche osseuse de Genay n'est pas le seul point qui renferme en même temps le renne et l'éléphant ; d'ailleurs, sous la montagne de Genay, les glissements des marnes peuvent avoir eu pour effet de mélanger des débris qui n'étaient pas contemporains.

dans les lieux qui ont été fréquentés par les hommes de la pierre taillée et chez les peuples encore à demi-sauvages qui se montrent très-friands de la moëlle des animaux.

Les fragments des os ne portent aucune trace de frottement et les angles des cassures ne sont jamais émoussés. On trouve parmi les débris de la brèche de nombreuses esquilles provenant de fractures.

A travers ces os brisés parfaitement blancs et happant à la langue, on rencontre de nombreuses parcelles qui tranchent par leur couleur noire et qui sont évidemment carbonisées. Néanmoins, dans ces traces de foyer, on ne rencontre jamais de tessons de poterie.

De plus, les restes d'animaux sont accompagnés de nombreux silex, la plupart étrangers à la contrée et dont la majeure partie porte des marques incontestables d'une taille intentionnelle.

On remarque aussi, au milieu de ces vestiges, comme dans presque tous les endroits où l'homme quaternaire a établi ses campements, quelques fragments de pierres dures (quartz, granite, grès); les uns roulés et affectant la forme le galets ébréchés ou intacts, les autres à angles vifs, employés probablement comme marteaux, enclumes, pierres de jet, etc.

Tout indique que les hommes de l'époque quaternaire se sont réunis en cet endroit, au milieu des éboulis, à l'exposition du midi, et aux environs d'une source pour y prendre leurs repas, et qu'ils y apportaient les produits de leurs chasses, soit entiers, soit par quartiers, en abandonnant sur place les ossements trop lourds, car, dans la brèche, on ne rencontre de l'éléphant que les dents molaires, sans autres parties du squelette.

Il est évident que les éboulis, qui forment le conglomérat ossifère, n'ont pas toujours eu le même aspect qu'aujourd'hui et que l'état des lieux a été modifié par de nombreux glissements ayant eu pour objet d'obstruer la fontaine Saint-Côme et de l'obliger à sourdre plus bas. D'ailleurs, la brèche est aujourd'hui recouverte par un dépôt de sable grossier confusément stratifié qui n'existait pas au temps où se réunissaient les hordes primitives et il paraît probable qu'elles trouvaient en cet endroit un abri sous roches qui s'est écroulé plus tard.

Le plateau de Genay avait déjà subi les atteintes de l'érosion et différait peu de l'état actuel à l'époque où il était fréquenté par les hommes de la pierre taillée, car le calcaire blanc jaunâtre de la zone à *A. arbustigerus*, qui forme un hauteau légèrement en retrait de l'abrupt, n'a fourni, pas plus que le fuller's earth sur lequel il repose, aucun élément à la brèche ossifère, tout entière formée aux dépens des roches de l'oolithe inférieure.

On trouve aussi à la base d'un plateau voisin, celui de Mondregey, près Semur, un certain nombre de silex ouvrés qui semblent indiquer aussi la fréquentation de ce lieu par les hommes de la période de la pierre taillée.

Sur un autre point du bord septentrional du bassin de l'Auxois, en deçà du Serein et presqu'à l'endroit où commence la Terre-Plaine, on remarque également au-dessus des vignes de Guillon, sous le plateau de Mont-Faute, avec l'exposition au midi, au milieu des éboulis, des traces d'ossements brisés, comme ceux de la montagne de Genay, et mis à découvert par les fouilles des vignerons. Ils sont plus mal conservés que ceux du conglomérat précité, car le ciment qui les empâte est moins abondant, plus graveleux et plus friable ; mais, comme ceux de Genay, ils sont accompagnés de nombreux silex taillés, ce qui nous porte à croire qu'il existait aussi une station humaine à ce niveau, dont l'altitude est d'environ 300 m , et qui domine le Serein de 90 à 100 m.

Nous signalerons encore un point où les silex taillés se trouvent réunis à des ossements de bœuf, de cheval et de cerf. Il est situé au milieu des roches détritiques qui dominent le hameau de Mènetreux-le-Pitois, dans des éboulis sableux à gros éléments.

Nous considèrerons aussi, comme appartenant généralement à l'époque quaternaire, les débris de l'industrie humaine et les ossements d'animaux découverts dans les fissures des bords des plateaux de l'oolithe inférieure, mêlés aux débris détritiques de ces plateaux et agglutinés par le limon rouge entraîné par les eaux.

Ces vestiges ont été trouvés en petit nombre dans les fissures des carrières de Montdregey, près Semur. Ils consistaient en os non déterminables et en poteries mal cuites et non façonnées au tour.

Nous en avons recueilli quelques-uns aux environs de la Fontaine-Rosée, vers la pointe du bois Lignard, entre Pouillenay et Flavigny, dans une fissure ouverte par des travaux de carrière et encombrée de limon rouge et de pierres. C'étaient quelques os cassés intentionnellement avec rares silex. Un peu plus bas, dans des fragments de conglomérat bréchiforme, tombés de l'abrupt sur le chemin, nous avons reconnu une mâchoire de cheval dont nous n'avons pu extraire que les dents.

Enfin, dans une fissure d'un pan de rocher tombé également de l'abrupt et arrêté dans les marnes du lias supérieur au milieu d'un terrain inculte, sous la route de Pouillenay à Flavigny, à l'endroit où elle longe le bois Lignard, déjà cité, les ouvriers qui exploitaient ce rocher ont découvert une molaire de l'*Ursus spelœus* qui figure au musée de Semur.

Il est présumable que ce débris de l'ours des cavernes, qui caractérise le commencement de l'époque quaternaire, était déjà fixé dans une fissure de la masse rocheuse avant sa chute sur le côteau.

Les éboulis des pentes devaient servir de retraite aussi bien aux hommes qu'aux animaux carnassiers qui y entraînaient leurs proies. Il arrivait aussi que, dans les fissures des rochers, des animaux tombaient par accident et y périssaient (1).

Sablières sur les pentes rocheuses. — En creusant les tranchées du chemin de fer de Paris à Lyon, on a mis à nu

(1) Les ossements sont rares dans les crevasses des rochers de l'Auxois; mais nous avons pu constater à Santenay, au-dessus d'un plateau formant cap entre le vallon de la Dheune et la grande plaine séquanaise (pointe du bois) une accumulation considérable d'ossements de l'époque quaternaire dans les fissures de la grande oolithe. Ils appartiennent au cheval, au bœuf, au cerf, au grand chat des cavernes, à l'ours des cavernes, au loup, au blaireau, au renard, etc., le tout sans fractures intentionnelles des os à moëlle et sans traces de l'homme ou de son industrie.

Une autre partie de la montagne (pointe Saint-Jean) renferme en grande abondance et presqu'exclusivement, sauf quelques ossements de ruminants, dont plusieurs sont rongés, les restes de l'*Ursus spelœus*, qui paraît avoir vécu sur place dans une caverne creusée dans une assise magnésienne décomposée, aujourd'hui disloquée.

V. la description de la brèche et de la caverne de Santenay, dans une Lettre de M. J. Martin à M. d'Archiac. — Extrait des Mémoires de l'Académie de Dijon. — Année 1866.

De plus, un éléphant entier a été trouvé plus bas, à Nolay, pays voisin, recouvrant le squelette de plusieurs chevaux, dans une crevasse ouverte dans le calcaire à gryphées arquées

Le dépôt de Santenay est sur le rebord d'une montagne, à une altitude fort élevée, au-dessus du bassin de la Saône et du vallon de la Dheune, et la contrée est coupée de nombreuses et puissantes failles; le territoire de Nolay est placé en contre-bas sur les bords d'un ruisseau qui descend à la Dheune.

Il est possible que, pendant l'époque quaternaire, sur le tracé des grandes failles qui sillonnent le pays, il s'est produit des mouvements récurrents et des tremblements de terre qui pouvaient coïncider avec les éruptions basaltiques ou volcaniques du plateau central, dont les vestiges les plus rapprochés se remarquent sur les buttes basaltiques de Drevin, près de Couches (Saône-et-Loire). Il a pu arriver que les animaux épouvantés se sont précipités dans les crevasses subitement ouvertes, par ébranlement du sol, jusqu'à la couche magnésienne du plateau de Santenay amoindrie par décomposition et alors profondément béantes, aujourd'hui comblées et arasées par une érosion subséquente, et que dans les sablières situées sous le bois Chaumour, au-delà de Montbard, de nombreux ossements dont quelques-uns de grande taille. Nous avons connu le fait par les entrepreneurs longtemps après les travaux terminés; il nous est donc impossible d'indiquer les espèces enfouies à ce niveau.

A Rougemont, on a recueilli dans les arènes différents ossements dont quelques-uns figurent au musée de Semur. C'est une corne de cerf commun, de débris de cheval et de bœuf, des têtes et des mâchoires de blaireau, animaux qui pouvaient être de l'époque quaternaire, mais qui, pour la plupart, ont survécu à cette époque (1).

THÉORIE.

Après l'exposé qui précède de tous les dépôts superficiels et formés les derniers sur le Morvan, dans les plaines et les vallées environnantes, sur les hauteurs jurassiques et même au-delà, il nous reste à indiquer les causes qui les ont produits et les époques relatives de leur formation, en même temps que les phénomènes d'érosion dont les effets ont modifié dans d'énormes proportions le relief orographique de nos pays.

En nous occupant de la 4e phase, nous avons établi, par le raccordement des failles, que les étages jurassiques se sont

le même phénomène a bouleversé la caverne aux Ours et ouvert la crevasse de Nolay.

Nous donnons cette hypothèse pour ce qu'elle vaut; mais elle rend mieux compte des faits que celle d'un diluvium improbable, qui suppose le recouvrement par les eaux, non-seulement de la vallée de la Saône, mais encore du plateau de Santenay situé à plus de 100 m. au-dessus.

(1) D'après M. Belgrand : *Bull de la Société géologique*, 2e série, t. xxi, p. 159, on aurait découvert dans l'arène, en perçant le tunnel de Saint-Moré, sur la Cure, en 1847, un humérus d'éléphant et les deux bois d'un cerf réunis.

déposés, non en contrebas du Morvan, mais jusque sur ses sommets, et bien qu'au moyen du même raccordement, on arrive à un résultat semblable pour les terrains crétacés aujourd'hui placés à une plus grande distance, nous nous sommes réservé de prouver ultérieurement, par d'autres motifs encore plus décisifs, qu'une partie au moins de la série crétacée s'est superposée à la sous-formation jurassique sur le nord du plateau central.

Le moment est venu de fournir cette démonstration, point de départ nécessaire des autres explications que nous aurons à donner des phénomènes de la 5e phase.

PREUVES DU COURONNEMENT DU MORVAN PAR LES TERRAINS DE LA CRAIE, TIRÉES DE L'EXISTENCE, SUR LES PLATEAUX OOLITHIQUES ENVIRONNANTS, DE DÉPOTS GLACIAIRES DE PROVENANCE CRÉTACÉE.

Les dépôts de nature crétacée, décrits précédemment (v. p. 432 et suivantes), reposent par lambeaux à la surface des plateaux qui font face au Morvan et qui sont dénudés jusqu'à l'oolithe inférieure sur les montagnes de Genay et Viserny ; jusqu'à la partie moyenne ou même à la base de la grande oolithe, au plus près du Morvan, comme à Montvigne, à Grosmont, à Roumont et dans d'autres parties du canton de Vézelay ; jusqu'à l'oxford-clay et au coral-rag, si l'on s'éloigne davantage, comme à Magny, près de Châtel-Censoir, sur le plateau de Merry-sur-Yonne, à Vermanton et aux environs d'Etais.

Les blocs de Grosmont ne sont séparés du Morvan que par une vallée étroite, et ceux de Montvigne, encore plus rapprochés, touchent pour ainsi dire aux montagnes cristallines.

Ceux de Genay et de Viserny reposent également sur les premiers plateaux jurassiques qui bordent au nord la plaine liasique du Semurois, séparative entre ces plateaux et les hauteurs morvandelles.

Comment et par quels phénomènes ces dépôts occupent-ils une pareille position ?

Examinons d'abord les explications données par les géologues qui les premiers s'en sont occupés.

D'après les diverses opinions émises, lors de la réunion extraordinaire de la Société géologique de France à Avallon, en 1845 (1), et qui n'ont porté que sur les blocs de Grosmont et de Magny :

Ces blocs seraient néocomiens et en place ;

Ou bien remaniés et déposés à l'époque des terrains tertiaires moyens.

M. Robineau-Desvoidy, de son côté (2), les considérait comme des restes, encore à peu près en place, des sables de la Puysaie et des assises crayeuses superposées à ces sables qui se seraient autrefois étendus sur les terrains jurassiques, jusqu'à la limite du Morvan, et qui auraient été enlevés, en grande partie, par un diluvium occasionné par le soulèvement du Morvan et de la périphérie du bassin de Paris, diluvium qui aurait eu pour effet d'en précipiter une grande partie dans la dépression de l'Auxois, ouverte subitement par suite du soulèvement précité.

Pour M. Virlet (3), le dépôt jaune ocreux, sur lequel reposent les grès de Grosmont, était identique à ces grès agglutinés sur place ; quant à ceux de Magny, la traînée remarquable qu'ils forment présentait les caractères d'une moraine latérale ; mais ce géologue n'admettait pas pour cela qu'ils eussent pour origine ce mode de formation. Il ne croyait pas *qu'on put se prononcer sur cette simple observation locale.*

(1) *Bulletin de la Société géologique de France*, 2ᵉ série, t. ii, p. 687.

(2) Même Bulletin, p. 697, et Bull. de la Société des sciences historiques et naturelles de l'Yonne, t. ii, p. 570, 1848, d'après M. Raulin ; *Statistique géologique de l'Yonne*, p. 551.

(3) Même Bulletin de la Société géologique, p. 687 et 695.

Plus tard, M. Cotteau (1) voyait dans le dépôt de Magny, les blocs tertiaires du Gâtinais amenés du N.-O. par un courant diluvien.

Enfin, MM. Raulin et Leymerie (2), considèrent une suite de dépôts, que nous avons énumérés d'après eux (p. 438 et suivantes), et parmi lesquels figurent ceux de Grosmont et de Magny, comme des témoins de l'époque tertiaire, sans méconnaître qu'ils renferment des débris crétacés.

Nous avons déjà vu que ces débris ne sont pas néocomiens. D'après M. J. Martin (3) et M. Robineau-Desvoidy; les grès ferrugineux sont identiques de composition avec ceux de la Puysaie, et si, en 1845, on regardait comme néocómiens ces mêmes grès, les études faites depuis ont établi qu'ils devaient être placés au niveau des grès verts ou green-sand, qui appartiennent au gault ou étage albien (4). C'est du reste dans cet étage que MM. Raulin et Leymerie (5) ont fait figurer les grès de la Puysaie.

Avec leurs galets de quartz en amandes, leurs rognons de fer oxydé, leur couleur rouge, ils ont un faciès albien nettement accusé sur lequel on ne saurait se méprendre et se trouvent dans tous les dépôts des plateaux jurassiques, que nous avons considérés comme erratiques, mélangés à des silex de la craie blanche ou étage sénonien; ce qui résulte non-seulement de l'aspect des blocs siliceux rapportés à ce der-

(1) Bull. de la Société des sciences histor. et natur. de l'Yonne, t. i, p. 241, 1847, — d'après MM. Raulin et Leymerie, p. 551.

(2) *Statistique géologique du département de l'Yonne*, p. 549. — 1858.

(3) Bull. de la Société géol., 2e série, t. xxvii, p. 246 à 250.

(4) V. les observations de M. Cotteau sur le Mémoire de M. Robineau-Desvoidy. — Bull. de la Société des sciences histor. et natur. de l'Yonne, 5e vol., p. 320. — 1851.

(5) *Statistique géologique du département de l'Yonne*, p. 451.

nier étage, mais encore de preuves paléontologiques indiquées précédemment.

Ils ne sont pas en place, et nous en trouvons la constatation dans ce fait :

1º Que, si à Grosmont ils recouvrent un sable roux de même nature qu'eux, ce sable est rempli de fragments anguleux de silex sénoniens qui appartiennent à un étage beaucoup plus élevé dans la série crétacée ; ce qui avait échappé à l'observation de M. Virlet ; 2º que, sur le versant méridional de la même montagne, on trouve un mélange de la craie blanche, des grès du gault et de chailles qui paraissent oxfordiennes ; qu'à Magny et dans presque tous les dépôts cités précédemment, les éléments albiens et sénoniens se trouvent associés confusément ; 3º que, si à Roumont, situé seulement à quelques kilomètres de Grosmont, l'étage sénonien couvre exclusivement la croupe N.-O, du mamelon, la partie S.-E. est placardée de débris albiens.

Ils sont remaniés évidemment, mais ils ne peuvent avoir été déposés à l'époque des terrains tertiaires moyens (1).

Ils ne peuvent pas davantage provenir du Gâtinais, amenés du N.-O, par un courant diluvien.

Comment comprendre, en effet, comme l'observe M. Martin (2), que des matériaux parmi lesquels figurent des blocs de 3, 6, 8 et même 15 mètres cubes, empruntés à l'étage albien qu'on ne retrouve, au plus près en place, dans le département de l'Yonne, jamais au-dessus de l'altitude de

---

(1) A moins que le phénomène glaciaire auquel nous attribuerons ces dépôts n'ait commencé dès l'époque tertiaire ; encore dans cette hypothèse ce n'est guère qu'à l'époque des terrains tertiaires supérieurs qu'ils se seraient effectués.

(2) *Les glaciers du Morvan*, Bull. de la Société géol., 2ᵉ série, t. XXVII, p. 247.

315 mètres (1), et dans celui de la Nièvre, jamais au-dessus
de l'altitude de 230 mètres (2), se trouvent portés en amont,
sur des sommets dénudés du groupe oolithique inférieur,
jusqu'à l'altitude de 360 mètres à Grosmont, à celle d'environ
428 mètres à Montvigne et à peu près au même niveau sur
les plateaux de Genay et de Viserny?

Comment admettre un pareil transport, soit par la mer
tertiaire, soit par un diluvium, à contre-sens de la pente,
surtout lorsque certains blocs, comme ceux de Roumont,
par exemple, ne sont pas roulés et que tous les dépôts sont
disposés sur un plan incliné vers le N.-O.?

Comment expliquer, par de semblables théories, que la
mer ou le diluvium aient pu fournir à la pointe N.-O. de
Roumont des éléments purement sénoniens et à la pointe
S.-E. de la même montagne, des éléments exclusivement
albiens?

Quant à l'hypothèse de M. Robineau-Desvoidy qui, tout en
reconnaissant l'identité des grès ferrugineux de Magny avec
ceux de la Puysaie, les regardait comme des restes à peu
près en place des mêmes grès et des assises crayeuses superposées qui auraient recouvert les terrains jurassiques et plus
tard auraient été emportés en grande partie par un cataclysme, elle ne nous paraît pas plus soutenable.

Elle exigerait : 1º une dénudation des terrains jurassiques,
au moins jusqu'au groupe oolithique inférieur, dénudation
que nous ne contestons pas, mais que nous croyons postérieure au dépôt des sédiments normaux de la série crétacée,
tandis que dans son système elle devrait leur être antérieure
(3); 2º un abaissement suffisant de la contrée dénudée pour

(1) Raulin, Bull. de la Société géol., 2ᵉ série, t. ix, p 25.
(2) Ebray, même Bulletin, 2ᵉ série, t. xx, p. 379.
(3) A la vérité, M. Robineau-Desvoidy ne songeait pas à cette dénudation, car il était alors admis sans conteste que les étages jurassiques

recevoir les sédiments albiens et sénoniens ; 3º un soulèvement qui les aurait reportés aux altitudes que nous avons
indiquées en regard du Morvan ; 4º une nouvelle dénudation
des dépôts crétacés qui n'aurait plus laissé que de rares lambeaux de ces dépôts.

Tout cela nous paraît trop compliqué ; mais en admettant
même qu'il en a été ainsi, nous aurions toujours à présenter
les objections suivantes, sans compter celles que nous avons
déjà formulées à l'égard des dépôts en place.

Pourquoi les blocs de Grosmont et de Magny sont-ils restés sur des parties déclives où l'action érosive devait se faire
principalement sentir, tandis que les points plus élevés sont
dépourvus de sédiments d'origine crétacée? Pourquoi sont-
ils alignés vers le N.-O., direction générale des pentes et des
rivières, tandis que ceux de Grosmont et de Genay, par
exemple, devraient avoir une inclinaison opposée, s'ils s'étaient
précipités dans la dépression de l'Auxois ?

Une pareille disposition dans les dépôts nous paraît incom-
patible avec l'hypothèse de restes à peu près en place de

n'avaient pas atteint le Morvan, qu'ils s'étaient déposés en contre-bas et en
retrait les uns des autres, comme l'exposait encore A. d'Orbigny en 1849
(*Cours élémentaire de paléontologie et de géologie stratigraphique*)
et par conséquent, dans la pensée de ce géologue, les plateaux de Grosmont et de Magny n'avaient jamais été recouverts de sédiments plus
récents que ceux qui forment aujourd'hui la partie supérieure de ces
plateaux, c'est-à-dire les groupes oolithiques inférieur et moyen.

Le dépôt en retrait n'est pas admissible, puisque tous les terrains jurassiques reposent, sauf très-rares exceptions, les uns sur les autres sans
discordance, ce qui n'aurait pas lieu avec une suite d'abaissements successifs qui auraient certainement modifié l'assiette du fond de la mer
après chaque retrait. Cette disposition en retrait s'explique au contraire
par la dénudation, et le raccordement des failles démontre le recouvrement par d'autres terrains, non-seulement des plateaux jurassiques,
mais encore des sommités du Morvan.

sédiments crétacés et de la dénudation de ceux-ci par les eaux diluviennes.

Nous arrivons enfin à l'opinion émise par M. Virlet. Il fut tellement frappé de l'alignement des blocs de Magny, qu'il déclara : « Que la traînée remarquable qu'ils forment pré- « sentait tous les caractères d'une moraine latérale. » Il aurait pu en dire autant des blocs de Grosmont qu'il avait visités et dont la traînée n'a pas moins, suivant les mesures prises par M. Martin, de 238 m. de longueur; mais cette opinion était trop hardie pour l'époque où il la manifestait; aussi s'empressait-il d'ajouter : « Qu'il n'admettait pas pour « cela qu'ils eussent pour origine ce mode de formation. Il « ne croyait pas pouvoir se prononcer sur cette simple obser- « vation locale. »

C'est qu'alors on ne voyait pas d'où pouvaient provenir des blocs morainiques de provenance crétacée au pied du Morvan, puisque la chaîne morvandelle était considérée comme ayant pris son dernier relief à la fin du trias, et personne ne songeait alors à contredire l'illustre auteur du système des montagnes, dont l'opinion faisait autorité parmi tous les géologues, autorité que beaucoup n'oseraient encore contester aujourd'hui.

Comment admettre en 1845 que des blocs d'origine crétacée pouvaient être descendus du sommet du Morvan où l'on pensait qu'ils ne s'étaient jamais déposés et surtout par un charriage glaciaire, quand on n'avait trouvé aucun vestige de cette sorte de transport le long de ses pentes.

M. Ebray, par des Observations sur les versants occidentaux du Morvan consignées précédemment (V. page 367) a démontré que la chaîne nord du plateau central avait été surmontée des étages jurassiques et même crétacés. L'opinion qu'il a émise est partagée par beaucoup de géologues qui ont étudié spécialement le plateau central et ses bords. Parmi eux nous citerons : M. J. Martin qui a démontré que la mer jurassique n'a jamais cessé de communiquer par le détroit séquanien avec le bassin anglo-parisien (1), et a en outre considéré les dépôts de Grosmont, Roumont et Magny comme glaciaires descendus du Morvan (2) où ils s'étaient normalement déposés ; et M. H. Magnan « que des faits nombreux, la plupart encore inédits, obser- « vés en divers points du plateau central, dans le Vivarais, « dans les Cévennes, à la base de la montagne Noire, ont « convaincu que les érosions et les failles ont joué partout « un rôle de premier ordre, et qu'autrefois les terrains secon- « daires recouvraient une grande partie de cet immense pla- « teau (3). »

Quant aux dépôts glaciaires sur le plateau central et sur ses versants, indépendamment des blocs d'Epoisses que nous avons décrits en 1868 (4) et sur lesquels nous reviendrons, MM. Delanoue, Marcou, Tardy et Gruner (5) en ont découvert en Auvergne sur plusieurs points.

(1) Bull. de la Société géol., 2e série, t. xxiv, p. 633.

(2) Ibid., t. xxvii, p. 251 et suivantes.

(3) *Etude des formations secondaires des bords S.-O. du plateau central de la France, entre les vallées de la Vere et du Lot.* — Toulouse, in-8°, 1869, p. 76 à 83.

Les terrains jurassiques ont même couronné les Alpes, sur lesquelles il ne reste que des vestiges de ces terrains qu'on retrouve jusqu'à l'altitude de 3,000 mètres, d'après M. Lory. — *Description géologique du Dauphiné,* p. 173 ; Paris, 1860-1864. — Bull. de la Société géol. 2e série, t. xx, p. 233, pl. iv, 1863. — Ibid , t. xxiii, planche x, 1866

(4) Bull. de la Société géol., 2e série, t. xxvi, p. 173. — V. *ante* la page 446.

(5) Bull. de la Société géol., 2e série, t. xxv, p. 402 (1868). — Même Bull., t. xxvii, page 361, 1870, et Observations à la suite, p. 363. — Il faut ajouter encore les découvertes de M. Ch. Martins, dans la Lozère. — Comptes-rendus de l'Institut, t. lxii, p. 933 ; de M. Julien, dans le Puy-de-Dôme et le Cantal, Paris, 1869 ; de M. Tardy dans le Velay.

Enfin, MM. Falsan et Chantre nous ont montré en 1870, sur le revers oriental du Beaujolais, à la Durette, entre Belleville et Beaujeu, des blocs de grès triasiques et de granite de dimensions considérables arrêtés sur des pentes rapides au milieu des vignes. Ces blocs, qui ont tout à fait l'aspect morainique, ne se trouvent en place qu'à une grande altitude au-dessus des hauts plateaux. De plus la contrée est couverte de débris épars des mêmes matériaux, et le chemin de fer de Beaujeu coupe, près de Belleville, des cònes renfermant d'énormes blocs et des cailloux confusément disposés (1).

Mais revenons aux dépôts crétacés des plateaux jurassiques au N.-O. d'Avallon et au N. de Semur. Il n'est possible, comme l'a démontré M. Martin (2), d'expliquer leur existence qu'en les considérant comme glaciaires et provenant du Morvan (3); autrement, comment se rendre compte de ces accumulations de blocs souvent énormes et de leur alignement suivant la pente générale vers le bassin de Paris, de leur proximité des hauteurs morvandelles et de leur altitude élevée, du mélange des débris de provenances différentes, sur la plupart des points,

—Bull. de la Société géol , 2ᵉ série, t. xxvi, p. 1178, et dans la vallée de la Cèze, même Bull. t xxvii, p. 488. —Gruner, Même Bull., t. xxviii, p. 205 — Voir encore une notice de M. Collomb sur les anciens glaciers du plateau central. — Extrait des Archives des sciences de la Bibliothèque universelle. —Janvier 1870.

(1) V., du reste, l'explication donnée par MM. Falsan et Chantre, sur les blocs du Beaujolais, dans une Note relative à une carte du terrain erratique de la partie moyenne du bassin du Rhône. — Extrait des Archives des sciences de la Bibliothèque universelle, juin 1870.

(2) Bull. de la Société géol., 2ᵉ série, t. xxvii, *loco citato.*

(3) Nous renvoyons le lecteur peu familiarisé avec les phénomènes glaciaires à la fin de cet ouvrage ; il y trouvera, note A, des explications qui lui permettront de mieux comprendre les motifs que nous avons à faire valoir pour démontrer leur existence dans notre pays.

et, sur un autre point, de l'isolement de fragments purement sénoniens ; et de l'association, sur certaines parties, des mêmes débris crétacés avec des chailles oxfordiennes ou avec des silex rubannés de la partie supérieure de la grande oolithe, comme l'ont indiqué MM. Raulin et Leymerie dans les dépôts situés entre la Cure et l'Yonne, canton de Vézelay? Comment comprendre l'usure de certaines roches arrondies, ou aux angles simplement émoussés, mêlées à d'autres fragments anguleux ; l'existence de débris meubles à la base de certains dépôts, les uns sableux, les autres argileux, avec débris anguleux de silex de la craie blanche? (1)

C'est aussi par la théorie glaciaire qu'on peut concevoir

---

(1) A l'appui de cette théorie (Phénomène glaciaire et couronnement primitif du Morvan par les terrains de la craie), nous pourrions encore citer la présence de restes erratiques de dépôts similaires sur le versant S.-E. du Morvan, suivant les indications donnés par MM. Canat et de Charmasse. — Bull. de la Société géol., 2e série, t. VIII.

M. de Charmasse, p. 550, déclare : que, sur la montagne de Drevin, près Couches (Saône-et-Loire), on trouve des silex, avec fossiles de la craie empâtés dans le basalte, à l'altitude de 500 mètres.

Et M. Canat (pages 547 et suivantes) : qu'il existe en avant de la côte chalonnaise des grès ferrugineux et des argiles à silex, qui nous semblent, d'après sa description, ne pas différer de ceux de l'Avallonnais (grès albiens et sénoniens).

« Partout, dit ce géologue, où des coupures récentes permettent d'observer la nature du terrain, on le voit sous forme d'un sable ferrugineux, très-rouge, cohérent, homogène, massif. La stratification est indistincte. »

Ces sables renferment, d'après lui, des silex de dimensions diverses. On en voit des blocs d'un mètre cube et ils contiennent des fossiles de la craie sénonienne.

La direction de ces dépôts est S.-E. dans le Chalonnais et N.-O. dans l'Avallonnais. Cette différence d'orientation s'explique naturellement par ablation glaciaire des sommités morvandelles avec entraînement dans le sens des pentes. Elle est inexplicable par le diluvium.

pourquoi les dépôts plus haut décrits ne contiennent que des roches dures de nature siliceuse, comme les grès albiens, les silex de la craie, les chailles et divers débris argileux et sableux provenant de la destruction de ces roches ou plutôt de la boue glaciaire qui les empâtait primitivement; comment les parties calcaires ou marneuses des étages crétacés et jurassiques ont disparu, triturées, désagrégées par le frottement glaciaire et surtout dissoutes et entraînées par les eaux de l'époque quaternaire.

Elle explique encore l'état d'usure qu'on remarque souvent au sommet des montagnes aux environs des dépôts erratiques, sommet tellement raclé par endroits qu'il n'est pas même toujours couvert de gazon; seulement les agents atmosphériques en ont délité plus ou moins la surface, comme à Grosmont (1).

Une autre preuve de la nature morainique de ces dépôts résulte également de la distribution dans le fond ou sur les bords d'une grande dépression de l'Avallonnais aujourd'hui à sec, de plusieurs amas signalés par MM. Raulin et Leymerie. D'après M. Moreau (2), on remarque en effet un abaissement très-prononcé dans les collines du N.-O. d'Avallon, passant par-dessus Blannay, Bois-d'Arcy et aboutissant à Mailly-le-Château près des roches du Saussois, abaissement tellement marqué qu'on a songé à y faire passer un chemin de fer, et ce géologue est porté à y voir un ancien lit de rivière. Or, c'est précisément sur le trajet de cette sorte de vallée que se trouvent les traînées crétacées de Montillot, de Rochignard, de la Mardelle, de Bois-d'Arcy, de la Cotterette, de la Croix-Ramonée et d'Avillon, précédemment décrits d'après les auteurs de la *Statistique géologique du département de*

(1) V. la note de la page 451.

(2) *Les Vallées de l'Avallonnais*, Bulletin de la Société d'études d'Avallon, p. 34; 1864.

l'Yonne. Cette longue dépression n'a-t-elle pas tout l'aspect du lit d'un glacier, surtout quand on y trouve, comme à Montillot, une traînée que MM. Raulin et Leymerie estiment d'une longueur de 3 kilomè es?

Enfin, sans le phénomène glaciaire, comment expliquer l'existence de ces nombreuses combes sèches et peu étendues en profondeur, creusées dans la grande oolithe, qui aboutissent aux plaines et aux vallées, sur le Sercin, la Brenne, l'Armançon, la haute Seine et même le long de la côte entre Dijon et Chagny ? N'est-il pas présumable que ces combes, qui s'ouvrent à une certaine élévation au-dessus des vallées, ont servi, au commencement de l'époque quaternaire, à l'écoulement de petits glaciers alimentés par les neiges des plateaux ?

Si l'on contestait cette origine glaciaire en objectant :

1° Que les dépôts dont nous parlons ne contiennent pas de blocs striés ;

2° Que, s'ils viennent du Morvan, ils devraient renfermer des débris de roches granitiques et porphyriques qui manquent pourtant sur les plateaux jurassiques ;

3° Que l'altitude du Morvan est insuffisante pour qu'on admette qu'il ait pu fournir des glaciers,

Nous répondrons :

A la première objection :

Que les stries ne se rencontrent généralement pas sur les roches quartzeuses ou sur les silex ; qu'elles sont même rares et peu prononcées sur les roches silicatées à pâte moins sèche, comme la serpentine ; qu'elles manquent le plus souvent sur les débris granitiques facilement altérables à la surface ; qu'on ne les remarque développées que sur des roches calcaires ayant la finesse de pâte et la dureté du marbre (Alpes, Pyrénées), caractère qui fait défaut dans les sédiments de nature calcaire, jurassiques et crétacés du centre de la France ; qu'elles s'effacent facilement d'ailleurs par une exposition prolongée à l'air libre ; que les grès s'égrènent sous le frottement glaciaire, mais ne se rayent pas ordinairement. Du reste, l'existence des stries dépend tellement de la nature des roches qui constituent les moraines, qu'elle est rare dans certains gisements évidemment glaciaires dont les éléments ne sont pas susceptibles de recevoir ou de garder les traces du burin glaciaire, tellement que sir Ch. Lyell, ayant visité, comme le remarque M. Martin, la moraine terminale du glacier du Rhône, sur le point encore en activité, fut très-surpris « de voir qu'il lui fallait examiner plusieurs milliers « de cailloux avant d'arriver au premier qui fût strié ou poli « de façon à différer des pierres ordinaires du lit d'un tor- « rent (1). »

D'un autre côté, c'est seulement sur les blocs engagés dans le glacier que les stries et le poli peuvent se produire ; les blocs superficiels portés à dos par un mouvement lent et doux restent anguleux dans l'état où ils sont tombés; c'est le cas des moraines latérales, et nous avons vu que la traînée de Magny en particulier a été assimilée à une moraine latérale.

Ce caractère négatif ne suffit donc point pour infirmer les preuves positives que nous avons indiquées.

Nous verrons d'ailleurs plus loin que le poli et les stries glaciaires ne manquent pas complétement sur d'autres dépôts erratiques situés plus bas dans les vallées du Morvan et de l'Auxois, dépôts qui fournissent une nouvelle preuve de l'existence du phénomène glaciaire, au moins à l'entour du Morvan. (V. la description de ces dépôts, p. 407 et suivantes, 448 et suivantes).

A la deuxième objection :

(1) Ancienneté de l'homme prouvée par la géologie, traduction française de M. Chaper, édition de 1864, p. 319.

Que si les débris granitiques et porphyriques manquent sur les plateaux jurassiques (1), c'est que, dans l'hypothèse que nous avons émise, et comme le fait observer M. Martin (2), les étages crétacés formaient alors (albien et sénonien) les sommités du Morvan, probablement il est vrai, par lambeaux isolés; mais que ces lambeaux devaient fournir, avec les débris jurassiques, les éléments des premières moraines superficielles avant que les granites et les porphyres ne fussent eux-mêmes entamés et charriés, comme cela se voit dans les dernières moraines que l'on retrouve sur le plateau inférieur de l'Auxois, dont nous nous occuperons ci-après. D'ailleurs, nous ne trouvons plus les moraines extrêmes (3) qui pouvaient peut-être contenir des roches cristallines, en supposant que l'érosion sous-glaciaire fût déjà descendue jusqu'au granite. Quant aux éléments jurassiques qui se trouvent également dans les dépôts superficiels des plateaux dont nous parlons (chailles et silex rubannés), ils ne sont que les parties résistantes de ces mêmes éléments, le reste ayant été détruit par trituration et dissolution.

A la troisième objection :

Que, si l'altitude du Morvan actuel n'est que d'environ 900 mètres, elle a été beaucoup plus grande quand le massif

(1) Les souvenirs de M. Hébert l'ont trompé quand il a dit (Bull. de la Société géol., 2e série, t. xxvi, p. 184), que les blocs de Magny contenaient des granites.

(2) *Les glaciers du Morvan*, déjà cités, p. 258.

(3) Ces moraines, qui étaient peut-être fort éloignées du Morvan, peuvent avoir été remaniées ou détruites par les eaux torrentielles de la fin de l'époque quaternaire, ou enfouies sous les alluvions, ou enfin démolies comme nuisibles à l'agriculture; cependant on peut considérer comme des vestiges de ces moraines les dépôts dont nous avons parlé, p. 454, sous ce titre : *Roches erratiques dans les vallées jurassiques et crétacées, en dehors de l'Auxois, dans la direction du bassin de Paris.*

cristallin portait non-seulement les étages jurassiques, mais encore une grande partie de la sous-formation crétacée (1).

Que d'ailleurs il ne faut pas prendre comme point de comparaison les altitudes des glaciers encore en fonctions, pour les opposer à celles du Morvan ; mais tenir compte du climat régnant à l'époque quaternaire, alors que nos pays étaient

---

(1) En décrivant la 4e phase, nous avons démontré (p. 379) que l'altitude actuelle du plateau de Saint-Brisson (675 mètres), qui n'est pourtant pas le point le plus élevé du Morvan, devait être d'environ 891 mètres, en y replaçant seulement, des terrains jurassiques, la partie commençant à l'infra-lias et se terminant à la base de la grande oolithe.

Cette altitude devrait encore être augmentée de tout ce qui constitue la puissance du reste de la série jurassique.

Or, d'après les calculs de M. Martin (*Les Mers jurassiques.* — Extrait des Mémoires de l'Académie de Dijon, 1866, p. 5), la partie supérieure de la grande oolithe aurait au moins, dans la Côte-d'Or, une puissance de. . . . . 60 m. » c.

L'étage oxfordien de. . . . . 90 »

L'étage corallien de. . . . . 120 »

270 m. »

Les étages kimméridien et portlandien, dont l'épaisseur n'est pas estimée par M. Martin, ne peuvent guère être portés au-dessous de. . . . . 50 »

320 m. »

Si nous ajoutons encore la puissance des étages crétacés, qu'il est impossible d'évaluer, mais qui ne pouvait pas être inférieure à. . . . . 200 »

520 m. »

Nous aurons 520 mètres à ajouter à l'altitude du plateau de Saint-Brisson, portée plus haut à 891, c'est-à-dire 891 + 520 = 1,411 mèt.

Le plateau de Saint-Brisson aurait donc eu primitivement 1,411 mèt. d'altitude ;

Et les points culminants du Morvan, en admettant qu'ils n'aient rien perdu de leurs roches cristallines elles-mêmes, ce qui n'est pas probable, s'élevant encore aujourd'hui à environ 900 mèt., c'est-à-dire dépassant le plateau de Saint-Brisson (900 — 675) de 225 mètres, auraient eu une

soumis à un régime météorique particulier et à une température générale suffisante pour fixer les neiges sur des sommités bien moins élevées que les Alpes et les Pyrénées actuelles.

Et que si l'altitude des plateaux jurassiques de l'Avallonnais et du Semurois paraît trop faible pour que des glaciers descendus du Morvan aient pu arriver sur ces plateaux sans se dissoudre, nous trouverons la preuve du contraire dans une Note de M. Benoit qui a signalé des blocs erratiques charriés des hauteurs des Alpes à 300 mètres, à Hautecour; de 200 à 280 mètres, sous le château de Saint-Sorlin, près de Lagnieu ; à 390 mètres sur le point le plus élevé du triangle oolithique qui forme la pointe septentrionale du département de l'Isère; à 257 mètres sur la colline du Seillon, près Bourg-en-Bresse (1), à 222 mètres dans le cirque de Belley, et même plus bas sur d'autres points (2).

M. Falsan (3) indique encore un bloc erratique de 22 m. cubes en phyllade noir de provenance alpine près de Culoz, à l'altitude de 317 m., et M. Lory (4) donne au placard mo-

---

altitude de 1,411 + 225, c'est-à-dire de 1,636 mètres, en supposant qu'ils aient été recouverts dans les mêmes proportions.

Les bases de ces calculs sont un peu incertaines, nous le reconnaissons, et les altitudes que nous avons données au Morvan primitif peuvent être augmentées ou diminuées ; cependant il en résulte toujours la preuve que le nord du plateau central a été suffisamment élevé au-dessus du niveau de la mer pour porter des glaciers aux époques anciennes.

. (1) Note sur les dépôts erratiques alpins dans l'intérieur et sur le pourtour du Jura méridional. — Bull. de la Société géologique, 2ᵉ série, t. xx, p. 350, 353, 354 et 355.

(2) Planche vi du même Bulletin, par le même auteur, figures 15 et 18.

(3) *Instruction pour l'étude des terrains erratiques du bassin du Rhône*, planche iv, Paris-Lyon, in-8ᵁ, 1869.

(4) Bull. de la Société géol., 2ᵉ série, t. xx, p. 379.

rainique qui recouvre le plateau de Sathonay, près Lyon, une hauteur de 350 m. au maximum au-dessus du niveau de la mer.

Citons encore M. Tardy (1), qui fixe les altitudes de certains dépôts morainiques du plateau central, lesquels descendent à 265 m. et même à 200 m.

Nous croyons avoir suffisamment établi que les plus basses altitudes des débris glaciaires venus des Alpes et de certaines parties du plateau central ne sont point supérieures à celles des lambeaux erratiques reposant sur les plateaux jurassiques qui bordent l'Auxois au N. et au N.-O., lambeaux qui, suivant notre appréciation, proviennent des sommités morvandelles ; que même ces basses altitudes ne sont pas, sur certains points, à une cote plus élevée que le gisement erratique d'Epoisses, sur lequel nous reviendrons, renfermant un bloc strié, et dont le niveau a paru trop bas à M. Belgrand (2) pour être d'origine glaciaire (3).

Mais en admettant que les lambeaux crétacés des plateaux supérieurs de l'Auxois soient morainiques, nous nous trouvons en présence d'une difficulté qui paraît difficile à résoudre.

Si le Morvan a, en effet, porté sur ses cimes des sédiments crétacés en place, à plus forte raison, d'après la théorie que nous avons exposée, ces mêmes sédiments devaient exister aussi en place à l'entour ; et les plateaux qui font face au Morvan et ne présentent plus aujourd'hui, au plus près, que les groupes oolithique, inférieur et moyen, devaient être sur-

(1) Bull. de la Société géol., t. xxvii, p. 568.

(2) Même Bulletin, 2e série, t. xxvi, p. 182.

(3) Nous aurons encore à fournir d'autres preuves du phénomène glaciaire, en signalant d'autres restes morainiques dans la plaine de l'Auxois.

montés, comme la chaîne morvandelle, non-seulement de la partie supérieure de la série jurassique, mais encore de la sous-formation crétacée plus ou moins complète.

Ces plateaux ont été par conséquent dénudés depuis, mais antérieurement à la période glaciaire, car ils étaient évidemment à peu près dans l'état où nous les voyons, quand ils ont reçu les dépôts erratiques dont nous avons parlé.

D'un autre côté, le Morvan avait dû être presque entièrement épargné par la même dénudation, puisqu'il fournissait aux glaciers les éléments crétacés et jurassiques constituant les moraines des hauteurs qui le bordent au N. et au N.-O.

Pourtant aujourd'hui le Morvan est plus profondément érodé que ces hauteurs, bien qu'il les domine encore de ses roches cristallines.

Quelle est donc la cause et le mode d'une pareille dénudation, qui d'abord a agi si puissamment sur les plateaux limitrophes du Morvan, sans atteindre le Morvan lui-même, au moins dans de grandes proportions, et pourquoi celui-ci, d'abord préservé, a été plus énergiquement découronné ensuite ?

Examinons les diverses hypothèses qui se présentent à l'esprit pour la solution de cette question assez complexe.

La première est celle d'un *diluvium* mise en avant par certains géologues pour expliquer les phénomènes de dénudation.

Ils ont supposé qu'une immense vague ou une suite de vagues de plusieurs kilomètres de puissance, projetées violemment du sein de la mer, par une impulsion subite, provoquée elle-même par un soulèvement soudain d'un continent ou d'une partie de continent, avaient envahi brusquement, et à plusieurs époques, les terrains émergés, et que, dans leur formidable effort, par leurs remous et leurs contre-coups, elles avaient emporté des groupes et quelquefois des formations entières.

Une pareille cause étant admise, il suffirait, pour expliquer l'immunité première du Morvan, que le diluvium eût atteint seulement les versants du nord du plateau central, sans parvenir au faîte de la chaîne, et qu'un autre diluvium eût démantelé postérieurement le Morvan lui-même.

Incontestablement, des dénudations importantes se sont produites à différentes fois sur le globe, et on en trouve la preuve dans ce fait qu'un grand nombre de terrains, les terrains paléozoïques, triasiques et tertiaires notamment, sont constitués en grande partie par des éléments arrachés aux roches préexistantes ; et les immenses dépôts qu'ont formé ces terrains témoignent d'ablations opérées sur une prodigieuse échelle ; mais la théorie diluvienne rend-elle bien compte de pareils effets ?

Croit-on que, si, dans l'état actuel de nos contrées s'effectuait un pareil cataclysme, dont la durée doit être extrêmement limitée, la configuration du sol serait beaucoup modifiée ? On comprend bien que tous les terrains meubles superficiels seraient entraînés, puis iraient se perdre presqu'en totalité dans le grand réservoir marin, que les roches solides seraient écornées ou démolies sur leurs bords ; que les terrains marneux qui s'exfolient et se désagrégent si facilement sous l'action lente et répétée des forces atmosphériques, mais présentent par leur homogénéité et leur tassement une grande résistance à la violence des eaux, seraient seulement arrondis par la masse aqueuse envahissante ; que certaines vallées pourraient être creusées plus profondément ou même comblées suivant les cas. Mais on ne saurait concevoir le démantèlement par une force passagère de masses de montagnes et de plateaux, avec des ablations par arasement de plusieurs centaines de mètres d'épaisseur et quelquefois de plus de 1,000 mètres.

D'ailleurs des observations récentes tendent à démontrer que les flores et les faunes se sont succédé dans le temps et dans l'espace, sans lacunes et avec des transitions ménagées, et comment concilier cette succession progressive avec l'idée d'un cataclysme qui aurait anéanti la vie sur son immense parcours et aurait produit par l'enlèvement de la terre végétale une stérilité complète d'une incalculable durée sur une grande partie du continent ?

D'un autre côté, dans le cas qui nous occupe, il faudrait, d'après l'hypothèse cataclystique, admettre deux diluviums pour expliquer d'abord les ablations des versants, puis celles des sommets du Morvan, et comment comprendre alors que le dernier diluvium n'aurait pas complétement emporté les moraines des plateaux jurassiques déposés dans l'intervalle de temps qui sépare les deux cataclysmes ? Et pourtant ces moraines existent en partie, malgré d'autres causes nombreuses de destruction, soit par les hommes, soit par les agents glaciaires eux-mêmes, soit par l'influence prolongée des forces atmosphériques.

Laissons donc à l'écart la théorie diluvienne qui a fait son temps et qu'on invoque toutes les fois qu'on est embarrassé pour expliquer un fait de dénudation. C'est, comme on l'a dit, le *Deus ex machina*, dont il n'est plus possible de se servir dans l'état actuel de la science.

Et cherchons la solution du problème dans les causes actuelles, peut-être amplifiées dans le passé, mais dont la lenteur d'action est compensée par l'immense durée. Elles donnent des résultats autrement importants que des bouleversements éphémères, quelque puissants qu'on les suppose.

Trouverons-nous cette solution dans l'érosion glaciaire ?

Il faudrait alors supposer que le Morvan, dans son premier état, était complétement glacé et ne perdait aucun élément rocheux, soit par ses moraines, soit par ses torrents, quand ses versants abaissés par des failles et des flexions, et par conséquent moins congelés, étaient soumis à une érosion énergique qui les dépouillait de leur partie superficielle; puis que, après la dénudation des mêmes versants, aurait commencé celle du Morvan, exposé alors à un froid d'une moindre intensité. Il aurait, pendant cette dernière période, couvert de ses convois erratiques les plateaux réduits à leurs surfaces actuelles; enfin l'ablation des cimes morvandelles se serait poursuivie jusqu'à la destruction presqu'entière de tous les sédiments formant le couronnement de leur base cristalline.

Cette hypothèse, au moins en ce qui concerne l'érosion des plateaux qui forment la ceinture du Morvan, ne nous satisfait pas plus que la précédente.

Les plateaux qui entourent le Morvan et se continuent à de grandes distances, — abstraction faite des vallées qui les sillonnent et dont nous nous occuperons plus loin; abstraction faite aussi de la grande dépression de la plaine de la Saône qui n'est que le résultat d'un plissement en creux, — forment une surface à peu près plane, sans présenter d'accidents de terrain notables, mais seulement une inclinaison à pente adoucie dans une direction opposée au plateau central et un bombement vers le centre des montagnes qui bordent la vallée de la Saône, en regard du plateau de Langres, avec double déclivité vers le midi et vers le nord-ouest. Cet arasement est tellement marqué que les lèvres relevées des failles ne font plus saillie et que les parties les plus élevées de cette région, en se rapprochant du Morvan, sont plus érodées que les parties plus basses qui s'en éloignent davantage; de telle sorte que les sédiments superficiels des plateaux sont de plus en plus récents à mesure que l'altitude décroît, tous ayant subi, mais dans des proportions différentes, l'effet d'un nivellement général.

Or, les glaciers, s'ils usent réellement par leur frottement les roches situées sur leur parcours, ne possèdent pas de force érosive suffisante pour opérer par arasement des dénudations aussi importantes que celles qui se sont produites à la surface des plateaux jurassiques ; leur action est limitée aux dépressions qu'ils suivent dans leur marche vers l'aval.

Si, par leurs torrents, ils peuvent effectuer des érosions considérables, ces torrents, loin de niveler les surfaces, les divisent au contraire, en les coupant par de nombreuses vallées, comme sur le Morvan, par exemple, dont nous expliquerons la configuration actuelle par l'effet des érosions sous-glaciaires ; et même, dans le cas où ils rencontrent des roches d'une grande résistance, en les déchiquetant, comme nous avons pu le remarquer dans les Pyrénées, à la limite des neiges éternelles (1).

Ce n'est donc pas à l'érosion glaciaire qu'est dû l'aplanissement de la contrée limitrophe du Morvan.

Nous nous sommes arrêté à une autre hypothèse qui nous semble mieux rendre compte de l'état des plateaux jurassiques.

Nous allons la présenter, tout en nous réservant d'expliquer plus tard la dénudation des points culminants du Morvan, car nous n'en avons pas fini avec les érosions et les glaciers ; le but que nous nous proposons en ce moment étant seulement de démontrer que le nord du plateau central a porté sur ses cimes des sédiments crétacés et que l'état actuel des lieux n'est pas en désaccord avec les faits que nous avons exposés à l'appui de cette opinion.

DÉNUDATIONS OPÉRÉES SUR LES CONTRÉES LIMITROPHES DU MORVAN ET SES CAUSES.

Les sédiments qui se déposent dans les profondeurs des

---

(1) Ces neiges, confinées aujourd'hui sur les plus hautes crêtes, se déployaient pendant la période de grande extension, sur des espaces considérables. Après leur retrait, elles ont laissé le sol profondément déchiré et hérissé d'arrêtes abruptes séparées par des crevasses creusées en abîmes.

mers se forment dans des conditions de calme que rien ne vient troubler; mais si, par une cause quelconque, un soulèvement de fond ou un abaissement des eaux, par exemple, les masses stratifiées se rapprochent assez de la surface, le calme dont elles ont joui cesse complétement. Elles sont alors exposées à l'agitation des vagues et au balancement des marées. Si cet état se prolonge pendant une durée considérable, la mer alors détruit son œuvre (1), surtout quand son action s'exerce sur des roches calcaires conservant encore la mollesse que leur communique le milieu aqueux, et l'érosion ne cesse qu'au-dessous du niveau d'agitation.

En décrivant le phénomène de la 4me phase, nous avons dit que les contrées limitrophes du Morvan actuel s'en étaient séparées par des ruptures ou avaient subi des flexions qui les avaient placées en contre-bas; par conséquent, elles se trouvaient encore sous les eaux marines quand le Morvan était déjà exondé.

Si l'émersion du Morvan s'était opérée dans un temps relativement assez court et si celle des contrées voisines s'était effectuée avec une extrême lenteur, il en résulterait que le Morvan aurait échappé en partie à l'érosion marine, tandis que les surfaces restées sous les eaux et soumises au contact des vagues, auraient éprouvé une ablation considérable; en outre, par suite de l'abaissement de plus en plus prononcé des dépôts situés au pied du Morvan, à mesure qu'on s'en éloigne, le retrait de la mer aurait eu pour effet d'amener d'abord et successivement dans sa sphère d'agitation les par-

---

(1) On sait combien les constructions navales sont exposées à la corrosion de la mer et battuesen brèche par les flots et que, malgré des précautions minutieuses et un choix spécial de matériaux d'une grande solidité, elles ne résistent qu'imparfaitement à la puissance des vagues. Le démantèlement des falaises par les mêmes causes est encore plus rapide.

ties les plus élevées et en même temps les plus rapprochées du Morvan, lesquelles auraient été soumises à l'action érosive dans de grandes proportions, tandis que les parties, qui s'éloignent davantage des hauteurs morvandelles, auraient été d'autant moins attaquées qu'elles étaient plus profondes.

Voyons maintenant si les faits concordent avec cette théorie.

Les parties les plus rapprochées du nord du plateau central sont en effet rongées jusqu'au groupe oolithique inférieur (1) ; celles qui viennent après s'arrêtent aux différents étages du groupe oolithique moyen ; plus loin la limite d'érosion ne dépasse pas le groupe oolitique supérieur ; plus loin encore c'est le terrain crétacé inférieur, puis le terrain crétacé moyen, etc., qui affleurent, et, comme nous l'avons dit, il s'est formé par arasement, sans accidents importants de relief, une vaste surface dont l'uniformité n'est pas même modifiée par les failles dont les parties saillantes ont été effacées (2) ; seulement, en quelques points, on remarque quelques

(1) Elles peuvent même avoir été érodées jusqu'aux roches marneuses du lias, à la jonction du Morvan, sur le trajet des failles, à l'endroit où existent aujourd'hui les dépressions de l'Auxois du nord et de l'est, et du Bazois à l'ouest.

Les hauteaux du fuller's earth et de la base de la grande oolithe, qu'on remarque sur les plateaux du sud et de l'est, ne font saillie que par l'effet d'érosions tertiaires et surtout quaternaires. Les sommets de ces hauteaux, sensiblement sur la même ligne, sont des témoins de l'arasement primitif.

(2) Cependant, par l'effet de ces failles, certains étages enlevés par l'érosion, ont été conservés par lambeaux en tombant à un niveau plus bas, comme l'a démontré M. Martin (*Mers jurassiques*, note déjà citée). D'autres, au contraire, portés plus haut sur les lèvres relevées, ont été plus profondément atteints, ce qui modifie par endroits l'ordre que nous venons d'indiquer, mais ne change rien à l'arasement général, et vient même confirmer notre hypothèse.

sillons, quelques dépressions peu prononcées qui peuvent être le résultat des courants qui se produisent au sein des mers ou du ravinement par les eaux douces après le retrait des eaux pélagiennes.

ÉPOQUE DE L'ARASEMENT DES PLATEAUX OOLITHIQUES.

(Il est antérieur à l'époque tertiaire)

Cette dénudation des plateaux n'a pu commencer que vers la fin de la craie, époque où les grandes failles se sont produites également, et en cela nous sommes d'accord avec M. Ebray (1), quoique ce géologue ne voie dans la dénudation dont nous venons de parler que l'effet d'un diluvium. Elle a pris fin avant l'époque tertiaire, car la mer avait alors abandonné les contrées qui avoisinent le Morvan, ce qui est démontré par la présence des dépôts éocènes lacustres dans la plaine de Dijon (2), et de lambeaux de calcaire d'eau douce au pied du Morvan, sur la lèvre affaissée de la faille occidentale (Saint-Honoré) (3).

En disant que cette dénudation lente a débuté vers la fin de la craie, nous ne prétendons pas que c'est à la fin même de la série crétacée; car si la période crétacée paraît se terminer à l'étage sénonien dans le bassin parisien, elle s'est

(1) *Etudes géologiques du département de la Nièvre*, p. 140-141. — M. Ebray, se fondant sur plusieurs considérations tirées principalement de la présence de terrains de transport violent entre la craie et les terrains tertiaires (Poudingues de Nemours), et sur ce fait que, après la formation crétacée, il existe des changements importants dans l'organisme animal, changements qu'on peut attribuer à une rupture d'équilibre dans la distribution des mers, pense que la dénudation dont nous parlons est arrivée vers la fin de la sous-formation crétacée.

(2) Tournouer : Bulletin de la Société géol., 2e série, t. **xxiii**, p. 778 et suivantes.

(3) Ebray : Même Bulletin, t. **xxiv**, p. 719.

encore continuée sur d'autres points par la craie de Maestricht ou par le puissant étage garumnien qui paraît lui correspondre dans le midi de la France. Ce serait donc seulement après le dépôt de l'étage sénonien que la mer aurait commencé vers le N.-O. et vers le S. à se retirer et à ronger les terrains situés à l'entour du Morvan, et c'est pendant la longue durée des dépôts garumniens et peut-être pendant les dépôts nummulitiques (épicrétacés) par lesquels a débuté la période tertiaire, que se serait effectué l'arasement des plateaux jurassiques.

On peut objecter que si, en effet, cette ablation considérable s'est produite par les vagues de la mer en retrait, on devrait trouver les traces de son passage, caractérisées soit par le durcissement des surfaces, soit par l'empreinte des lithophages, soit par des cordons littoraux.

Mais on peut répondre que depuis que la mer a abandonné le voisinage du plateau central, il s'est produit de nouvelles érosions qui ont été suffisantes pour faire disparaître ces vestiges.

En effet, si l'on en juge par les nombreux débris qui constituent le fond des lacs miocènes de la plaine de Dijon et qui ne sont formés que de sables et de cailloux arrachés aux roches jurassiques des plateaux, l'époque tertiaire a eu aussi sa dénudation dont la cause, dans les régions qui nous occupent, ne peut être attribuée à la mer, mais à l'action prolongée des eaux atmosphériques alimentées par de vastes surfaces d'évaporation, car les continents n'étaient encore qu'imparfaitement émergés.

Il faut encore ajouter à cette cause d'altération des surfaces la désagrégation et la dissolution des roches sous l'influence des phénomènes glaciaires de la période quaternaire.

Il est donc naturel de penser que tous les vestiges marins qui auraient pu exister à la surface des plateaux dénudés ont été détruits ou entraînés vers le fond des bassins et que, mêlés aux produits de l'érosion précédente, ils ont formé sous l'eau salée ou sous l'eau douce, ces masses désagrégées, roulées ou remaniées, sur lesquelles ou au milieu desquelles la faune tertiaire s'est si largement développée.

En commençant notre exposition théorique, nous avons eu seulement pour objet d'établir que la craie s'est étendue jusque sur le Morvan primitif. C'était, comme nous l'avons dit, le point de départ nécessaire des explications que nous avions à donner pour faire comprendre les phénomènes des derniers temps géologiques. A cette occasion, nous avons été forcément amené à parler par anticipation de certains dépôts d'origine glaciaire que, suivant l'ordre des matières, nous ne devions aborder que plus tard ; aussi serons-nous obligé d'y revenir. Les développements du sujet nous ont conduit aussi à nous occuper de la dénudation des plateaux jurassiques et crétacés, à en déterminer les causes que nous avons attribuées au retrait de la mer et à en fixer l'époque qui, selon notre opinion, a duré depuis la fin des dépôts sénoniens jusqu'à la période tertiaire.

Nous allons rentrer maintenant dans la description des dépôts et des phénomènes, en suivant l'ordre des temps, et nous commencerons par l'époque tertiaire.

DÉPOTS TERTIAIRES, LEUR NATURE ET LEUR SITUATION.

Les dépôts tertiaires font défaut sur le Morvan actuel ; s'il en a porté, ce qui est peu probable, ils devaient être d'origine terrestre, fluviatile ou lacustre, car la mer s'était déjà retirée des bords du plateau central, et s'ils ont disparu, c'est par le fait de l'érosion quaternaire.

Sur certains points des plateaux jurassiques du N. et du N.-E., la formation tertiaire n'est représentée que par des amas sidérolithiques assez rares que nous avons décrits,

p. 475, et qui paraissent avoir pour cause une émission boueuse et thermale, car ils ne sont pas stratifiés.

Nous avons vu que ces dépôts ferrugineux remplissent seulement quelques fissures des roches jurassiques ; que ces fissures corrodées, par lesquelles devaient s'échapper les éjections sidérolithiques, sont arasées aujourd'hui. Les nappes boueuses qui devaient en sortir et s'étendre par épanchechement à la surface des plateaux, ont été emportées par l'érosion quaternaire ; peut-être ont-elles contribué, avec les les débris ferrugineux de l'oxford-clay, à la rubéfaction du limon des plateaux qui s'est formé pendant la période quaternaire.

Nous aurions été embarrassé pour classer ce fer pisiforme des plateaux, en l'absence de preuves paléontologiques, s'il n'était intercalé sur des points que nous allons indiquer dans des dépôts sédimentaires dont la nature tertiaire ne peut être contestée.

M. Ebray a signalé, comme nous l'avons dit plus haut (1), un lambeau de calcaire d'eau douce tertiaire au pied du Morvan, sur la lèvre affaissée de la faille occidentale. Ce lambeau est situé au-dessous de l'établissement thermal de Saint-Honoré sur l'oolithe inférieure, dans une dépression voisine des roches cristallines et se trouve en contact avec le fer pisiforme.

M. Tournouer a également constaté (2) l'existence dans le bassin de la Saône, de l'éocène à Talmay, à Vesvrottes, à Belleneuve, etc. ; du miocène dans un conglomérat formé aux dépens des roches jurassiques, depuis le débouché de l'Ouche à Dijon jusqu'à la Tille, et du pliocène à Chevigny-Saint-Sauveur, à Crimolois, Fauverney, etc.

----

(1) Bull. de la Soc. géol., 2ᵉ série, t. xxiv, p. 719.

(2) Même Bulletin, t. xxiii, p, 778 et suivantes.

Tous ces dépôts évidemment lacustres contiennent du fer pisolithique soit en nappes, soit en filons; cependant les amas sidérolithiques semblent remaniés dans les assises que M. Tournouer considère comme pliocènes.

Si l'assiette des plateaux semble avoir peu varié pendant la période tertiaire, il n'en a pas été de même dans la vallée de la Saône, car M. Tournouer constate que l'éocène forme des lambeaux assez élevés qui ont recouvert ou contourné des sédiments portlandiens et même crétacés; que ces lambeaux constitués par un calcaire lacustre portent les traces d'un ravinement par les eaux miocènes; et que les dépôts miocènes et pliocènes sont placés à des altitudes variées, quelquefois inférieures, quelquefois égales ou supérieures aux lambeaux éocènes.

La vallée de Dijon a donc éprouvé des oscillations pendant la période tertiaire, ce qui est encore démontré par M. Jules Martin (1).

L'absence ou l'extrême rareté de débris crétacés dans le conglomérat miocène de la plaine de Dijon vient encore apporter une preuve de la dénudation des plateaux avant l'époque tertiaire.

Nous ajouterons que la mer, qui devait avoir opéré son retrait plus tardivement de la dépression de la Saône que des grands plateaux qui la dominent, était pourtant déjà reléguée, pendant la période miocène, dans la partie méridionale de la Bresse, où elle déposait la molasse marine au pied du Jura et presque dans la région qui, un peu plus tard, devait constituer le grand massif alpin du Mont-Blanc.

Pendant la durée de la formation tertiaire et peut-être dès le commencement du retrait de la mer, les eaux atmosphé-

---

(1) *Du terrain tertiaire de la gare de Dijon.* Extrait du Mémoire de l'Académie de Dijon, 1865.

riques ont produit des ravinements et des érosions assez notables dans nos contrées, car, dès que les terrains sont émergés, ils sont soumis à une désagrégation plus ou moins active, mais incessante.

C'est à cette époque que les vallées qui sillonnent les plateaux jurassiques ont commencé à s'ébaucher, mais les rigoles alors ouvertes prendront, à l'époque quaternaire, un développement considérable en profondeur et en largeur.

DÉPOTS QUATERNAIRES.

PÉRIODE GLACIAIRE, SON INFLUENCE ET SES RÉSULTATS

Vers le commencement de l'époque quaternaire, et peut-être plus tôt, le climat se modifie; l'état glaciaire dont les causes sont encore mal connues, mais dont les effets sont indiscutables, tend à se développer; mais l'invasion des frimas est progressive, car les changements qui se produisent dans la nature n'arrivent à leur maximum que par des transitions ménagées (1).

Le phénomène débute par une plus grande abondance de pluies et par des masses de neige encore instables dont les fontes périodiques occasionnent un régime torrentiel intermittent.

Les rigoles d'écoulement déjà ouvertes sur le Morvan et les hauts plateaux qui l'entourent s'agrandissent et se creusent, mais sont loin d'atteindre les proportions qu'elles acquerront plus tard.

Les dislocations antérieures du sol donnent prise aux éro-

(1) L'époque quaternaire fut marquée sur différents points du globe par des oscillations du sol; ces oscillations se produisirent dans de grandes proportions, notamment en Angleterre, et amenèrent l'affaissement du détroit de la Manche; mais elles furent à peine sensibles dans le centre de la France.

sions, et quand celles-ci s'exercent sur des terrains arénacés ou marneux, elles tendent à former des bassins.

Lorsqu'arrive la période de froid intense, chaque dépression du Morvan sert de lit à un glacier et tous les glaciers se dirigent vers les parties basses qu'ils ravinent par leurs torrents sous-glaciaires.

Le Morvan présentait alors des surfaces moins arrondies qu'aujourd'hui. Ces surfaces étaient hérissées de nombreux pics couronnés par des lambeaux crétacés qui, se démantelant et s'écroulant sous l'influence des gelées, couvraient de leurs ruines les glaciers en voie de progression vers l'aval; et les roches jurassiques elles-mêmes, attaquées sur de nombreux points, se joignaient à ces convois morainiques superficiels.

HAUTS NIVEAUX DES GLACIERS.

Les bassins encore à peine ébauchés formant un réceptacle insuffisant, les glaciers continuèrent leur marche et s'étendirent sur les plateaux jurassiques, en abandonnant comme témoins de leur passage ces moraines latérales dont nous avons décrit les dépôts dans l'Avallonnais et le Semurois (V. p. 432 et suivantes), représentées actuellement par leurs éléments résistants, tels que silex, grès albiens et chailles, et en marquant leur route par des surfaces de frottement si fréquentes sur les hauteurs jurassiques, surfaces qui, à la vérité, ont perdu les traces du moutonnement et du burin glaciaires, sous l'influence des agents atmosphériques, mais où l'action corrosive du charriage a encore laissé son empreinte.

Parmi ces points corrodés, nous citerons le sommet de la montagne de Grosmont, déjà décrit; le sommet de Montfaute, où l'oolithe inférieure a été tellement rongée qu'il est resté presque inculte, et sur lequel on remarque des arrachements dans la roche gréseuse de la base du calcaire à entroques, avec une dépression marquée sur les bords inclinés vers les vallées qui, moins creusées alors, servaient de premier lit aux glaciers.

Nous citerons encore le plateau entre Massingy-lès-Semur, Pouillenay, Mussy-la-Fosse et Venarey, usé jusqu'au calcaire-marbre, où la roche corrodée fait encore saillie sur le cap qui regarde Massingy ; les landes du plateau de Mincey terminant, du côté de Pouillenay, la montagne de Flavigny ; le hauteau de la Roche-Vanneau, couvert de blocs troués par l'action corrosive des gaz comprimés sous les glaces (1).

Nous pourrions encore citer ces vastes surfaces raclées dans les cantons de Vitteaux et de Sombernon et ailleurs ; puis cette disposition en retrait des hauteaux rongés sur les bords des montagnes, mais inégalement, suivant qu'ils se sont trouvés plus ou moins sur le passage des convois glaciaires (2).

Sans le revêtement de limon rouge qui s'est formé après coup sur ces plateaux, sans la désagrégation des roches attaquées par les agents atmosphériques, tous les sommets ainsi érodés seraient encore dans un état de stérilité complète.

Il est impossible de déterminer aujourd'hui la limite d'extension des glaciers des plateaux ; peut-être ne s'avançaient-ils qu'à une faible distance du Morvan ; mais peut-être aussi, par l'effet de l'inclinaison des montagnes jurassiques et crétacées, descendaient-ils à un niveau assez bas vers le bassin de Paris, où leurs moraines peuvent avoir été remaniées et mélangées aux moraines des glaciers postérieurs,

(1) Voir sur l'action des gaz comprimés l'opinion de M. Benoît : Bull. de la Soc. géol., 2e série, t. xv, p. 344.

(2) Nous l'avons déjà dit, nous ne nous occupons spécialement que de la partie septentrionale du Morvan et des plateaux jurassiques qui l'avoisinent.

partant de moindre altitude, mais charriant des roches de
nature différente.

RETRAIT DES GLACIERS.

Plus tard se produit un abaissement; le niveau glaciaire
n'atteint plus les plateaux jurassiques supérieurs ; c'est ce
qui résulte de l'existence de nouveaux dépôts restés sur les
plateaux inférieurs du bassin de l'Auxois et constitués par
d'autres éléments.

Les débris appartiennent alors au lias silicifié, au granite
et, dans de moindres proportions, aux grès triasiques et
houillers. On y rencontre aussi des cailloux quartzeux et
quelques chailles siliceuses.

Cette diminution du niveau est-elle la conséquence de
l'ablation, sur les points les plus élevés du Morvan, des
sommets désagrégés et entraînés, ou bien résulte-t-elle de
l'excavation plus large et plus profonde du bassin de l'Auxois
et des rigoles d'écoulement qui en sortaient à la suite de l'affouillement, par les glaciers et les torrents sous-glaciaires,
des terrains marneux et arénacés de ce bassin ?

Nous croyons que ces deux causes, agissant simultanément, ont concouru à cet abaissement·

S'est-il fait brusquement et sans transition, comme semblerait l'indiquer l'absence de moraines intermédiaires entre
celles des plateaux supérieurs et celle des plateaux inférieurs ? Nous ne le pensons pas.

Il a dû être progressif, et les moraines intermédiaires composées d'éléments presqu'exclusivement calcaires qui devaient
appartenir aux groupes oolithiques, supérieur, moyen et infé·
rieur, n'ont pu résister aux influences atmosphériques ; eus-
sent-elles résisté d'ailleurs qu'elles n'auraient pu tenir sur
des côteaux marneux glissant continuellement. Tout au plus
sont-elles représentées par les chailles qu'on rencontre éparses
dans la plaine et qui ne seraient que le résidu de masses pri-

34

mitivement déposées successivement à des niveaux plus élevés et tombés au fond du cirque.

Pour trouver ces moraines jurassiques il faudrait les chercher au loin vers l'aval dans des conditions où leur enfouissement les aurait préservées des atteintes des agents atmosphériques.

Nous avons vu, en effet (page 428), que M. de Roys a rencontré, aux environs de Montereau, un mamelon dont le fond est à 8 mètres au-dessus de la rivière, composé en entier de galets provenant des calcaires jurassiques de la Bourgogne et des roches granitiques du Morvan.

Evidemment ce dépôt a été remanié par les eaux; mais n'est-il pas probable que les roches jurassiques appartenaient aux restes morainiques dont nous parlons?

D'un autre côté, M. J. Martin a découvert (V. la note de la page 419) aux environs d'Argenteuil (Yonne) au-dessus de l'étage oxfordien en place, sur la hauteur, un amas de chailles anguleuses renfermant des fossiles de la grande oolithe. Cet amas est au N.-O. du Morvan et dans la direction de tous les terrains de transport venant du nord du plateau central (1) ; ne provient-il pas également des moraines jurassiques et ne doit-il pas sa conservation à sa nature siliceuse, tandis que les autres matériaux calcaires qui accompagnaient les chailles auraient été désagrégés, dissous et entraînés?

(1) A la vérité, dans les terrains jurassiques en place de la partie de la Bourgogne qui avoisine le Morvan, on ne trouve pas de chailles siliceuses ; cependant celles à l'état erratique dans l'Auxois, et qui sont siliceuses, ne peuvent provenir que des hauteurs morvandelles. On ne saurait les considérer comme charriées des montagnes des Vosges, comme certaines chailles des bords et du centre du bassin de Dijon ; on est bien obligé alors d'admettre que les terrains jurassiques qui couronnaient le Morvan contenaient des chailles siliceuses.

Avant de démontrer que d'autres restes existant sur les plateaux inférieurs sont également en grande partie de provenance erratique, examinons quel a été, sur les plateaux supérieurs de formation oolithique, l'effet du retrait des glaciers.

Les glaciers de ces plateaux, ne recevant plus d'alimentation du côté du Morvan, fondirent à la longue et les boues glaciaires et les calcaires morainiques désagrégés par les intempéries s'étendirent sur les surfaces profondément humectées et ramollies par la fonte des masses congelées.

Ils constituèrent des nappes de limon sur les parties planes ou peu déclives, et ces nappes, par suroxydation du fer en dissolution, prirent cette teinte rouge-foncé, caractéristique du limon des plateaux ; mais, comme l'influence de la température glaciaire se faisait encore sentir, les surfaces des montagnes jurassiques se couvrirent longtemps de neiges instables ; les roches, déjà détrempées et altérées par la fonte des glaciers, se délitèrent de nouveau sous l'effet des gelées et de l'humidité périodique, et augmentèrent par leur dissolution le manteau limoneux. Celui-ci perdit peu à peu tout ou partie de son calcaire sous l'action dissolvante de l'acide carbonique contenu dans les eaux atmosphériques, action d'autant plus énergique alors que ce gaz était plus condensé par l'abaissement de la température, mais dont l'effet persiste encore, quoique dans de moindres proportions, à la période moderne (1).

(1) Les surfaces corrodées par l'agent glaciaire sont aujourd'hui généralement gazonnées. Sous le gazon s'est accumulé le terreau rouge sur une faible épaisseur, par l'effet de la dissolution de la roche sous-jacente attaquée par l'acide carbonique contenu dans les eaux pluviales et dans les détritus végétaux. Cet acide, en dissolvant le calcaire, a causé sa précipitation par une sorte de lessivage. L'alumine, le fer et le manga-

Ce dépôt limoneux des plateaux se forma dans des conditions assez calmes, car on peut constater que les parties dissoutes ou délayées ne furent pas emportées généralement à de grandes distances de leur gisement primitif, par la position qu'occupent encore, à proximité de leurs points de provenance, dans le Châtillonnais, la limonite rouge produite par remaniement de l'assise inférieure de l'étage oxfordien (v. p. 405) et le limon peu coloré appelé herbue, qui paraît

nèse n'ont pas été éliminés, et ont constitué le terreau rouge. Le fer et le manganèse ont été extraits des roches décomposées par les racines des plantes, phénomène constaté par M. Daubrée (*Observations sur le minerai de fer qui se forme journellement dans les marais et dans les lacs.* — Bull. de la Soc. géol , 2e série, t. iii, p. 145) jusque sous le gazon et sous les prairies.

La décomposition des roches et l'accumulation du terreau se manifeste encore actuellement et peut être constatée sur beaucoup de points des plateaux oolithiques (Flavigny, Sainte-Colombe) où ont été entassées, sur les friches gazonnées, les pierres enlevées des champs voisins à une époque qui ne peut guère être reportée au-delà du moyen-âge. En effet, dans ces petits amoncellements de pierres alignés et imparfaitement gazonnés faisant saillie de 30 à 40 centimètres, on rencontre le terreau rouge en tout semblable à celui de la généralité des plateaux. Evidemment ce terreau s'est formé et se forme encore sous l'influence des agents atmosphériques et de la végétation.

L'action décomposante exercée par les eaux pluviales sur les calcaires de la surface et l'entraînement du carbonate de chaux dissous expliquent la faible effervescence du terreau situé sous le gazon, et l'effervescence plus marquée du terreau entraîné dans les joints de roche à une certaine profondeur.

Le même phénomène fait comprendre pourquoi les surfaces des éboulis des côteaux sont souvent gazonnées sur un faible dépôt de terreau rouge, et pourquoi, au-dessous de ce niveau fortement coloré, le ciment des éboulis est jaunâtre et même blanchâtre. Il est formé par la précipitation du carbonate de chaux, ainsi qu'on peut le remarquer au-dessous des carrières de Pouillenay où ont été ouvertes des tranchées d'exploitation (carrière Lebailly).

n'être que le résidu boueux des marnes oxfordiennes, contenant, il est vrai, quelques rares éléments probablement crétacés, d'origine morainique (v. p. 402).

Les parties des plateaux où l'altitude décroît, en s'éloignant du Morvan, étant moins protégées par les neiges, étaient atteintes plus profondément par les gelées ; aussi y remarque-t on, comme aux environs de Laignes (v. la note 2 de la page 402), ces dislocations et ces contournements sur place de bancs calcaires, qu'on ne trouve plus à des altitudes plus élevées.

En attendant que nous indiquions quels sont les dépôts du plateau inférieur de l'Auxois qui ont conservé l'empreinte glaciaire et dans quelles proportions, il nous reste à examiner l'état du bassin nord de l'Auxois (1) tel qu'il existe aujour

Le limon rouge couvre de grandes surfaces des terrains quaternaires ; mais quelle que soit son étendue, on ne saurait y voir l'effet d'un phénomène général, comme l'émission d'immenses sources ferrugineuses. La coloration rouge provient, soit, comme sur les hauteurs jurassiques de l'Auxois, de la décomposition sur place des roches et de la suroxydation du fer qu'elles contiennent, soit de la désagrégation des roches à minerai de fer, comme dans la Lorraine, soit du lavage et de l'entraînement à distance par les eaux quaternaires du limon rouge formé sur les hauteurs par les causes que nous venons d'indiquer.

Il est si peu le résultat d'un phénomène général et provient si bien de la nature des roches décomposées qui l'ont fourni que, dans les points où le sol est peu ferrugineux, la coloration rouge cesse, comme en Bresse, sur le Morvan, au voisinage des marnes oxfordiennes du Châtillonnais et en beaucoup d'autres contrées.

(1) Pour ne pas être entraîné trop loin, nous négligerons le bassin du Bazois, dont les glaciers devaient cheminer vers le bassin de la Loire, et la plaine de Corbigny, ayant son écoulement vers le bassin parisien par des vallées qui, plus profondément creusées servent aujourd'hui de lit à l'Yonne et à plusieurs de ses affluents. Nous laisserons pareillement de côté l'Auxois du Sud (plaine d'Arnay-le-Duc) dont les convois gla

d'hui, et les phénomènes d'érosion qui lui ont donné sa configuration à peu près actuelle.

Le bassin septentrional de l'Auxois avait commencé, dès avant la période glaciaire, à se creuser, mais il était loin d'avoir le développement que nous lui voyons aujourd'hui.

Sous l'influence des torrents sous-glaciaires, les rigoles d'écoulement ouvertes dans les terrains marneux et arénacés s'agrandirent progressivement ; car la grande accumulation des glaciers au pied du Morvan et l'obstacle que leur opposa, à mesure du creusement, le massif montagneux jurassique du N., du N.-E. et de l'E., en leur fournissant des issues trop étroites, eurent pour effet de concentrer plus particulièrement leur action à l'entour du cap septentrional du plateau central, pendant que ces mêmes glaciers s'élevaient devant la barrière jurassique et envahissaient les plateaux. Il en résulta des affouillements et des refoulements considérables qui donnèrent à cette partie de l'Auxois la forme d'un cirque entouré de montagnes à l'opposite du Morvan (1).

Ce cirque n'était pas, comme nous l'avons dit, fermé complétement, mais ses ouvertures n'avaient pas toutes la profondeur qu'elles ont aujourd'hui : c'étaient :

Au N.-O. d'Avallon, les vallées occupées maintenant par le

ciaires se déversaient vers l'E., le S.-E. et le S. pour aboutir à la grande plaine de la Saône, par les vallons de l'Ouche et de la Dheune ou de leurs affluents, et se dirigeaient vers le sud-ouest au bassin de la Loire par la vallée de l'Arroux. (V. pourtant la note de la p. 498.)

(1) C'est peut-être au même phénomène qu'il faut attribuer l'excavation qui, suivant M. Belgrand (Bull. de la Société géol , 2e série, t. xxi, p. 160) s'étend à travers les marnes oxfordiennes, depuis la Cure jusqu'à la Lorraine, en passant par Laignes, Châtillon-sur-Seine, Château-Villain, Chaumont, etc.

Cousin et la Cure, et cette dépression allongée, peut-être plus ancienne, que nous avons citée d'après M. Moreau, restée comme un témoin du lit d'un glacier passant par-dessus Blannay et Mailly-le-Château ;

Entre l'Avallonnais et le Semurois, la gorge par où s'échappe le Serein à travers le massif jurassique au N.-O. de Guillon ;

Dans le Semurois, la gorge de Quincy, servant d'issue à l'Armançon.

Entre l'Armançon et le Serein, l'érosion a laissé subsister une partie de la barrière montagneuse qui devait séparer deux glaciers et qui est le prolongement du massif de Mont-Saint-Jean et Charny. Cette barrière oolithique, qui s'arrête aujourd'hui au tertre du Thil, devait primitivement s'avancer beaucoup plus bas vers le nord et se joindre au cap de Bard-lès-Epoisses qui lui fait face et se détache de la ceinture septentrionale du bassin.

Entre l'Armançon et la Brenne, le chaînon séparatif a résisté presqu'entièrement ; cependant il a été entamé sur différents points et à des altitudes diverses. Ces points sont :

Au N.-E., la surface abaissée et découpée du plateau entre Villars-Pautras, Massingy-lès-Semur et Magny-la-Ville ;

A l'E., le plateau de Chassey, usé jusqu'à la gryphée géante et se terminant de chaque côté du Mont-Cernon par deux échancrures, vers Chassey et Marigny-le-Cahouët ; échancrures approfondies jusqu'à la gryphée arquée et mettant en communication la plaine du Semurois avec la vallée des Laumes par le vallon de la Lochère, qui aboutit à Pouillenay, au pied d'un cap arrondi par l'érosion (montagne de Pouillenay), de l'autre côté duquel la Brenne entre dans la vallée des Laumes ;

Au S.-E., la dépression qu'on remarque de Marcigny-sous-Thil sur l'Armançon, à Vitteaux sur la Brenne, ouvrant une coupure dans la ligne des plateaux entre les montagnes de la Croisée et de Velogny d'une part, et les hauteurs de Vesvres.

Indépendamment des glaciers venant du Morvan, tout indique qu'il en existait encore sur les grands plateaux qui l'avoisinaient à l'est. Ils suivaient des dépressions dont la profondeur s'est accrue depuis et qui servent de lit à la Brenne, à l'Oze et à l'Ozerain, ainsi qu'à leurs affluents, et peut-être à la haute Seine.

A la vérité, ces derniers glaciers n'ont pas laissé de moraines ; mais la forme aplatie des sommets ne permettait guère aux moraines superficielles de se former par éboulement des parties proéminentes ; d'ailleurs, leurs roches calcaires n'offraient aucune résistance durable aux agents naturels ; quant aux moraines profondes, elles étaient encore plus facilement détruites par trituration, dissolution et entraînement.

VESTIGES GLACIAIRES DU CIRQUE DE L'AUXOIS.

Les preuves de l'origine glaciaire de certains de ces vestiges ne résultent pas toujours d'indices positifs, mais des rapports qui existent entre eux et des amas évidemment morainiques qu'on rencontre au fond du cirque, où il a dû se produire de nombreux remaniements par les eaux.

Le niveau le plus élevé, par rapport à la plaine, des restes des derniers dépôts glaciaires, est situé, sur le Cousin, à Pont-Aubert, à l'ouest d'Avallon.

On remarque en cet endroit, sur les deux rives escarpées de la rivière, un amoncellement de sables et de blocs roulés ou anguleux, à deux niveaux différents, que nous avons décrit p. 407, et qui a été considéré comme diluvien en 1845 par la Société géologique réunie extraordinairement à Avallon. Il a pourtant, comme l'a reconnu M. Benoît (1), tous

(1) V. la Note de M. Martin sur les glaciers du Morvan. — Bull. de la Soc. géol , 2ᵉ série, t. XXVII, p. 242.

les caractères d'une moraine, mais d'une moraine reprise d'abord en sous-œuvre par les torrents sous-glaciaires et ensuite démolie partiellement par des crues violentes qui paraissent avoir changé le cours de la rivière. Celle-ci suivait probablement, à une époque antérieure, cette vallée de Blannay à Mailly-le-Château, dont nous avons déjà parlé, vallée bordée de moraines crétacées et aujourd'hui sans cours d'eau.

Les éléments de cette masse de transport qui formait barrage sont généralement granitiques ; on trouve cependant parmi eux des gneiss, des grès triasiques et des roches silicifiées appartenant à l'infra-lias et au lias inférieur ; le tout dans un état de stratification confuse et contournée.

Les blocs englobés sans ordre au milieu des sables sont très-nombreux et de dimensions variables, depuis la grosseur du poing jusqu'à celle d'une borne et même d'un volume supérieur.

Cet amas incohérent remonte sur la rive gauche du Cousin (côté du village de Pont-Aubert) à 32 m. suivant M. Moreau ; mais sur la rive droite, sous le village d'Orbigny, il s'élève jusqu'à 56 m. au-dessus du lit de la rivière.

C'est vers ce dernier point que le remaniement a été le plus énergique et a probablement commencé ; le sable y est plus abondant et les blocs qu'il renferme sont de dimensions moyennes. Ils sont généralement arrondis simplement aux angles et même assez souvent anguleux.

La terrasse, en se démolissant sous l'effort des eaux, a encombré de ses blocs le lit du Cousin, qui s'est frayé un passage à travers l'accumulation des matériaux qui l'obstruait, emportant vers l'aval assez brusquement abaissé, la partie démantelée et laissant adossés aux deux côteaux les deux extrémités de la digue moraïnique (1).

(1) Dans la vallée de la Cure, les grands blocs ne sont pas rares; on

Les stries glaciaires manquent sur ces blocs, mais on sait que le granite les garde difficilement (1), surtout quand il est soumis à l'action des eaux; cependant, un des blocs qui sert de base au contre-fort oriental de l'église de Pont-Aubert et se trouve probablement en place a gardé, comme nous l'avons dit précédemment, le poli des roches qui ont subi le frottement glaciaire.

En gagnant le milieu du cirque de l'Auxois, on trouve, aux environs du Serein, des amas de roches granitiques et quartzeuses, en même temps que des calcaires siliceux, avec débris de grès houillers et triasiques, sur la colline du Tronçois ou de Varenne, près Guillon, altitude 229 mètres; aux environs de Vignes; à Toutry, dans le village même, sur la rive droite du Serein (v. pages 416 et 417). Tous forment des accumulations de sables et de blocs, les uns anguleux, les autres arrondis aux angles. Parmi les blocs de Toutry, les habitants ont extrait des bornes de grande taille qu'on remarque dans le village.

Ces dépôts, moins importants que ceux de Pont-Aubert, semblent avoir la même origine.

Un peu plus loin, entre Toutry et Epoisses, mais plus près du premier village, on se trouve en présence d'un alignement de blocs granitiques de grandes dimensions, d'une origine glaciaire incontestable (v. p. 446). Ces blocs, appelés

les rencontre à Saint-Père, à Voutenay, au milieu des alluvions caillouteuses; on en trouve aussi à Vermanton — *Statistique géologique de l'Yonne,* p. 568.

(1) Il existe au musée de Semur des haches préhistoriques, en granite ou en syénite très-dure, trouvée à Cernois; leur forme indique qu'elles ont été évidemment polies. Elles n'en sont pas moins devenues rugueuses à la surface par l'effet de leur exposition aux agents atmosphériques. C'est là une preuve incontestable de la facilité avec laquelle les roches cristallines grenues s'altèrent avec le temps et peuvent perdre leur poli.

Perrons-aux-Souffleux, étaient encore à la fin de 1867, au nombre de six, orientés vers le N.-O. Ils ont été en partie détruits depuis cette époque. Un d'eux, existant encore intact, a, par sa position oblique, échappé à l'influence des agents atmosphériques, et a conservé, sur une de ses faces, le poli et les stries parallèles propres aux roches des moraines profondes. Ils reposent tous sur le calcaire à gryphées arquées, érodé jusqu'au vif, et n'appartiennent pas au granite de la localité (1).

De plus, la campagne, aux environs, porte encore à sa surface des blocs isolés de grandes dimensions qu'on enlève journellement comme faisant obstacle aux labours. Une contrée voisine, appelée *Couture des Pierres-Longues*, a été complétement dépouillée de ses blocs qui reposaient également sur le calcaire à gryphées arquées.

En remontant le Serein jusqu'aux environs de Thostes, on rencontre encore des amas de cailloux siliceux qui paraissent le produit du même phénomène modifié par les eaux, et même des blocs tombés sur la rive droite de la rivière, entre le pont de Beau-Serein et Bourbilly (v. p. 420 et 450) appartenant au calcaire à gryphées silicifié.

Sur les bords de l'Armançon, on voit d'autres traînées qui n'ont pas conservé de traces bien déterminées de l'action glaciaire, mais qui sont pourtant dans les mêmes conditions que celles que nous avons indiquées plus haut ; tels sont les cailloux disséminés à la surface des alluvions de Cernois, de Semur, de Pont et de Flée ; le conglomérat caillouteux des bords de la rivière à Charentois, etc. (v. p. 420) ;

(1) M. Belgrand . Bull de la Soc. géol., 2e série, t. **xxvi**, p. 182, a contesté l'origine glaciaire des blocs d'Epoisses, parce que leur altitude (250 mètres) lui a paru trop faible. Nous avons vu, pages 504 et 505, que certaines moraines anciennes, au pied des Alpes, et même sur le plateau central, descendent encore plus bas.

l'agglomération de cailloux et de sables et la présence d'un bloc énorme dressé, pendant la période préhistorique, aux environs de Genay (v. p. 418, 419 et 450).

Enfin, ces surfaces dénudées et quelquefois usées comme de vieux pavés, qui apparaissent sur le calcaire à gryphées arquées de la plaine de l'Auxois, quand il est dépouillé de ses alluvions (v. p. 450), peuvent encore être considérées comme des témoins du frottement glaciaire.

Indépendamment des roches citées plus haut, on trouve à la surface des alluvions de la plaine une grande quantité de chailles siliceuses sans fossiles et anguleuses. Ces chailles ont été évidemment mêlées aux roches cristallines et liasiques à l'état siliceux, par glissements et remaniements. Elles proviennent des étages jurassiques du Morvan, démantelés antérieurement, et ont seules échappé à la dissolution (1).

C'est probablement à la même époque et dans les mêmes circonstances que se sont formées les alluvions des hauts niveaux de la vallée des Laumes, entre Pouillenay et Mussy-la-Fosse (v. p. 425) ; mais elles semblent plutôt s'être déposées sous l'influence des eaux courantes que sous celles des glaciers venant des plateaux de la haute Brenne qui vraisemblablement avaient déjà disparu. De même que le conglomérat caillouteux du fond de la vallée, elles ne contiennent plus aucun débris granitique, car alors avait cessé la communication existant primitivement entre la vallée de la Brenne et

---

(1) Le même effet se produit dans la vallée de Dijon et sur ses bords, où l'on remarque, notamment dans le bois de Marsannay-la-Côte, des dépôts erratiques composés exclusivement de chailles et de fragments de calcaire oolithique siliceux arrêtés sur les pentes. Ces dépôts, découverts par M. Martin, qui nous les a montrés, ont toute l'apparence des traînées morainiques. On en trouve également, d'après M. Martin, jusqu'au fond de la plaine de la Saône, qui sont d'origine oxfordienne. Leur fragmentation en éclats anguleux peut provenir de l'action intense de la gelée sur des noyaux contenant une certaine quantité d'eau à l'intérieur.

celle de l'Armançon par Venarey, Pouillenay, Chassey, Mari-
gny et Vitteaux (1). Les eaux de l'Armançon, s'échappant
exclusivement par la gorge de Quincy (2), entraînaient seules
vers l'aval les débris des roches cristallines qu'on ne rencontre plus en amont de Buffon. Nous ne voulons pas dire
pour cela que des moraines, avec éléments granitiques, n'ont
pas parcouru antérieurement la vallée des Laumes ; nous
croyons, au contraire, que le fait est très-probable ; mais
elles ont été emportées sur le dos des glaciers ou par les eaux
torrentielles sans laisser de traces.

De tous les vestiges que nous venons d'énumérer dans le
cirque de l'Auxois du nord, l'origine glaciaire n'est évidente
qu'à Epoisses (Perrons-aux-Souffleux) et très-probable à
Pont-Aubert ; mais, du moment où il est démontré que le
Morvan a été soumis au régime glaciaire, ce qui nous paraît
incontestable en présence des moraines des hauts plateaux
jurassiques ; du moment où il ne peut rester aucun doute sur
la nature morainique des blocs des Perrons-aux-Souffleux
des bords du Serein, nous nous croyons fondé à attribuer la
même origine à tous les dépôts erratiques du bassin qui
s'étend de Semur à Avallon, car ils se sont trouvés dans les
mêmes circonstances et soumis aux mêmes causes, bien que,
pour la plupart, ils aient subi l'action des eaux torrentielles.

(1) Cependant on trouve encore sur la rive gauche de la Lochère et
même de la Brenne, de Marigny-le-Cahouet, point où la communication
entre les deux vallées de l'Armançon et de la Brenne s'est établie au
niveau le plus bas, jusqu'à Pouillenay, à la surface d'alluvions jaunâtres
(mâchefer sans granite), de rares débris de grès triasique et peut-être
rhétien : ce qui prouverait que cette communication s'est interrompue
assez tardivement à l'échancrure orientale du Mont-Cernon.

(2) Le chaînon séparatif entre le Serein et l'Armançon avait été réduit
par l'érosion et se terminait alors, comme nous l'avons dit, au tertre de
Thil.

Cette opinion se trouve encore confirmée par la présence à de grandes hauteurs et surtout à de grandes distances, de roches cristallines et de roches liasiques silicifiées avec blocs de provenance morvandelle, le long des grandes vallées arrosées par l'Yonne, le Serein et l'Armançon, à travers des contrées crétacées, jusqu'aux environs de Montereau, et même de galets porphyriques et granitiques, venus du Morvan, jusque dans l'ancien lit de la Seine à Paris (1). (V. p. 427 et suiv.)

ÉTAT DU MORVAN VERS LA FIN DE LA PÉRIODE GLACIAIRE.

Nous avons vu qu'au commencement du phénomène glaciaire, le Morvan et les contrées qui l'entourent avaient été soumis à un régime torrentiel énergique, précurseur des neiges permanentes, et que le nord du plateau central avait été découpé en vallées multiples et profondes, séparées par d'étroits pitons que couronnaient les étages de la sous-formation crétacée.

Puis vint la période des frimas pendant laquelle descendirent, par une marche lente, mais incessante, de nombreux glaciers sur lesquels s'écroulèrent les roches sédimentaires des points culminants, pour en former les moraines superficielles.

---

(1) Ajoutons que MM. Julien et Roujou ont trouvé des galets striés dans des alluvions anciennes de la Seine aux environs de Paris. — Bull. de la Soc. géologique, 2e série, t. XXVII, p. 505 — et que M. Roujou a reconnu la présence de boue triturée d'origine morvandelle sur les plateaux qui environnent Paris. — Congrès d'anthropologie préhistorique, à Bologne (1er octobre 1871) ; d'après le compte-rendu de M. Cazalis de Fondouce, *Revue scientifique* du 2 décembre 1871, p. 533.

Rappelons encore ce que nous avons dit (V. la note de la page 498), de certains débris de transport de nature crétacée constatés par MM. de Charmasse et Canat sur le versant S.-E du Morvan.

En même temps, les torrents sous-glaciaires creusaient de plus en plus les dépressions, détrempaient et minaient progressivement les bases des pics, qu'ils réduisaient à la longue à l'état d'aiguilles ; celles-ci, usées à leur tour, tombaient sur les surfaces des glaciers qui les emportaient vers l'aval.

Les groupes crétacés furent démolis les premiers ; mais les groupes oolithiques atteints également par les torrents fournissaient déjà leurs contingents aux moraines et ne tardèrent pas à couvrir de leurs débris les convois glaciaires.

Quand le ravinement s'exerça sur les couches marneuses du lias qui supportaient ces derniers groupes, la ruine de ceux-ci fut à peu près complète. Ils furent entraînés ou broyés.

Le lias ne pouvait offrir une longue résistance et il s'étendit en masses boueuses sur le dos des glaciers qui descendaient vers les cirques.

Le trias, d'ailleurs peu puissant, formé de lits et de lentilles tantôt gréseuses et tantôt marneuses, eut le même sort.

Les roches cristallines elles-mêmes, en grande partie à l'état arénacé, se désagrégèrent et furent attaquées sur une grande épaisseur, laissant aller à la dérive leurs sables et leurs blocs déchaussés par l'érosion.

L'ablation ne se fit pas toujours avec la régularité que nous venons d'indiquer ; elle fut plus active sur certains points, moins prononcée sur d'autres, et il se produisit des mélanges et des juxtapositions d'éléments morainiques venus de niveaux différents.

Le démantèlement du Morvan ne fut pas le résultat d'une révolution brusque, mais d'un changement climatérique d'une immense durée.

L'érosion fut surtout considérable vers la fin de la période glaciaire, qui mit à décroître, suivant la loi ordinaire aux phénomènes naturels, au moins autant de temps qu'elle en avait mis pour arriver à son maximum d'intensité. Cette fin

fut marquée par d'immenses chutes d'eau et de neiges instables, qui ne cessèrent qu'à la période moderne, mais par
des transitions insensibles. Alors les glaciers diminuèrent et
disparurent peu à peu; mais l'érosion torrentielle s'accrut
en proportion; aussi le Morvan fut complétement dépouillé
de ses roches sédimentaires, ou n'en conserva que de rares
lambeaux dont quelques-uns échappèrent à la dénudation
par leur encastrement dans les replis des roches cristallines
(oolithe de Saint-Honoré) ou par leur soudure par silicification aux roches triasiques (infra-lias et lias inférieur du
plateau de Saint-Brisson) et le squelette cristallin lui-même
fut profondément attaqué (1).

Cette recrudescence d'humidité, en délayant et en entraînant les surfaces, donna lieu à ces alluvions d'aubues de
plusieurs plateaux du Morvan (v. p. 398); à l'entassement de
blocs granitiques sur certaines déclivités (v. p. 405); à la
traînée des blocs siliceux de la forêt de Brenil (v. p. 399 et 430),
restes des dernières moraines (2).

ÉTAT DU CIRQUE DE L'AUXOIS ET DES VALLÉES QUI EN DÉBOUCHENT VERS LA FIN DE LA PÉRIODE GLACIAIRE.

Pendant l'abaissement, par érosion, du Morvan, s'approfondissait et s'élargissait le cirque de l'Auxois du nord, ébauché dès avant l'invasion des glaciers et depuis comblé par

(1) C'est par cette érosion considérable que furent mis à nu les lambeaux paléozoïques (silurien, devonien métamorphiques (?), étages carbonifère, houiller et permien) qui avaient été recouverts par la formation
secondaire pendant la 3e phase, et qui furent eux-mêmes entamés sur
plusieurs points.

(2) Les pierres à bassin et les blocs troués des plateaux jurassiques
sont d'une époque antérieure et paraissent avoir été corrodés sous les
glaces et les neiges par les gaz acides comprimés.

des masses congelées qui portaient leurs moraines jusque
sur les plateaux de la ceinture jurassique. Les marnes liasiques, les grès et les marnes du trias, les gneiss et les granites décomposés, ne pouvaient en effet offrir un grand obstacle à la corrosion et à l'affouillement sous-glaciaires.

Vers la période finale, le bassin se vida par degrés; les
cours d'eau s'écoulèrent sur les trajets qu'ils ont suivis
depuis, remplissant les lits précédemment ouverts par les
torrents sous-glaciaires, mais qu'ils devaient creuser encore,
car alors ces lits s'arrêtaient aux hauts niveaux situés de 15
à 30 mètres au-dessus des rivières actuelles (1). Ces cours
d'eau divaguèrent pourtant encore longtemps pendant les
grandes crues, chargés de sédiments vaseux et s'étendant
dans les parties planes du bassin en nappes marécageuses,
le plus souvent sans déplacer sensiblement le limon
superficiel qui participe généralement de la nature du sous-
sol, mais du sous-sol détrempé, dissous et épuisé par les
eaux, avec adjonction d'éléments de transport (2).

Le limon resta à différents niveaux à la surface des mamelons et des pentes douces du bassin, séparés par des
rigoles d'écoulement creusées par des torrents boueux ; mais
il ne put tenir sur les côteaux marneux sans résistance aux
glissements.

(1) Les glaciers qui s'étaient formés pendant la période de grande
extension, sur les plus hauts points des plateaux jurassiques, avaient
cessé de fonctionner depuis longtemps.

(2) C'est ainsi que les aubues formées aux dépens du granite sont sur
le granite ou dans son voisinage ; que le mâchefer repose sur le lias inférieur d'où il provient pour une grande partie, et que le limon qui recouvre
ou environne les mines de Thostes et de Beauregard est de couleur rouge
de sang.

Le calcaire à gryphée ordinaire, quand il est dissous, forme une sorte
de crassier ocreux de couleur brune, ainsi qu'on peut le remarquer à la
surface de certaines couches altérées, vers la partie supérieure des
carrières.

Si les vestiges morainiques du bassin nord de l'Auxois ne sont pas plus abondants, c'est vraisemblablement parce que, la pente étant considérable et les eaux très-abondantes après la fonte des glaciers, ils furent pour la plupart entraînés à de grandes distances en dehors du cirque. Quand le limon se forma vers la fin, il resta seulement quelques éléments préservés de la dissolution par leur dureté, qui s'étalèrent à la surface boueuse des alluvions, et les traînées remaniées qu'on remarque au bord des rivières (hauts niveaux des rives de la Cure ; des rives du Cousin à Pont-Aubert et au-dessous ; des rives du Serein à Thostes, à Toutry, à Vignes et sur la colline du Tronçois, etc.; des rives de l'Armançon, à Charentois et dans la contrée de Beaucaveau, au nord de Genay) (1) ; tandis que les blocs d'un grand volume (Perrons-aux-Souffleux, Pierre de Sainte-Christine, etc.) demeurèrent sur place protégées par leur masse contre l'entraînement par les eaux (2).

Les alluvions du cirque de l'Auxois et des vallées qui en débouchent, ainsi que celles de la vallée supérieure de la Brenne et de ses affluents, sont généralement colorées par le fer (3) ; mais elles sont plus argileuses et d'une teinte moins rouge que le limon des plateaux, ce qui tient à la nature des

(1) Nous rappelons que, parmi ces débris, on en trouve d'anguleux et un très-grand nombre à angles seulement émoussés, ce qui est le propre des cailloux morainiques.

(2) Il est probable que ces blocs étaient restés à une certaine hauteur à la surface des glaciers, et qu'ils furent déposés, lors de la fonte lente de ceux-ci, à la place qu'ils occupent aujourd'hui.

(3) En se combinant avec le carbonate de chaux, le fer, qui se trouve répandu dans tous les terrains du pays, a formé des sels de chaux solubles, comme l'a constaté M. Belgrand : Bull. de la Soc. géol., 2e série, t. xxvii, p. 571. Devenu libre, il s'est déposé en concrétions, veines et granules, qui, sous l'influence d'un milieu marécageux, sont devenus phosphoreux.

terrains qui ont concouru à leur formation; aussi, dès qu'on s'éloigne des contrées granitiques ou marneuses, le limon des vallées prend l'aspect foncé, comme on peut le remarquer au-delà de Rougemont et surtout à Nuits-sous-Ravières, où les éléments alluviaux sont, pour la plus grande partie, le produit de la dissolution de roches calcaires et d'un certain mélange avec le limon des plateaux entraîné des sommets et des pentes par les eaux atmosphériques.

Epoques de la formation des dépôts détritiques.

Dès que les pentes jurassiques furent libres de glaces, commença la chute des rochers et des fragments délités des bords des plateaux, à la limite de l'oolithe inférieure, dont les bases marneuses détrempées et ramollies glissaient sur le talus des côteaux (v. p. 453) (1); en même temps que sur les pentes non marneuses et dominées par la grande oolithe, se produisaient ces dépôts d'arènes stratifiées qu'on remarque aux environs de Montbard, à Aisy-sous-Rougemont et ailleurs (v. p. 456); mais ces chutes détritiques se continuèrent pendant un temps considérable et ne cessèrent qu'avec le changement qui s'opéra dans le climat, vers le commencement de la période moderne.

Apparition des premiers vestiges de la faune quaternaire.

Les rivières étaient encore à leurs hauts niveaux que la vie commençait sur le sol abandonné peu à peu par les glaciers (silex ouvrés et ossements d'animaux dans les alluvions de la carrière Lacordaire, à Pouillenay (v. p. 479). Bien qu'encore très-humide, et même marécageuse, la contrée changea d'aspect.

(1) Après le retrait des glaciers, ces talus devaient être à pente extrêmement raide, ce qui activa l'éboulement détritique.

Le limon disparut sous les herbages; les roches arénacées du Morvan et les côteaux liasiques se couvrirent de végétation arborescente, souvent bouleversée et emportée par les glissements ou par les éboulis des roches tombées des sommets; les plateaux calcaires dénudés ou couverts d'une mince couche de limon ne portèrent pendant longtemps qu'un gazon court et discontinu, interrompu çà et là par des surfaces arides rongées par le frottement glaciaire antérieur, ou accidenté par des îlots de broussailles.

Ces solitudes se peuplèrent en même temps des animaux de la période quaternaire, grands ruminants, chevaux, éléphants, rongeurs, avec leur cortége de carnassiers; et l'homme lui-même vint établir ses campements dans des abris sous roches, tendant des piéges et des embuscades aux bêtes sauvages, ou les poursuivant dans des chasses incessantes, car il n'avait guère alors que leur chair pour apaiser sa faim (v. p. 477 et suivantes). Pour atteindre sa proie ou se défendre contre les terribles hôtes des halliers, des forêts et des prairies, ses armes consistaient seulement en éclats de silex grossièrement retaillés, solidement emmanchés, et en os appointis dont il composait aussi son outillage; et pourtant, avec des ressources aussi rudimentaires, il trouvait dans son intelligence bornée, mais sans cesse surexcitée par le besoin, les moyens de soutenir la lutte pour l'existence.

Époque du creusement définitif des vallées.

Cependant, les cours d'eau encore considérables creusant davantage leurs lits, la contrée s'assainissait peu à peu. Ce creusement s'effectua lentement et par intermittence. Il ne cessa que vers la fin de la période quaternaire, époque à laquelle le niveau des rivières s'était abaissé de 15 à 30 mèt. (vallée des Laumes).

Si l'on en juge par la largeur des vallées qui doivent

toutes leur existence à l'érosion, les cours d'eau quaternaires étaient, au moins en temps de crues, comparables à de grands fleuves.

Quand les eaux diminuèrent, il ne se fit point ou peu d'atterrissements dans les parties encaissées; mais quand les vallées devinrent trop larges ou trop profondes, les rivières remblayèrent leurs lits, comme on peut le constater entre Pouillenay et les Laumes, où la Brenne a accumulé, sur près de 1,000 mètres de large, des masses de galets jurassiques qui forment aujourd'hui la base de ses alluvions limoneuses.

Époque de la formation des tourbières et des dépôts de tuf.

Lorsque décrut le charriage limoneux, il se produisit, à l'abri des torrents, dans les eaux animées d'une faible vitesse, peu profondes et limpides, quelques dépôts de tourbe sur le Morvan et sur les plateaux jurassiques. Cependant, les tourbières furent souvent recouvertes, à la suite des crues accidentelles ou périodiques, de limon vaseux, comme on peut le constater près de Laignes dans le marais de Griselles. Ces crues étaient encore violentes, si l'on en juge par les débris de forêts accumulés dans le marais de Villedieu (v. p. 475) (1).

Les dépôts de tuf sur les côteaux calcaires ne purent également se former que dans des eaux relativement tranquilles, car, sous l'action torrentielle, le carbonate de chaux dissous qu'elles tenaient en suspension n'aurait pu se fixer. Il aurait été emporté et mêlé aux alluvions de l'aval. Les dépôts de tuf paraissent donc n'avoir commencé à se produire, comme les tourbes, que vers la fin de la période quaternaire, pour se continuer pendant la période moderne (v. p. 472).

---

(1) Ces débris de forêts ont peut-être été engloutis dans les commencements de la période moderne.

PUISSANCE APPROXIMATIVE DES DÉNUDATIONS.

Les dénudations opérées sur le Morvan ont été considérables et il est difficile d'en calculer la puissance ; nous accepterons pourtant le chiffre indiqué par M. Ebray, qui estime l'importance des assises emportées par érosion à 5 ou 600 mètres seulement, pour ce qui concerne les terrains jurassiques (1). En y ajoutant l'épaisseur des terrains crétacés enlevés, on arrive approximativement à un millier de mètres.

On objectera peut-être qu'il est difficile d'attribuer une pareille dénudation à l'érosion glaciaire.

Nous ferons remarquer que le Morvan avait déjà éprouvé, depuis la fin de la craie jusqu'à celle de la période tertiaire, l'action du temps et des eaux et que, au commencement de la période quaternaire, les torrents sous-glaciaires trouvèrent la brèche déjà largement ouverte.

Et si l'on songe aux couches sableuses et argileuses comprises dans la série crétacée et aux assises marneuses existant dans l'épaisseur des divers groupes oolithiques, qui, une fois atteintes, donnaient une prise active au démantèlement;

Si l'on tient compte surtout du peu de consistance des dépôt du lias et du trias et de l'altération des porphyres et des granites eux-mêmes profondément fendillés et passés le plus souvent à l'état de masses arénacées, avec des noyaux résistants, il est vrai, mais facilement minés par les torrents (2);

(1) Bull. de la Soc. géol., 2ᵉ série, t. XVI, p. 47. — *Etudes géologiques du département de la Nièvre*, p. 146.

(2) Les roches cristallines sont tellemment attaquables encore aujourd'hui que, sans la végétation qui en couvre d'énormes surfaces, elles ne résisteraient pas aux causes de destruction sous le climat actuel. Il suffit, pour s'en convaincre, de parcourir le Morvan, de voir ses profondes ravines et l'ablation rapide du sol et du sous-sol, aux endroits nouvellement défrichés.

Si l'on considère enfin l'immense durée pendant laquelle s'est opérée la dénudation du Morvan ;.

On comprendra que nous n'avons pas exagéré l'énergie des forces naturelles qui ont produit des effets aussi gigantesques (1).

La plupart des géologues ne reconnaissent pas au frottement glaciaire une action d'une grande importance sur les roches dures ; mais en est-il de même sur les terrains mous ? Ne faut-il pas mettre en ligne de compte avant tout la force destructive des torrents sous-glaciaires ?

Comment expliquer les immenses dépôts étalés au pied des Alpes, si l'on conteste l'influence prépondérante de ces torrents sur le démantèlement ?

Comment comprendre les stries et les blocs perchés découverts par Charpentier sur les aiguilles et les pitons les plus escarpés au-dessus des glaciers encore en fonction (2), si l'on refuse aux agents sous-glaciaires la puissance de diminuer la hauteur des montagnes par l'enlèvement des matériaux qui les constituent.

M. Lory n'a-t-il pas démontré d'ailleurs (3) que les terrains jurassiques s'étendaient autrefois sur le massif des Alpes, qui n'a gardé que des lambeaux de ces terrains à plus de 3,000 mètres au-dessus du niveau de la mer? Les phénomènes glaciaires peuvent-ils être considérés comme étrangers à cette ablation ?

(1) Voyez l'opinion de M. Ch. Martins, *Revue des Deux-Mondes*, 15 novembre 1867.

(2) Voir d'Archiac : *Histoire du progrès de la géologie*, t. ii, p. 249.

(3) *Description géologique du Dauphiné*, p. 173. — Bull. de la Soc. géologique, 2ᵉ série, t. xx, p. 233, planche iv.—Ibid., t. xxiii, p. 480, planche x.

Le phénomène glaciaire a-t-il commencé sur le Morvan antérieurement à l'époque quarternaire ?

Si l'on compare les restes glaciaires des bords du Morvan aux restes morainiques des Alpes, on est frappé du caractère de vétusté qu'affectent les premiers.

Les moraines alpines ont généralement une fraîcheur remarquable et les éléments calcaires qu'elles renferment sont pour la plupart d'une conservation irréprochable, excepté à la surface.

Dans l'Auxois et sur les plateaux, il n'est resté que des débris inaltérables des roches silicatées et les stries ont presque toutes disparu.

MM. Stuart-Mentath (1), Garrigou (2) et Roujou (3) ont prétendu que l'état glaciaire a commencé dès l'époque tertiaire (4).

Si le fait était vérifié, nous serions porté à penser, en raison de l'état des vestiges glaciaires de notre pays, que l'invasion glaciaire a débuté sur le Morvan avant l'époque qua-

---

(1) *Sur les évidences d'une époque glaciaire miocène considérée spécialement dans les Pyrénées.* — Bull. de la Soc. géol., 2ᵉ série, t. xxv, page 694.

(2) *Congrès d'anthropologie préhistorique à Bologne* (1871) Compte-rendu de la Revue scientifique du 2 décembre 1871, p. 533.

(3) Ibid.

Voir encore, au Bulletin de la Société géologique, 2ᵉ série, t. xxvii, p. 559, les observations de M. Collomb, sur les stries observées sur les grès de Fontainebleau à la Padole. — *Note sur les traces d'anciens glaciers dans la vallée de la Seine,* par M. Julien, ibid , p. 561. — Note de M. Tardy, à propos des mêmes grès de la Padole, ibid , p 569 et 570.

(4) D'ailleurs, beaucoup de géologues admettent deux époques glaciaires qui auraient laissé des traces, même sur le plateau central. — Collomb : *Note sur les anciens glaciers du plateau central.* — Extrait des Archives des sciences de la Bibliothèque universelle, janvier 1870.

ternaire, et que la faune dont on trouve les traces dans nos contrés n'est venue que vers la fin du phénomène prendre possession du sol.

PÉRIODE MODERNE.

Bien que la période moderne ne rentre pas dans le cadre de nos études géologiques, nous devons en dire un mot.

Depuis la fin de la période dont nous venons de décrire les phénomènes dans notre pays, la terre semble n'avoir pas été soumise à des causes de destruction aussi puissantes, et, si l'on s'en rapporte aux constatations de l'histoire, la configuration du sol n'aurait pas été sensiblement modifiée.

Mais n'oublions pas que la chronologie historique, si on la compare à la chronologie géologique, ne mesure qu'un instant infiniment court dans le temps.

Depuis le commencement de la période moderne jusqu'au moment où l'histoire commence à enregistrer les faits, il s'est écoulé bien des milliers de siècles, pendant lesquels ont vécu des populations connues seulement par les vestiges qu'elles ont laissés à la surface du sol et qu'on a rapportés à trois âges (âge de la Pierre polie, âge du Bronze, commencement de l'âge du Fer. V. *ante* la note de la page 477).

Durant ce long intervalle, bien des changements se sont opérés que les archéologues, de concert avec les géologues, ont constatés sur les rivages et sur les continents.

L'action lente mais continue des agents atmosphériques a usé bien des sommets, dégradé bien des pentes, et les alluvions modernes ne sont pas toutes le produit du remaniement des dépôts limoneux quaternaires. Les roches cristallines et les terrains primaires, secondaires et tertiaires ont perdu, depuis le commencement de la période moderne, une partie de leurs surfaces altérées et désagrégées.

Tout cela s'est fait d'une manière insensible, mais le résultat n'en a pas moins été considérable.

L'érosion graduelle dont nous parlons s'est accrue dans de grandes proportions quand l'humanité a passé de la vie pastorale à la vie agricole. Les défrichements très-restreints d'abord se sont étendus à mesure de l'accroissement des populations. Le sillon ouvert par la charrue a donné prise aux glissements, aux ravinements et à la décomposition des roches qui cessaient d'être protégées contre les atteintes de l'atmosphère par une végétation continue. Les montagnes et les côteaux se sont dépouillés au profit des plaines et leurs produits dilués sont allés souvent se perdre au fond des mers.

Sous l'influence de l'agriculture, le climat a changé notablement, mais ne s'est pas toujours amélioré. Si les forêts détruites dans les plaines ont assaini le sol, leur disparition des hauteurs et des déclivités a amené la sécheresse. Les sources, qui ne sont que le produit des pluies emmagasinées dans le sol à l'aide de la végétation, ont diminué ou tari, et les chutes d'eau, plus rares mais plus violentes, ont rendu les cours d'eau au régime torrentiel qu'ils avaient perdu depuis la fin des temps quaternaires.

Le changement de climat, mais surtout l'action destructive de l'homme, soit directe, soit indirecte, n'ont pas eu moins d'effet à l'égard de la faune moderne. Combien d'espèces sauvages ont disparu ou tendent à disparaître? Certaines races humaines elles-mêmes ont été anéanties et beaucoup d'autres sont menacées du même sort. La flore n'a pas été plus épargnée; et on a pu constater qu'elle s'est sensiblement modifiée.

L'époque moderne ne présente donc pas une stabilité beaucoup plus grande que ses devancières et ses phénomènes, quand on les mesure non à l'échelle historique, mais à l'échelle géologique, peuvent servir à faire comprendre ceux des époques précédentes.

Résumé de la partie théorique de la cinquième phase.

Les preuves du recouvrement du Morvan primitif par les terrains crétacés ne résultent pas seulement de la position occupée par ceux-ci et par les terrains jurassiques, à l'entour du massif cristallin, sur une surface inclinée qui, prolongée en sens inverse de le pente, passerait sur le nord du plateau central ; celui-ci n'étant aujourd'hui isolé, comme nous l'avons démontré, en décrivant les phénomènes de la 4e phase, que par l'effet de failles et de flexions et par suite du vide laissé par la dénudation.

Elles résultent encore de la présence de dépôts de nature crétacée reposant sur les plateaux de la ceinture oolithique de l'Auxois, dépôts qui, en raison de leur alignement en traînées, de leur orientation, du mélange de leurs éléments, de leur disposition à contre-sens de l'ordre de stratification normale, etc., ne peuvent être considérés comme des lambeaux sur place des terrains crétacés, mais ont le caractère de véritables moraines, et dans ces conditions ne peuvent provenir que du Morvan.

Les plateaux jurassiques ont été dénudés jusqu'aux groupes oolithiques, en regard du Morvan, antérieurement à la dénudation de celui-ci, puisqu'ils ont reçu ses débris glaciaires sur leurs surfaces arasées ; et leur arasement ne pouvant être attribué ni à un diluvium, ni à l'ablation glaciaire, doit être le résultat d'une corrosion post-crétacée que nous avons attribuée aux vagues de la mer en retrait au pied du Morvan, lequel, moins lentement exondé, fut par conséquent moins attaqué.

La période tertiaire a laissé seulement, sur les bords du Morvan (Bazois) et dans la plaine de Dijon, des dépôts sédimentaires dont l'origine lacustre démontre que la mer s'était déjà retirée. La formation tertiaire n'est représentée sur les plateaux jurassiques du N. et du N.-O. de l'Auxois que par des vestiges de dépôts sidérolithiques dus à des émissions thermales qui accompagnent ailleurs les assises éocènes, miocènes et pliocènes.

Le Morvan, déjà entamé par des érosions précédentes, mais gardant encore sur ses sommets des lambeaux crétacés, a été soumis au régime glaciaire pendant la période quaternaire et peut-être auparavant. Ce régime a débuté par des chutes d'eau considérables et par des neiges instables ; puis les neiges permanentes ont produit des glaciers qui comblèrent le bassin de l'Auxois déjà ébauché et portèrent leurs moraines jusque sur les plateaux oolithiques et peut-être plus loin.

Vint ensuite la phase de décroissance ou de retrait; le niveau glaciaire s'abaissa tout à la fois par suite de l'ablation des sommets du Morvan et de l'excavation plus grande et plus profonde du cirque de l'Auxois et des vallées qui en débouchent.

En abandonnant les plateaux jurassiques supérieurs, les glaciers laissèrent à leur surface, avec leurs moraines, le limon rouge qui les recouvre, limon qui fut le produit de la dissolution sur place des roches pendant la période quaternaire, avec mélange des restes glaciaires remaniés et d'autres apports boueux et torrentiels.

Le bassin de l'Auxois, creusé par les torrents sous-glaciaires, reçut les dernières moraines du Morvan; mais celles-ci, composées des éléments arrachés à la base du Morvan, s'étendirent au loin vers l'aval, si l'on en juge par les nombreux débris de provenance morvandelle qu'on retrouve dans les vallées et sur leurs bords, dans le département de l'Yonne et même jusqu'aux environs de Paris.

La fin du phénomène glaciaire fut marquée, comme le commencement, par de grandes chutes d'eau et de neiges instables, et les glaciers disparurent, laissant le Morvan entiè- rement dénudé, le cirque de l'Auxois approfondi jusqu'à son niveau actuel, mais le lit des rivières un peu moins creusé qu'il ne l'est aujourd'hui. Alors s'étendait sur le massif cris- tallin, sur le bassin de l'Auxois et dans les vallées, le man- teau limoneux qui les recouvre encore en partie, produit des vases déposées, de la dissolution du sol et des éléments erra- tiques.

C'est également à l'époque de la fonte des glaciers que commencèrent les éboulements détritiques des roches de l'oolithe inférieure sur les pentes marneuses et les glisse- ments d'arènes stratifiées sur les pentes non marneuses, pour ne cesser plus ou moins complétement qu'à la fin de la période quaternaire.

Quand le sol fut débarrassé de ses glaciers, il se revêtit d'une végétation abondante, et avec elle apparut la faune quaternaire, y compris l'homme qui n'était guère moins sau- vage que les animaux dont il faisait sa proie.

Les rivières creusèrent alors plus profondément les lits que leur avaient abandonné les torrents sous-glaciaires, et les vallées s'assainirent progressivement.

La dénudation du Morvan, qui peut être évaluée à 1,000 m., avait commencé dès la fin de la craie ; mais elle fut surtout le résultat de l'érosion glaciaire, d'autant plus destructive que la base des terrains sédimentaires constituée par les marnes du lias et par des roches cristallines, arénacées ou fendillées, lui opposait une faible résistance.

La période moderne ne peut être considérée comme une

période d'une stabilité exceptionnelle. Elle est soumise, comme ses devancières, à de nombreuses causes de destruction.

Leurs effets sont lents et insensibles et ne peuvent être mesurés qu'imparfaitement, au moyen d'observations limitées aux époques historiques d'une trop courte durée. Pour arriver à des résultats importants, il faut remonter aux âges préhistoriques qui tiennent une place bien plus considérable dans les temps écoulés depuis la fin de l'époque quaternaire. On arrive alors à constater des changements importants dans le relief du sol, dans la faune et même dans la flore.

Voir, à la fin de l'ouvrage, le tableau général des terrains, avec indication de leur importance ou des lacunes qu'ils présentent, sur le Morvan, dans l'Auxois ou sur les plateaux oolithiques.

QUATRIÈME PARTIE

CONSTITUTION DU SOL
Au point de vue agricole et industriel.

ETAT DE LA POPULATION
Dans ses rapports avec la nature de la contrée qu'elle habite (1).

La région dont nous avons entrepris la description forme trois divisions naturelles :

1. Morvan. — Terrain porphyrique et granitique.

2. Bassin de l'Auxois. — Plateau inférieur et vallées qui en débouchent. *Terrain d'alluvion. Calcaire marneux du lias, avec lambeaux de trias et de roches cristallines.*

Coteaux liasiques. *Terrain marneux et détritique.*

3. Montagne. — Plateaux oolithiques et vallées qui les sillonnent à distance du plateau inférieur. *Terrains calcaires et limon des plateaux supérieurs.*

(1) Si l'influence du milieu géologique est incontestable, il est impossible d'en déterminer la part exacte sur l'état des populations, cet état dépendant encore d'autres causes complexes, au nombre desquelles nous

MORVAN.

TERRAIN PORPHYRIQUE.

Le terrain porphyrique commence au S.-O., vers l'extrême limite de la partie morvandelle comprise dans la contrée qui fait l'objet de nos études et s'étend sur les arrondissements de Château-Chinon, d'Autun et même sur le côté oriental de l'arrondissement de Beaune; néanmoins, il se relie tellement au terrain granitique qui l'entoure que nous ne saurions l'en séparer; et comme nous avons commencé notre description géologique par les sommets du Morvan constitués par le porphyre, c'est de ce terrain que nous nous occuperons d'abord.

Le porphyre étant essentiellement quartzifère sur les cimes qui couronnent le nord du plateau central, la terre végétale qui les recouvre et qui est formée de ses débris est constituée par le feldspath décomposé avec grains de quartz; le tout mélangé à l'humus et généralement d'une faible épaisseur, excepté dans le fond des vallées à pente douce.

Le sol arable est extrèmement léger et se cultive sans effort, malgré les nombreux accidents du terrain profondément découpé. Aussi est-il facilement entraîné par les eaux quand la pente est rapide, et le défrichement des bois et l'enlèvement du gazon sont fréquemment suivis de ravinements considérables.

citerons : la race, les mœurs, les coutumes, les précédents historiques, la législation antérieure et les croyances religieuses, et même l'altitude, la configuration et le climat ; ces derniers facteurs n'étant pas d'ailleurs sans relation avec la constitution géologique du pays.

Nous n'entrerons pas à nouveau dans la description détaillée du sol pour ne pas répéter ce que nous avons dit en traitant de la géologie et de la géogénie,

Climat. — L'altitude du pays et les nombreuses sources qui le parcourent, les marais et les étangs rendent, le climat froid et humide. Les hivers y sont longs et rigoureux, tant à cause de l'élévation que de la nature cristalline du sol, sur lequel la neige fond plus lentement que sur les roches calcaires.

Pendant l'été, la chaleur diurne est souvent très-élevée par l'effet du rayonnement sur un sol sablonneux ; mais les nuits sont extrêmement fraîches et la contrée est soumise à des variations brusques de température. Le refroidissement peut être tel que, en certains lieux bas et aquatiques, on peut redouter la gelée durant tout le temps de la végétation.

En l'absence d'observations météorologiques, nous ne pouvons indiquer les proportions d'eau tombée sur le Morvan ; mais, en raison de l'altitude, de la nature boisée du pays et de la facilité d'évaporation des surfaces arénacées ou marécageuses; en raison surtout de l'obstacle qu'oppose le plateau central aux vents humides de l'ouest et du sud-ouest, nous croyons que les chutes d'eau sont plus fréquentes et plus abondantes sur les hauteurs morvandelles que dans les contrées qui l'environnent au nord et à l'est.

Produits forestiers et agricoles. — Le terrain porphyrique est d'une fertilité médiocre. Les forêts tiennent une très-grande place dans la production du sol et le bois y est ordinairement d'excellente qualité (1). Le chêne, dont l'écorce est très-estimée pour la fabrication du tan, le hêtre, le charme et le bouleau sont les essences dominantes. L'aune, appelé verne par les habitants, abonde au bord des ruisseaux. On rencontre encore le châtaigner, mais seulement vers le sud, en se rapprochant de l'Autunois.

---

(1) Une grande partie des bois du Morvan descend vers Paris, au moyen du flottage dans les ruisseaux et les rivières. On les recueille et on en forme des trains sur l'Yonne, qui les porte à la Seine.

Les produits agricoles sont le seigle, l'orge, l'avoine, le sarrasin et la pomme de terre. Les champs sont souvent disséminés au milieu des bois et entourés de haies formées d'arbres couchés et entrelacés. On livre pour plusieurs années le sol à la jachère quand il paraît épuisé.

Il y a peu d'années qu'on employait exclusivement comme amendement avec le fumier les cendres lessivées qu'on allait acheter dans l'Auxois ; mais depuis que les habitants se sont décidés à introduire l'usage de la chaux, élément qui fait défaut dans les terres morvandelles (1), le blé lui-même réussit dans les sols les moins pauvres et la qualité qu'il emprunte à la silice le rend supérieur aux meilleurs blés des terrains exclusivement calcaires.

Mais c'est surtout aux racines des plantes crucifères que convient le sol porphyrique ; aussi y acquièrent-elles une qualité exceptionnelle.

Parmi les plantes fourragères de la famille des légumineuses, le trèfle seul végète assez bien dans les meilleures terres.

Au nombre des végétaux qui croissent spontanément et abondamment dans la contrée morvandelle et peuvent servir à fixer le botaniste et le géologue sur la nature du terrain, nous citerons le genêt à balai *(Genista scoparia)*, la bruyère *(Calluna vulgaris)*, le houx *(Ilex aquifolium)*, la digitale pourprée *(Digitalis purpurea)* et un grand nombre de fougères parmi lesquelles se montre le *Blechnum spicans*, qui aime les lieux humides (2).

---

(1) Le porphyre du Morvan n'est pas complétement dépourvu de chaux. Il en contient 0,4 %, d'après les analyses de M. Delesse. — Bull. de la Société géologique, 2ᵉ série, t. VI, p. 638 ; mais cette quantité est insuffisante pour la production agricole.

(2) Nous ne prétendons pas que ces espèces soient spéciales au Morvan, mais elles ne se trouvent avec un pareil développement que sur un sol léger et siliceux.

Le terrain porphyrique, quoique aride en apparence, souffre moins de la sécheresse que les terrains compactes. Il absorbe les vapeurs et la rosée, et l'humidité du sous-sol monte sans cesse à la surface.

Les prairies arrosées avec beaucoup de soin sont nombreuses et occupent les parties basses des pentes et tous les vallons dont le fond est toujours un peu marécageux.

Quoique l'herbe y soit peu nourrissante, l'espèce bovine y prospère et les habitants attribuent la vigueur et la santé des bestiaux du Morvan à la qualité des eaux du pays.

Indépendamment des prairies arrosées, on abandonne au pâturage de grands espaces qu'on ne cultive qu'à de longs intervalles. Ces pâtures, comme on les appelle dans le Morvan, produisent une herbe fine et nourrissante recherchée par les bestiaux et qui convient surtout aux chevaux (1) et aux moutons (2). Le genêt les envahit rapidement, et quand il couvre littéralement le sol à une hauteur qui atteint quelquefois deux mètres, on l'arrache. Le sol écobué est remis en culture et, après quelques récoltes, la pâture régénérée recommence à se couvrir d'herbages.

On trouve aussi dans les terrains porphyriques des landes sèches ou marécageuses ; ces dernières où croissent quelques bouleaux rabougris, des aunes et des genévriers sont envahies par la tourbe dont on ne fait aucun usage.

Eaux. — Nous l'avons déjà dit, le sol accidenté et imperméable fournit de nombreuses sources ; mais elles sont géné-

(1) Il existait autrefois dans le pays une excellente race de chevaux qui est aujourd'hui perdue ; et on y remarque encore une race bovine alerte et ardente au travail, mais qu'on abandonne de plus en plus pour y substituer la race charollaise plus lourde, mais plus apte à l'engraissement et donnant plus de laitage.

(2) Les moutons de petite race sont estimés par la qualité de leur chair, mais fournissent une laine grossière. Le Morvan nourrit aussi une grande quantité de porcs.

ralement d'un faible débit. Elles forment, par leur réunion au fond des vallons, des ruisseaux qui ne tarissent jamais ; cependant il existe, dans les montagnes porphyriques, quelques rivières qui n'acquièrent une certaine importance qu'en s'éloignant des points où elles ont pris naissance. Telles sont l'Yonne, la Cure, le Tarnin et le Cousin.

Les eaux du pays sont d'une extrême limpidité, excepté dans les lieux marécageux où elles se colorent légèrement de détritus tourbeux. Elles sont d'une légèreté et d'une fraîcheur remarquables et contiennent en dissolution des sels de soude et de potasse fournis par la décomposition du feldspath. C'est probablement à ces sels qu'elles empruntent la saveur agréable qui les fait rechercher par les hommes et par les animaux.

Le poisson abonde dans les eaux porphyriques où se plaît surtout la truite. Elle prospère même dans beaucoup d'étangs qui sont alimentés par des sources (1).

La fraîcheur et l'abondance des eaux, la verdure des bois et des surfaces gazonnées, les accidents nombreux d'un sol coupé en tous sens de vallons tortueux et profonds, la forme conique des sommets, l'aspect tour à tour riant ou sévère du paysage, font de la contrée porphyrique en particulier, et en général de tout le Morvan, un séjour charmant pendant la belle saison.

Produits industriels du sol. — Ils sont à peu près nuls. La pierre porphyrique naturellement fendillée et se brisant

(1) Le marais des Setons, traversé par la Cure au S.-E. de Montsauche et converti en un réservoir de 17 kilomètres de tour pour l'alimentation de la navigation de l'Yonne, a été récemment l'objet d'essais de pisciculture qui n'ont pas donné tous les résultats qu'on en attendait ; ils ont échoué en partie par l'effet de l'extrême multiplication du brochet. Seule, le Fera ou la Fera (*Coregonus Fera*) du lac Leman a pu s'acclimater aux Setons et s'y est développé dans de grandes proportions.

en fragments anguleux est peu propre aux constructions; et l'on ne trouve de pierres d'appareil que dans les parties granitiques ou en dehors de la contrée mo vandelle.

Malgré l'abondance du combustible, des terres kaolinisées ou des argiles, la brique est rare ainsi que la tuile, et les toitures sont généralement en chaume.

Dans un seul point, l'étage houiller se montre en veines très-maigres (forêt de Pathuai, près Menessaire); et l'on a renoncé à l'exploitation de l'anthracite qu'on extrayait de ce gisement. Ce n'est que dans l'Autunois que l'étage houiller forme des bassins utilisés par l'industrie.

Il existe dans la contrée de nombreux filons de kaolin quelquefois assez purs, mais le plus souvent colorés par le fer. Ils sont trop peu développés pour qu'on songe à les employer pour la fabrication de la poterie fine ou de la porcelaine.

On rencontre aussi quelques filons de chaux fluatée et de baryte sulfatée avec galène (Alligny); mais ils sont trop pauvres pour qu'on en tire parti. Ils sont plus développés dans l'Autunois.

La chaux carbonatée, si précieuse aux sols siliceux, est extrêmement rare. On ne la trouve qu'à Cussy-en-Morvan, dans une carrière de calcaire carbonifère aujourd'hui abandonnée et enclavée dans les roches cristallines, et à Pensières, près de Pierre-Écrite, où elle provient de la première couche de l'infra-lias (zone à *A. amonites planorbis*); encore est-elle à Pensières peu propre à l'amendement des terres et ne convient-elle qu'aux constructions à l'état de chaux hydraulique.

TERRAIN GRANITIQUE.

Ce que nous avons dit du terrain porphyrique s'applique en général au terrain granitique qui occupe la partie intermédiaire entre les sommets du Morvan et de l'Auxois, et que nous avons désigné sous le nom de granite gris dans notre description géologique.

Nous signalerons cependant quelques différences :

L'altitude qui, sur le porphyre, varie de 600 à 900 mètres environ, n'est plus, sur le granite, que de 460 à 600 ou 700 mètres.

Sur les surfaces granitiques, la terre végétale est plus arénacée que sur le porphyre, car le granite se désagrége plus facilⱶment. Les sommets sont plus étendus et le sol est par conséquent moins découpé; aussi y rencontre-t-on des placards d'aubue maigre fortement tassée sur les sommets et sur les déclivités à pentes adoucies. Sur ce fond imperméable, il se forme, comme d'Eschamps à Saulieu, des marécages et des tourbières, et il faut, pour rendre ce limon productif, recourir au drainage et à la chaux, qui, indépendamment de son action fertilisante sur une terre siliceuse, a encore pour effet de neutraliser l'acidité du tanin de la tourbe. Ce minéral, si utile au Morvan, est moins rare dans la contrée granitique que dans la contrée porphyrique. On trouve des gisements de chaux (lias inférieur et infra-lias) enclavés ou isolés dans les roches cristallines, comme à Saulieu et à Baroiller (chaux hydraulique), ou bordant la lisière du Morvan, comme à la Guette, Villargoix, Montlay, etc. (chaux grise).

Eaux. — Les eaux du terrain granitiqué sont moins abondantes que celles du terrain porphyrique. Elles sont aussi moins pures, quoique fort belles encore. Indépendamment de la potasse résultant de la décomposition du feldspath, elles contiennent encore de la magnésie produite par la décomposition du mica.

A l'extrémité du granite gris, au milieu des leptynites et des granites roses qui confinent à l'Auxois et sont profondément fendillés et souvent disloqués par des failles, les eaux deviennent extrêmement rares, car elles se perdent dans les fissures des roches.

Produits industriels du sol. — Le granite peut être employé plus avantageusement pour la construction que le porphyre. Cependant il a, comme lui, le défaut d'être anguleux et l'inconvénient de rendre les habitations humides, car sa nature cristalline le rend froid et condense les vapeurs aqueuses. Quand sa texture est altérée, il s'imbibe facilement à la manière des grès.

Le granite gris de certains gisements, à gros éléments, peut être employé comme pierre d'appareil; mais il s'égrène facilement à la surface. On en fait aussi des dalles de trottoir assez résistantes, quand elles sont taillées dans les blocs à grains serrés qui n'ont pas subi d'altération.

La leptynite, qui est enclavée entre le granite gris et le granite rouge, n'est guère employée, comme le porphyre, que pour l'entretien des routes.

Nous reparlerons du granite rouge quand nous nous occuperons de l'Auxois.

Influence du sol et du climat sur les habitants du Morvan. — La race celtique, moins mélangée à l'élément germanique que dans les pays plus fertiles et plus accessibles, domine dans le Morvan, centre de l'ancienne confédération éduenne; pourtant elle a été soumise, dans d'assez grandes proportions à l'influence de l'élément latin et des colonies romaines sous la domination des Césars.

Mais l'action du croisement diminue avec le temps; les races tendent à retourner au type primitif, tout en se modifiant sous les actions de milieu; et la population d'une contrée prend à la longue une physionomie particulière qui la différencie des populations sorties de la même souche, quand elle est placée dans d'autres conditions topographiques et géologiques.

Et comme il est impossible aujourd'hui de distinguer, dans le caractère général des montagnards fixés depuis tant de siècles sur la pointe septentrionale du plateau central de la

France, ce qui tient à des causes ethniques de ce qui dérive de l'influence du sol, de ses produits, de l'altitude, du climat et de la configuration du pays, nous nous bornerons à signaler les traits les plus saillants du type morvandeau, tant sous le rapport physique que sous le rapport intellectuel et moral (1).

Le morvandeau est de taille moyenne, plutôt grand que petit, généralement de corpulence sèche, de formes bien prises, sans la lourdeur et l'empâtement lymphatique qu'on remarque assez souvent, surtout aux membres inférieurs, chez l'habitant de l'Auxois.

Bien qu'il se nourrisse d'aliments plus grossiers et moins substantiels que ce dernier, et qu'il ne récolte pas de vin, il jouit néanmoins d'une santé satisfaisante, sauf dans les parties du pays exposées aux miasmes paludéens.

Sa croissance est plus longue que celle de l'habitant des régions plus tempérées; aussi n'est-il pas rare de voir rejeter, pour défaut de taille, par les conseils de révision, des jeunes gens qui, plus tard, dépasseront la taille réglementaire. Cependant, malgré ce retard dans la croissance, il est à remarquer que le Morvandeau et surtout la Morvandelle se marient fort jeunes.

Plein d'activité et d'entrain, l'habitant du Morvan est doué d'une tenacité moindre au travail que ses voisins de la plaine, soit qu'il faille attribuer ce défaut d'ardeur soutenue à la mobilité naturelle de son esprit, soit à une alimentation moins fortifiante.

Malgré son apparence indolente et une certaine gaucherie dans la tournure, il est vif, adroit, intelligent et curieux. Il a l'imagination ardente, la conception prompte

(1) C'est l'homme de la campagne, plutôt que celui des villes où la population est plus mélangée et plus modifiée, que nous prendrons pour type.

et facile, et n'est pas dépourvu d'initiative; aussi l'agriculture du Morvan est-elle relativement en progrès sur celle de l'Auxois.

Il excelle surtout dans l'élève des bestiaux, et si son habitation est basse, obscure et malpropre, ses étables sont toujours bien tenues.

Le bœuf, si lourd et si stupide, devient entre ses mains un animal agile et intelligent ; aussi triomphe-t-il avec son attelage des obstacles les plus difficiles (1).

Le Morvandeau a en outre beaucoup d'habileté dans les transactions commerciales ; on lui reproche même d'en avoir trop. Sa bonhomie n'est qu'apparente et sa finesse est suspecte à ses voisins de la plaine.

Il a une certaine disposition à la maraude, et, parmi les riverains des forêts, il s'en trouve qui s'habituent difficilement à considérer les bois comme une propriété particulière, peut-être par suite des traditions d'un autre âge.

Son goût pour la chicane est extrêmement prononcé et, s'il plaide, c'est souvent moins par animosité ou par cupidité que pour satisfaire à son besoin d'émotions et pour entretenir l'activité de son esprit retors et fertile en expédients. Aussi montre-t-il, pour l'étude du droit et surtout de la procédure, une aptitude remarquable; et l'on peut compter parmi les morvandeaux un grand nombre de gens d'affaires et même des avocats et des jurisconsultes du plus grand mérite.

Malgré la pauvreté d'un vocabulaire où l'on remarque beaucoup de mots d'origine latine qui n'ont pas tous passé dans la langue française, l'habitant des campagnes sait tirer de son patois des expressions d'un tour original et imagé, dans un parler traînant où les sons adoucis dominent, contrastant avec des sons rudes et fortement accentués.

Il est à regretter que le caractère pèche chez le morvan-

_____

(1) Il attèle même la vache pour ses cultures et ses charrois.

deau par défaut de dignité. Il est humble et patelin, ce qui ne l'empêche pas d'être très-vaniteux, et il obéit moins à des principes qu'à des intérêts et à des passions.

En signalant les traits principaux du caractère des habitants, nous n'avons pas voulu faire entendre que la probité, la pratique de la justice et le respect de soi-même restent étrangers au Morvan; nous devons reconnaître au contraire qu'on trouve là comme ailleurs d'honorables exceptions et nous rappellerons qu'au nombre des hommes illustres dont s'honore la France, Vauban, qui sut allier au génie la plus haute vertu, était lui-même un morvandeau.

Une partie des défauts de la population morvandelle tient à son ignorance et à son isolement; car les habitations sont disséminées au milieu des bois et l'on voit peu de grandes agglomérations dans le pays. Longtemps il a souffert de la pénurie et du défaut d'entretien des voies de communication. Maintenant que les routes et les écoles se multiplient, les mœurs se modifient rapidement; mais tout n'est pas progrès dans ces changements, et l'on voit en même temps s'effacer certaines qualités, au nombre desquelles il faut citer l'obligeance et l'hospitalité.

La Morvandelle jouit de la réputation d'excellente nourrice, et parmi les enfants abandonnés et recueillis par les hospices de Paris, un très-grand nombre sont confiés aux femmes du Morvan. Beaucoup trouvent dans le pays une nouvelle famille, s'y établissent et viennent modifier la race morvandelle par des croisements qui sont loin d'être toujours favorables et dont l'effet est très-appréciable.

L'émigration des habitants vers les grands centres, et notamment vers Paris, est considérable; mais ils aiment leurs montagnes et ne s'en éloignent jamais sans esprit de retour.

BASSIN DE L'AUXOIS.

Il se divise en trois parties :

Partie morvandelle. — Terrains granitiques arénacés. — Grès et argiles du trias. — Lias silicifié. — Alluvions d'aubues.

Partie centrale. — Terrain d'alluvions brunes et jaunes. — Calcaires marneux et marnes.

Côteaux liasiques de l'enceinte à l'opposite du Morvan. — Marnes.

La partie morvandelle domine dans le canton de Saulieu et s'étend sur la moitié occidentale du canton de Précy; on la trouve en moindres proportions dans ceux de Semur, Guillon et Avallon; mais il est impossible de la séparer de la partie centrale par une ligne de démarcation tranchée, car le granite pénètre fort avant dans la plaine par des ramifications qui suivent les bords du Cousin, du Serein, de l'Armançon et de leurs affluents; et d'un autre côté, on rencontre au milieu des roches cristallines des îlots calcaires et des dépôts d'alluvion qui ne diffèrent pas du sol de la partie centrale; aussi comprendrons-nous la partie morvandelle et la partie centrale dans la même description, en y ajoutant encore les vallées du Serein et de l'Armançon à leur sortie du bassin et aussi les vallées latérales de la Brenne, de l'Ozerain et de l'Oze, tant qu'elles restent constituées par les terrains du lias.

PARTIE MORVANDELLE ET PARTIE CENTRALE DU CIRQUE.

Le terrain alluvial occupe la partie la plus importante du sol arable du bassin de l'Auxois et des vallées voisines. Il couvre, à différents niveaux, les surfaces planes ou à pentes adoucies. Il se divise en alluvions anciennes (aubues et limon de mâchefer), couvrant les mamelons, et en alluvions modernes, bordant les cours d'eau quand ils ne sont pas trop encaissés, mais occupant des surfaces restreintes.

Nous n'insisterons pas sur la nature des alluvions anciennes pour ne pas répéter ce que nous avons dit en donnant leur description géologique; nous rappellerons seulement qu'elles sont plus ou moins colorées, plus ou moins alumineuses ou maigres, suivant la constitution du sol sur lequel elles reposent; qu'elles contiennent une grande quantité de débris granitiques et de fer en grains et en veinules, et que la partie non atteinte par la charrue est imperméable et reste improductive tant qu'elle n'a pas été exposée à l'influence prolongée des agents atmosphériques.

Elles prennent le nom d'aubues quand elles sont jaunâtres ou blanchâtres et formées du lavage des terrains granitiques arénacés, et celui de mâchefer quand elles sont plus colorées par le fer et mélangées aux détritus des marnes du lias.

Comme l'alumine en est la partie constituante principale, elles sont d'une grande compacité; cependant le sol limoneux est rarement aquatique, car on y trouve peu de sources et les eaux pluviales trouvent leur écoulement au moyen de la culture en ados.

Leur épaisseur, en y comprenant le fond, épargné par la charrue, varie entre 50 centimètres et 3 à 4 mètres, suivant les lieux.

Elles durcissent facilement sous le hâle et la chaleur et souvent se crevassent après une sécheresse prolongée.

La fertilité des alluvions anciennes est excessivement variable. Elle diminue généralement sur les sous-sols maigres, tels que les granites et les grès du keuper ou dans leur voisinage. Dans ces conditions, elles prennent surtout le caractère d'aubues, dont quelques-unes sont pourtant assez productives.

En se rapprochant des pentes marneuses des côteaux jurassiques et surtout dans les vallons étroits qui s'ouvrent au milieu des plateaux oolithiques (vallée des Laumes, gorge de Quincy, gorge de l'Isle), les alluvions brunes dominent et sont de meilleure qualité. Elles renferment même des traces de phosphate de chaux, comme dans la vallée de Saint-Thibault.

Les parties les plus riches du bassin de l'Auxois constituées par le limon sont, dans l'arrondissement d'Avallon, la
Terre-Plaine ; dans l'arrondissement de Semur, la plaine
d'Epoisses et la vallée de Saint-Thibault, et encore la vallée
des Laumes au confluent de la Brenne, de l'Ozerain et de
l'Oze.

Les alluvions modernes, formées aux dépens des alluvions
anciennes remaniées, des détritus apportés par les eaux et
des roches désagrégées des côteaux, sont plus fertiles ; mais
elles ont à subir les débordements des cours d'eau.

Les autres terrains qui se trouvent placés au milieu des
alluvions et qui n'en sont pas recouverts, existent sur tous
les points où les pentes sont un peu prononcées et dans les
dépressions d'où le limon a disparu plus ou moins, par l'effet
de l'entraînement par les eaux ou par le ravinement qui a
creusé les lits des rivières, des ruisseaux ou des rigoles naturelles d'écoulement.

Ils consistent :

En terres arénacées formées des débris du granite rose
qui domine dans l'Auxois, de la leptynite et exceptionnellement du granite gris et du gneiss. On les appelle dans le
pays terrains de Véronnes ;

En terres arénacées ou compactes (marnes irisées et grès
bâtard décomposé), du keuper et de l'étage rhétien ;

En terres et marnes calcaires de l'infra-lias, du lias inférieur et d'une partie du lias moyen (pierre bise, pierre noire,
baume).

Les terres granitiques ou d'origine cristalline se trouvent,
comme nous l'avons dit, dans les cantons de Saulieu, Précy,
Semur, Guillon et Avallon. Il faut y comprendre les terres
du lias qui ont été silicifiées aux bords du Serein et dans
les environs d'Avallon, lesquelles diffèrent peu des terres granitiques, au point de vue agricole.

Le sol arénacé granitique ou terre de Véronne est considéré comme moins productif que le limon ; cependant, en raison de la facilité avec laquelle il se cultive et de sa perméabilité, il donne quelquefois d'assez bons produits quand la profondeur de sa surface arable est suffisante.

Le keuper, partie supérieure du trias, ne forme que des lambeaux de peu d'importance, heureusement pour l'agriculture du pays, car ils sont presque infertiles ; la terre végétale qui en provient n'étant composée que d'arènes grèseuses extrêmement maigres ou de marnes extrêmement compactes et imperméables, dont la teneur en chaux est très-faible (Chapeau-du-Curé).

Le terrain calcaire de la plaine est formé des débris de l'infra-lias (lumachelle, foie de veau), et du lias inférieur (pierre noire ou calcaire à gryphée arquée); plus rarement de la partie inférieure du lias moyen (calcaire à ciment). Ces débris sont presque toujours mêlés à une faible quantité de limon.

Nous entrerons dans quelques détails au sujet du terrain calcaire.

La lumachelle (pierre bise, en géologie zone à *Am. planorbis*) est moins riche en calcaire que les zones plus élevées. Elle se compose de bancs résistants à la gelée, continus ou discontinus, et passant quelquefois au calcaire marneux, séparés ou recouverts par des lits plus ou moins puissants de marnes blanchâtres ou bleuâtres, extrêmement compactes, et qui ne deviennent fertiles qu'après défoncement et exposition aux agents naturels (cimetière de Semur).

Le foie de veau (zone à *A. angulatus*), qui sert de base au calcaire à gryphées arquées, est un peu plus fertile par ses marnes jaunâtres et ses débris calcaires désagrégés par la gelée et le soleil.

La pierre noire (calcaire à gryphées arquées), également décomposable, surtout dans la zone supérieure, fournit, par ses marnes et par ses roches désagrégées, un sol moins gras, de couleur foncée et quelquefois noirâtre, mais ordinairement peu profond et d'une grande fécondité. Dans les parties (bords du Serein et du Cousin) où il est à l'état siliceux, il ne diffère guère, sous le rapport agricole, des roches granitiques.

Le calcaire blanchâtre à ciment et chaux hydraulique, qu'on rencontre principalement à la base des côteaux liasiques, donne des marnes compactes d'une culture difficile, mais qui, s'engraissant et s'amendant ordinairement des débris entraînés des pentes, sont assez productives.

Excepté sur les terres calcaires dont nous venons de parler et dont l'étendue est assez limitée, l'élément calcaire fait presque complétement défaut dans le sol cultivé du bassin de l'Auxois.

Les alluvions, par suite de la dissolution par les eaux chargées d'acide carbonique, du carbonate de chaux qu'elles contenaient plus ou moins primitivement, ont été en quelque sorte lessivées, et ne font plus effervescences avec les acides, sauf dans certaines parties de la vallée des Laumes au pied des côteaux.

Les terres arénacées granitiques, le lias silicifié et le keuper sont également dépourvus de chaux. Cependant, c'est à peine si, dans les parties granitiques avoisinant le Morvan, le cultivateur se décide à donner des amendements calcaires à ses terrains; et pourtant le calcaire à gryphées arquées abonde dans le pays. On en trouve presque partout dans le sous-sol; mais l'habitant de l'Auxois change difficilement ses habitudes et recule devant une dépense même productive. Il ignore d'ailleurs généralement que le sol arable manque presque toujours de chaux dans la plaine, et il aurait de la peine à admettre que les alluvions avec grains de fer et les aubues en sont complétement dépourvues, épuisées qu'elles sont par la dissolution (1). Il se contente de répandre au printemps

(1) L'acide carbonique des eaux atmosphériques fait passer le carbo-

sur ses trèfles du plâtre en poudre (sulfate de chaux) qui leur communique une grande vigueur.

CÔTEAUX LIASIQUES DE L'ENCEINTE DU BASSIN ET DES VALLÉES VOISINES.

Les côteaux liasiques qui entourent la grande plaine par une sorte de demi-lune continue, au N., au N.-E., à l'E. et

nate de chaux à l'état de bicarbonate extrêmement soluble.

La chaux qu'on obtient du calcaire à gryphées arquées (pierre noire) est hydraulique et par conséquent moins pure et moins propre, que la chaux blanche des calcaires oolithiques, à l'amendement des terres ; mais comme elle est sur place et par conséquent d'un emploi moins dispendieux, elle doit être préférée. Il faut pourtant avoir soin de rejeter le calcaire de la lumachelle (pierre bise) et du foie de veau, plus pauvres en éléments fertilisants.

D'après les expériences faites, la quantité de chaux grise à répandre sur le sol avant le labour doit être de 8 à 10 mètres cubes environ à l'hectare, et l'effet s'en fait sentir pendant sept à huit ans. Le prix de cette chaux est grandement rémunérateur, car non-seulement elle améliore le sol par ses sels, mais encore elle l'ameublit et aide, dans les terres fortes, à la décomposition des engrais. Cependant il ne faut pas oublier que la chaux sans fumier est épuisante.

On pourrait encore amender avec profit les terres de Véronnes, au moyen du marnage, en employant soit les marnes de la lumachelle (pierre bise), soit celles du foie de veau, du calcaire à gryphées et du calcaire à ciment, mais surtout celles des côteaux marneux de la ceinture de l'Auxois. Elles agiraient mécaniquement en donnant le liant nécessaire au sol arénacé, et chimiquement en lui fournissant l'élément calcaire ; leur effet se ferait d'ailleurs sentir plus longtemps que celui du chaulage.

Malheureusement il est la plupart du temps difficile de se procurer à proximité les marnes nécessaires. On doit préférer celles qui ont été exposées pendant quelque temps à l'influence des agents atmosphériques. Les meilleures sont celles situées entre le calcaire à ciment et le bourrelet à gryphées géantes ; les moins calcaires sont les terres du lias supérieur, quand elles ne sont pas mélangées aux débris des plateaux.

Les marnes irisées presque privées de calcaire et très-compactes doivent être rejetées comme infertiles.

au S.-E.; ceux qui bordent les vallées secondaires de chaque côté, à proximité de cette plaine, vers le N. et le N.-E. (1) ; les pentes orientales de la vallée du Serein supérieur, dont les versants occidentaux sont pour la plupart granitiques, se composent, comme nous l'avons dit, de bas en haut en décrivant la partie géologique :

1° Des bancs plus ou moins décomposés du calcaire à ciment et de la chaux hydraulique du lias moyen ;

2° D'une assise puissante de marnes qui recouvrent le calcaire à ciment et se terminent au niveau du bourrelet de la gryphée géante ;

3° Des bancs de la gryphée géante, partie supérieure du lias moyen, ayant l'aspect d'un vieux mur ruiné ;

4° D'une autre assise marneuse considérable (lias supérieur) placée entre les assises de la gryphée géante et les rochers qui forment la corniche des plateaux oolithiques.

Ces côteaux marneux, qu'il ne faut pas confondre avec les alluvions de la plaine, forment la partie superficielle, ameublie par les agents atmosphériques et par la charrue, d'un massif compacte d'origine marine; on les appelle *larrés* dans le pays, et il s'y mêle, dans une proportion variable, des débris calcaires des plateaux oolithiques.

Les larrés n'exigent pas le chaulage comme les alluvions, car ils contiennent suffisamment d'éléments calcaires. Ils sont fertiles, malgré la compacité de la terre végétale qui n'a que la profondeur du sol labouré, car au-dessous les marnes sont imperméables et ne se désagrégent qu'au contact de l'atmosphère. Le terrain cultivé tend à descendre entraîné par les eaux pluviales ; mais la surface arable se reproduit, aux dépens d'un sous-sol inépuisable.

La qualité des terres va ordinairement en décroissant de

(1) Nous parlerons plus loin des côteaux qui s'éloignent du bassin de l'Auxois, longeant des vallées dont le sol n'est plus liasique.

la base au sommet, c'est-à-dire que le calcaire à ciment de Venarey et les marnes qui le recouvrent sont plus productifs que les assises de la gryphée géante, celles-ci plus maigres et ordinairement disposées en ressauts, d'une culture difficile.

Les marnes du lias supérieur sont les plus compactes, les plus humides, les moins calcaires et les plus sujettes au glissement ; mais elles sont souvent améliorées et assainies par les débris calcaires descendus des rochers oolithiques; quelquefois aussi elles sont tellement recouvertes d'éboulis que la culture en devient impossible, surtout immédiatement au-dessous des plateaux.

Climat. — Les plaines et les côteaux de l'Auxois, sans eaux stagnantes et moins couverts de forêts que le Morvan, ne sont pas aussi humides, bien que les terres fortes de la contrée, quand elles sont imprégnées par les pluies, restent longtemps mouillées.

Les eaux atmosphériques, n'étant pas facilement absorbées par le sol, arrivent brusquement chargées de limon dans les rivières, qui sont pour la plupart soumises à un régime torrentiel.

En été, les terres fortes se durcissent et se fendillent quand la sécheresse est persistante.

Les vents dominants sont ceux du S.-O., de l'O., et du N.-E.

Par son altitude, qui n'est guère en moyenne que de 300 m. dans la plaine et qui ne dépasse pas 400 m. sur les côteaux, le centre de l'Auxois est moins froid que le Morvan ; néanmoins il est encore exposé à de grandes variations de température. Le printemps y est peu régulier et ses gelées tardives causent souvent de grands dommages dans les vignes et les vergers. L'automne est la plus belle saison et se prolonge assez tard. On y voit peu de brouillards en toutes saisons. Les orages sont fréquents, mais la grêle est assez rare, excepté dans certaines vallées (environs de Vitteaux, Saint-Thibault, Verrey), où elle cause des ravages périodiques. Les nuages s'accumulent au-dessus de ces vallées sans issues du côté de l'est, sous l'effort des vents de l'O. et du S.-O., qui rencontrent l'obstacle des plateaux jurassiques (1).

Le bassin de l'Auxois n'a pas l'uniformité des grandes plaines. Placé entre le nord du plateau central et une ligne de collines qui l'enferment dans un grand arc de cercle, il présente une surface mamelonnée, à niveaux décroissants à partir du Morvan et découpée de nombreuses rigoles d'écoulement.

La variété d'aspect du cirque résulte encore de la variété du sol, qui montre sur des points très-rapprochés tantôt les roches cristallines, tantôt les formes adoucies dés terrains sédimentaires.

Ce contraste est surtout remarquable sur l'Armançon, le Serein et le Cousin et un grand nombre de leurs affluents, au cours sinueux et tourmenté, coulant dans des lits profondément creusés dans le granite et offrant sur leurs bords des points de vue tour à tour gracieux et sauvages.

C'est à ces accidents et à ces oppositions que les deux villes principales du cirque, Avallou et Semur, doivent leur situation pittoresque.

Les vallées qui sortent du bassin ou qui le longent, ouvertes dans le massif oolithique, présentent également des sites

(1) Les observations météorologiques faites dans le bassin de l'Auxois sont de date trop récente pour qu'il soit possible de donner des moyennes satisfaisantes.

Notons seulement que les fauchaisons se font, année moyenne, vers le milieu de juin et que la moisson des blés ne commence guère avant le milieu de juillet. Quant aux vendanges, elles se font ordinairement en octobre.

d'une grande beauté et d'une grande richesse de végétation, mais d'un aspect moins varié ; tels sont les vallons de Guillon à l'Isle, la gorge de Quincy et surtout les vallées de la Breune, de l'Oze et de l'Ozerain, bordées de coteaux liasiques.

Produits agricoles et forestiers. — La culture des céréales l'emporte dans l'Auxois sur celle des autres produits agricoles. Le blé, l'orge et l'avoine y fournissent d'abondantes récoltes. Les cultures accessoires sont celles du colza, de la navette et de la pomme de terre.

Le sarrasin et le seigle ne sont semés que dans les parties granitiques en se rapprochant du Morvan. Le chanvre réussit dans les meilleures terres.

Parmi les plantes fourragères, le trèfle est cultivé dans les terres siliceuses et limoneuses. La luzerne ne prospère que dans les lieux où la superficie du sol est suffisamment calcaire et surtout dans les coteaux liasiques. Cependant, elle végéterait parfaitement sur les autres terrains, à la condition de les amender par le chaulage.

La betterave ne donne de bons produits que dans les meilleures terres d'alluvion.

Les terres sont ordinairement livrées à la jachère tous les trois ans ; la troisième année pourtant, on y cultive assez souvent des plantes sarclées.

On plante de la vigne dans la plaine sur les pentes convenablement exposées ; mais elle a beaucoup à souffrir des gelées printanières ; ses produits, abondants quand elle a échappé à leur atteinte, sont de qualité très-médiocre, d'autant plus que c'est le gamet qui a la préférence, comme étant d'un plus grand rapport et pouvant donner quelques tiges fructifères après les gelées.

Il est à remarquer que la vigne qui végète sur tous les terrains, pourvu qu'ils soient défoncés, réussit pourtant mal sur le limon de mâchefer.

Les coteaux liasiques, quand ils ne sont pas exposés au

nord, au nord-est ou à l'ouest, sont ordinairement couverts de vignobles dont les parties basses souffrent de la gelée. Ils donnent des vins préférables à ceux de la plaine ; mais ils sont peu estimés pour la plupart et ont quelquefois le goût de terroir qu'ils empruntent aux sulfures des marnes. On y cultive le gamet, le gros-plan et le pineau. Le vin rouge est beaucoup plus abondant que le vin blanc. Le drainage des coteaux se fait ordinairement au moyen de fosses remplies de pierres, moins sujettes à s'engorger que les tuyaux en terre.

Le produit de la vigne gagne en qualité dans les parties où les marnes sont plus mêlées aux parcelles détritiques provenant des plateaux calcaires, comme on peut le remarquer à Viserny et dans les environs de Flavigny.

La culture des vignobles s'arrête souvent sur les collines du bassin de l'Auxois aux assises de la gryphée géante ; mais elle monte aussi quelquefois jusque sur le lias supérieur à la limite des éboulis qui en rendent la culture impossible (environs de Flavigny et de Viserny), mais dont les débris améliorent les cépages qui les avoisinent. Ces éboulis sont tantôt nus, tantôt recouverts de gazon et de broussailles, et même de bois exploités pour échalas et autre usage.

Le houblon, qui croît spontanément dans les sols alluviaux, n'est pas cultivé dans l'Auxois ; cependant tout porte à croire qu'il s'accommoderait du climat et du sol limoneux de la plaine et des vallées.

On pourrait aussi utiliser les terres alluviales des bords des cours d'eau, en y plantant des oseraies, comme aux environs de Montbard.

Les prairies, moins étendues dans l'Auxois que dans le Morvan, sont pourtant assez nombreuses. Elles sont rarement irriguées, mais donnent des produits d'excellente qualité. La centaurée des prairies (*Jacea pratensis*) dont la présence indique les meilleurs herbages, y croît abondamment.

L'irrigation, quand elle est praticable, est entravée par le morcellement de la propriété; aussi, par suite de l'extrême division des héritages, les chemins ruraux sont en nombre insuffisant, encore sont-ils mal entretenus. C'est surtout dans les côteaux plantés en vignobles que le besoin s'en fait vivement sentir. Le morcellement et la rareté des chemins ruraux ayant pour effet de produire de nombreuses enclaves empêchent aussi fréquemment l'appropriation du sol aux cultures qui lui conviennent.

Les arbres fruitiers réussissent assez bien dans le sol alluvial ; mais c'est surtout dans les marnes moyennes des collines liasiques qu'ils prospèrent. Le sol du lias supérieur convient mieux au pommier qu'au poirier. Malheureusement, le choix des espèces n'est l'objet d'aucun soin dans les campagnes, et c'est à peine si, dans les villes, l'arboriculture commence à être comprise.

Le bassin de l'Auxois, moins boisé que le Morvan, n'est pourtant pas dépourvu de forêts. C'est surtout du côté du sud et du sud-ouest, sur l'Armançon, le Serein et le Cousin qu'on les rencontre. Elles occupent ordinairement le sol arénacé ou les surfaces d'alluvions anciennes les moins fertiles.

Les essences dominantes sont le chêne, le charme, le bouleau et le tremble ; au sommet des côteaux liasiques, on plante le frêne et le saule marceau, qui réussissent parfaitement.

Les cours d'eau sont bordés de peupliers et de saules. On tond les peupliers et les frênes avant la chute des feuilles pour la nourriture des moutons pendant l'hiver, et l'on tire du saule des échalas pour les vignes.

Du côté du Morvan, c'est l'aune qui croît sur les rives des rivières et des ruisseaux.

On remarque encore, dans les lieux médiocrement fertiles, des plantations d'arbres résineux (conifères); mais presque toujours ces arbres, tirés des pépinières de Semur, n'acquièrent pas un développement considérable et ils se reproduisent rarement par leur semis naturel.

L'élève et le commerce des bestiaux, moins répandus que dans le Morvan, commencent à prendre une certaine extension dans le cirque de l'Auxois et les vallées voisines. L'espèce bovine n'appartient à aucune race distincte; les chevaux, autrefois chétifs et d'une conformation défectueuse, sont remplacés par la race percheronne plus ou moins croisée, qui y réussit parfaitement. Le mouton s'y comporte moins bien que sur les montagnes oolithiques, mais y engraisse rapidement.

Eaux. — Les eaux de la plaine de l'Auxois sont peu abondantes et de mauvaise qualité. L'eau des sources et surtout des puits est lourde et chargée de sels. Le lias, par la décomposition de ses sulfures de fer, et le trias par ses sulfates de chaux, les rendent séléniteuses. Elles contiennent aussi de la magnésie et du carbonate de chaux.

Beaucoup de puits tarissent pendant les sécheresses. L'usage des citernes n'est pas répandu dans le bassin de l'Auxois. Elles rendraient pourtant de grands services en suppléant à l'insuffisance des puits sur beaucoup de points, mais surtout en fournissant une eau plus pure et plus salubre pour les hommes et les animaux domestiques.

Dans les parties granitiques, sans marnes irisées, les eaux sont meilleures et plus limpides, mais elles sont souvent rares par l'effet des dislocations du sol, aux environs du Serein et de l'Armançon.

Au-dessus des coteaux marneux, à la base des plateaux, les sources sont nombreuses et limpides. Elles sont souvent d'un faible débit, elles ne deviennent importantes que lorsque les pentes des assises calcaires des plateaux et l'inclinaison des strates, sur une certaine étendue, convergent vers un seul point; alors elles forment des ruisseaux à pente rapide.

C'est surtout aux endroits où les coteaux dessinent des angles rentrants qu'existent les principales sources.

Les eaux des coteaux sont ordinairement chargées de

chaux carbonatée dissoute par l'acide carbonique et provenant des sommets. Quelquefois elles déposent du tuf et deviennent impropres à l'irrigation. Il conviendrait alors de les laisser déposer dans un bassin avec issue à la partie supérieure.

C'est, comme nous l'avons dit en décrivant la géologie du pays, au sommet des coteaux qu'existe le principal niveau d'eau de l'Auxois, parce que les marnes du lias imperméables arrêtent les nappes qui filtrent à travers les fissures des plateaux et les obligent à sourdre à la base de la corniche rocheuse de ces plateaux (1).

(1) A plusieurs reprises, l'administration municipale de Semur a fait des recherches pour amener sur le promontoire granitique qu'occupe la ville, peu favorisée sous le rapport de la qualité et de la quantité des eaux, une source suffisante aux besoins des habitants ; mais les plateaux qui bordent au nord le bassin de l'Auxois sont trop découpés pour donner naissance à des fontaines de quelque importance, et l'inclinaison des couches est ordinairement du côté opposé au bassin de l'Auxois.

On a songé à la source de Charigny, au sud-est, et l'on a reculé devant la difficulté et les dépenses.

Dans ces derniers temps, M. Plessier, ingénieur, a étudié un projet plus économique. Il consisterait dans la captation, au-dessous de Charrigny, des eaux des fontaines de ce village, qui se perdent dans le soussol et de celles qui s'échappent par filtration du bord occidental du canal, un peu au-dessous du même point. Ces eaux réunies coulent en partie dans le ruisseau de la Prée, qui tombe dans l'Armançon au bas du village de Massène. Elles pourraient être purifiées en traversant un amas artificiel de cailloux, suivant le procédé employé par M. Belgrand, aux environs de Paris. D'après les calculs de M. Plessier, l'altitude serait suffisante et la quantité recueillie par ce moyen ne serait pas au-dessous des besoins de la ville.

On pourrait aussi utiliser pour une partie de la ville la nappe d'eau souterraine qui occupe le mamelon situé au-dessus du faubourg de Paris, nappe qui paraît fort abondante et a été rencontrée en forant un puits pour l'alimentation de la tuilerie Malgras.

Enfin, on pourrait faire une prise d'eau en amont dans l'Armançon, et se servir de la chute de la rivière pour élever l'eau nécessaire.

Au-dessous de ce niveau, les eaux qui suintent au milieu des marnes n'ont plus la même qualité. Elles sont souvent dures et renferment des sulfates.

Les eaux des rivières deviennent facilement troubles par l'apport des détritus limoneux des côteaux et de la plaine. Elles sont pourtant naturellement poissonneuses, et l'écrevisse à pattes rouges y acquiert une fort belle taille.

Produits industriels du sol du bassin de l'Auxois. — Dans les localités où manque le calcaire, on emploie le granite rose comme pierre à bâtir. Il a le défaut, que nous avons déjà signalé, d'avoir une cassure irrégulière. Cependant, il est employé avec avantage dans les gros murs de soutènement.

Certains granites à grains fins (Pont-de-Chevigny, Marcigny, Cussy-les-Forges) et la leptynite (route de Semur à Epoisses), le porphyre et l'euryte (environs de Bierre) sont employés avec le calcaire siliceux (Ruffey et Thostes) au macadam des chemins et des routes.

Le granite décomposé, connu sous le nom d'arène dans l'Auxois, sert à la confection du mortier; mais il a besoin d'être lavé pour le débarrasser des parties terreuses ou kaolinisées; on lui préfère le sable de rivière, formé des mêmes éléments et purgé de ses parties tendres. Le granite décomposé, à défaut de meilleurs matériaux, est utilisé à sabler les allées, mais il passe facilement à l'état terreux.

On trouve aussi dans les sols granitiques quelques veines de kaolin, ordinairement rougi par le fer, qui ne sont d'aucun usage, mais qui pourraient être employées à la confection de la poterie (Champ-Morlin).

La baryte sulfatée et la chaux fluatée, qu'on rencontre sur les bords du Serein (Courcelles-Frémoy), ne sont l'objet d'aucune industrie.

Le terrain houiller de Sincey-lès-Rouvray donne un anthracite friable qui jusqu'ici n'a pu être utilisé que pour la cuisson de la pierre à chaux et du ciment.

On tire des grès grossiers du trias des pierres pour revêtement des fours, d'une médiocre qualité (grès bâtard), et du sable gras et fin pour moulage (Leurey). Les marnes irisées, par suite de leur retrait considérable à la dessication, sont peu propres à la confection des briques, à moins qu'on ne les mélange aux marnes des coteaux.

Le trias fournit des carrières de plâtre ; mais on ne trouve le gypse qu'aux environs de Sombernon (Mémont, Blaisy). Il est également privé de sel ou de sources salées, excepté à Pouillenay, où il existe une fontaine d'un faible débit dont les eaux saumâtres paraissent provenir du keuper (1).

L'étage rhétien fournit à Pouilly le ciment noir découvert par M. Lacordaire. Il a très-peu de puissance dans le bassin de l'Auxois et ne contient que des grès dont un gisement (Marcigny) fournissait les pavés de la ville de Semur ; mais ces grès sont rejetés aujourd'hui comme peu solides, et on leur préfère, à juste titre, les grès très-résistants provenant du keuper de Sainte-Sabine.

L'infra-lias donne une très-bonne pierre d'appareil (lumachelle de Pont-d'Aisy) ; aux environs de Semur, on tire de la lumachelle des dalles et des moellons (Chassenay).

La lumachelle ferrugineuse des bords du Serein est exploitée en galeries à Beauregard pour les forges de Maison-Neuve. La mine de Thostes, plus riche en fer et en manganèse (mine grasse) appartenant aussi à la lumachelle et destinée aux hauts-fourneaux de Maison-Neuve, est creusée au milieu de galeries gallo-romaines. Sur la partie occidentale du village de Thostes, cette lumachelle devient siliceuse et fait feu sous le choc du briquet (2).

(1) Cette fontaine que nous avons décrite dans le Bull. de la Société des sciences histor. et natur. de Semur (1865) pourrait peut-être avoir des propriétés médicinales, comme la fontaine salée de Santenay, avec laquelle elle a la plus grande analogie.

(2) Voir, pour plus de détails, ce que nous avons dit en décrivant l'in-

La même zone renferme aussi des petits filons de galène et des traces de cuivre carbonaté qui ne sont susceptibles d'aucune exploitation.

Le foie de veau, partie supérieure de l'infra-lias, fournit une bonne chaux hydraulique.

Le calcaire à gryphées arquées donne une chaux grise moins estimée pour les constructions, mais qu'on emploie avec avantage à l'amendement des terres, quoiqu'elle n'ait pas la qualité de la chaux grasse (chaux blanche) qu'on tire des bancs de la grande oolithe.

On y trouve aussi des matériaux de construction médiocrement estimés et qui se détériorent, surtout quand ils proviennent de la partie supérieure, au contact prolongé de l'atmosphère. On leur préfère les roches de l'oolithe inférieure et de la grande oolithe, d'une taille plus facile, et plus résistantes.

La partie inférieure du lias moyen produit une excellente chaux hydraulique, incontestablement la meilleure de la contrée (1). Certains bancs sont exploités pour la fabrication du ciment dit de Venarey (vallée de la Brenne). Ce ciment, fort abondant, est l'objet d'un grand commerce, quoique moins recherché que le ciment de Vassy, dont nous parlerons ci-après, parce que l'alumine et la silice y sont alliés à une trop forte proportion de calcaire. On néglige les bancs trop marneux et on n'exploite que les bancs plus résistants. Le ciment de Venarey, d'un prix peu élevé, rend des services considérables et il est d'un usage très-répandu.

fra-lias des mines de Thostes et de Beauregard. On y trouvera les analyses chimiques de ces minerais.

(1) On pourrait exploiter la chaux du lias moyen à Semur même, où elle existe aux environs de Champlon et ailleurs, au lieu d'aller la chercher dans la vallée de la Brenne.

On le tire de la base des côteaux de l'enceinte marneuse du bassin de l'Auxois.

Le lias supérieur donne le meilleur ciment (ciment de Vassy), mais il n'est exploité que dans l'Avallonnais. Sur les coteaux de l'arrondissement de Semur, il paraît d'une moindre puissance et d'une extraction plus difficile. D'ailleurs, il n'est pas, comme le ciment de Venarey, placé à proximité du canal de Bourgogne, et, par conséquent, le transport en serait moins aisé et plus dispendieux.

Un autre produit industriel, peut-être trop négligé, est le tuf calcaire déposé sur le parcours de certaines sources qui descendent des coteaux (Saffres). Il sert à faire des voûtes légères et des cloisons. On le travaille facilement à la scie. On l'utilise aussi à la confection des mortiers, broyé ou mêlé au gros sable des éboulis des coteaux.

Les marnes des coteaux servent à la fabrication des tuiles, des briques et des drains (1). Celles du lias supérieur sont les plus estimées (environs de Montbard) et donnent des produits d'excellente qualité.

On peut aussi employer à la confection des briques les alluvions des vallées (Les Laumes).

Influence du sol et du climat sur les habitants de l'Auxois. — Les habitants de l'Auxois ont une origine moins pure de mélange que la population morvandelle. Le *Pagus alisiensis* ou *alsensis* était occupé au temps de la conquête romaine par les *Mandubii;* mais ceux-ci furent réduits en servitude ou dispersés après la prise d'Alise par César.

L'oppidum des Mandubes devint ensuite un centre important d'administration et la capitale du *Pagus arebrignus.*

____

(1) Le drainage n'est pas suffisamment répandu dans l'Auxois dont les terres fortes conservent longtemps l'humidité. Il aurait pour effet non-seulement de les assainir, mais encore de les aérer et de les rendre plus meubles.

Le voisinage d'une cité commerçante dut contribuer à l'altération du sang celtique dans la contrée.

Plus tard, les Barbares du Nord, et surtout, parmi eux, les Burgundes, s'établirent de préférence, dans les riches campagnes de l'Auxois et se mélangèrent à la population gallo-romaine.

Mais le sol et le climat ont exercé aussi leur influence sur l'état physique et moral des habitants; et les différences de caractère entre l'homme de l'Auxois et le Morvandeau résultent en partie de ces deux causes.

Plus lourd et plus positif que les montagnards des régions granitiques, l'habitant de la plaine a l'esprit moins prompt et moins délié. Il est plus attaché à ses habitudes et s'émancipe difficilement du joug de la routine. Laborieux et économe, il jouit d'une aisance relative, et s'il est moins rusé que son voisin du Morvan, il n'est pas toujours, pour cela, exempt de l'astuce qu'on remarque parmi les campagnards de tous les pays.

Il semblerait que le terrain compacte et les eaux lourdes de la contrée aient influé sur son tempérament et appesanti son allure. Cet effet se remarque jusque dans les animaux attachés aux exploitations agricoles.

Le patois des campagnards est dur et peu imagé. Il change de pays à pays, et chaque village a, en quelque sorte, son dialecte et son accent particulier.

La taille de l'habitant de l'Auxois est généralement élevée. Il est plus fortement charpenté que le Morvandeau, mais souvent les attaches des muscles manquent de finesse.

La population de l'Auxois qui vit sur le granite, aux confins du Morvan, a naturellement un caractère mixte qui se manifeste dans sa physionomie, ses habitudes, son langage, son agriculture et son commerce.

Les céréales forment la principale base du trafic ; cependant l'élève des bestiaux y prend depuis quelque temps une certaine importance ; les vins trouvent aussi un débouché facile du côté du Morvan. Les bois sont généralement utilisés dans le pays même, et l'on en exporte une assez faible quantité.

Malgré l'abondance des matériaux de construction, les villages très-agglomérés sont mal bâtis et malpropres ; les habitations mal tenues et trop rapprochées y sont généralement édifiées sans goût.

Le morcellement des héritages et la rudesse du sol rendent très-pénibles les travaux agricoles dans les alluvions et les marnes des coteaux.

MONTAGNE CALCAIRE ET VALLÉES NON MARNEUSES CREUSÉES DANS LES PLATEAUX OOLITHIQUES.

Nous comprenons dans la même division les plateaux oolithiques et les vallées qui les sillonnent, quand elles sont elles-mêmes creusées dans les roches oolithiques, ce qui n'a lieu que vers les confins de l'est, du nord-est, du nord et du nord-ouest de la contrée dont nous avons entrepris la description.

Les autres vallées, creusées jusqu'au lias et à côteaux marneux au-dessous des plateaux de l'oolithe inférieure, ont été précédemment réunies au bassin de l'Auxois qu'elles avoisinent et auquel elles se rattachent d'ailleurs par la nature du sol.

La terre des plateaux jurassiques est ordinairement sèche, pierreuse et peu profonde.

Sur le bord des plateaux, dans la partie la plus rapprochée du bassin, entre la corniche qui domine les coteaux (oolithe inférieure) et la base des hauteaux (fuller's earth), la terre végétale ordinairement rougeâtre est d'une excellente qualité et presque toujours très-légère. Le limon rouge qui la constitue en grande partie contient très-peu de chaux carbonatée ; mais il est ordinairement tellement mélangé aux calcaires altérés du sous-sol qu'il peut être, suivant les lieux, suffisamment pourvu de cet élément fertilisant, dissous par les eaux atmosphériques.

Les marnes du fuller's earth qui forment une bande étroite au pied des hauteaux sont humides et compactes, et si le sol y est exceptionnellement d'une grande profondeur, il est d'une assez médiocre qualité qu'on pourrait améliorer par le drainage.

Les hauteaux sont également recouverts d'une terre rougeâtre ou jaunâtre, mélangée aux débris des roches sous-jacentes, qui sont tantôt calcaréo-marneuses (calcaire blanc jaunâtre inférieur) tantôt calcaires (calcaire blanc jaunâtre moyen et supérieur).

Dans les dépressions, la terre végétale s'accumule et acquiert une certaine puissance qui la rend très-productive, car le sol des montagnes est généralement de bonne qualité et n'a d'autre défaut que son peu d'épaisseur.

La surface des plateaux est couverte de débris pierreux qui entraveraient la culture si les cultivateurs n'avaient le soin de les réunir en tas qu'on appelle murgers. En s'éloignant d'avantage du centre de l'Auxois, les plateaux sont constitués par la grande oolithe, dont la surface porte aussi le limon rouge avec débris calcaires. Par son peu de profondeur et sa composition, il diffère peu de celui des plateaux de l'oolithe inférieure ; cependant il est généralement plus sec.

Dans les vallées à parois rocheuses qui s'ouvrent dans la grande oolithe, le sol alluvial, moins compacte que dans l'Auxois et formé en grande partie des détritus des plateaux, est profond et d'excellente qualité. Les coteaux sont secs et brûlants. Les cultures y sont entremêlées de productions forestières de faible croissance. Le noyer et le cerisier y abondent.

Climat. — Le climat des plateaux est plus froid que dans l'Auxois, cependant, en descendant vers le nord, l'altitude s'abaisse et la température s'adoucit. La neige fond facilement sur les surfaces calcaires, qui souffrent plus de la sécheresse que de l'abaissement de la température. L'altitude varie entre 500 mètres (de Sombernon à Flavigny) et 300 mètres vers le nord.

L'aspect général des plateaux est triste et uniforme. Les forêts, qui pourraient donner de la variété à ces grandes surfaces sont très-rares par endroits, ou couvrent de trop grands espaces, comme au nord de Montbard et de l'arrondissement d'Avallon. Encore, la partie qui avoisine l'Auxois est la moins triste, car elle est la plus découpée par les vallées liasiques qui en diminuent la monotonie. Les villages y sont agglomérés, mais séparés par des espaces assez considérables.

Produits agricoles et forestiers. — Les céréales, à l'exception du seigle, qu'on y rencontre pourtant quelquefois, réussissent sur les plateaux. La tige est ordinairement peu élevée, mais les grains sont très-estimés. Les récoltes ont à redouter la sécheresse.

Les autres plantes cultivées sont la pomme de terre, qui acquiert, dans le sol sec et léger, une excellente qualité, la navette et surtout le sainfoin. La luzerne y est moins répandue.

Tous les trois ans, la terre reste ordinairement en jachère ; cependant, on y voit souvent, la troisième année, du sainfoin ou des pommes de terre.

Les prairies naturelles y sont extrêmement rares, excepté dans les vallées qui sont arrosées et dont la fertilité contraste avec l'aridité des plateaux. Il existe sur les sommets de vastes terrains qu'on ne cultive pas en raison de la faible épaisseur du sol ; ces friches, comme on les appelle dans le pays, couvertes d'un gazon fin et serré, sont utilisées avec grand profit pour le parcours et le pâturage des moutons.

Certaines parties des plateaux sont, comme nous l'avons dit, recouvertes de forêts dont les racines pénètrent dans les fissures nombreuses des roches sous-jacentes. Ces bois, quelquefois d'une grande étendue, ne sont pas toujours d'une belle venue, excepté dans les dépressions où le limon s'est accumulé.

Les essences dominantes sont le chêne et le charme. On y trouve aussi l'érable, le frêne dont les rameaux coupés avant la chute des feuilles servent à la nourriture des moutons, et le saule marceau *(Salix capræa)*. Le hêtre ne se rencontre que dans les terrains secs et pierreux de la grande oolithe.

Les plateaux portent çà et là des noyers isolés ; mais ils réussissent mieux sur les coteaux.

On y cultive aussi par endroits, dans les terres vagues, des arbres résineux, et de préférence le pin sylvestre, qui sont d'une venue médiocre.

Dans les contrées où domine la grande oolithe, on récolte des truffes, moins estimées que celles du Périgord.

Au nombre des plantes qui croissent spontanément sur les plateaux et les coteaux oolithiques, nous citerons : le merisier de Sainte-Lucie *(Cerasus mahaleb)*; les *Daphne mezereum* et *laureola*; l'épine vinette *(Berberis vulgaris)*, (environs de Chanceaux); le cornouiller *(Cornus mas)*, commun dans les bois des environs de Montbard; le buis *(Buxus sempervirens)*; la grande gentiane *(Gentiana lutea)*; et la belladone *(Atropa belladona)* qui croît dans les lieux humides et ombragés.

Si le gros bétail est moins nombreux dans les montagnes que dans les autres parties de l'Auxois, par suite de la rareté des herbages, il n'en est pas de même des moutons, qu'on y élève en grandes quantités et qui sont l'objet d'un commerce considérable.

Ils y trouvent un sol et une nourriture parfaitement appropriés à leur constitution.

Les essais tentés à Montbard dans le siècle dernier, par Daubenton, ont porté leurs fruits. La race mérinos croisée, qui domine partout, a remplacé l'espèce du pays, et le mouton est devenu une grande source de richesses pour les plateaux de la Côte-d'Or et de l'Yonne.

Eaux. — Les eaux qui sortent sur les marnes du fuller's earth ne donnent lieu qu'à des suintements de peu d'importance, lorsque les sommets des hauteaux sont de peu d'étendue ; mais il n'en est plus ainsi lorsque la terre à foulon occupe de grandes surfaces et qu'elle est surmontée des strates de la grande oolithe. On rencontre alors de belles sources qui sortent au niveau d'eau constitué par les marnes (fontaine de l'Orme, près Touillon). Elles sont limpides et peu chargées de sels; et la truite se développe dans leurs eaux, qui se perdent quelquefois dans les crevasses de l'oolithe inférieure (Lucenay-le-Duc, environs de Chanceaux, etc.), mais qui donnent aussi naissance à des cours d'eau importants (sources de la Seine). Elles sont néanmoins assez rares pour nécessiter l'emploi des citernes dans les fermes et dans beaucoup de villages.

Produits industriels du sol. — Les produits industriels du sol consistent surtout en pierres d'appareil et en moellons d'excellente qualité.

L'oolithe inférieure fournit de belles carrières ouvertes dans les bancs inférieurs. C'est principalement dans la zone du calcaire à entroques que les exploitations sont le plus nombreuses.

Le calcaire à entroques prend quelquefois une texture remarquable et d'un très-bel effet dans l'architecture monumentale et ornementale, par suite de l'énorme quantité de crinoïdes et d'échinides qu'il renferme dans sa pâte et qui lui donnent un peu l'aspect du granite (montagne de Pouillenay).

Le calcaire blanc jaunâtre moyen est également riche en carrières dont la pierre est recherchée (Courceau, Chanceaux, Mont-Saint-Jean).

La grande oolithe donne aussi de très-belles pierres d'appareil (environs de Montbard, Anstrude, Coutarnoux), et une chaux grasse (chaux de Touillon), provenant de l'oolithe miliaire, dont l'usage a beaucoup diminué depuis qu'on lui préfère la chaux hydraulique et le ciment. Cette chaux est employée dans les tanneries à l'exclusion de toute autre.

On exploite sur les plateaux, comme pierre tégulaire, certains bancs fendillés qu'on rencontre dans les assises supérieures de l'oolithe inférieure (calcaire fissile) et dans le calcaire blanc jaunâtre moyen. On leur donne le nom de laves; mais elles ont l'inconvénient de trop charger les charpentes.

Dans certaines dépressions des plateaux et sur les coteaux des vallées creusées dans les roches oolitiques, il existe des dépôts de sable calcaire stratifié d'un très-grand emploi dans les mortiers, les terrassements et le ballast des chemins de fer. (Aisy-sous-Rougemont, Rougemont, environs de Montbard, etc.)

Enfin, sur plusieurs bancs du calcaire à polypiers de l'oolithe inférieure et surtout sur les bancs du calcaire blanc jaunâtre moyen (La Roche-Vanneau) on rencontre des monceaux de pierres trouées qui servent à l'ornementation des jardins.

Influence du sol et du climat sur les habitants des plateaux calcaires. — Nous avons peu de différences à constater entre les montagnards des plateaux oolithiques et les habitants de l'Auxois sous le rapport historique comme sous celui des mœurs, du caractère et de la complexion, surtout quand il s'agit de cette partie découpée des plateaux où les deux populations sont mélangées.

Cependant les hommes, sur les hauteurs jurassiques, sont généralement plus robustes et plus actifs. La terre légère, les eaux pures, l'air vif des sommets ne sont pas sans influence sur cette supériorité.

L'habitant des plateaux montre, comme le Morvandeau, une certaine propension à la chicane, ce qui tient, sans doute, à son isolement et à son éloignement des villes.

NOTES

NOTE *A*. — EXPLICATION DU PHÉNOMÈNE GLACIAIRE.

(V. ante les pages 497 et suivantes).

Les plus hautes montagnes du globe sont couvertes de neiges éternelles. Les nuages, qui se résolvent en pluie à une moindre altitude, ne donnent, sur ces sommités, que des eaux congelées, et sous l'influence du regel, celles-ci se convertissent en névé ou neige granuleuse. Par l'effet de son accumulation constante, le névé glisse le long des pentes, durcit par la pression et constitue les glaciers.

Ces glaciers, qui paraissent immobiles, descendent pourtant, mais avec une extrême lenteur, par le phénomène de régélation (*a*) ; et leur plasticité leur permet de suivre les pentes et les dépressions des montagnes, en se moulant sur les inégalités résistantes du fond et sur les parois des déclivités ; de combler les parties basses, de contourner les obstacles et même de les surmonter, après avoir élevé leur niveau par l'accumulation de leur masse.

Les glaciers, en s'éloignant du faîte des montagnes, cessent d'occuper des régions où la neige tombée persiste pendant la saison chaude ; aussi leurs rives sont souvent gazonnées. Ils sont coupés de nombreuses crevasses, variant avec le mouvement de la masse entraînée, dans lesquelles se précipitent les eaux de fonte, et ces eaux, sous formes de torrents sous-glaciaires, ravinent profondément le fond et les bords du glacier.

Ils longent des éminences d'où se détachent, sous l'action des intempéries, sur la masse congelée, des éboulis composés de débris de toutes grosseurs et quelquefois d'un volume énorme. Ces débris, réunis à ceux qui tombent des aiguilles et des pics nus des sommets ou qu'apportent les avalanches, forment des amas emportés par le mouvement de translation du fleuve solide.

Ces amas superficiels s'étirent et s'allongent, et côtoyant chaque bord du glacier, forment ce qu'on appelle des moraines latérales. Quand le glacier augmente, les moraines superficielles montent avec lui ; quand il décroît, les blocs restent en partie sur les berges abandonnées, dans des

---

(*a*) La régélation expliquée par Tyndall est la propriété que possède la glace de ressouder ses fragments et ses granules, à la température de 0 degré, car la glace des glaciers est grenue et mobile.

situations diverses, mais toujours alignés parallèlement au glacier, quelquefois penchés sur d'autres rochers ou arrêtés sur des pentes rapides, quelquefois aussi dans une position d'équilibre instable.

Chaque moraine latérale forme un convoi composé de roches tombées de la rive qu'elle longe, et si les deux rives ne portent pas les mêmes roches, les deux moraines diffèrent par la nature de leurs éléments. Les moraines latérales ne contiennent ordinairement que des débris anguleux ou quelquefois arrondis par altération.

Quand deux glaciers se rencontrent, les moraines latérales des deux bords en contact se joignent et il se forme une moraine médiane.

Quand la masse en mouvement est parvenue en un point où la température est assez élevée pour que la glace ne puisse passer outre sans se liquéfier, le glacier cesse ; les éléments des moraines latérales et médiane s'écroulent à mesure qu'ils arrivent sur la limite extrême, et leur accumulation au pied du glacier constitue la moraine terminale ou frontale. Ils se mêlent alors aux débris broyés, roulés et striés qui étaient empâtés dans l'épaisseur du glacier et qui en formaient la moraine profonde.

Si le glacier recule, ce qui arrive pendant les années sèches et chaudes, la moraine frontale reste en place, comme un témoin de la limite atteinte précédemment, et il se forme en retrait une autre moraine frontale ; s'il avance, au contraire, la moraine frontale est recouverte et devient moraine profonde.

La moraine profonde qui ne reparaît qu'après le retrait du glacier ou qu'après sa destruction subit une énorme pression, et les roches dont elle se compose sont soumises à un frottement énergique qu'elles exercent les unes sur les autres et contre les parois du glacier.

Les fragments les moins durs sont réduits par trituration en sables et et en boues ; d'autres plus résistants s'arrondissent ou sont seulement émoussés aux angles. Certaines roches se polissent complétement : d'autres, à pâte sèche et cassante, conservent leurs angles ; enfin d'autres encore prenant le poli glaciaire par frottement, se couvrent en outre de rayures fines qu'on appelle stries. Ces stries, généralement d'une grande finesse et peu profondes, quelquefois plus creusées et entaillées comme par une gouge, s'effacent après une exposition plus ou moins longue à l'air libre, ou lorsqu'elles ont été roulées par les eaux.

La moraine profonde est toujours composée de débris de toutes grosseurs, depuis celle du sable le plus ténu jusqu'à la dimension de blocs énormes ; le tout mêlé confusément et relié par une pâte boueuse et sableuse d'une grande résistance.

Le fond et les bords du glacier reçoivent également, s'ils sont de roches solides, l'empreinte du frottement glaciaire ; ils sont également striés et comme burinés de cannelures profondes et parallèles dirigées dans le sens de la masse en mouvement, ou bien usés et arrondis, de telle sorte que, de loin, ils ont l'aspect de troupeaux de moutons ou de balles de laines, ce qui leur a valu le nom de roches moutonnées.

Quand le glacier chemine sur des roches dures, et quand il ne rencontre pas de trop grands obstacles, il use seulement ses parois, sans modifier sensiblement la configuration du sol ; cependant il exerce directement ou indirectement une action destructive incontestable et très-énergique, soit par ses torrents sous-glaciaires, soit par ceux qui s'échappent de sa moraine frontale, et il est à remarquer que c'est toujours pendant la saison chaude que les torrents acquièrent leur plus grand volume.

En comparant les débris provenant des glaciers encore en fonction avec certains dépôts dits erratiques qui s'étendent à de grandes distances au-delà de leur limite actuelle et à des hauteurs qu'ils ne pourraient plus atteindre aujourd'hui, on a reconnu entre les unes et les autres une similitude complète, et l'on a été conduit à admettre une extension considérable, non-seulement des glaciers qui existent encore, mais aussi d'autres glaciers dont le centre d'émission ne reçoit plus que des neiges périodiques (b).

En effet, sauf la glace, rien ne manque à certains de ces vestiges erratiques pour présenter le caractère propre aux moraines : roches perchées ;

(b) Les premiers géologues qui se sont occupés des blocs erratiques les considéraient comme transportés par les eaux diluviennes, d'autres attribuaient leur origine à des glaces flottantes.

La première opinion ne peut expliquer le transport par les eaux liquides ou boueuses, de blocs souvent aussi gros que des maisons ; leur alignement en trainées ; la persistance de certains éléments sur certaines lignes et d'autres éléments sur d'autres lignes ; le défaut de triage dans ces éléments ; les stries des blocs ; les cannelures rectilignes ou le moutonnement sur les roches qui bordent les trainées ; ni l'élévation des blocs à des niveaux situés quelquefois à 1,200 mètres au-dessus des vallées

La deuxième, s'appuyant sur un fait qui se produit encore vers les pôles, n'est pas plus admissible, car elle suppose une mer dont on ne retrouve pas les traces et qu n'aurait pu atteindre de pareilles hauteurs, à moins d'un soulèvement postérieur que rien n'établit. De plus on peut lui opposer également le mélange confus de la boue glaciaire et des blocs, l'existence des stries, le moutonnement des rochers et les autres traces du burin glaciaire sur le passage des débris erratiques ; puis l'alignement des trainées et la distribution des blocs en raison de leur provenance.

traînées de provenance éloignées, dont on retrouve le point de départ en remontant de proche en proche; boues (c) et blocs glaciaires, anguleux, striés et polis ; roches cannelées et moutonnées le long des traînées.

On a constaté même que les niveaux atteints par les glaciers ont varié, que leur extension a été d'abord progressive et que, après avoir atteint son maximum, elle a été suivie d'un mouvement de recul lent et successif.

D'après les fossiles recueillis dans les débris glaciaires et la position qu'occupent certains de ces débris par rapport aux terrains tertiaires, la période glaciaire a été considérée comme ayant commencé avec l'époque quaternaire, pendant laquelle les moraines des Alpes descendaient vers Lyon et s'étendaient même dans la vallée du Pô et jusqu'en Sicile.

Quelques géologues font même remonter les premiers phénomènes glaciaires à l'époque tertiaire (d) ; d'autres croient qu'ils se sont produits à deux époques différentes (e).

L'invasion glaciaire, dans sa plus grande extension, n'a pu se manifester que sous un climat exceptionnel, car on trouve des vestiges erratiques aux deux hémisphères, dans l'ancien et le nouveau continent, et il est démontré qu'alors, à une altitude moindre qu'aujourd'hui, les montagnes étaient couvertes de neiges permanentes et avaient leurs glaciers dont le niveau descendait jusque dans les plaines basses, sans pourtant que le froid fût assez intense pour arrêter la vie animale et même pour modifier sensiblement les types de la nature végétale.

Mais si la formation des débris erratiques par les glaciers et le développement considérable de ceux-ci en hauteur et en étendue résultent de preuves indiscutables, les causes du phénomène erratique sont moins connues. Ce n'est pas que les explications manquent, mais elles paraissent non démontrées, insuffisantes, ou ne s'appliquant qu'à certaines contrées. On a cherché, en effet, ces causes dans une plus grande élé-

---

(c) Les boues glaciaires sont ordinairement d'une grande solidité et imperméables ; aussi n'est-il pas rare de trouver, à leurs surfaces, des étangs et des marais.

(d) Stuart-Mentath. — *Bull. de la Société géologique.* 2e série, t. xxv, p. 694.
Garrigou. — *Congrès d'archéologie préhistorique à Bologne, 1871.*
Roujon. — *Ibid.*
Collomb. — *Bull. de la Soc, géol.,* 2e série, t. xxvii, p. 539.
Julien. — *Ibid.,* p. 561.
Tardy. — *Ibid.,* p. 569 et 570.

(e) Martins. — *Revue des Deux-Mondes,* no du 1er mars 1867. — Collomb. — *Note sur les anciens glaciers du plateau central. —* Extrait des *Archives des sciences de la Bibliothèque universelle,* janvier 1870.

vation des montagnes, dans l'immersion du Sahara, dans un abaissement de température provoqué par les courants froids de la mer, dans l'excentricité périodique de l'orbite terrestre, dans les effets de la précession des équinoxes, dans des influences cosmiques, etc.

Il faut peut-être, pour expliquer l'état glaciaire ancien, admettre, avec M. de Saporta (f), une extrême abondance d'eau atmosphérique due à l'existence de vastes surfaces d'évaporation, et avec MM. Martins et Collomb (g), l'influence d'un climat maritime, comme celui de la Nouvelle-Zélande, où, à la latitude de 40 à 50 degrés sud, des glaciers descendent jusqu'à 210 mètres au-dessus du niveau de la mer, à travers des forêts de fougères en arbre et une foule d'autres plantes qui exigent un ciel voilé, un climat doux et humide et ne pourraient végéter chez nous, sans l'abri d'une serre tempérée.

Nous avons dit que les glaciers actuels ne modifient que dans des proportions assez restreintes la configuration des lieux qu'ils traversent, bien qu'ils exercent une force érosive incontestable par les torrents qui les sillonnent intérieurement; mais leur action devait être plus destructive alors qu'ils étaient à leur maximum de développement.

On peut comparer aux anciens glaciers les glaciers du Groënland où le manteau neigeux recouvre des surfaces immenses. Dans ces parages, le docteur H. Rhinck (h) a vu, même en hiver, des sources considérables d'eau bourbeuse, sortir comme de véritables fleuves de boue de dessous les glaces, tandis que les glaciers, pénétrant dans la mer, en entaillent le fond quelquefois à 200 et 300 mètres de profondeur.

Il faut admettre aussi que les glaciers des premiers temps ont changé le relief orographique dans des proportions notables, en transportant vers l'aval, sous forme de moraines, les masses qui se détachaient des hauteurs situées au-dessus et le long de leurs bords.

Quant aux torrents qui s'échappaient alors des moraines terminales, ils étaient d'un volume incomparablement supérieur aux torrents qui sortent de la limite des glaciers réduits aux proportions actuelles; aussi est-il naturel de leur attribuer une grande part dans le creusement et l'élargissement des vallées, dont l'évasement contraste avec le débit restreint des cours d'eau qui les parcourent aujourd'hui.

Les torrents glaciaires anciens ont encore eu pour effet de remanier

(f) Revue des Deux Mondes, no du 13 août 1868.

(g) Bull. de la Société géologique, 2e série, t. xxv, p. 63.

(h) Journal de la Société de géographie de Londres, vol. 23, p. 145. — 1858

sur divers points les moraines profondes, soit pendant l'existence du glacier, soit après, de manière à leur donner, en certains cas, l'aspect de produits formés par la voie aqueuse ordinaire, en leur enlevant les stries et le poli glaciaire, et en entraînant les parties ténues pour en constituer des dépôts séparés. Ils ont même arrangé par places les cailloux remaniés, en les triant selon le volume et les lois de l'équilibre. Enfin ils ont parfois effectué des ablations sur d'assez grands espaces, au milieu des dépôts morainiques, ont comblé les vallées et occasionné des barrages et des débâcles.

On s'est demandé si les glaciers n'ont jamais produit d'affouillements et de transports de terrains par arrachement ou refoulement. La question a été résolue négativement par les uns (*i*) et affirmativement par les autres.

Il nous semble qu'il est difficile de contester que, dans le cas où les torrents sous-glaciaires se trouvaient en contact avec des roches meubles, comme les marnes ou les granites arénacés, ils ne les détrempaient pas profondément, ne les minaient pas continuellement et n'entraînaient pas ainsi la chute des masses plus résistantes qui reposaient sur ces roches meubles; que, d'un autre côté, la poussée des glaciers, quand ils se trouvaient à l'étroit dans une gorge, n'amenait pas l'érosion et même le refoulement des terrains d'une faible résistance, réduits à l'état boueux, qui faisaient obstacle à leur passage ou à leur développement.

Nous croyons donc, avec MM. de Mortillet (*j*) et d'après les observations de M. Lory (*k*) qu'il en a été souvent ainsi ; tout en reconnaissant que ces affouillements et refoulements ne pouvaient se produire sur des massifs de roches dures et homogènes, ni même sur des lacs comblés par un culot de glace.

A la fin du phénomène glaciaire de la période quaternaire, la fonte des masses congelées a donné lieu à un dépôt boueux qui a recouvert d'un manteau limoneux les plateaux et les plaines par une inondation générale paraissant s'être effectuée sans violence.

Ce manteau est formé par les dépôts des eaux chargées du détritus des roches mises à nu et détrempées après le séjour des glaciers ; par le

(*i*) Favre. — *Recherches géologiques dans les parties de la Savoie, du Piémont et de la Suisse, voisines du Mont-Blanc,* chap. x, d'après l'analyse de cet ouvrage par M. Hébert. — *Bull. de la Société géol.,* 2e série t xxv. p. 357.

Desor. — *De quelques considérations sur la classification des lacs,* p. 13.

(*j*) *Bull. de la Société géol ,* 2e série, t. xxi, p. 12, et t. xxiv, p. 415 et suivantes.

(*k*) *Bull. de la Société géol.,* 2e série, t xx, p. 383 et 387.

ramollissement sur place du sol inondé ; par le glissement des terrains
en pente; par la décomposition des débris morainiques eux-mêmes, lesquels, lorsqu'ils étaient calcaires, ont subi une profonde altération et
quelquefois une dissolution complète sous l'influence des eaux pénétrées
d'acide carbonique, et lorsqu'ils étaient en roches silicatées, ont été
réduits, pour la plupart, par la combinaison du même acide, en carbonates de soude et de potasse solubles. Ces divers éléments mélangés ont
été en outre modifiés par un lessivage constant qui se produit encore,
mais dans des proportions moindres qu'à l'époque glaciaire, quand la
condensation des gaz dans des eaux plus froides était plus grande et par
conséquent plus énergique

L'action corrosive des gaz explique la perforation des roches calcaires
sur des surfaces aujourd'hui dénudées (*l*) et probablement ces creusements en chaudières qu'on remarque sur les granites exposés aux torrents
sous-glaciaires. Elle rend compte de la disparition dans certains pays
d'une grande partie des dépôts morainiques, représentés seulement aujourd'hui par des roches dures et presque inaltérables, tels que silex,
quartz, chailles, grès, et par quelques granites réduits en petits fragments
ou en sable, ou par quelques blocs que leur masse seule a préservés,
mais qui ont au moins perdu leurs angles.

Le dépôt limoneux des surfaces planes ne forme plus, après avoir été
soumis aux influences que nous avons indiquées, qu'une masse plus ou
moins argileuse selon les régions, colorée de diverses manières, mais où
domine la teinte ferrugineuse par l'effet de la suroxydation du fer sous
l'action de l'air et des eaux (*m*).

Après les changements survenus vers la fin de la fonte des glaciers
anciens, on comprend que d'immenses éboulis se soient formés sur les
pentes des côteaux laissés à nu et que la destruction ou l'ensevelissement
sous les alluvions des vestiges glaciaires ait été considérable; mais cette
destruction s'est encore accrue par le fait des hommes, qui, pour faciliter
leurs travaux agricoles ou servir à leur industrie, ont fait disparaître un
grand nombre de blocs morainiques et en enlèvent encore journellement
quand il en reste dans les lieux incultes (*n*). Il faut donc souvent rap-

(*l*) Benoit. — *Bull. de la Société géol.*, 2ᵉ série, t. xv, p. 341.

(*m*) Voir sur la rubéfaction des roches, un article de M. Fournet : *Annales de la
Société d'agriculture de Lyon*, t. viii, p. 1, 1843.

(*n*) Il serait donc désirable, dans l'intérêt de l'histoire du globe, qu'il fût pris partout des mesures de conservation à l'égard des vestiges qui restent encore, comme on
l'a fait en Suisse et comme ont tenté de le faire, dans la partie française située au

procher des indices épars sur de grandes surfaces, pour reconstituer l'état primitif des dépôts erratiques.

La fin du régime glaciaire eut peut-être pour cause la diminution des surfaces d'évaporation, par suite de l'émersion d'une grande partie de l'ancien continent ; car la période quaternaire fut marquée par de grandes oscillations du sol qui produisirent en dernier lieu des exhaussements considérables et mirent à sec un grand nombre des plaines sous-marines du nord et du nord-est et même du sud-est et du sud de l'Europe, en même temps que, par un effet opposé, le détroit de la Manche s'ouvrait entre l'Angleterre et la France.

NOTE *B* RECTIFICATIVE.

Arrivé à la fin de notre travail, nous avons reconnu quelques rectifications à faire.

Nous avons dit, d'après les géologues américains (p. 48) que le terrain laurentien inférieur renfermait un foraminifère de grande taille, l'*Eozoon canadense*.

Son existence est contestée, et, jusqu'à nouvel ordre, on doit rester sur la réserve et attendre des preuves plus certaines pour séparer le système laurentien du terrain azoïque.

Nous avons dit (note 3 de la page 53) : que le terrain carbonifère, tel que l'a compris M. de Charmasse, en lui attribuant dubitativement certaines roches porphyriques exomorphiques du midi du Morvan, est le terrain devonien.

Nous avons été trop affirmatif : ce géologue a pu fort bien avoir en vue le véritable terrain carbonifère.

Nous avons rangé (p. 56) le calcaire de Cussy-en-Morvan dans l'étage devonien.

D'après les rares exemplaires de zoophytes recueillis dans ce calcaire, que nous avions considérés comme appartenant au genre *Cyathophyllum*, mais qui, suivant la détermination de M. de Fromentel, doivent être classés dans le genre *Lophophyllum*, trouvé jusqu'ici seulement dans le calcaire carbonifère, nous sommes porté à penser que le calcaire de Cussy est de ce dernier niveau. C'est donc par erreur que nous

---

pied des Alpes, MM Falsan et Chantre. (V. *Appel aux amis des sciences naturelles pour le tracé d'une carte géologique des terrains et des blocs erratiques des environs de Lyon, du nord du Dauphiné, des Dombes et du midi du Bugey et pour la conservation des blocs erratiques dans les mêmes régions.*—Paris et Lyon, 1868).

avons dit (p. 57 et 63) que le terrain carbonifère entier ne porte dans la France centrale aucune trace d'origine pélagienne ; cela n'est vrai que de l'étage houiller, auquel appartiendrait le gisement d'anthracite de Menessaire que nous avions regardé d'abord comme devonien (p. 57). Voir encore à ce sujet la note rectificative de la page 153).

Nous devons ajouter que, d'après es recherches de M. Ebray sur le Morvan (*Etudes géologiques du département de la Nièvre*, dernier fascicule, pages 312 et suivantes, 1872) et par la comparaison qu'il a faite des terrains du Beaujolais avec ceux du Morvan, ce géologue est porté à voir seulement dans certaines roches métamorphiques que nous avons considérées avec doute comme pouvant être siluriennes ou devoniennes, des restes modifiés du calcaire carbonifère.

S'il en était ainsi, le premier envahissement de la mer paléozoïque sur le Morvan ne daterait que de la période du calcaire carbonifère.

Cependant il est très-possible et même probable que, parmi les roches exomorphyques du Morvan, il existe des vestiges siluriens et devoniens, très-difficiles à reconnaître dans les conditions où les a laissées le métamorphisme.

Dans la note 2 de la page 402, nous avons dit que nous avions remarqué, dans les roches oxfordiennes du Châtillonnais, une dislocation prononcée à la profondeur de 1 à 3 mètres sous le placard limoneux des plateaux, dislocation que nous avons attribuée à l'action intense des gelées et des dégels répétés.

Nous ajoutions que nous n'avions jamais remarqué pareil effet sur les roches des plateaux de l'Auxois.

Après un nouvel examen, nous avons reconnu que le même phénomène s'est produit sur les roches de la ceinture oolithique du Morvan.

S'il est peu marqué sur les roches dures de l'oolithe inférieure et se manifeste seulement par un fendillement de surface, sans que les dislocations fassent disparaître ordinairement la stratification des bancs, il est très-évident dans les roches de la zone à *Pinna (fuller's earth sup^r)* et surtout dans celles de l'oolithe blanche dont la texture peu résistante a donné prise dans de grandes proportions aux agents atmosphériques en général et particulièrement aux gelées.

Dans les carrières de Fossot, près Flavigny (territoire de Laroche-Vanneau), par exemple, l'oolithe miliaire gelive, qu'on entame pour arriver aux pierres d'appareil de la zone à *Am. arbustigerus*, est profondément démolie, à l'épaisseur de 2 m. à 2 m. 50 cent. au-dessous de la surface ; à tel point que toute trace de stratification a disparu, et que les apports détritiques du monticule qui domine ces carrières sont venus se mêler aux débris disjoints de la roche et ont formé vers le haut des lits terreux ou sableux intercalés dans les assises délitées.

Aux pages 475 et suivantes, 515 et suivantes, en décrivant le fer pisolithique d'origine tertiaire, nous avons oublié d'indiquer que, indépendamment des localités où il existe en place dans les crevasses d'émission, on le trouve encore disséminé en rares fragments à la surface du limon des plateaux oolithiques, dans beaucoup de points, notamment sur les montagnes de Flavigny et de Lantilly, ce qui prouve un remaniement que nous croyons post-glaciaire et vient confirmer notre manière de voir sur la formation du limon superficiel, constitué, aussi bien par les produits de la dissolution du sol sous-jacent et en place, que par des matériaux de transport.

A propos des anciens glaciers du Morvan *(V. p. 489 et suivantes, 518 et suivantes)*, nous ajouterons que, par suite de nouvelles observations comparées, faites en avril 1873, avec MM. J. Martin et Bochard, sur les indications de MM. Canat et de Charmasse *(V. les notes des pages 498 et 534)*, dans la direction S.-E. du massif, observations qui seront complétées plus tard, nous sommes porté à penser qu'il y a eu, dans le N. du plateau central et sur ses versants de Saône-et-Loire, de la Côte-d'Or, de l'Yonne et de la Nièvre, plusieurs époques glaciaires séparées par de longues périodes de dénudation et que ces dénudations ont été causées par des chutes d'eau considérables accompagnées de fontes rapides; enfin que la première époque, celle de plus grande extension glaciaire pourrait bien remonter assez loin dans les âges tertiaires, tandis que la dernière époque serait seulement des premiers temps quaternaires. — Dans cette hypothèse, les blocs de Grosmont, de Roumont, de Magny, etc., considérés comme tertiaires par MM. Raulin et Leymeric, seraient en effet des blocs crétacés déposés à l'époque tertiaire; mais les auteurs de la *Statistique géologique de l'Yonne* n'avaient pas soupçonné l'état morainique de ces amas disposés en traînées.

Signalons encore une nouvelle preuve de l'invasion glaciaire sur le Morvan : c'est l'existence d'un placard erratique reposant sur le calcaire à entroques, à l'altitude de 500 mètres environ au-dessus de la montagne de Sussey, entre le signal et la pointe du cap oolithique, cap séparé du plateau granitique de Thoisy-la-Berchère par le petit vallon faillé du Serein. — Distance à vol d'oiseau du Morvan, 1,500 mètres seulement. — Nous le décrirons plus tard.

Nous donnons ci-après le tableau général des terrains.

Trois colonnes portent en tête les noms des trois régions principales du pays : Morvan, Bassin de l'Auxois, Plateaux oolithiques.

Le signe * placé dans une colonne indique que la région ne porte que des lambeaux très-restreints du groupe ou de l'étage.

Le signe — marque la présence de l'étage ou du groupe sur une surface plus étendue. Il est d'autant plus allongé ou répété que les surfaces occupées sont plus grandes ou plus nombreuses. Les interruptions entre les barres désignent les lacunes produites par la dénudation ou par le recouvrement du limon alluvial.

L'absence de signe exprime l'absence du terrain ou de l'étage dans la contrée.

Bien entendu que ces signes ne s'appliquent qu'à la superficie du sol.

TABLEAU GÉNÉRAL DES TERRAINS.

Division	Groupe	SUBDIVISIONS.	LEUR EXISTENCE sur le Morvan.	LEUR EXISTENCE dans le bassin-nord de l'Auxois et dans les vallées environnantes.	LEUR EXISTENCE sur les plateaux oolithiques.	OBSERVATIONS.
SÉDIMENT — Série — Néozoïque — Formation moderne		Alluvions.	• •	•		Elles ne sont guère qu'au bord des rivières.
		Sables et cailloux.	•	•	•	Idem
		Éboulis.	•			Sur les pentes des côteaux.
		Détritus.	•			Sur les pentes et même sur les sommets.
Formation quaternaire	Groupe pléistocène.	Dépôts glaciaires.	• + ? • ?	— ? • •	• • • •	Sur les plateaux et dans les bassins, — de provenance crétacée, jurassique et cristalline.
		Alluvions.	• •	— • •	— —	Idem.
		Éboulis, sablières (terrains détritiques).				Principalement sur les côteaux jurassiques.
		Dépôts marins et lacustres.				Point de dépôts marins et lacustres.
Formation tertiaire	Groupe pliocène.	Pliocène supérieur.				Les dépôts tertiaires ne sont représentés dans l'Auxois que sur certains plateaux, par des lambeaux de fer sidérolithique, provenant d'émissions thermales.
		Pliocène moyen.				
		Pliocène inférieur.				
	Groupe miocène.	Miocène supérieur.				Plus loin, dans la plaine de Dijon, on trouve les trois groupes tertiaires à l'état lacustre.
		Miocène moyen.				
		Miocène inférieur.				On trouve aussi, dans le Pazois, un lambeau de calcaire lacustre.
	Groupe éocène.	Éocène supérieur.				L'étage nummulitique manque dans le centre et le nord de la France.
		Éocène moyen.				
		Éocène inférieur.				
		Étage nummulitique.				
MÉSOZOÏQUE — Série secondaire — Sous-formation crétacée	Groupe crétacé supérieur.	Étage Garumnien (craie de Maestricht).				L'étage garumnien n'existe que dans le midi de la France.
		Étage Sénonien (craie blanche).				L'étage sénonien ne se trouve en place que dans l'Auxerrois et au delà.
	Groupe crétacé moyen.	Étage Turonien (craie tufau).				Ces étages n'existent qu'à distance vers le bassin de Paris et ailleurs.
		Étage Cénomanien (craie chloritée).				
	Groupe crétacé inférieur.	Étage Albien (gault).				Même observation que ci-dessus.
		Étage Aptien.				L'étage albien n'a fourni sur les plateaux que des débris glaciaires apportés du Morvan
		Étage Néocomien.				
		Étage Wealdien.				
Formation — Sous-formation jurassique	Groupe oolithique supérieur.	Couches de Purbeck.				Les couches de Purbeck n'existent qu'à grandes distances ; les étages Kimméridien et Portlandien occupent les confins du Châtillonnais, le Tonnerrois et la plaine de Dijon.
		Étage Portlandien.				
		Étage Kimméridien.				
	Groupe oolithique moyen.	Étage Séquanien.				Le groupe oolithique moyen est encore au delà des limites de l'Auxois, mais à une faible distance, dans le Châtillonnais, le Tonnerrois et sur les plateaux situés entre l'Auxois et la vallée de Dijon.
		Étage Corallien.				
		Étage Oxfordien.				
		Étage Callovien.				
	Groupe oolithique inférieur.	Étage Bathonien. Cornbrash. / Forest-marble. / Bradford-Clay. / Grande oolithe. / Fuller's earth.	•		•	Les plateaux de l'Auxois se terminent à la base de la grande oolithe. Le bradfort-clay s'y trouve exceptionnellement vers le nord ; mais la partie supérieure du groupe oolithique inférieur est représentée sur la limite extérieure de l'Auxois. Le limon rouge masque en partie les assises oolithiques.
		Étage Bajocien. / Oolithe inférieure.			— • • —	
	Groupe du Lias.	Lias supérieur (étage Toarcien).		— — — —		On ne trouve sur le Morvan que quelques lambeaux du groupe du lias. Dans le bassin, les assises sont interrompues par l'érosion ou recouvertes en partie d'alluvions. Les deux étages supérieurs constituent les côteaux jurassiques
		Lias moyen (étage Liasien).	•	— — — —		
		Lias inférieur (étage Sinémurien).	•	— — — —		
		Infra-lias (étage Hettangien).	•	— — —		
Sous-formation triasique	Groupe du Trias.	Étage Rhétien (bone bed).		• • •		L'étage Rhétien ne se trouve que dans le S.-E. de l'Auxois. Il est plus développé dans l'Autunois.
		Étage Keupérien (Marnes irisées).	• • •	• • •		Le Keuper est peu développé sur le Morvan, excepté du côté de l'Autunois. Il forme un dépôt peu épais dans l'Auxois. Les grès vosgiens et bigarrés existent dans l'Autunois.
		Étage Conchylien (Muschelkalk).	?			
		Grès vosgien et grès bigarré.	• •			
PALÉOZOÏQUE — Série primaire — Formation	Groupe pénéen.	Zechstein ou étage Permien.	•			L'étage permien est représenté dans l'Autunois seulement.
		Roth-todte-liegende (étage des Pséphites).				
	Groupe carbonifère.	Étage Houillier.	• • •	•		Dans l'Auxois et le Morvan, l'étage houillier ne constitue que des lambeaux ; dans l'Autunois, il forme des bassins.
		Étage du calcaire carbonifère.	•			Le calcaire carbonifère est représenté par de rares lambeaux sur le Morvan.
	Groupe devonien.	Étage Devonien.	• • ?			L'étage devonien, s'il existe, est à l'état métamorphique sur le Morvan.
	Groupe silurien.	Étage Silurien supérieur.	• • ?			Même observation que ci-dessus pour le groupe silurien.
		Étage Silurien moyen.				
		Étage Silurien inférieur (étage Cambrien).				
Terrain azoïque.		Gneiss et Micaschistes.	• • •	• •		Les gneiss et les micaschistes se trouvent à l'entour du Morvan et dans le bassin de l'Auxois.

Terrains de Cristallisation.

Subdivisions	Sur le Morvan	Bassin-nord de l'Auxois	Plateaux oolithiques	Observations
Porphyre, eurite, minette, trapp.	— — — —	• •		Le porphyre qui forme les sommets du Morvan avec quelques filons de minette et de trapp est assez rare dans l'Auxois.
Granite.	— — — —	— — —		Le granite gris domine dans le Morvan ; dans l'Auxois c'est le granite rose.
Pegmatite.	•	•		La pegmatite et la leptynite ne forment que des filons ou des masses accidentelles dans l'Auxois et le Morvan.
Syénite.	•			La syénite est rare partout
Leptynite.	• •	•		
Etc.				

Noms des auteurs cités, non compris ceux indiqués pour les déterminations des fossiles.

Agassiz. — V. p. 75, 76.
Archiac (d'). — V. p. 10, 543.
Avout (d'). — V. p. 54.

Baudouin. — V. p. 405, 474.
Belgrand. — V. p. 11, 405, 407, 414, 417, 444, 464, 473, 474, 488, 505, 526, 531, 538, 576.
Benoit. — V. p. 465, 504, 520, 528, 594.
Bert (Paul). — V. p. 61.
Berthier. — V. p. 412.
Beudant. — V. p. 412.
Bonnard (de). — V. p. 8, 36, 77, 88, 90, 115, 124, 128, 159, 187, 323, 328, 412, 423.
Boubée. — V. p. 77.
Boulanger. — V. p. 55.
Bourgeois (l'abbé). — V. p. 479.
Bbongniard. — V. p. 76, 83, 114, 124.
Bruzard (Albert). — V. p. 477, 482.
Bruzard (Armand). — V. p. 327, 419.
Buffon. — V. p. 8, 290, 306, 475.

Canat. — V. p. 498, 534.
Chantre. — V. p. 451, 497, 595.
Charpentier. — V. p. 543.
Collenot. — V. p. 8, 11, 102, 202, 446, 483, 578.
Collomb. — V. p. 497, 544, 591, 592.
Coquand. — V. p. 77, 83, 84, 85.
Cordier. — V. p. 74.
Cotteau. — V. p. 11, 286, 407, 436, 491.
Courtépée. — V. p. 303, 475.
Cristol (de). — V. p. 8.

Daubrée. — V. p. 43. 414, 524.
Delahaie. — V. p. 77.
Delanoue. — V. p. 414, 496.

TABLE ANALYTIQUE

A.

C

D

Dénivellations; — par l'effet des failles, p. 373 et suivantes ; — évaluations des, p. 373 et suivantes, p. 385 ; v. encore p. 388, 390.

Dénudations; — p. 141, 155, 317, 354, 366, 368, 383, 386, 387, 394, 396; — leurs causes, p. 396, 397;—époques où elles se sont produites, p. 396; — leur puissance. p. 396, 397, 494; — par arasement, p. 505 à 510, 510 à 513; — époque de cet arasement par la mer en retrait, p. 513 et suivantes. Il est antérieur à l'époque tertiaire, p 513 et suivantes ; — objections à l'arasement par la mer, p. 514; — réponse, p. 514, 515, v. encore p. 519; — du Morvan, p. 505 et suivantes; == du bassin septentrional de l'Auxois, p. 526, 527 ; — puissance approximative des, p. 542.

Dépôts alluviaux ; — v. alluvions.

Détritiques (roches); — v. roches détritiques.

Déviations des bassins, — p. 394.

Devonien (terrain); — p. 52, fossiles du, p. 55 ; — existence du, sur le Morvan, p. 56, 153.

Dheune (vallée de la); — limite du Morvan vers le midi, p. 24; — faille de p. 388.

Dijon ; — sources des fontaines de, p. 326.

Digoin, ville (Saône-et Loire), — limite du Morvan vers le S.-O, p. 24.

Diluvium; — p. 397, 490, 506 et suivantes, 513, 528, 590.

Diorite; — sa composition, p. 26 ; — talcifère, p. 44, v. encore p. 54.

Dislocation sur place, des bancs superficiels des plateaux, p. 402, 525; — v. encore la note p. 596.

Dissolution; — du calcaire, p 523.

Dolomie ou calc. magnésien; — p. 48, 58, 82, 84, 105, 106, 131, 137, 141, 142, 309; — caverneuse, p. 82.

Domecy-sur-Cure; — roches silicifiées, p. 204 ; — faille de, p. 368 ; — sur la lèvre relevée, lambeaux de l'infra-lias et du lias, p. 369.

Dompierre-en-Morvan, p. 204 ; — altitude, p. 381.

Dos-de-l'Olive; — schistes de la zone à Am. serpentinus, p. 288.

Douies, Douix, Douées; — p. 326, 470.

Dracy-les-Vitteaux; — Et. rhétien, p. 117.

Drague, rivière (Nièvre), — p. 30.

Drainage; — p. 558, 580.

Drevin (montagne de) (Saône-et-Loire), — débris erratiques d'origine crétacée, p. 498, 534.

Duc (forêt le); — alluvions d'aubue, p. 398 ; — altitude, p. 398.

Dufrénoy et Elie de Beaumont; — v. **Elie de Beaumont et Dufrénoy.**

en certains points entre le keuper et l'infra-lias, p. 139; — ils recouvrent directement le granite sur d'autres points, p. 140, 360; = oscillation du Morvan pendant la formation de l'étage, p. 360; — modifications dans les dépôts, p. 361; — conditions dans lesquelles se sont formés les dépôts rhétiens, p. 139, 146; — ils sont les premiers dépôts marins de l'Auxois, p. 139; = coexistence des dépôts rhétiens et keupériens en certains points, p. 140, 147; — arrachement de certains bancs, p. 141; = distinction à établir entre l'étage keupérien et l'étage rhétien dans l'Auxois, p. 141; = fossiles de l'étage, p. 150 ; — l'étage considéré au point de vue agricole, p. 565.

Etage Saliférien; — v. étage du keuper.

Etage Sénonien ou craie blanche, p. 348 ; — blocs erratiques sur les plateaux jurassiques, p. 433, 436, 438 et suivantes; — v. encore p. 491, 492, 498, 514.

Etage Séquanien; — p. 348, 393.

Etage Silurien; = étage cumbrien, étage cambrien, p. 49 et 50 ; = silurien inférieur, p. 49, supérieur, 49, 50 ; — il manque dans l'Auxois, p. 51; — il peut exister à l'état métamorphique sur le Morvan, p. 51, 54, 55, 153 ; — v. la note p. 396.

Etage Sinémurien; — v. étage du lias inférieur et de l'infra-lias.

Etage Toarcien; — v. étage du lias supérieur.

Etage Turonien; — p. 348.

Etage Wealdien; — p. 348.

Etage du Zechstein; — v. étage Permien, p. 74 ; — origine marine, p. 74.

Etais (environs d') (Yonne) ; — débris erratiques, p. 443, 489.

Etang (ruisseau de l') ; — gneiss, p. 44.

Etaules (Côte-d'Or); — p. 390.

Etaules (Yonne) ; — altitude, p. 18.

Euphrône (St) (vallée de); — p. 17; — altitude, p. 18.

Eurite; — sa composition, p. 26 ; — v. encore p. 38, 39, 40, 52, 54, 357 ; — eurite calcaire, p. 70.

Excavation entre la Cure et la Lorraine, à travers les marnes oxfordiennes, par Laignes, Châtillon-sur-Seine, Château-Villain, Chaumont, etc., p. 526.

F.

Failles; — p. 104; — leur définition, p. 31, 161; — failles récurrentes, p. 363; — grandes failles à l'entour du Morvan, p. 363; —

M.

rieure et de la grande oolithe sur le, sauf en un point, quoique son altitude à l'entour soit celle du granite gris, p. 350 ; — le Morvan a été le centre d'actions multiples qui expliquent l'orographie et la stratigraphie de la région, p. 353.

Oligiste; — v. fer oligiste.

Oligoclase; — v. feldspath.

Oolithe blanche; — p. 334, 389 ; — v. grande oolithe.

Oolithe ferrugineuse; — p. 301.

Oolithe (grande) ; — v. étage de la grande oolithe.

Oolithe inférieure; — v. étage de l'oolithe inférieure.

Oolithe miliaire; — p. 334, 337 ; — v. grande oolithe.

Oolithiques (groupes) ; — v. groupes oolithiques.

Orbigny (Yonne); — roches silicifiées, p. 203; — sables et cailloux, p. 407 ; — leur altitude, p. 529.

Orme (fontaine de l'); — altitude, p. 18; — v. encore p. 326, 586.

Orographie; — p. 12.

Orthose feldspath; — v. feldspath orthose.

Os brisés intentionnellement; — p. 483.

Ouche (rivière) ; — p. 16 ; — faille de l', — p. 388.

Oxford-Clay ; — v. étage oxfordien.

Oze (rivière) ; — altitude des sources, p. 18 ; — vallon de l', p. 389 ; détritus des pentes, p. 411 ; — alluvions des bords de l', p. 423.

Ozerain (rivière) ; — altitude des sources, p. 18 ; — vallon de l', p. 389 ; — détritus des pentes, p. 411 ; — alluvions des bords de l', p. 423.

P

Paléontologie; — v. fossiles.

Paléontologie quaternaire; — p. 396;— apparition de la faune, p. 539; — état de la contrée à cette époque, 539, 540.

Paléozoïques (terrains) ; — v. formation primaire.

Panats (les) (Yonne); — roches silicifiées, p. 203 ; — alternance de bancs siliceux et non siliceux dans la lumachelle infra-liasique des, p. 204, 249.

Paris (environs de); — blocs de transport et boue d'origine morvandelle. p. 429, 534.

Parmilleux, près Pressieux (Isère) ; — surfaces polies par les glaciers, p. 451.

Partage des eaux (point de) ; — entre la Loire et la Seine, p. 30 ; — entre la Loire, la Seine et la Saône, p 389.

Pâtures du Morvan; — p. 155.

Peirouse (bois de la) ; — altitude du granite, p. 27.

Pegmatite; — sa composition, p. 28; — en filons, p. 37, 41; — blanche, p. 37; — v. encore p. 36, 44, 45.

Pénéen (terrain); — p. 74 ; — v. étage permien.

Voutenay (Yonne) ; — alluvions , p. 422; — débris de transport, p. 530.

W

Wealdien (étage) ; — v. étage wealdien.
White-lias ; — p. 158.

Y

Yonne, rivière ; — p. 15, 30 ; — faille de l', p. 368 ; — vallée de l' ; — blocs de transport, p. 428, 534 ; — v. encore p. 556.

Z

Zechstein (étage) ; — v. étage du zechstein.
Zélande (Nouvelle-) ; — climat maritime et glaciaire de la, état particulier de la végétation, p. 592.
Zone de l'Am. acanthus ; — p. 226.
Zone de l'Am. angulatus ; — p. 158.
Zone de l'Am. arbustigerus ; — p. 334, 335 ; — fossiles, p. 336 ; — v. zone du calc. blanc jaunâtre moyen.
Zone de l'Am. Bucklandi ; — p. 226.
Zone de l'Am. Birchii ; — p. 226 ; — à l'état pyriteux ; p. 227.
Zone de l'Am. complanatus ; — p. 284, 288.
Zone de l'Am. Davœi ; — p. 260.
Zone de l'Am. Henleyi ; — p. 260.
Zone de l'Am. liasicus ; — p. 158.
Zone de l'Am. mucronatus ; — p. 284, 289.
Zone de l'Am. Murchisonæ ; — p. 302, 304, 306.
Zone de l'Am. planorbis ; — p. 158 ; — sa puissance, p. 164.
Zone de l'Am. Scipionianus ; — p. 226.
Zone de l'Am. serpentinus ; — p. 284.
Zone de l'Am. Valdani ; — p. 260.
Zone de l'Am. venarensis ; — p. 260.
Zone de l'Am. Zetes ; — p. 266.
Zone de l'Avicula contorta ; — p. 108.
Zone du calc. blanc jaunâtre inférieur ; — p. 327, 596, 597 ; — v. encore p. 329 ; — v. zone du calc. à pinna.
Zone du calc. blanc jaunâtre moyen ; — p. 334, 335, 336 ; — v. zone de l'Am. arbustigerus.